Pspice를 이용한
전자회로
분석과 응용 및 실험

고윤호 · 정슬 지음

홍릉과학출판사

머리말

전자회로는 공학분야의 기초 학문으로 모든 전자관련 제품뿐만 아니라 기계적인 시스템을 완성하는데 있어서 꼭 필요하다. 예를 들어, 산업기기에서 많이 사용되는 모터를 구동하려면 전자회로로 이루어진 드라이버가 필요하다. 일반적으로 기초 회로 학문은 크게 강전과 약전으로 나뉠 수 있다. 회로이론은 전압의 단위가 높은 강전을 주로 다루고 전자회로는 전압의 크기가 작은 약전을 다룬다. 회로이론에서는 저항, 커패시터, 인덕터로 구성된 회로를 주로 다루고 전자회로에서는 트랜지스터, 다이오드, OP Amp로 이루어진 회로를 주로 다룬다.

이 책의 내용은 기본적인 전자소자의 특성을 소개하고 소자들을 응용한 회로를 분석하고 응용하는데 중점을 두고 있다. 실험 계측 장비의 소개로부터 시작하여 기초적인 회로이론, 다이오드 특성, 다이오드 응용, 트랜지스터 특성, 트랜지스터 응용, OP Amp 특성, OP Amp 응용 등 중요한 내용을 수록하고 있다. 또한 전자회로 응용 사례를 첨가함으로써 독자의 이해를 돕고자 하였다.

각 장마다 PSpice 프로그램 응용 예제가 주어지고 그 예제를 실험하도록 되어 있어, 독자는 실험을 하는데 있어서 기초 전자회로 이론과 시뮬레이션, 실험을 병행하여 할 수 있도록 구성되어 있다. PSpice 프로그램을 사용하여 먼저 회로를 가상적으로 시뮬레이션 하므로 실험하는데 있어서 도움이 되도록 하였다.

이 책의 목적은 독자들이 수업시간에 배운 전자회로 이론을 실제로 실험하여 이론과 실험을 병행함으로 얻게 되는 시너지 효과를 극대화하는 데에 있다. 따라서 독자들은 다음과 같은 방법으로 이 책을 공부하기 바란다.

- 첫째, 실험에 관련된 이론을 이해한다.
- 둘째, PSpice를 사용하여 이론과 일치하는지 확인한다.
- 셋째, 실험을 통해 이론과 시뮬레이션 결과와 일치하는지 확인한다.
- 넷째, 실험결과를 중심으로 분석하고 의문을 부여하며 해답을 찾도록 한다.

1판에 이어 2판이 나오기까지 많은 도움이 되어준 모든 분들께 감사를 드린다. 홍릉과학출판사 관계자들께 감사드리고 가르칠 수 있는 기회와 가족, 부모님, 학생들, 동료 교수님들, 친구들 그리고 삶에서 누리는 모든 특권 및 행복에 감사하며, 이 책이 독자들에게 조금이나마 도움이 되었으면 하는 것이 작은 바램이다.

2014년 00월
백마산 기슭에서

차 례

PART 1 전기기기 및 전자소자•1

PART 2 기본 전기 회로•13

PART 13 파워 증폭기•227

PART 14 OP Amp의 원리•235

PART 15 OP Amp 응용 회로•261

PART 16 OP Amp 응용 회로 2•275

PART 17 주파수 응답•285

PART 18 OP Amp를 사용한 필터 설계•299

PART 19 발진 회로•317

부 록 A•335

부 록 B•358

PART 1 전기기기 및 전자소자

목적 : 각 기기들의 사용목적과 사용방법을 배운다.
전류 및 전압, 저항값을 측정하는 방법을 배운다.

1.1 신호의 종류

1.1.1 직류(DC(Direct Current))

직류는 DC라 하며 시간의 변화에 따라 변화가 없이 일정한 상수값을 나타낸다. 우리가 자주 사용하는 건전지와 자동차의 배터리가 직류를 공급하는 전원이다. 일상생활에서 사용하는 전원은 모두 220V의 교류를 사용하는 것처럼 보이지만, 실제로 전자 가전제품의 내부를 살펴보면 IC 칩에 연결된 전원은 모두 5V, 12V 또는 24V 등의 다른 상수값에서 작동하는 직류전압이다. 따라서 가전제품의 경우 교류를 직류로 바꾸어 주는 회로를 통하여 직류값을 사용하게 된다. 교류를 직류로 변환하는 과정은 나중에 다이오드 회로에서 다루기로 하자.

[그림 1.1] 직류 신호의 예

1.1.2 교류(AC(Alternating Current))

교류란 직류와 달리 시간에 따라 값이 일정한 상수가 아니라 변화하는 신호를 말한다. 우리가 가정에서 많이 사용하고 있는 전기는 교류 신호로서 사인파이다. 일반적으로 교류의 주파수는 60Hz로 주기는 1/60초이다. 교류의 크기와 주기 및 주파수의 관계를 살펴보자. 그림 1.2는 간단한 교류 신호를 나타낸다.

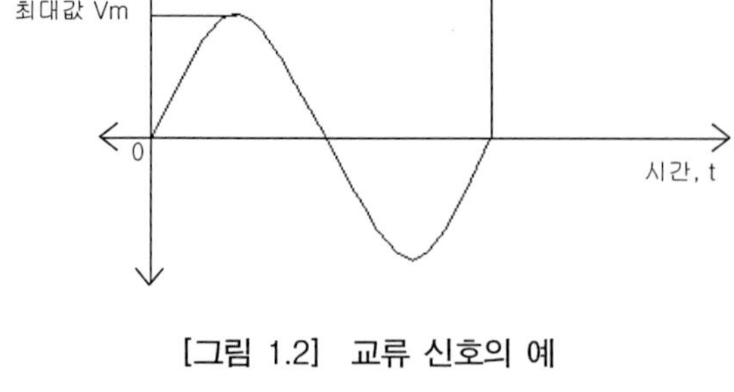

[그림 1.2] 교류 신호의 예

다음은 사인파 전압 $v(t) = V_m \sin wt$ 의 그래프이다. 여기서 V_m은 사인파의 크기이고 w는 라디안 주파수로 식 (1.1)과 같다.

$$w = 2\pi f = \frac{2\pi}{T} (\text{rad/sec}) \tag{1.1}$$

f는 주파수이고 T는 주기이며 $f = \frac{1}{T}$(Hz)와 같은 관계가 있다.

그림 1.3은 시간이 0에서 2π까지 크기가 2이고 주기가 π인 사인파와 $\frac{\pi}{2}$인 사인파를 나타낸다.

$$v(t) = 2\sin(xt) \tag{1.2}$$

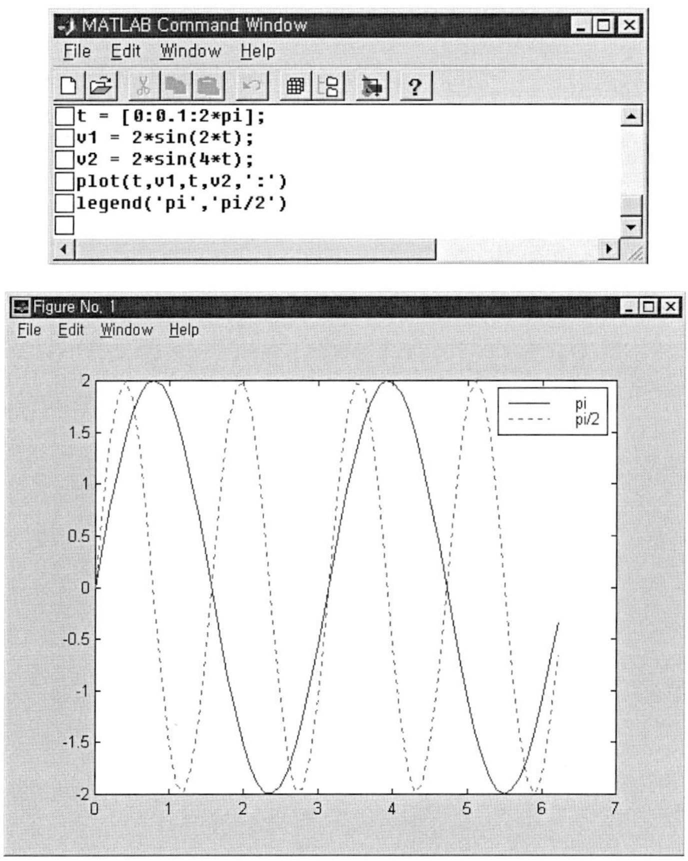

[그림 1.3] 사인파 신호

그림 1.3의 사인파 신호의 주기는 각각 $\frac{\pi}{2}$와 π이다. 주기가 π인 신호 안에서 주기가 $\frac{\pi}{2}$인 신호가 2번 사이클이 반복됨을 알 수 있다.

일반적으로는 신호에 지연이 있으므로 다음과 같이 표현된다.

$$v(t) = V_m \sin(wt + \phi) \tag{1.3}$$

여기서 ϕ는 위상이라 하며 라디안(radian)으로 표현한다. 만약 45°의 위상차가 있을 경우는 식 (1.4)와 같다.

$$v(t) = V_m \sin\left(wt + \frac{\pi}{4}\right) \tag{1.4}$$

1.2 전기기기 및 실험기자재

1.2.1 오실로스코프(Oscilloscope)

오실로스코프는 신호의 파형을 출력하는 기기로 회로 신호를 분석하는데 많이 사용한다. 실험용으론 동시에 두 개의 파형을 함께 볼 수 있는 2채널을 가진 오실로스코프가 대부분이다. 각 채널로부터 연결된 케이블의 끝은 두 가닥으로 되어 있는데 한 끝은 접지에 연결하도록 되어 있고 다른 끝은 뾰족하게 되어 있다. 전압의 파형을 재고 싶은 단자에 뾰족한 끝을 연결하면 파형을 볼 수 있게 된다. 주의할 것은 크기 돌리개(knob)를 조절하여 파형의 크기를 적절하게 선택하는 것이다. 오실로스코프로 잴 수 있는 것은 전압의 크기와 주파수이다. 오실로스코프에 대한 자세한 내용은 부록 B를 참조하기 바란다.

[그림 1.4] 오실로스코프

1.2.2 함수 발생기(Function generator)

함수 발생기는 말 그 자체로 다양한 신호의 함수를 생성하는 기기이다. 대표적인 신호로는 사인파, 사각파, 삼각형파 등이 있는데 다양한 크기와 주기의 신호들을 만들 수 있다. 함수발생기에서 주의 할 것은 offset을 잘 설정하여야 한다는 것이다. 함수 발생기에서

신호를 만들어 낼 경우에 offset을 잘 못 조절하면 오실로스코프에 나타나는 파형이 잘려 나오는 경우가 발생하게 된다.

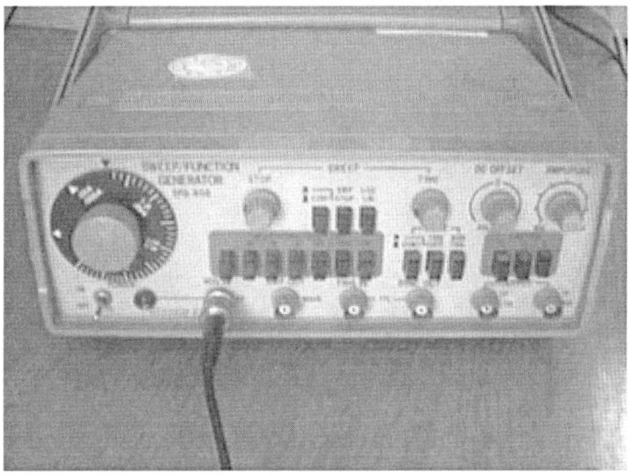

[그림 1.5] 함수 발생기

1.2.3 전원 공급기(Power supply)

전원 공급기는 직류전압을 제공하는 기기로 세 개의 채널로 되어 있다. 가운데 채널은 5V를 공급하므로 디지털 회로의 전원으로 적합하다. 기종에 따라 다르지만 실습용으로 최대로 공급할 수 있는 전압은 30V이다. 폐회로를 구성하려면 접지를 연결해야 한다.

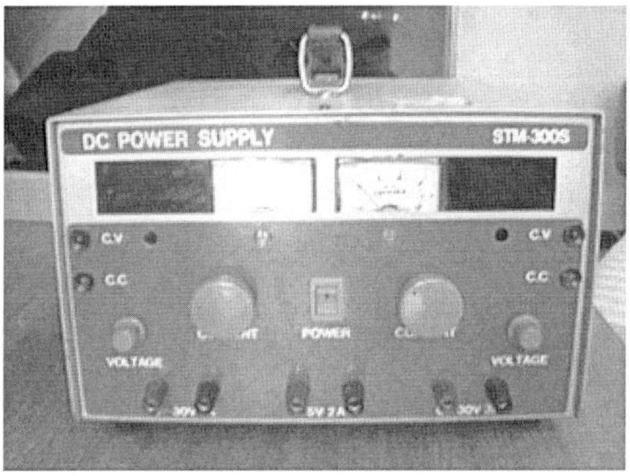

[그림 1.6] 전원 공급기

1.2.4 아날로그 랩 유닛

아날로그 랩 유닛은 위의 장비(파워 공급기, 함수 발생기)들이 없을 경우에도 기본적인 실험을 할 수 있도록 해준다. 이 유닛을 잘 사용하면 다른 장비가 없어도 모든 실험을 할 수 있다.

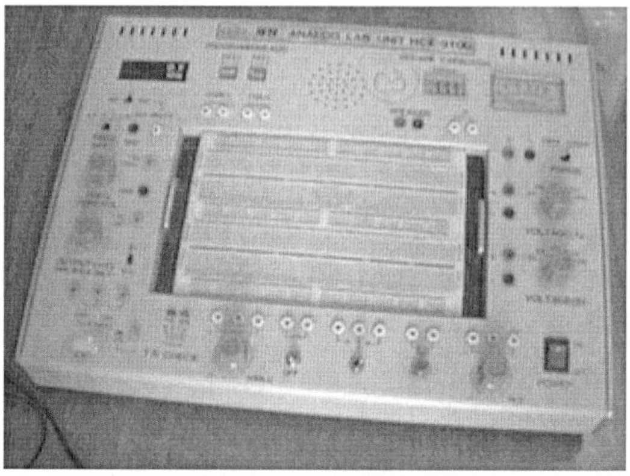

[그림 1.7] 아날로그 랩 유닛

1.2.5 멀티미터(Multimeter)

멀티미터는 대표적인 계측장비로서 전압, 전류, 저항, 커패시턴스 등 다양한 측정을 할 수 있다. 멀티미터의 종류에는 아날로그 방식과 디지털 방식이 있는데 최근에는 디지털 방식이 많이 사용되고 있다. 전류 측정시 주의할 것은 과전류가 흐르게 되면 멀티미터 내부의 소자가 타게 되므로 주의를 요한다. 따라서 전류를 측정하고자 할 경우에는 최대 범위로부터 작은 범위로 줄여가며 전류를 측정한다.

대략적인 전류의 크기가 인체에 미치는 영향을 보면 다음과 같다. 전기에 사람이 노출되게 되면 짜릿한 근육통 심지어는 심장마비를 통한 죽음을 초래할 수도 있다. 젖은 손으로 전기플러그를 만지지 말라는 이유는 인간의 피부가 대략 건조할 때 저항이 $10k\Omega$ 정도이나 피부가 물에 젖으면 현저하게 낮아지기 때문이다. 1mA 이하의 전류는 미소하므로 잘 느끼지 못하지만 10mA 정도에 노출되면 몸이 짜릿한 근육의 수축을 발생할 수 있다. 0.1A 정도의 전류가 가슴을 통하게 되면 정상적인 심장 박동에 영향을 미쳐 호흡곤란을 겪을 수 있다. 전류가 1A 이상이 되면 몸이 마비되고 화상을 입을 수 있게 된다. 일반적으로 반도체 중심의 전자회로 실험에서 다루는 전류의 세기는 그렇게 크지 않은 수 mA 또는 uA 단위이다. 이를 염두에 두고 회로를 꾸미거나 잴 때 주의를 요한다.

회로의 단락이나 끊어짐을 측정할 때는 저항의 측정을 사용한다. 회로가 끊어진 곳의 저항은 무한대이므로 멀티미터에 저항값이 나타나지 않는다.

[그림 1.8] 디지털 멀티미터

1.2.6 빵판(bread board)

빵판은 회로를 구성할 때에 전자소자를 납땜할 필요 없이 연결할 수 있도록 만들어진 판이다. 빵판에서 회로를 꾸밀 때는 각 소자의 결선방법에 주의한다. 그림 1.9의 빵판의 그림을 보면 세로로 두 줄 - 여러 줄 - 두 줄 - 여러 줄의 형태로 되어 있다. 서로 떨어져 있는 부분은 연결되어 있지 않으며, 일반적으로 두 줄로 된 부분은 공통으로 사용하는 파워선과 접지선을 연결한다. 따라서 두 줄에서 가로는 연결되어 있지 않고 세로는 서로 연결되어 있다. 여러 줄이 있는 부분에서는 회로를 구성하는데 가로는 서로 연결되어 있고 세로는 연결되어 있지 않다.

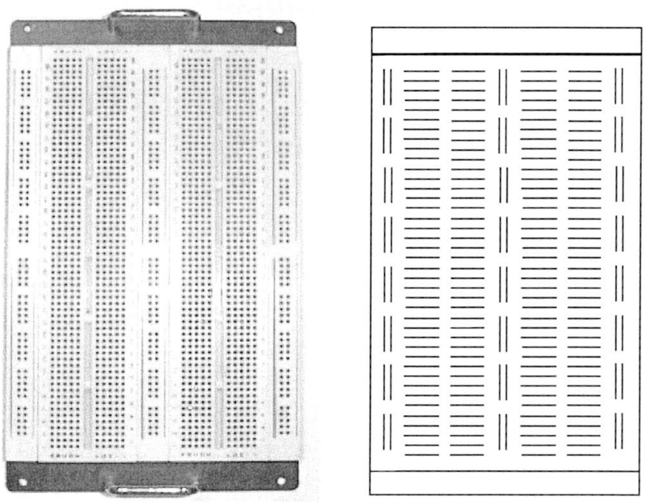

[그림 1.9] 빵판

1장 점검문제

1. 우리가정에 들어오는 전기의 주파수는 얼마인가?

2. 우리가정에 들어오는 전기의 파형을 그리시오. 크기와 주기를 나타내시오.

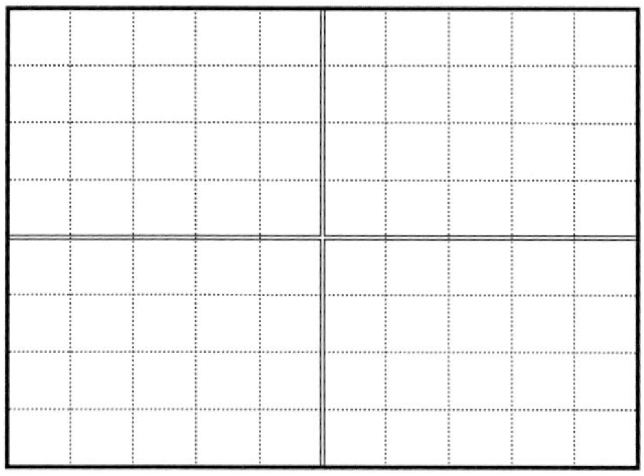

3. 우리가정에 들어오는 전기는 보통 220V라 말한다. 그 의미는 무엇인지 설명하시오.

4. 전압이 5V이고 저항이 $5K\Omega$일 때 저항에 흐르는 전류는 얼마인가?

5. 아날로그 랩 유닛에는 어떤 기기들이 내장되어 있는가?

6. 접지(ground)란 무엇인가 설명하시오.

7. 가정의 전기 배선의 단락을 측정하기 위해 어떻게 멀티미터를 사용할 수 있는가?

실 험 1 전압과 전류의 측정

1. 직류전압의 측정

전원공급기를 통해 아래의 표에서와 같은 직류전압을 차례로 생성하고 오실로스코프와 디지털 멀티미터를 이용하여 각 전압을 측정한다. 전원공급기의 전압과 각 측정값에 오차가 있음을 확인하고 그 정도를 표에 기록한다. 또 오실로스코프 상에 나타나는 직류 전압의 파형을 관찰하고 기록한다.

[표 1.1] 직류 전압

	0.5V	2V	5V	15V
(1) 전원공급 전압				
(2) 오실로스코프 측정값				
(3) 멀티미터 측정값				
오차((1) − (2))				
오차((1) − (3))				

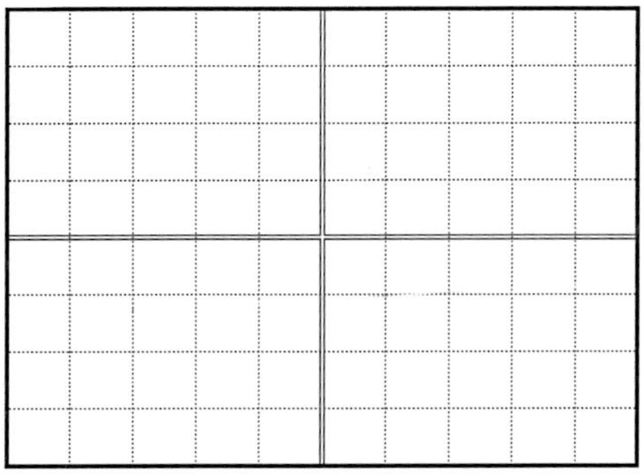

[그림 1.11] 오실로스코프의 파형

2. 교류전압의 측정

함수발생기를 사용하여 $v(t) = 0.1\sin 40\pi t$의 파형을 만들어 보자. 만들어진 파형을 오실로스코프를 통해 확인하여 보자. 주파수가 $w = 80\pi$, 160π 일 때의 파형과 동일한 주파수의 삼각파와 사각파를 함께 그려보자.

❶ $w = 40\pi$ 일 때

[표 1.2] 교류 전압

ω=40π	크기	주 기	주파수
계산값			
측정값			
오차			

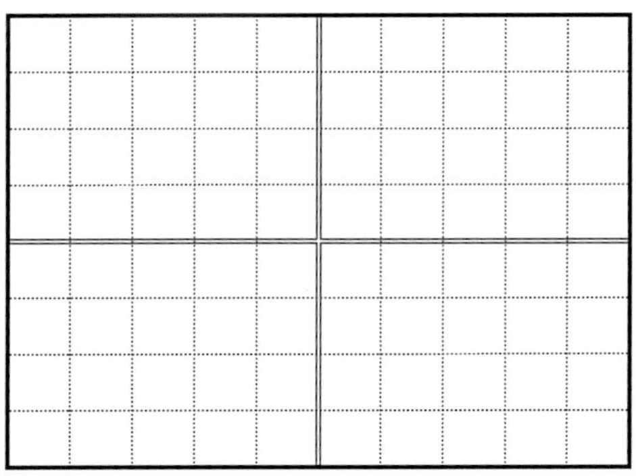

[그림 1.12] 오실로스코프 파형

❷ $w = 80\pi$ 일 때

[표 1.3] $w = 80\pi$ 일 때의 교류 파형

ω=80π	크기	주 기	주파수
계산값			
측정값			
오차			

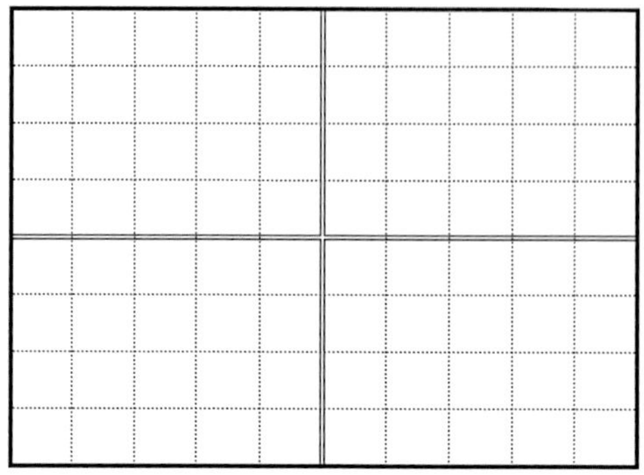

[그림 1.13] 오실로스코프의 파형

❸ $w = 160\pi$ 일 때

[표 1.4] $w = 160\pi$ 일 때

ω=160π	크기	주 기	주파수
계산값			
측정값			
오차			

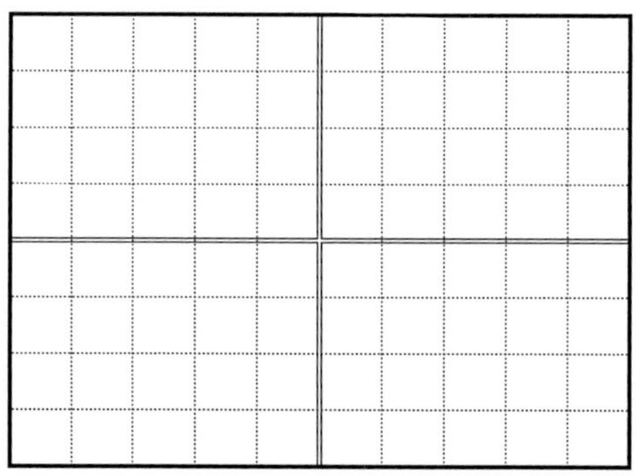

[그림 1.14] $w = 160\pi$ 일 때 오실로스코프의 파형

3. 토론

❶ 계산값과 측정값의 오차의 원인은 무엇이라고 생각되는가?

❷ 주기 함수의 정의는 다음과 같다.

$$v(t+T) = v(t)$$

사인파 신호는 주기 함수인가? 위 식을 사용하여 증명하시오.

❸ 그림 1.15에 각각 주파수에서의 전압을 함께 그려보시오.

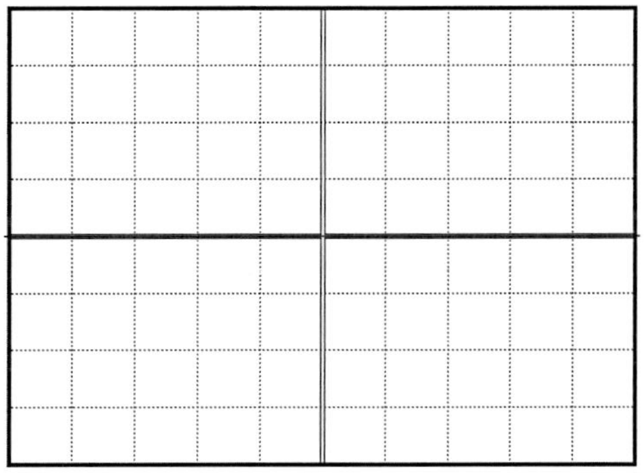

[그림 1.15] 주기 함수들

그림 1.15에서 주파수가 각각 80π, 160π 일 때의 신호는 40π 일 때의 신호와 한 주기에 각각 몇 번씩 겹치는가? 어떠한 주기적인 특징이 나타나는가? 설명하시오.

날 짜	
검 인	

PART 2

기본 전기 회로

2.1 전기소자

2.1.1 저항

전기 회로에는 전류를 생성하는 전원이 있고 전원으로부터 전달된 전류를 통해 에너지를 소비하는 전기적인 요소들이 있다. 이러한 요소들 중에는 저항같이 순전히 소비적인 소자가 있는 반면 커패시터나 인덕터처럼 에너지를 저장하는 소자들도 있다.

저항의 특징은 말 그 자체로 전류의 흐름을 억제하는 것이다. 다른 말로 하면 저항은 전류의 흐름을 조절하는 매우 중요한 기능을 한다. 발광다이오드(LED)에 과전류가 흘러 타는 것을 방지하기 위해 직렬로 저항을 사용하는 것이 바로 그러한 용도이다. 저항의 단위는 옴(Ω)으로 나타내고, 저항은 도체의 길이에 비례하고 단면적에 반비례한다.

$$R = \rho \frac{L}{A} (\Omega) \tag{2.1}$$

ρ는 그 물질의 저항성을 나타내고 L은 도체의 길이이고 A는 단면적이다.

저항을 간단히 설명하자면 수도관의 예를 생각하면 된다. 같은 수압의 물을 하나는 긴 수도관 파이프에, 다른 하나는 단면적이 큰 수도관에 보낸다고 하자. 어느 수도관의 물이 잘나오겠는가? 단면적이 큰 수도관이 저항이 적으므로 물이 잘 나올 것이다.

간단한 아래의 회로 그림 2.1에서 전원은 배터리가 되고 소비요소는 전구가 된다. 배터리의 에너지는 저항으로 나타낼 수 있는 전구의 빛에너지로 소멸된다.

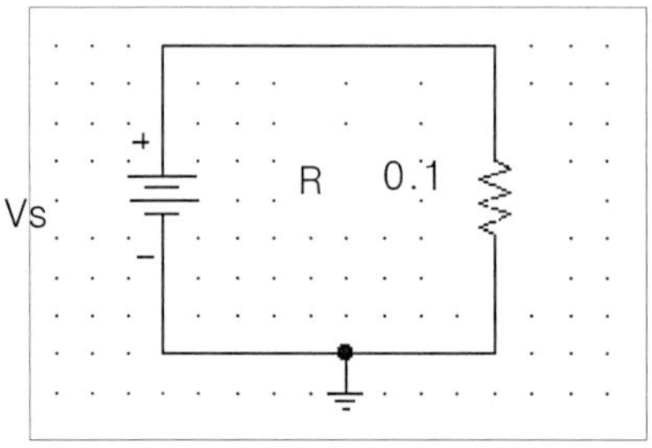

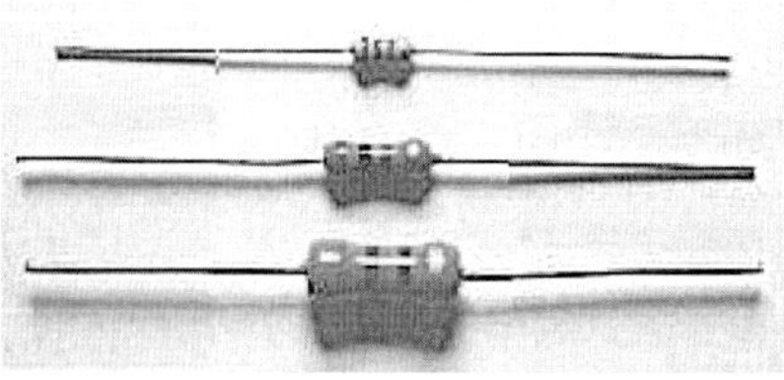

[그림 2.1] 간단한 전기 회로와 저항들

그림 2.1에서 배터리의 용량은 1.5V이고 전구의 저항을 100Ω이라 하면 전류 I는 옴의 법칙을 사용하여 다음과 같이 구할 수 있다.

$$I = \frac{V}{R} = \frac{1.5}{100} = 0.015A \tag{2.2}$$

전류와 전압은 서로 의존하므로 일정한 전력일 경우에 전류가 커지면 전압이 작아지고 전압이 커지면 전류가 작아진다. **전력**(power)은 전류와 전압의 곱으로 나타나며 단위는 와트(W)이다.

$$P = I \cdot V = 0.015 \cdot 1.5 = 22.5mW \tag{2.3}$$

따라서 응용 대상에 따라 큰 전류를 필요로 할 때가 있고, 또는 큰 전압을 필요로 할 때가 있다. 발전소에서 송전할 때에 높은 전류를 만들어 보내지 않고 높은 전압을 만들어 보내는 것은 전압을 높이는 것이 전류를 높이는 것보다 더 쉽기 때문이다.

에너지는 주어진 시간에 전력이 한 일로 다음과 같이 적분의 형태로 나타난다.

$$E = \int_0^t P d\tau \text{ (Joule)} \tag{2.4}$$

에너지의 단위는 줄(Joule)이다.
전구가 10초 동안 한 일은

$$E = \int_0^{10} 22.5 d\tau = 22.5 \cdot 10 = 0.225(J)$$

전류란 단위시간당 흐르는 전하의 양으로 정의되며 전하는 전자가 띠는 음의 극성에 의해 생성되는데 다음과 같다.

$$i(t) = \frac{dq(t)}{dt} \tag{2.5}$$

전류의 단위는 암페어로 1A = 1 coulomb / sec이다.
실제로 사용하는 저항 소자로는 각 영역(Ω, $K\Omega$, $M\Omega$)에 다음과 같은 크기 [1], [1.2], [1.5], [1.8], [2.2], [2.7], [3.3], [3.9], [4.7], [5.6], [6.8], [8.2], [10] 저항들이 상용화되어 있다. 또한 저항을 사용 시에 주의할 점은 소비되는 전력에 맞는 저항을 선택하여야 한다. 저항의 정격전력은 1/8W, 1/4W, 1/2W, 1W, 2W 등 다양하다.

2.1.2 커패시터

커패시터를 사용하는 목적은 배터리처럼 전기를 저장하거나 직류 파형을 차단하여 교류만 통과시키는 데에 있다. 커패시터는 다양한 회로에서 사용되는데 대표적인 사례로는 필터 회로, 발진 회로, 타이밍 회로 등 다양하다. 커패시터는 전하를 저장하거나 방출을 반복하면서 필요한 조건에 따라 다양한 역할을 한다.

커패시터는 그림 2.2처럼 두 도체 사이에 절연물질을 넣어 만든다. 커패시턴스는 판의 면적에 비례하고 판사이의 거리에 반비례한다. 따라서 커패시턴스를 크게 하려면 판의 면적을 크게 하고 판 사이를 가깝게 하면 된다.

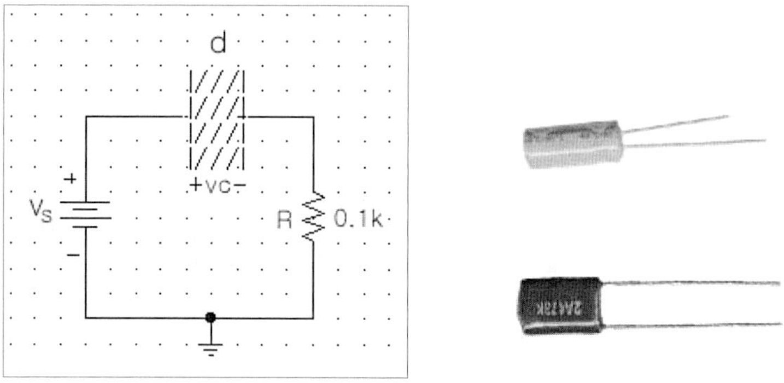

[그림 2.2] 커패시터의 구조

그림 2.2에서 커패시터에 저장되는 전압은 초기에 $v_c = v_s - v_R$ 이였는데 커패시터에 흐르는 전류가 처음에는 $\frac{v_s}{R}$ 이었다가 점차적으로 줄어들어 0이 되므로 저항에 걸리는 전압이 $v_R = 0$ 이 되어 결과적으로 $v_c = v_s$ 가 된다. 이때 커패시터의 전압이 입력 전압의 63.2%가 충전되는데 걸리는 시간을 **시상수**(time constant)라 한다.

Capacitor를 측정하는 단위는 capacitance로서 Farad라 하며 다음의 식으로 나타낸다.

$$C = \epsilon \frac{A}{d} \text{(F)} \tag{2.6}$$

여기서 ϵ 은 절연체상수이고 A 는 판의 단면적 그리고 d 는 두 판사이의 거리를 나타낸다. 전하 q 는 다음과 같다.

$$q = Cv_c(t) \tag{2.7}$$

커패시턴스 C 는 절연체에 따라 다르고 전하의 양은 전압 v_c 에 비례하다.
단위시간당 흐른 전하의 양을 나타내기 위해 식 (2.7)을 미분하면 다음과 같다.

$$\frac{dq}{dt} = C\frac{dv_c(t)}{dt} \tag{2.8}$$

식 (2.5)로부터 위의 식은 Capacitor에 흐르는 전류를 나타내므로, 다음과 같이 표현이 된다.

$$i(t) = C\frac{dv_c(t)}{dt} \tag{2.9}$$

식 (2.9)로부터 전압 $v_c(t)$ 가 변화 없이 상수로 일정하면 상수의 미분값은 0이므로 $i(t) = 0$ 이 되어 커패시터에는 전류가 흐르지 않는 개회로가 된다. 다시 말하면 커패시터는 직류성분은 통과하지 않고 교류성분만을 통과시키므로 직류회로에서 커패시터는 개회로처럼 작동한다고 볼 수 있다. 예를 들어 커패시터의 전압이 $v_c(t) = 0.1\sin wt$ 라면 전류 $i(t) = C0.1w\cos wt$ 가 된다. 하지만 커패시터의 전압 $v_c(t) = 5\,V$ 라면 $i(t) = 0$ 가 된다.

커패시터에 흐르는 전류가 주어지고 전압을 구하려면 식 (2.9)를 적분한다.

$$v_c(t) = \frac{1}{C}\int_0^t i(\tau)d\tau + v_c(0) \tag{2.10}$$

실제로 많이 사용되는 커패시터의 용량은 uF, nF 또는 pF 등으로 매우 작다. 커패시터를 사용 시에 주의해야 할 점은 커패시터의 극성을 확인하여 연결하여야 한다. 전해질 커패시터는 극성이 있는데 극성이 표면에 표시가 되어 있거나 또는 다리가 긴 쪽이 +이고 짧은 쪽이 −이다. 제조업체에 따라 표면에 용량이 표시되어 있는데 표기법이 다르므로 주의를 요한다.

2.1.3 인덕터(Inductor)

또 다른 저장요소로서 인덕터가 있다. 인덕터가 사용되는 용도는 전류의 변화를 억제하여 안정하게 하는 평활회로, 상호 유도작용을 사용하는 변압기, 커패시터와 함께 탱크회로를 이루어 발진하는 발진 회로, 그리고 전자석의 성질을 이용한 릴레이 스위치 등 그 용도가 다양하다.

그림 2.3처럼 인덕터는 단순히 코일을 감아 놓은 것과 같다. 인덕터의 단위는 Henry(H)라 한다. 1H는 어떤 코일에 1초에 1A 전류가 변할 경우 1V의 기전력을 생성하는 경우의 인덕턴스이다.

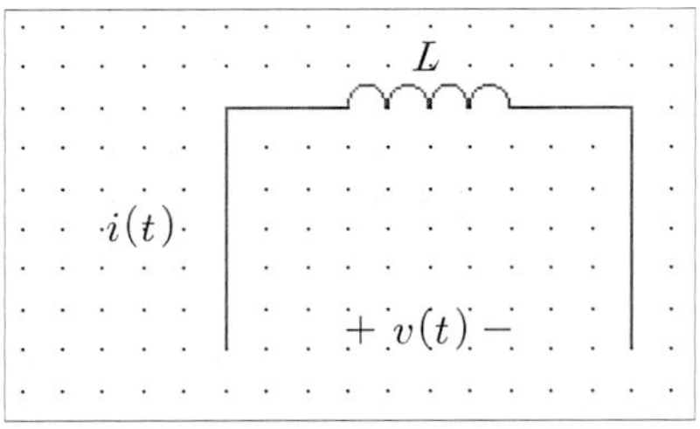

[그림 2.3] 인덕터

그림 2.3에서처럼 감긴 수가 N이고 단면적이 A, 그리고 길이가 l, d가 지름, μ가 투자율일 때 인덕턴스는 다음과 같다.

$$L = \frac{\mu N^2 A}{l + 0.45d} \tag{2.11}$$

인덕턴스는 감긴 수와 단면적에 비례하고 길이에 반비례하는 것을 알 수 있다.
양 끝에 걸리는 전압은 다음과 같다.

$$v(t) = N\frac{d\phi}{dt} \tag{2.12}$$

자기 플럭스 ϕ와 전류와의 관계는 다음과 같다.

$$N\phi = Li(t) \tag{2.13}$$

따라서 코일에 전류가 흐를 때 생기는 전압은 다음과 같다.

$$v(t) = L\frac{di(t)}{dt} \tag{2.14}$$

식 (2.14)에서 만약에 인덕터에 흐르는 전류가 일정하면 걸리는 전압은 제로가 되므로 인덕터는 마치 단락(쇼트)된 회로처럼 작동한다.

인덕터에 흐르는 전류는 식 (2.15)와 같이 정의 된다.

$$i(t) = \frac{1}{L}\int_0^t v(\tau)d\tau + i(0) \tag{2.15}$$

일반적으로 인덕터가 사용되는 곳은 변압기, 전자석, 발진기 등이 있다.
실제로 상용화되어 쓸 수 있는 인덕터 소자는 1μH에서 수백 μH까지 있다. 용량별로 살펴보면 1μH, 2.2μH, 3.3μH, 3.9μH, 4.7μH, 5.6μH, 6.8μH, 8.2μH, 10μH, 15μH, 18μH, 22μH, 27μH, 33μH, 39μH, 47μH, 56μH, 68μH, 82μH, 100μH 등이 있다.

2.2 옴의 법칙(Ohm's law)

전원이 있고 저항이 있는 폐회로에서 전류와 저항에 걸리는 전압을 측정하여 보자. 그림 2.4는 간단한 폐회로를 나타낸다. 전원으로 교류 전압인 V_s가 있고 소비전자부품으로 저항 R이 있다.

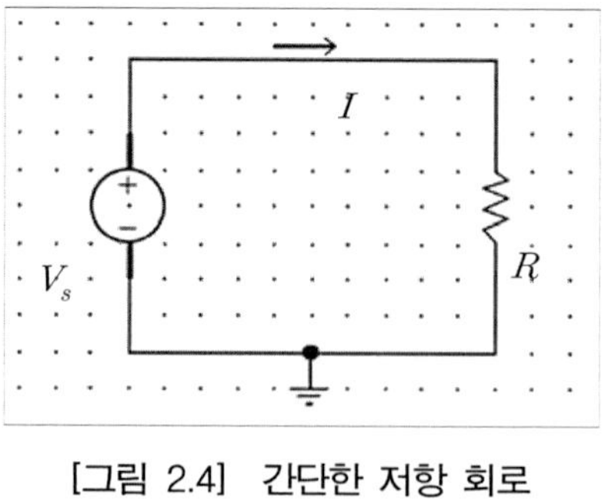

[그림 2.4] 간단한 저항 회로

회로를 분석하기 위해서는 다음과 같은 법칙을 가정한다.

❶ 회로의 밑 부분은 접지로 간주한다.

❷ 전류가 나가는 방향은 전원의 양극으로부터 나오는 방향으로 정한다.

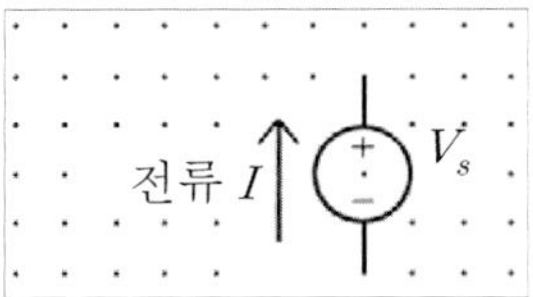

[그림 2.5] 전압 전원의 전류의 방향 설정

❸ 저항과 같은 각 소자에 걸리는 전압의 극성은 전류가 들어가는 방향을 양으로 하고 나오는 방향을 음으로 한다.

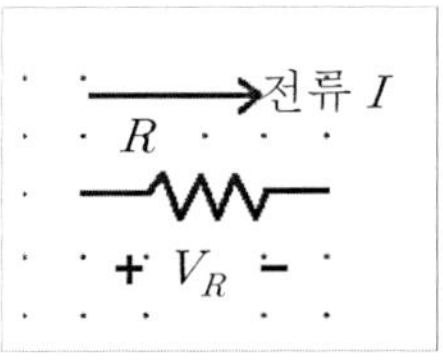

[그림 2.6] 저항 소자의 전류의 방향 설정

이러한 가정과 일치하는지 그림 2.1에서 확인해 보자.
이 때 저항에 흐르는 전류는 옴의 법칙에 의해 다음과 같다.

$$I = \frac{V_s}{R} \tag{2.16}$$

만약 계산된 전류의 값이 음수로 나오면 처음에 설정한 전류의 방향이 반대가 된다는 것을 의미한다.

2.3 전류와 전압의 측정

회로에서 각 소자에 흐르는 전류의 값이나 전압의 값을 측정하려면 어떻게 하는가? 멀티미터를 사용하면 전류와 전압을 측정할 수 있다. 하지만 멀티미터를 연결하는데 있어서 주의를 요한다. 특히, 전류를 측정하기 위해서는 더 많은 주의가 필요하다. 왜냐하면, 멀티미터에 설정한 영역보다 큰 전류를 측정하게 되면 고장이 나기 쉽다. 그러므로 전류 측정 시에는 멀티미터의 전류의 범위를 가장 크게 설정하고 점차 작은 범위로 줄여 가는 주의가 요구된다. 한 소자에 흐르는 전류를 측정하고자 할 때는 그림 2.7처럼 그 소자와 직렬로 연결하고 전압을 측정하고자 할 때는 병렬로 연결한다.

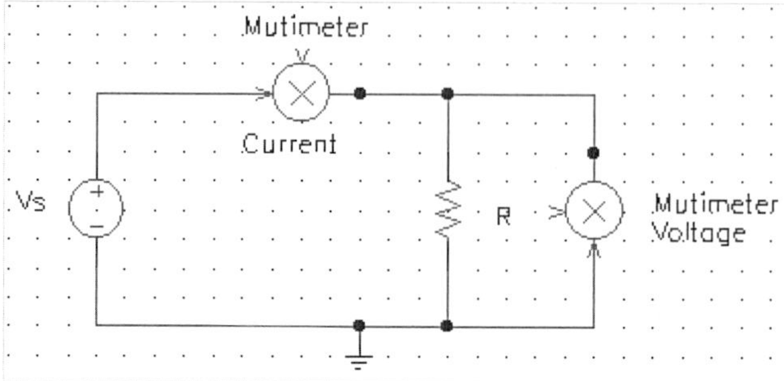

[그림 2.7] 저항 소자의 전류와 전압의 측정

2.4 키르히호프 법칙 (Kirchoff's Law)

한 폐회로를 분석하는데 있어서 2가지 법칙만 알면 각 노드에서의 전류와 전압을 모두 구할 수 있다. 노드란 전원 또는 각 전기 요소들이 연결된 부분을 나타낸다. 접지는 하나의 공통 노드로 간주할 수 있다. 이 두 법칙이 다음의 KCL과 KVL이다.

2.4.1 Kirchoff's current laws(KCL)

Kirchoff의 전류 법칙은 한 노드로(에서) 들어가는(떠나는) 모든 전류의 합이 0이 되는 것을 말한다. 다시 말하면 '한 노드에 들어가는 전류의 합과 나가는 전류의 합은 같다'라고 할 수 있다. 그림 2.8에서 보면 노드로 들어가는 전류를 양수로 하고 나가는 전류를 음수로 하면

$$\sum i_i = 0 \tag{2.17}$$

$$i_1 + i_2 - i_3 - i_4 = 0$$

들어가는 방향을 양수로 놓아 각 노드에서는 KCL을 적용한다.

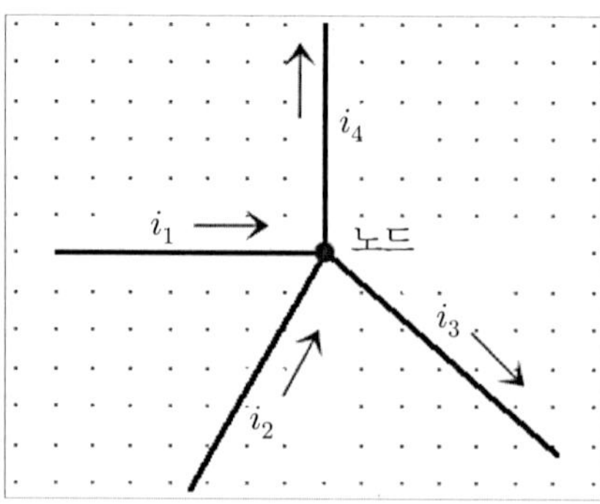

[그림 2.8] KCL

그림 2.9 회로에서 KCL을 적용하여 노드 방정식을 구해보자.

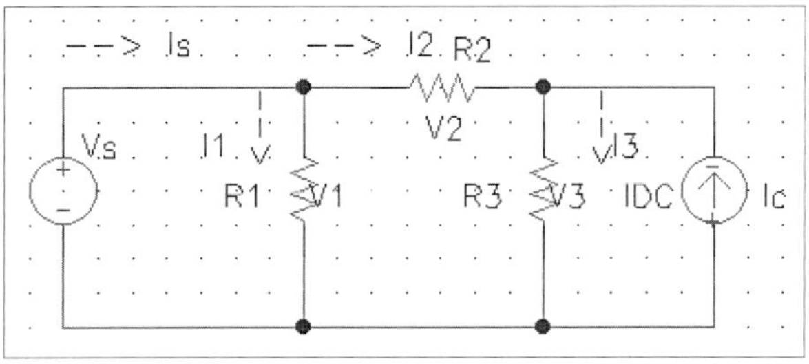

[그림 2.9] 회로의 예

V_1에서 KCL을 적용하면

$$I_s = I_1 + I_2 = \frac{V_1}{R_1} + \frac{V_1 - V_3}{R_2}$$

V_3에서 KCL을 적용하면

$$I_c = I_3 - I_2 = \frac{V_3}{R_3} - \frac{V_1 - V_3}{R_2}$$

$$V_s = V_1$$

2.4.2 Kirchoff's Voltage Laws(KVL)

Kirchoff의 전압 법칙은 한 폐회로의 전위차의 합은 0이 되는 것을 말한다. 다른 말로 하면 폐회로에서 각 노드에서의 전압의 합은 영이라 할 수 있다. 그림 2.10에서 전압의 합을 구하면 다음과 같다.

$$\sum v_i = 0$$

$$v_s - v_1 - v_2 - v_3 = 0 \tag{2.18}$$

전원 전압은 각 부하에 걸리는 전압의 합과 같다.
각 루프에서는 KVL을 적용한다.

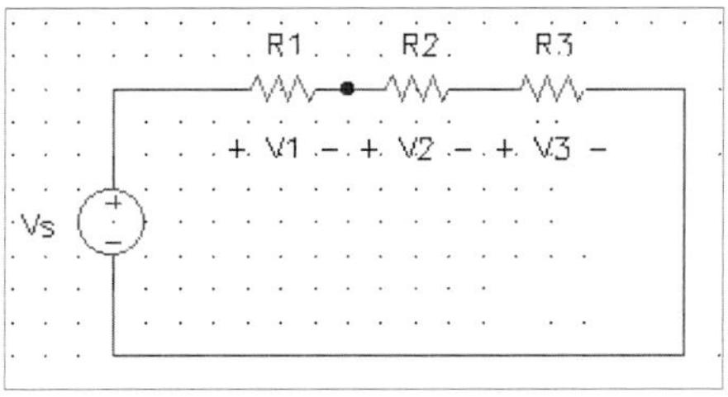

[그림 2.10] KVL

그림 2.10에서 루프의 방정식을 구해보자. 전류의 방향이 시계방향이라 가정하면

$$V_s - V_{R_1} - V_{R_2} - V_{R_3} = 0$$

옴의 법칙을 적용하면

$$V_s - I \cdot R_1 - I \cdot R_2 - I \cdot R_3 = 0$$

전류 I는 다음과 같다.

$$I = \frac{V_s}{R_1 + R_2 + R_3} \tag{2.19}$$

2.4.3 전압 분배기

전압 분배기는 저항이 직렬로 연결되었을 경우에 전압이 나눠지는 것이다. 다음 그림 2.11의 회로에서 저항 R_2에 걸리는 전압을 구해보면 다음과 같다. 먼저 KCL을 적용하면

$$V_s = (R_1 + R_2)I_s$$

전류를 계산하면 다음과 같다.

$$I_s = \frac{V_s}{R_1 + R_2}$$

저항 R_2에 걸리는 전압을 계산하면 다음과 같다.

$$V_2 = R_2 I_s = \frac{R_2}{R_1 + R_2} V_s \tag{2.20}$$

따라서 전압 분배기는 측정하고자 하는 저항에 전압을 곱한 뒤에 두 저항의 합으로 나누면 된다.

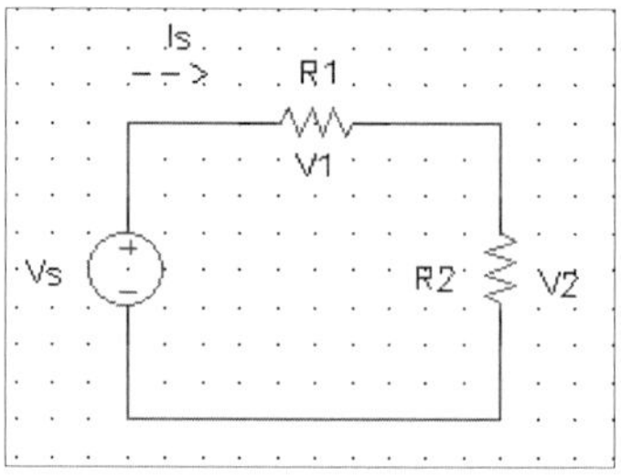

[그림 2.11] 전압 분배 회로

2.4.4 전류 분배기

전류 분배기는 저항이 병렬로 연결되었을 경우에 전류가 나눠지는 것이다. 다음 그림 2.12의 회로에서 저항 R_2에 흐르는 전류를 구해보면 다음과 같다. 먼저 KVL을 적용하면

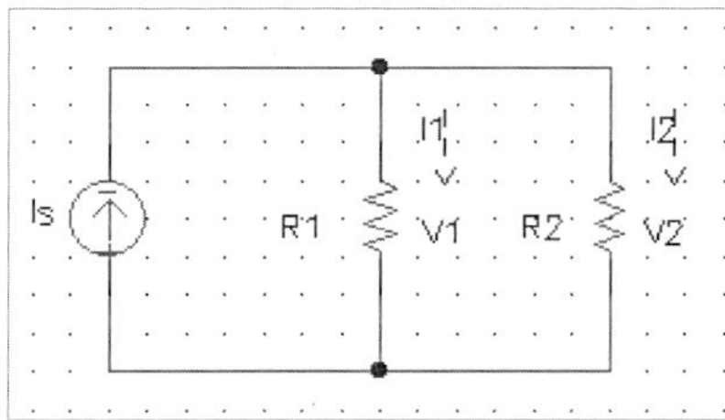

[그림 2.12] 전류 분배 회로

V_1에서 KCL을 적용하면

$$I_s = I_1 + I_2 = V_1\left(\frac{1}{R_1} + \frac{1}{R_2}\right)$$

저항 R_2에 흐르는 전류는 다음과 같이 나뉘게 된다.

$$I_2 = \frac{V_1}{R_2} = \frac{R_1}{R_1 + R_2} I_s \tag{2.21}$$

2.5 등가 회로

2.5.1 전원의 치환

회로를 분석하는데 있어서 여러 개의 전압원과 전류원이 섞여 있을 때 한 종류의 전원으로 만들어 분석하면 편할 때가 있다. 이 경우에 적용하는 변환이 전원 변환이다. 전압원을 전류원으로 치환한다던지 전류원을 전압원으로 치환한다던지 하면 때에 따라 매우 편리하다.

아래 그림 2.13에서 두 회로는 다음과 같은 관계가 있다.

$$i_s = \frac{v_s}{R_s}, \quad R_p = R_s \tag{2.22}$$

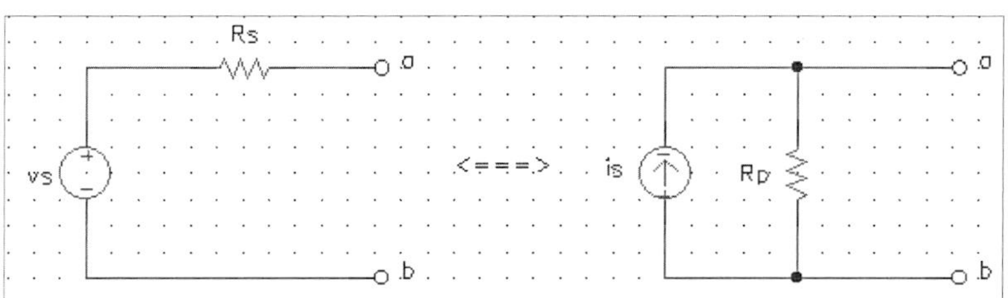

[그림 2.13] 전원의 치환

2.5.2 중첩의 원리

한 회로에 여러 전원이 있을 경우에 한 저항에 걸리는 전류나 전압값을 계산하고자 할 때에 중첩의 원리를 사용하면 쉽게 구할 수 있다. 다시 말하면 한 저항에 걸리는 전압은 여러 전원에 의한 영향으로 나타나는데, 이는 각 전원이 저항에 미치는 영향을 더한 것과 같다는 것이다. 수식으로 표현하면 식 (2.23)과 같다. n개의 전원이 있을 경우 저항 R에 걸리는 전압이 v_R이라 하면 다음과 같이 각 전원에 의한 영향을 더한 것과 같다.

$$v_R = v_{R_1} + v_{R_2} + \cdots + v_{R_n} \tag{2.23}$$

여기서 v_{R_1}은 첫 번째 전원에 의한 저항 R에 미치는 전압값이다.

다음 회로에서 중첩의 원리를 사용하여 저항 R_p에 흐르는 전류를 구해 보자.

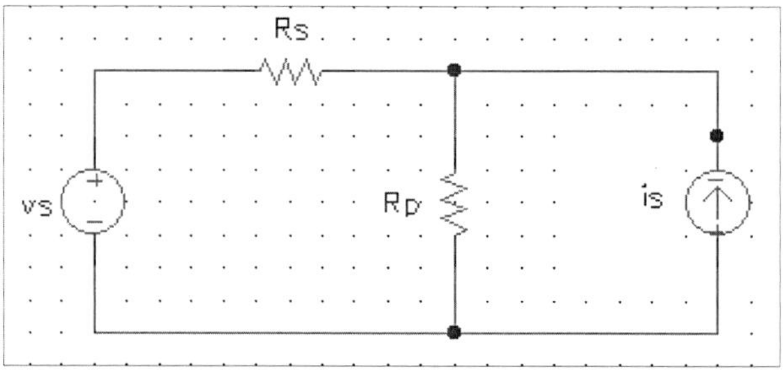

[그림 2.14] 중첩의 원리 예

중첩의 원리를 적용할 경우에는 다음과 같은 중요한 법칙을 적용해야 한다. 한 전원에 의한 영향을 구하기 위해서는 그 전원을 제외한 모든 전압원은 쇼트시키고 전류원은 오픈시킨다.

❶ 전압원 v_s에 의한 영향을 구하려면 전류원 i_s는 개회로가 된다. 따라서 전류 i_1은 다음과 같다.

$$i_1 = \frac{v_s}{R_s + R_p} \tag{2.24}$$

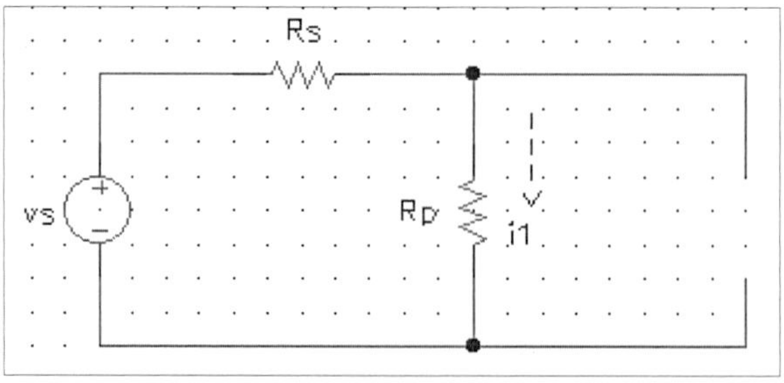

[그림 2.15] 전압원 v_s에 의한 영향

❷ 전류원 i_s에 의한 영향을 고려할 경우에는 전압원 v_s는 쇼트된다.

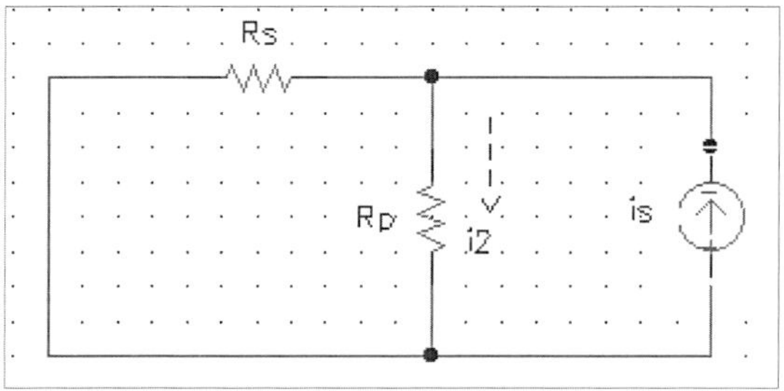

[그림 2.16] 전류원 i_s에 의한 영향

$$i_2 = \frac{R_s}{R_s + R_p} i_s \tag{2.25}$$

결과적으로 저항 R_p에 흐르는 전류 i는 두 전류값을 더한 것과 같다.

$$\begin{aligned} i &= i_1 + i_2 \\ &= \frac{v_s}{R_s + R_p} + \frac{R_s i_s}{R_s + R_p} \\ &= \frac{1}{R_s + R_p}(v_s + R_s i_s) \end{aligned} \tag{2.26}$$

2.5.3 Thevenin 등가 회로

Thevenin 등가 회로는 여러 개의 소자와 전원으로 구성되어 있는 회로의 한 부분을 하나의 전압원과 저항이 있는 동등한 회로로 대체하는 회로를 말한다. 전원이 있고 저항이 있는 어떤 회로에서 한 터미널에서 바라본 동등 회로를 오픈 전압 v_{oc}와 전체 저항 R_{th}의 직렬 연결로 나타낼 수 있다.

그림 2.7은 a-b터미널에서 바라본 동등 회로를 나타낸다. 저항 R_{th}를 구하기 위해서는 전압원은 쇼트시키고 전류원은 오픈시킨 뒤에 터미널에서 바라본 전체 저항을 계산하면 된다.

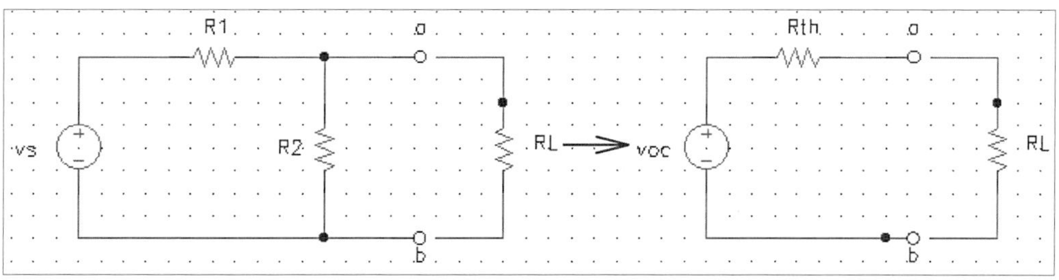

[그림 2.17] Thevenin 동등 회로

그러면 오픈 전압 v_{oc}와 저항 R_{th}를 구해보자.

❶ v_{oc} 계산하기

오픈 전압 v_{oc}를 구하기 위해서는 a-b 터미널을 열고 a-b 터미널에 걸리는 전압을 구하면 된다.

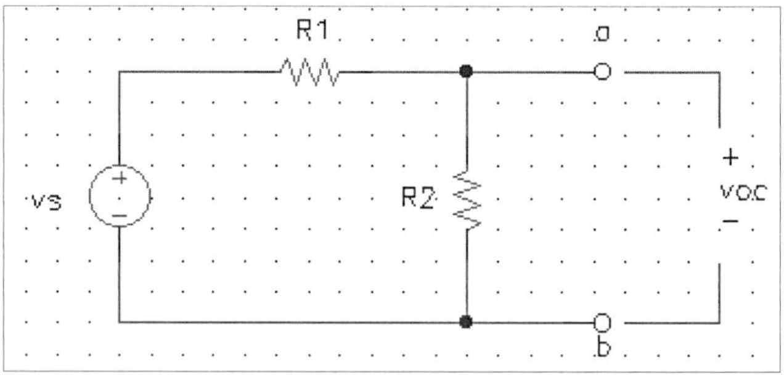

[그림 2.18] v_{oc} 구하기

$$v_{oc} = \frac{R_2}{R_1 + R_2} v_s \tag{2.27}$$

❷ R_{th} 계산하기

저항 R_{th}를 계산하기 위해서는 다음과 같이 전압원을 쇼트시키고 터미널 a-b에서 바라본 저항값을 계산하면 된다.

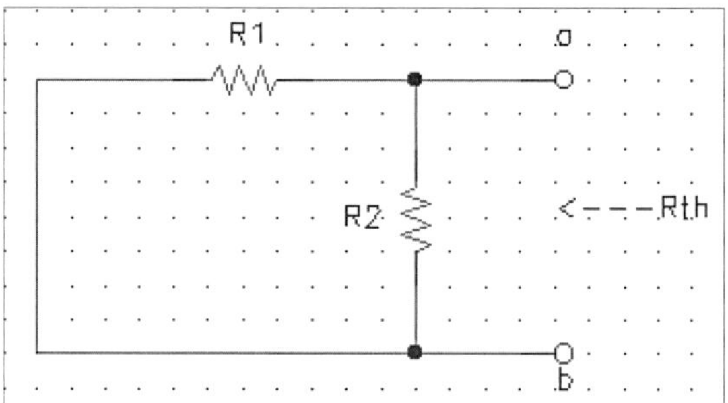

[그림 2.19] 저항 R_{th} 구하기

$$R_{th} = R_1 // R_2 \tag{2.28}$$

그러므로 그림 2.17에서 부하 저항 R_L에 걸리는 전압을 계산하면 다음과 같다.

$$v_L = \frac{R_L}{R_{th} + R_L} v_{oc} \tag{2.29}$$

예제 2.1 Thevenin 등가 회로

다음 회로에서 저항 R에 흐르는 전류 I를 Thevenin 등가 회로를 사용하여 구하시오.

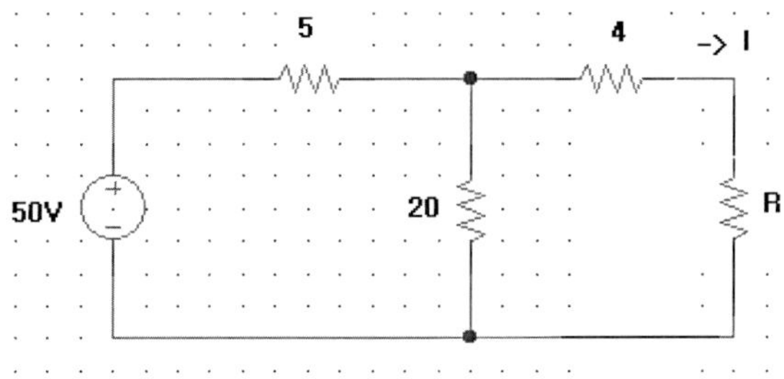

먼저 R_{th}를 구하기 위해 전압원을 쇼트시키면

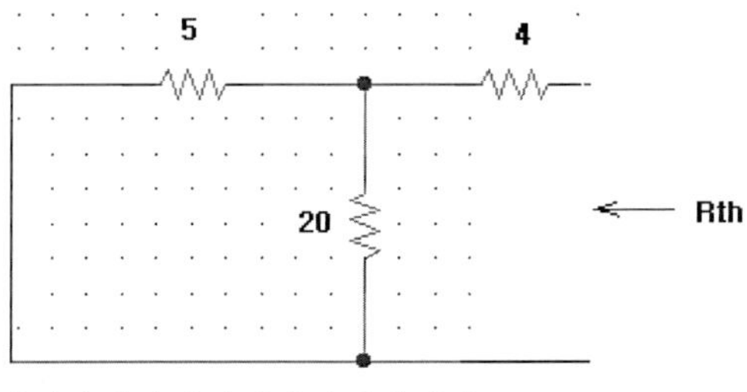

$$R_{th} = 4 + 5//20 = 4 + 4 = 8\Omega$$

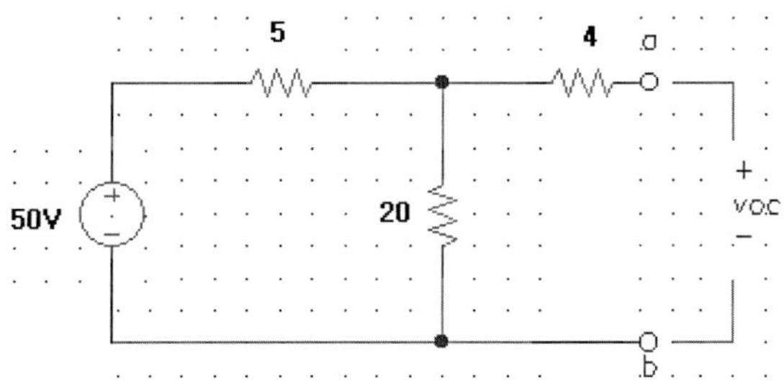

오픈전압 V_{oc}를 계산하기 위해 전압 분배를 적용하면 다음과 같다. 주의 할 점은 4Ω의 저항은 개회로 전압이므로 포함되지 않는다는 것이다.

$$V_{oc} = \frac{20}{20+5} 50\,V = 40\,V$$

라서 결과적인 Thevenin 동등 회로는 다음과 같다.

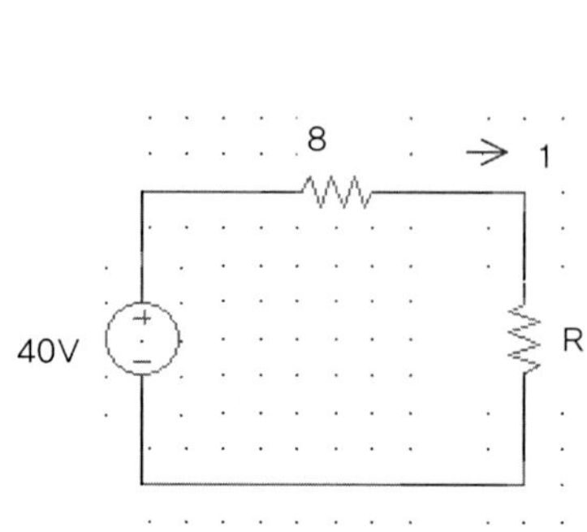

여기서 전류값은

$$I = \frac{40}{8+R}$$

2.5.4 Norton 등가 회로

Norton 등가 회로는 Thevenin 등가 회로와 마찬가지로 여러 개의 소자와 전원으로 구성되어 있는 회로의 한 부분을 하나의 전류원과 저항이 있는 동등한 회로로 대체하는 회로를 말한다. 전원이 있고 저항이 있는 어떤 회로에서 한 터미널에서 바라본 동등 회로를 오픈 전류 i_{sc}와 전체 저항 R_n의 병렬 연결로 나타낼 수 있다.

그림 2.20은 a-b 터미널에서 바라본 동등 회로를 나타낸다. 저항 R_n를 구하기 위해서는 전압원은 쇼트시키고 전류원은 오픈시킨 뒤에 터미널에서 바라본 전체 저항을 계산하면 된다.

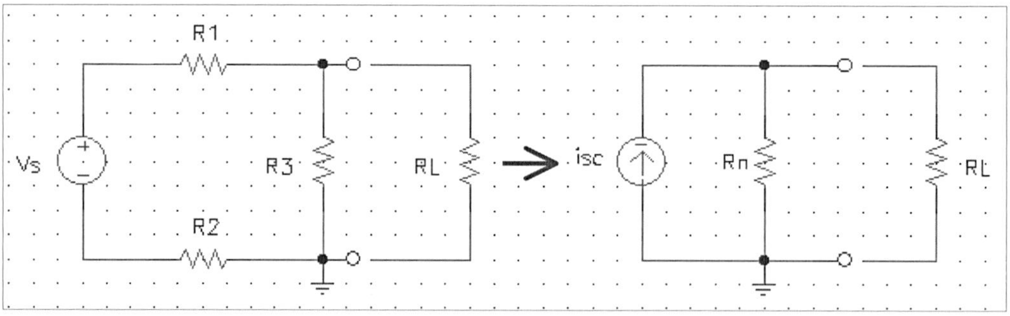

[그림 2.20] Norton 동등 회로

그러면 쇼트 전압 i_{sc}와 저항 R_n을 구해보자.

❶ i_{sc} 계산하기

쇼트 전류 i_{sc}를 구하기 위해서는 a-b 터미널을 쇼트시키고 a-b 터미널에 흐르는 전류을 구하면 된다.

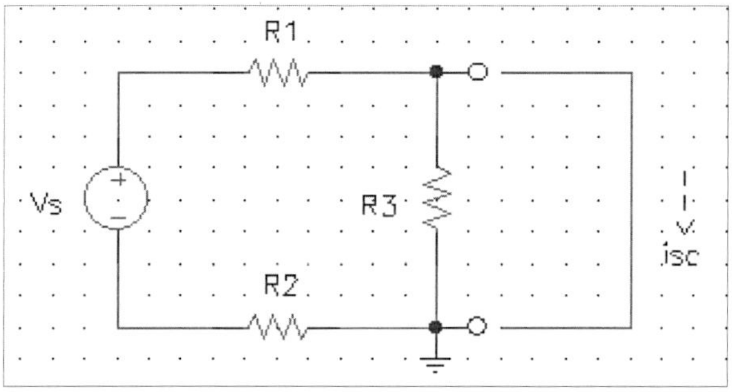

[그림 2.21] i_{sc} 구하기

$$i_{sc} = \frac{v_s}{R_1 + R_2} \tag{2.27}$$

❷ R_n 계산하기

저항 R_n를 계산하기 위해서는 다음과 같이 전압원을 쇼트시키고 터미널 a-b에서 바라본 저항값을 계산하면 된다.

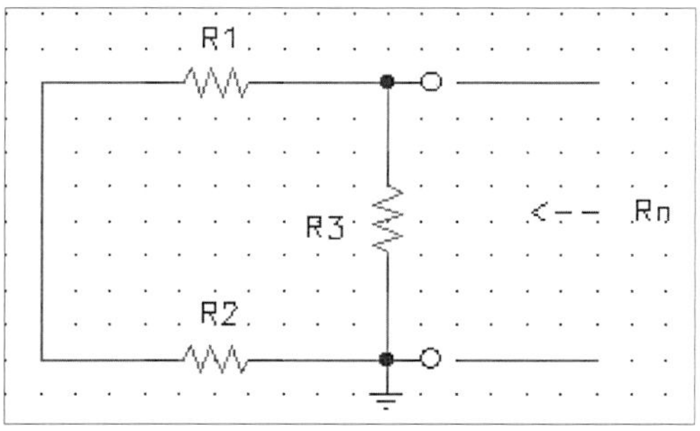

[그림 2.22] 저항 R_n 구하기

$$R_n = (R_1 + R_2)//R_3 \tag{2.28}$$

그러므로 그림 2.20에서 부하 저항 R_L에 걸리는 전압을 계산하면 다음과 같다.

$$v_L = \frac{R_n R_L}{R_n + R_L} i_{sc} \tag{2.29}$$

예 제 2.2 Norton 등가 회로 예

다음 회로에서 Norton 등가 회로를 구하고 전류 I를 계산하시오.

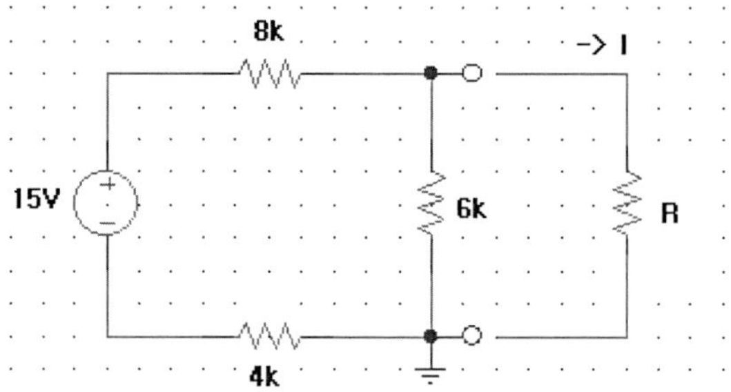

먼저 등가 저항 R_n을 계산하면

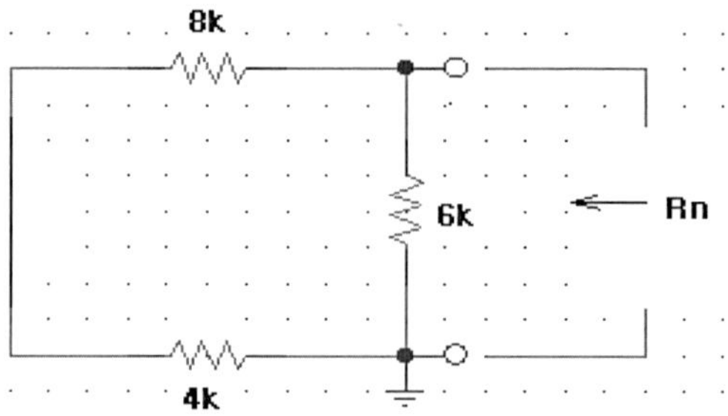

$$\frac{1}{R_n} = \frac{1}{6K} + \frac{1}{12K} = \frac{3}{12} K\Omega$$

$$R_n = 4K\Omega$$

쇼트된 전류값 I_{SC}을 계산하면

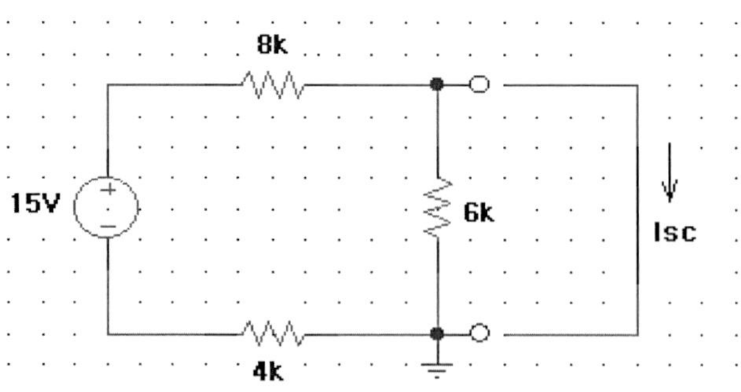

$$I_{SC} = \frac{15\,V}{4K\Omega + 8K\Omega} = \frac{5}{4}mA$$

따라서 Norton 동등 회로는 다음과 같다.

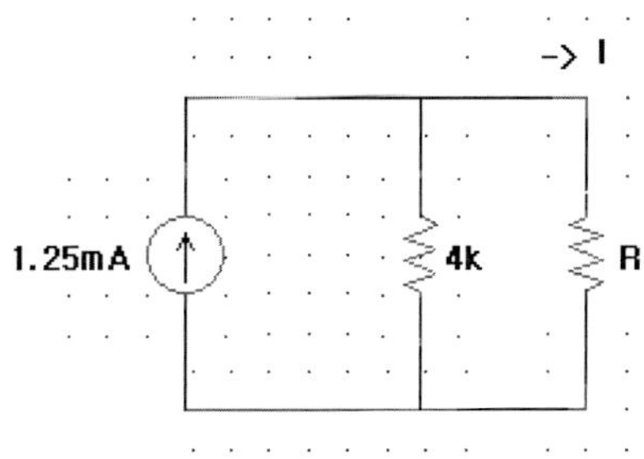

$$I = \frac{4K}{4K+R} \cdot \frac{5}{4}mA$$

2.6 노드 분석법 (Nodal Analysis)

KCL을 적용하여 회로를 분석하는 방법이 노드 분석법이다. 전류원이 있는 다음 회로를 고려해 보자.

❶ 우선 노드를 지정한다. 이때 맨 밑의 노드는 접지이다.

❷ 각 노드로부터의 전류의 방향을 지정한다.

❸ 각 노드에서 전류의 값을 계산한다.

예 제 2.3 노드 분석 예 1

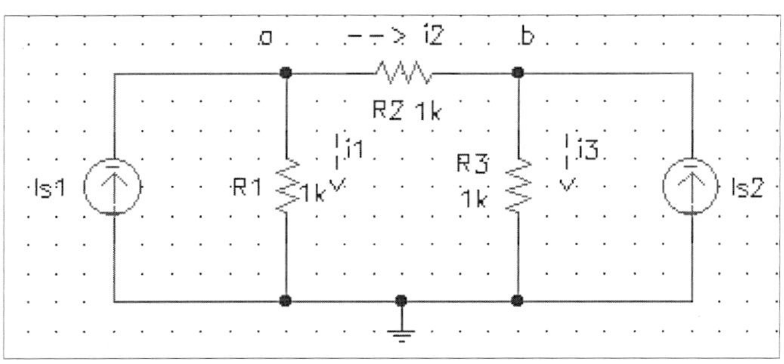

[그림 2.23] 노드 분석법

노드 a에서 KCL을 적용하면

$$Is_1 = i_1 + i_2 = \frac{V_a}{R_1} + \frac{V_a - V_b}{R_2} = \left(\frac{1}{R_1} + \frac{1}{R_2}\right)V_a - \frac{1}{R_2}V_b \tag{2.30}$$

노드 b에서 KCL을 적용하면

$$Is_2 = i_3 - i_2 = \frac{V_b}{R_3} - \frac{V_a - V_b}{R_2} = -\frac{1}{R_2}V_a + \left(\frac{1}{R_2} + \frac{1}{R_3}\right)V_b \tag{2.31}$$

위의 두 식을 연립하면 V_a, V_b에 대해 풀 수 있게 된다.

$$\begin{bmatrix} \frac{1}{R_1} + \frac{1}{R_2} & -\frac{1}{R_2} \\ -\frac{1}{R_2} & \frac{1}{R_2} + \frac{1}{R_3} \end{bmatrix} \begin{bmatrix} V_a \\ V_b \end{bmatrix} = \begin{bmatrix} Is_1 \\ Is_2 \end{bmatrix} \tag{2.32}$$

예 제 2.4 노드 분석 예 2

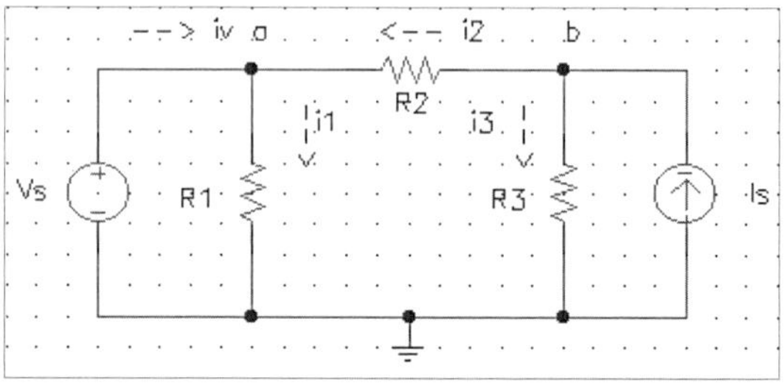

[그림 2.24] 회로의 노드 분석법

노드 b에서 KCL을 적용하면

$$i_s = i_2 + i_3 = \frac{v_b - v_a}{R_2} + \frac{v_b}{R_3} \tag{2.33}$$

노드 a에서 $v_a = v_s$이므로 식 (2.33)에 대입하면

$$i_s = \left(\frac{1}{R_2} + \frac{1}{R_3}\right)v_b - \frac{1}{R_2}v_s \tag{2.34}$$

v_b에 대하여 정리하면

$$v_b = \frac{i_s + \frac{1}{R_2}v_s}{\left(\frac{1}{R_2} + \frac{1}{R_3}\right)} \tag{2.35}$$

각 전류값은 다음과 같다.

$$i_1 = \frac{v_s}{R_1}, \quad i_2 = \frac{v_b - v_s}{R_2}, \quad i_3 = \frac{v_b}{R_3} \tag{2.36}$$

만약 계산된 전류의 값이 음수이면 처음에 설정한 전류의 방향이 반대로 설정되었다는 것을 의미한다.

2.7 메쉬 분석법(Mesh Analysis)

KVL을 적용하여 회로를 분석하는 방법을 Mesh 분석법이라 한다. KVL을 사용할 경우에는 각 소자에 걸리는 전압의 표시를 바르게 정하는 것이 중요하다. 전압의 극을 선택하는 방법은 소자에 흐르는 전류의 방향에 의해 결정된다. 전류가 소자로 들어가는 쪽을 양극으로 하고 나가는 쪽을 음극으로 한다. 전원인 경우는 반대가 된다. 1번 전류의 방향이 정해지면 모든 계산을 통해 같은 방향을 사용해야 한다. 계산 후에 전류의 값이 음수로 나타난 경우에는 처음에 설정한 전류의 방향과 반대라는 의미이다.

❶ 각 루프에 시계방향으로 전류의 방향을 임의로 설정한다.
❷ 각 루프에 KVL을 적용하여 방정식을 구한다. 루프의 수에 따라 방정식을 얻게 된다.
❸ 각 방정식을 풀어 전류의 값을 구한다.

예 제 2.5 Mesh 분석 방법 예 1

다음은 전원이 둘인 전기 회로이다. Mesh 분석 방법을 통해서 구해보자.

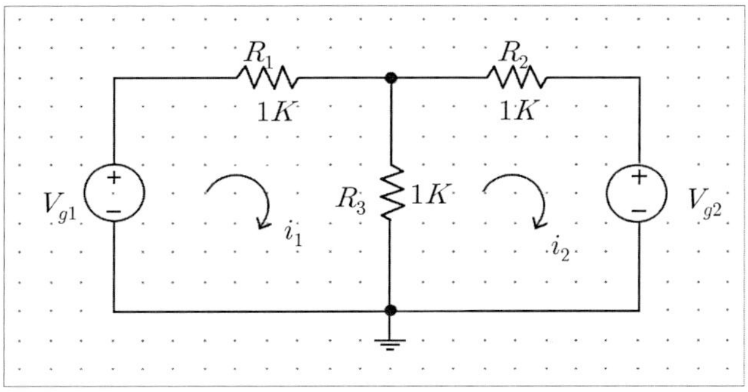

[그림 2.25] 전원이 둘인 회로

루프 1과 2를 각각 돌려서 KVL을 구하여 보자. 저항 R_1에 흐르는 전류 i_1과 저항 R_2에 흐르는 전류 i_2를 각각 구해보자. 여기서 주의할 것은 저항 R_3가 전류 i_1과 i_2에 의해 공유되었다는 것이다. 이 경우에 루프 1에서 저항 R_3에 걸리는 전압을 $v_3 = R_3(i_1 - i_2)$로 정했으면 루프 2에서 그 전압의 방향을 그대로 지켜야 한다.
루프 1로부터 전압의 합을 구하면

$$R_1 i_1 + R_3(i_1 - i_2) - V_{g_1} = 0 \tag{2.37}$$

루프 2에서는 전압 v_3의 방향을 루프 1에서 그대로 사용하여 루프 2로부터 전압의 합을 구하면 다음과 같다.

$$R_2 i_2 + V_{g_2} - R_3(i_1 - i_2) = 0 \tag{2.38}$$

식 (2.37), 식 (2.38)을 다시 정리해 보면

$$(R_1 + R_3)i_1 - R_3 i_2 = V_{g_1} \tag{2.39}$$

$$-R_3 i_1 + (R_2 + R_3)i_2 = -V_{g_2} \tag{2.40}$$

식 (2.39), 식 (2.40)을 행렬로 나타내면

$$\begin{bmatrix} R_1 + & R_3 \\ -R_3 & R_2 + R_3 \end{bmatrix} \begin{bmatrix} i_1 \\ i_2 \end{bmatrix} = \begin{bmatrix} V_{g1} \\ -V_{g2} \end{bmatrix} \tag{2.41}$$

$$RI = V \tag{2.42}$$

로 나타낼 수 있다.
여기서 우리가 구하고자 하는 것은 전류이므로 다음과 같이 구한다.

$$I = R^{-1} V \tag{2.43}$$

예 제 2.6 Mesh 분석 방법 □ 2

1. 아래 회로에서 메쉬 방정식을 구하시오.

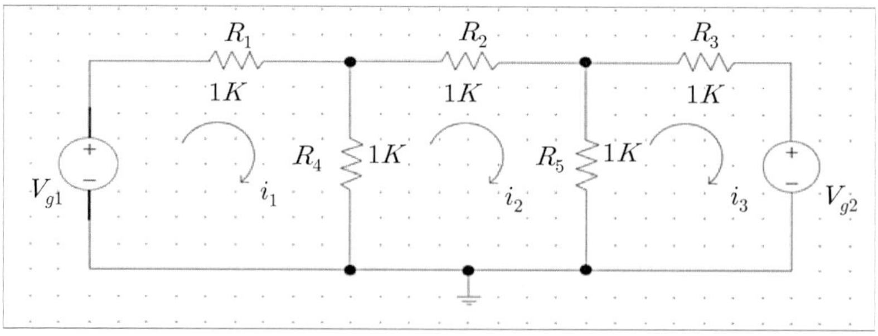

[그림 2.26] 메쉬 분석법

답 Mesh 1 : $-Vg_1 + R_1 i_1 + R_4(i_1 - i_2) = 0$
Mesh 2 : $-R_4(i_1 - i_2) + R_2 i_2 + R_5(i_2 - i_3) = 0$
Mesh 3 : $-R_5(i_2 - i_3) + R_3 i_3 + Vg_2 = 0$

2. 다음 회로에서 i_1, i_2, v를 구하시오.

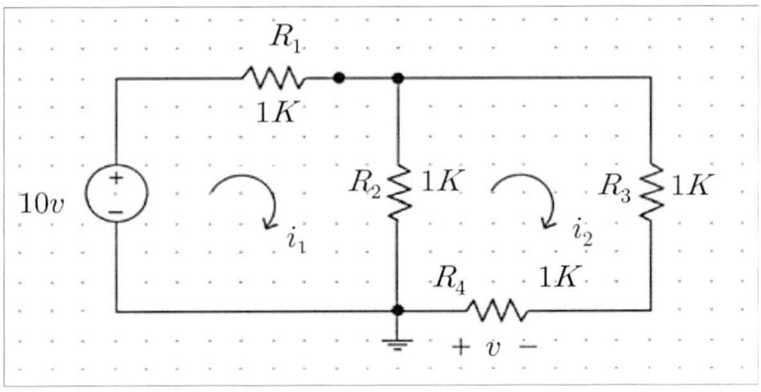

[그림 2.27] 회로의 예

답 $i_1 = 6mA, i_2 = 2mA, v = -2V$

2.8 RC 시상수

커패시터는 두 금속판 사이에 절연물질이 있는 소자이다. 전기가 통하게 되면 금속판에 전하가 생겨 전기장을 형성하고 전압강하를 생성하게 된다. 커패시터는 에너지를 저장할 뿐만 아니라 교류를 통과시키고 직류를 통과시키지 않는 널리 사용되는 소자이다. 커패시터는 용도에 맞도록 충전과 방전을 반복한다. 충전이란 커패시터가 전자인 음전하를 저장하는 것을 말하고 방전이란 전자를 방출하는 것을 말한다. 커패시터에는 극성이 있는 전해 커패시터가 있는데 다리가 긴 쪽이 양극이고 짧은 쪽이 음극이다. 극성이 있는 커패시터를 사용 시에는 극성에 주의하여야 한다.

2.8.1 충전

다음 회로를 고려해 보자. 커패시터를 충전하는 전원이 있고 저항과 커패시터가 병렬로 연결되어 있다. 1번의 스위치가 닫히는 순간에는 커패시터는 단락된 것처럼 작동한다. 하지만 스위치가 계속 닫혀 있으면 커패시터는 충전되기 시작한다.

충분한 시간동안 충전한 다음에 커패시터에는 v_s만큼의 전압이 충전된다. 스위치가 열렸을 때 KCL을 적용하면 다음과 같다. 그렇다면 충전되는 시간은 어떻게 구할 수 있을까?

$$v_S(t) = v_R(t) + v_c(t) \tag{2.44}$$

커패시터의 전압은 다음과 같이 전원에서 방전된 전압을 빼면 된다.

$$v_C(t) = v_S(t) - v_R(t) = v_S - RAe^{-\frac{1}{RC}t} \tag{2.45}$$

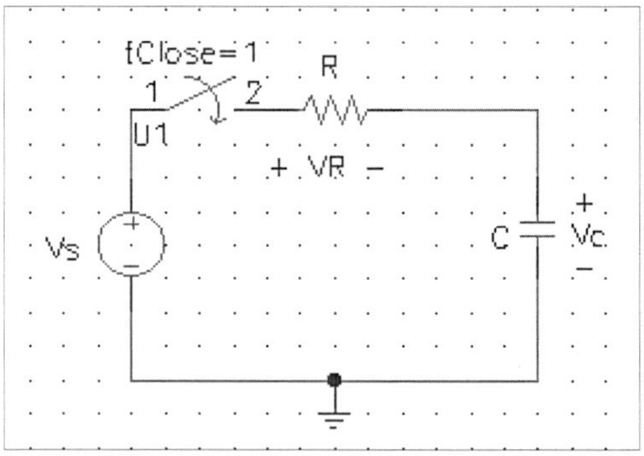

[그림 2.28] 커패시터의 충전 회로

여기서 전원은 직류이므로 $v_S(t) = V_0$라 하면 $v_S(0) = V_0$, $i(0) = \frac{V_0}{R} = A$가 된다. 왜냐하면 초기에 커패시터는 단락된 것처럼 작동하기 때문이다. 식 (2.45)에 대입하면 다음과 같다.

$$v_C(t) = v_S(t) - v_R(t) = V_0(1 - e^{-\frac{1}{RC}t}) \tag{2.46}$$

Matlab 예제 2.1 커패시터의 충전

예로 $R = 1M\Omega$이고 $C = 1\mu F$일 때 시상수는 $\tau = 10^6 \cdot 10^{-6} = 1$초이다. 충전과정을 그림으로 그려보면 다음 그림 2.29와 같다.

```
t = [0:0.1:5];
tau = 1;
vc = 1*(1-exp(-t));
plot(t,vc)
grid
xlabel('시간(초)')
ylabel('충전률, x 100(%)')
title('커패시터 충전')
```

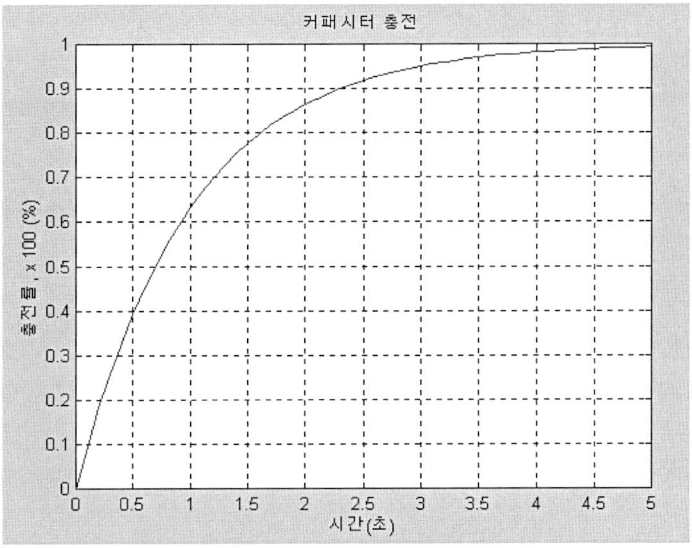

[그림 2.29] 커패시터의 충전

시상수는 대략 1초인 것을 알 수 있다.

2.8.2 방전

방전은 충전의 반대되는 과정으로 전원이 끊어졌을 때 커패시터가 전원의 역할을 하는 과정을 말한다. 그림 2.30의 회로에서 스위치가 열리면 저항은 전원으로부터 분리되고 커패시터는 저항에서 소모되는 에너지를 공급한다. 이때 전류의 방향은 반대로 되며 저항에 걸리는 전압은 초기에 커패시터에 저장된 전압의 값과 같았다가 커패시터에 충전된 전압과 함께 점차적으로 줄어들어 0이 된다. KVL를 적용하면 커패시터의 전압은 다음과 같다.

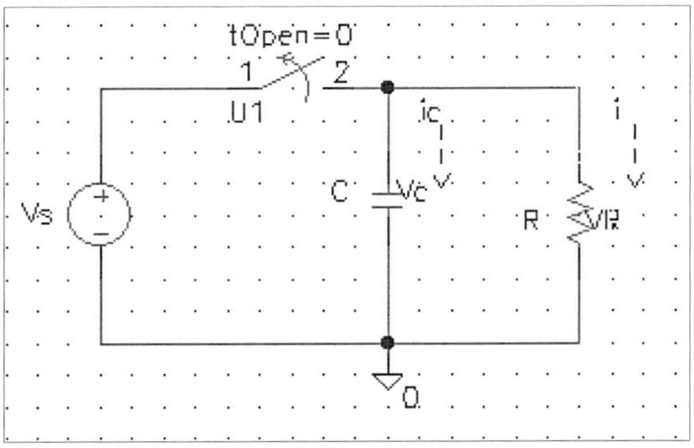

[그림 2.30] 커패시터 방전 회로

스위치가 열렸을 때 KCL을 적용하면 다음과 같다. 그렇다면 방전되는 시간은 어떻게 구할 수 있을까?

$$i_C(t) + i(t) = 0 \tag{2.47}$$

커패시터에 흐르는 전류는 다음과 같다.

$$i(t) + C\frac{dv_C(t)}{dt} = 0 \tag{2.48}$$

$v_C(t) = v_R(t) = i(t)R$ 이므로 식 (2.48)에 대입하면

$$i(t) + RC\frac{di(t)}{dt} = 0 \tag{2.49}$$

일차 미분방정식을 풀면 다음과 같다.

$$i(t) = Ae^{-\frac{1}{RC}t} \tag{2.50}$$

A 는 상수이다. 전류는 시간에 따른 지수 함수이므로 계수 $-\frac{1}{RC}$의 값에 의해 좌우되는데, 여기서 $\tau = RC$를 시상수라 한다. 이 시상수는 커패시터가 적용된 전원 전압의 63.2%까지 충전되는데 걸리는 시간 또는 63.2%까지 방전되는데 걸리는 시간을 말한다.

$$v_R(t) = V_0e^{-\frac{1}{RC}t} \tag{2.51}$$

여기서 전원은 직류이므로 $v_S(t) = V_0$라 하면 $v_S(0) = V_0$, $i(0) = \frac{V_0}{R} = A$가 된다. 왜냐하면 초기에 커패시터는 단락된 것처럼 작동하기 때문이다.

Matlab 예제 2.2 커패시터의 방전

```
t = [0:0.1:5];
tau = 1;
vc = 1-1*(1-exp(-t));
plot(t,vc)
grid
xlabel('시간(초)')
ylabel('방전률, x 100(%)')
title('커패시터 방전')
```

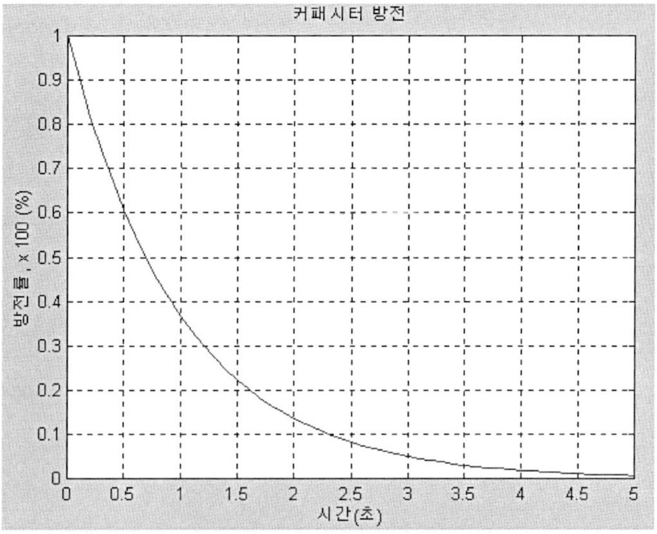

[그림 2.31] 커패시터의 방전

그림 2.31에서 보면 시상수는 대략 1초인 것을 알 수 있다.

PSpice 예제 2.1 커패시터의 방전

그림 2.32는 커패시터의 방전을 나타낸다. 시상수를 구해보자.

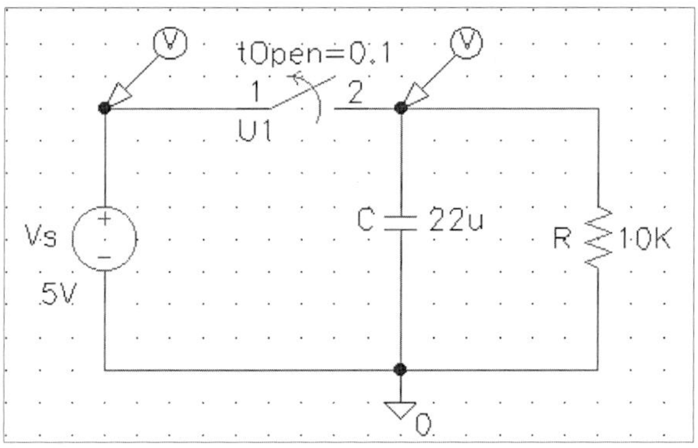

[그림 2.32] 방전 회로

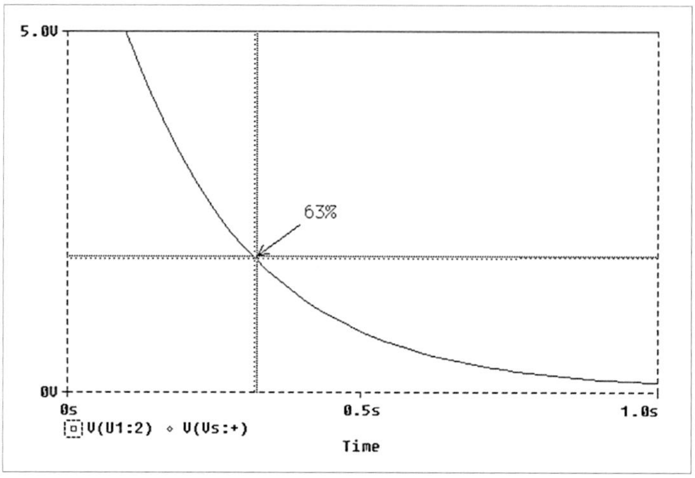

[그림 2.33] 방전 전압

PSpice 예제 2.2 커패시터의 충전 및 방전

그림 2.34에서는 커패시터의 충전과 방전을 나타내는 회로이다. 50us까지 충전과 방전을 되풀이하다가 스위치가 열리면서 방전하게 된다.

입력 전압으로 크기가 5V이고 주기가 40us인 펄스파를 적용하여 보자.

그림 2.36에서 시상수는 $\tau = 100 \cdot 10^{-6} \times 10 \cdot 10^{3} = 1$초가 된다.

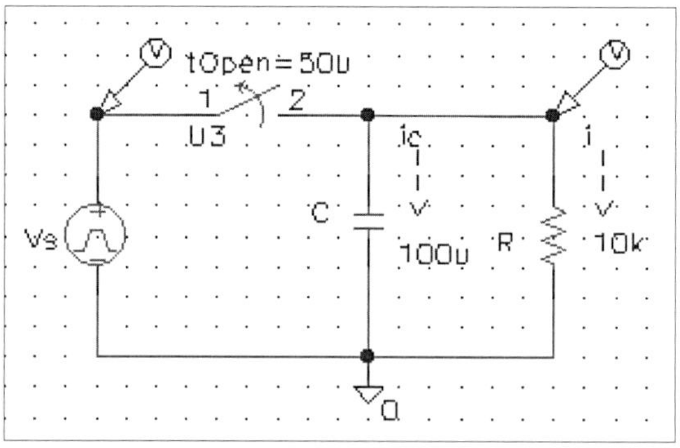

[그림 2.34] 커패시터의 충전 및 방전 회로

PSpice에서는 다음과 같이 전압원을 설정한다.

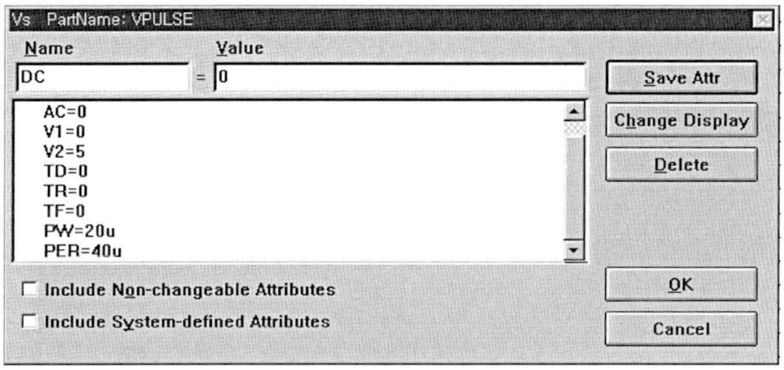

[그림 2.35] 전압원의 변수 설정

그림 2.36에서 보면 펄스파의 입력 전압이 스위칭 작용을 하는 것처럼 보여 충전과 방전을 반복하다가 50us 이후에는 스위치가 열렸지만 시상수가 1초로 매우 크기 때문에 출력이 5V를 유지함을 알 수 있다. 1초 이후에는 감소하게 됨을 추측할 수 있다.

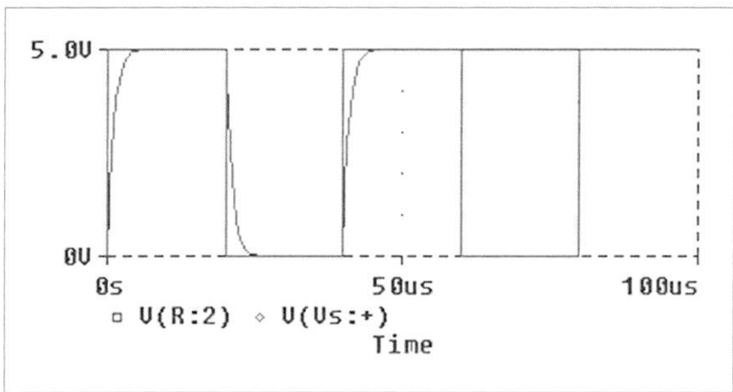

[그림 2.36] 커패시터의 충전 및 방전

2장 점검문제

1. 회로를 분석할 경우에 전류원(Current Source)이 있는 경우가 있다. 실제 회로에서는 전류원은 무슨 의미이며 어떻게 만들 수 있을까? 그림을 그리고 설명해 보시오.

2. 아래 회로를 분석하여 보자.

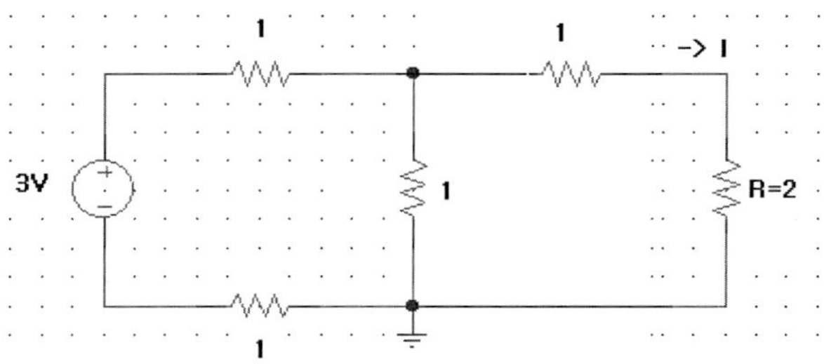

❶ 노드 분석 방식을 사용하여 전류 I를 구해 보시오.

❷ Mesh 방식을 사용하여 전류 I를 구해보시오.

❸ Thevenin 동등 회로를 구하고 I를 구해 보시오.

❹ Norton 동등 회로를 구하고 I를 구해보시오.

3. 커패시터에 흐르는 전류는 다음과 같은 미분식으로 표현되어 질 수 있다.

$$i(t) = C\frac{dv(t)}{dt}$$

이 수식의 특성상 커패시터가 사용되어지는 용도를 설명해 보시오.

4. 일상생활에서 사용하는 합선, 단락, 접지, 쇼트 등의 용어에 대해 설명해 보시오.

실 험 2 키르히호프 법칙

준비물: 전원 공급기, 멀티미터, 저항 $5.0K\Omega$, $1.5K\Omega$, $1.0K\Omega$, 330Ω, 가변저항기$(10.0K\Omega)$

1. 아래 회로를 구성하고 각 브랜치의 전류를 측정하여 아래의 표를 완성하시오. 측정된 전류간의 관계를 키르히호프의 전류법칙으로 설명하시오.

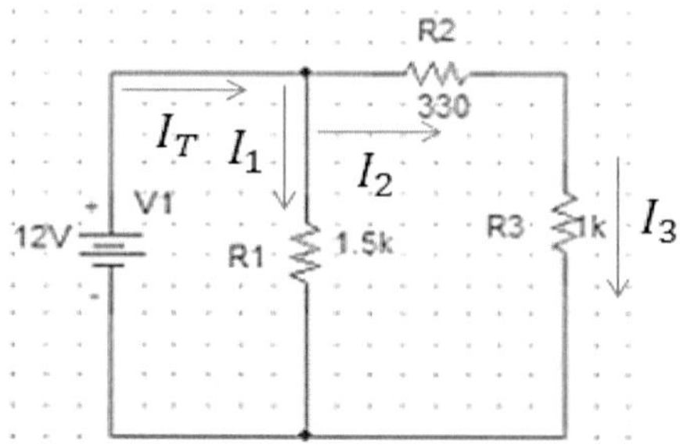

	I_1	I_2	I_3	I_T
전류				

2. 다음의 회로를 구성하고 각 노드의 전압을 측정하여 표를 완성 하시오. 측정된 전압간의 관계를 키르히호프의 전압법칙으로 설명하시오.

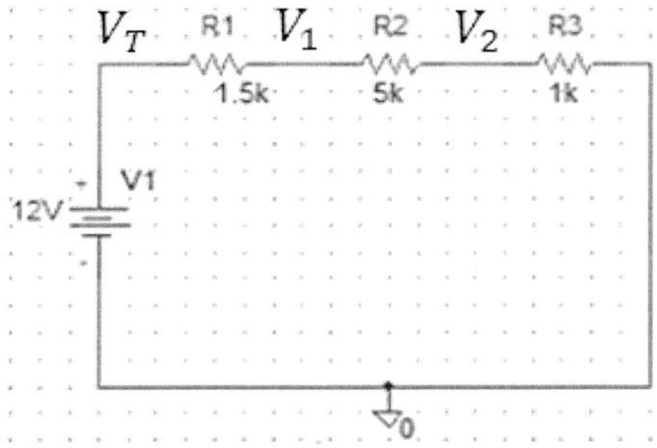

	V_1	V_2	V_T
전압			

3. 아래 회로를 구성하고 R_L 양단의 전압이 아래의 표와 같이 되도록 가변저항기 R_L을 조정하시오. 가변저항기의 측정값과 계산값을 구하여 아래의 표를 완성하시오.

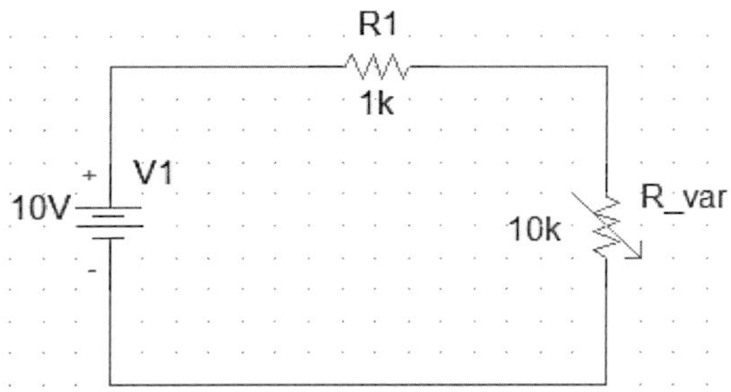

R_L양단 전압	1V	1.5V	2V	4V	6V
측정값					
계산값					

날 짜	
검 인	

실험 3 등가 회로 및 중첩의 원리

준비물 : 전원 공급기, 멀티미터, 저항 $1.0K\Omega$, $2.0K\Omega$, $3.0K\Omega$, $4.0K\Omega$, 330Ω, 가변저항기($5.0K\Omega$)

1. 아래의 회로에 대하여 다음의 과정을 차례로 실행하여 아래의 표들을 완성 하시오.

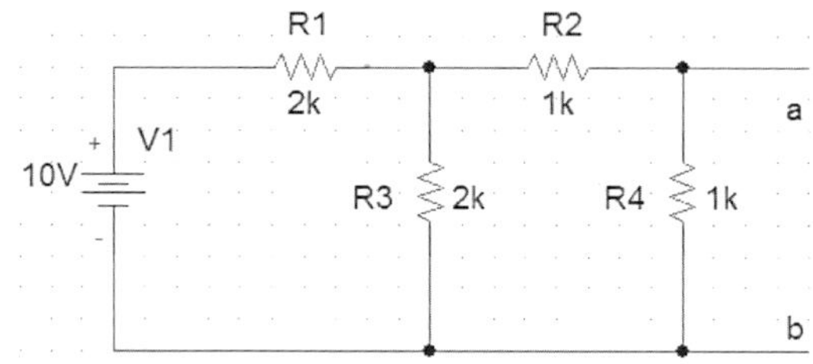

1.1 단자 a, b 사이에 저항값 R_L을 아래의 표와 같이 차례로 변화시키면서 R_L 양단의 전압과 R_L을 통해 흐르는 전류를 측정하시오.

	R_L=1kΩ		R_L=2kΩ		R_L=3kΩ		R_L=4kΩ	
	전압	전류	전압	전류	전압	전류	전압	전류
측정값								

1.2 전원 V_1을 연결하고 a, b 단자를 개방하여 a, b 단자에 대한 테브난 등가 전압 V_{oc}를 측정하시오.

1.3 회로의 전원 V_1을 단락 시키고 a, b 단자에 대한 저항 R_{th}를 측정 하시오.

1.4 측정된 전압 V_{oc}와 저항값 R_{th}에 따라 테브난 등가 회로를 그리시오. 브레드 보드 한편에 얻어진 테브난 등가 회로를 실제 구성하시오.

1.5 테브난 등가 회로의 단자 a, b 사이에 저항값 R_L을 아래의 표와 같이 차례로 변화시키면서 R_L 양단의 전압과 R_L을 통해 흐르는 전류를 측정하시오.

	R_L=1kΩ		R_L=2kΩ		R_L=3kΩ		R_L=4kΩ	
	전압	전류	전압	전류	전압	전류	전압	전류
측정값								

1.6 테브난 등가 회로를 통해 얻어진 측정값과 주어진 회로를 통해 얻어진 측정값을 비교하시오.

2. 다음 회로에 대하여 다음의 과정을 차례로 실행하여 표들을 완성 하시오.

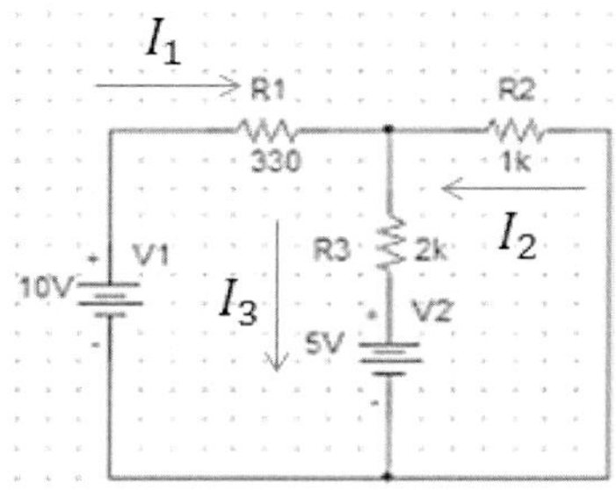

2.1 주어진 회로를 구성하고 I_1, I_2, I_3를 측정하여 아래의 표를 완성하시오.

	I_1	I_2	I_3
측정값			

2.2 V_1은 그대로 두고 V_2는 단락 시킨 상태로 I_1, I_2, I_3를 측정하여 아래의 표를 완성 하시오.

	I_1	I_2	I_3
측정값			

2.3 V_2는 그대로 두고 V_1은 단락 시킨 상태로 I_1, I_2, I_3를 측정하여 아래의 표를 완성 하시오.

	I_1	I_2	I_3
측정값			

2.4 앞서 측정된 전류값들의 관계를 중첩의 원리를 이용하여 설명하시오.

날 짜	
검 인	

실험 4 커패시터의 충전 및 방전

준비물: 전원 공급기, 오실로스코프, 멀티미터, 함수발생기, 저항 $5.1K\Omega$, 커패시터 $2.2uF$, $100\mu F$

1. PSpice 실험
   PSpice 예제 2.1에서 시상수를 0.001초가 되도록 저항과 커패시터 값을 설정한 뒤에 스위치를 0.5ms에 열도록 한 뒤에 출력 파형을 나타내시오.

2. 그림 2.1의 회로에서 $V_s = 5V, R = 5.1K\Omega$를 연결하고 저항에 걸리는 전압과 전류를 측정하시오. 계산한 값과 비교해 보시오.

	계 산 값	측 정 값	오 차
전 압(V)			
전 류(A)			

3. $V_s = 5V, R = 1M\Omega, C = 2.2uF$일 때 그림 2.32의 회로를 연결하고 스위치를 닫아 놓은 뒤에 스위치를 열었을 때 방전되는 파형을 그리시오.

	계 산 값	측 정 값	오 차
최고전압(V)			
시상수(sec)			

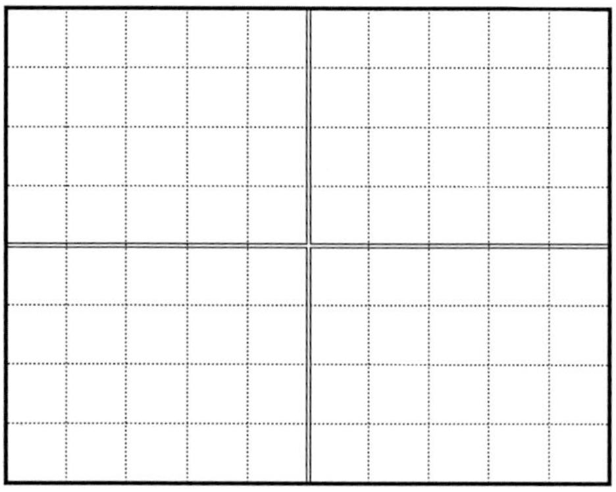

4. 그림 2.34의 회로에서 입력의 전압값을 함수발생기에서 주기가 1Hz인 펄스로 바꾸고 커패시터를 $100uF$으로 하였을 때 충전과 방전의 커패시터 전압의 파형을 그리고 시상수의 계산값과 비교하시오.

	계 산 값	측 정 값	오 차
전 압(V)			
시상수(sec)			

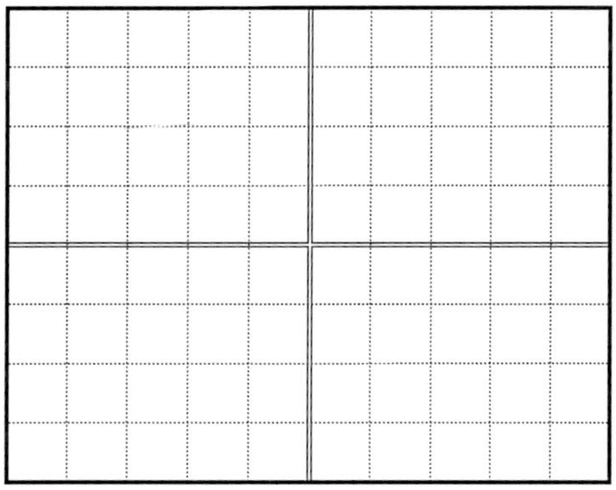

5. 고찰

5.1 커패시터와 저항을 이용하는 회로는 어떠한 목적으로 사용될 수 있을까 열거하고 설명하시오.

5.2 자동차 배터리의 경우 커패시터처럼 저장하는 장치이다. 배터리의 경우 마찬가지로 충전과 방전이 계속되는데 이 과정을 그림을 그리고 설명하시오

날 짜	
검 인	

PART 3 pn 접합 다이오드의 특성

목적 : 각 다이오드의 물성을 이해한다
다이오드의 특성을 이해하고 분석한다.

3.1 반도체란?

반도체란 도체(전기가 잘 통함)와 부도체(전기가 통하지 않음)의 중간적인 성격을 띠며 경우에 따라 전기가 통하는 물질을 말한다. 이러한 전기가 통하는 성질은 물질의 원자단위에서 설명이 된다. 한 원자는 가운데 핵이 있고 바깥에 전자들이 궤도를 따라서 회전하고 있다. 그림 3.1의 보어의 모델을 살펴보면 핵으로부터 전자의 궤도는 $n = 1, 2, 3, \cdots$ 증가함에 따라 $K, L, M, O \cdots$의 순서로 나가게 되는데 맨 바깥의 전자가 회전하는 궤도를 valence band(밸런스 밴드)라 한다. 각 궤도에 거주할 수 있는 전자의 수는 $N = 2n^2$이다. 따라서 $K = 2$, $L = 8$, $M = 18$개의 전자들이 거주할 수 있다.

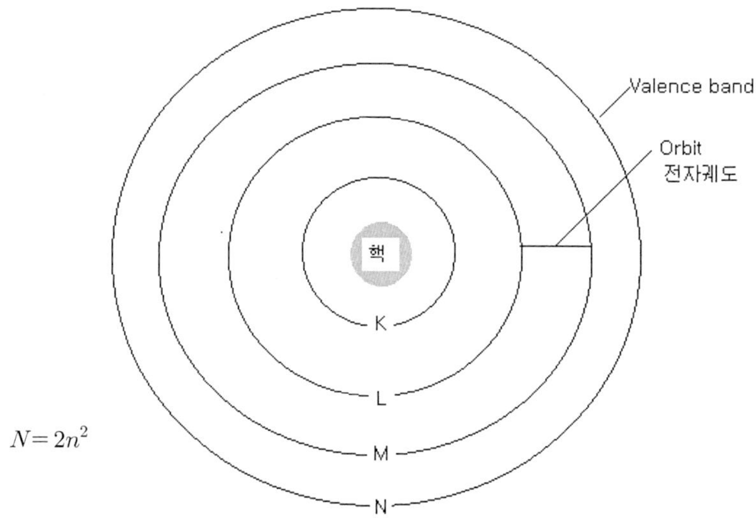

[그림 3.1] 보어 모델

최 외곽의 전자들이 에너지를 받으면 자유전자가 되어 conduction band로 옮겨간다. 이러한 valence band와 conduction band와의 에너지 차이가 물질의 도통 성질을 결정한다. 부도체는 에너지를 아무리 가해도 valence band의 전자들이 conduction band준위로 가지 못하는 경우이고, 도체인 경우는 conduction band와 valence band가 접해 있어 작은 에너지로 많은 자유전자를 생성할 수 있으므로 전류가 잘 통하게 된다. 반도체는 결과적으로 상황에 따라 valence band의 전자들이 conduction band로 이동하므로 전기가 통하는 중간적인 성질을 갖는다.

반도체 성격의 물질로는 화학 주기표에서 외곽 전자의 수가 4인 원소들로 대표적으로 silicon, germanium 등이 있다. 이러한 4가 원소는 서로 외곽의 전자를 공유하므로 안정하려고 하는데 이를 intrinsic 물질이라 한다. 이 intrinsic 물질에 5가 원소를 첨가하면 여덟 개의 전자를 이루어 안정하게 되고 외곽에 전자 하나가 남는 1가의 n형 반도체가 되고, 3가의 원소를 결합시키면 일곱 개의 전자가 되어 외곽에 정공이 하나인 p형 반도체가 된다. 이러한 특성으로 바깥쪽에 전자가 하나인 n형 반도체가 p형 반도체보다 에너지 준위가 높다. 따라서 n형 반도체는 전자를 잃음으로 안정하게 되고 p형 반도체는 전자를 하나 얻게 됨으로 안정하게 된다. 이처럼 intrinsic 물질에 불순물(impurities)을 첨가하는 과정을 **도핑(doping)**이라 한다. 이러한 p형과 n형의 반도체 성질을 이용하여 p형 반도체와 n형 반도체를 접합한 것이 **접합 다이오드(pn junction diode)**이다.

다이오드는 pn 접합의 형태로 전류의 흐름을 제어하는 소자이다. p형 쪽을 아노드(anode)라 하고 n형 쪽을 캐소드(cathode)라 한다. 다이오드의 형태는 여러 가지가 있으나 pn접합 다이오드는 띠가 둘러 있는데 띠가 있는 쪽이 n형인 캐소드이다. 따라서 다이오드는 아래와 같은 심볼로 나타낸다. 띠가 있는 쪽이 캐소드이므로 아노드에서 캐소드 쪽으로만 전류가 흐르게 된다.

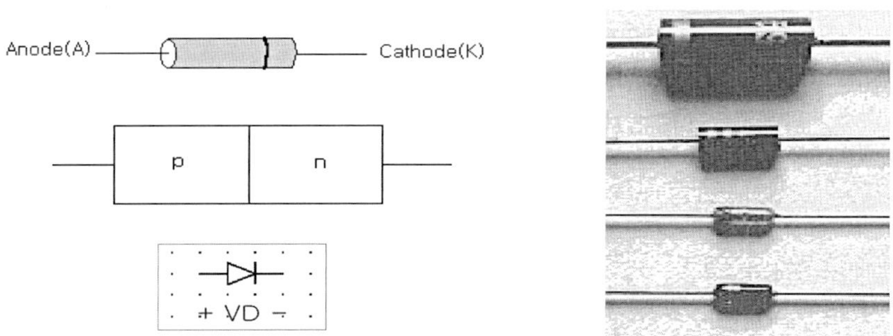

[그림 3.2] 다이오드 심볼 및 극성

3.2 반도체 물성

반도체에서 전류를 흐르게 하는 것으로 전자(electron)와 정공(hole)이 있다. valence band에 있는 전자는 에너지를 받으면 자유전자가 된다. 정공은 음전하를 띠는 valence band 전자가 자유전자가 되어 다른 곳으로 이동할 경우, 원래 전자가 있었던 곳은 비게 되고 양전하를 띠게 되는데 이를 **정공**이라 한다. 따라서 정공과 전자는 전류의 흐름의 기본적인 요소이다. 전류의 종류에는 전자에 의한 전자 전류와 정공에 의한 정공 전류로 나뉠 수 있다. 전자 전류는 자유전자에 무작위 움직임에 의한 전류의 흐름을 말한다. 정공 전류는 자유전자가 아닌 valence band 전자가 인접한 원자의 정공으로 움직이게 되고, 이것이 연속적으로 움직이게 되므로 나타나는 전류를 말한다. 또한 전자와 정공이 합쳐지는 것을 **결합**(combination)이라 하고 자유전자가 에너지를 잃어 다시 valence band로 떨어져 정공과 결합하는 것을 **재결합**(recombination)이라 한다. p형 반도체는 전자보다 정공이 많고 n형 반도체는 정공보다는 전자가 많다.

3.3 pn 접합 다이오드

다이오드는 그림 3.3에서 나타난 것처럼 n형 반도체와 p형 반도체를 접합한 소자이다. n형 반도체에는 전자의 수가 정공보다 많으므로 전자가 다수 캐리어이고 정공이 소수 캐리어이다. 역으로 p형 반도체는 정공의 수가 전자보다 많으므로 정공이 다수 캐리어이고 전자가 소수 캐리어이다. 이러한 여분의 전자와 정공의 수에 의해 n형과 p형을 접합하면 전자의 이동이 생긴다. n형의 전자들이 확산에 의해 p형 쪽으로 이동함과 동시에 이동한 그 자리에 양전하를 띠게 된다. 마찬가지로 p형의 정공들도 **확산**(diffusion)에 의해 이동하여 n형의 전자들과 결합하고 음전하를 생성한다. 이처럼 서로 이동하는 과정 후에는 더 이상의 이동이 없는 **평형점**(equilibrium point)이 생긴다. 접합부분에서 p형 반도체 부분에 있는 전자들의 영역과 n형 반도체 부분에 있는 정공들의 영역을 **공핍층**(depletion region)이라 한다. 공핍층의 양전하와 음전하는 전위를 발생하므로 전자가 이동하려면 이 전위 장벽을 넘을 수 있는 충분한 에너지가 필요하다. 이 전위 장벽은 언덕과 같아서 에너지가 없으면 넘지 못하게 된다.

이때 외부에서 전압을 연결하여 강제적으로 에너지를 부여하는 것을 바이어스라 하며, 바이어스의 방향에 따라 순방향과 역방향이 있다. p형 쪽에 양전압을 인가하고 n형 반도체 쪽에 음전압을 인가하면 양전압쪽에서 전자를 당기고 음전압쪽에서 전자를 계속 밀치므로, 전자에 에너지가 생겨 전위장벽을 넘게 되므로 전류가 흐르게 되는데, 이것을 순방향이라 한다. 하지만 역방향의 전압이 인가되면 음전압에서는 전자들을 공핍층으로 밀치고, 양전압에서는 정공들을 공핍층으로 밀치므로 전자의 움직임이 없어 전류가 흐르지 못하게 된다. 이러한 현상은 다이오드가 한 방향으로 만 전류를 흐르게 하는 중요한 특성을 나타내도록 한다.

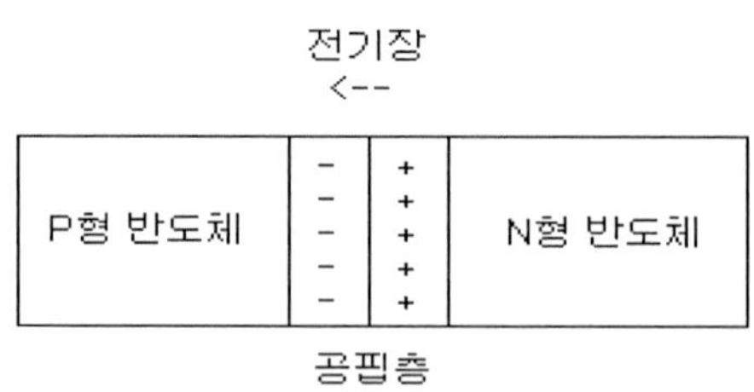

[그림 3.3] pn 접합 다이오드

3.4 다이오드 특성 곡선

따라서 다이오드는 한 방향으로 전류를 흐르게 하고 다른 방향으로는 흐르지 못하게 하는 특성이 있다. 그림 3.4는 다이오드에 흐르는 전류와 전압과의 관계를 나타내는 다이오드의 특성 곡선을 나타낸다. 그림에서 보면 이러한 다이오드의 특성을 잘 알 수 있다. 다이오드 전압에서 전류가 계속적으로 증가하는 것을 볼 수 있다.

다이오드에 흐르는 전류를 i_D라 하고 다이오드에 걸리는 전압을 V_D라 할 때 전류와 전압사이의 관계식은 다음과 같은 지수 함수의 관계가 있다.

$$i_D = I_S(e^{\frac{V_D}{V_T}} - 1) \tag{3.1}$$

실내온도에서 $V_T = \dfrac{KT}{q} = 25mV$이고 25°에서는 26mV이다. I_S는 $10^{-12}A$에서 $10^{-15}A$의 매우 작은 전류값인 포화 역전류이다.

I_S는 $10^{-12}A$의 매우 작은 전류값이라 하고 V_D가 0V에서 1V까지 전류의 파형을 그려보자. 그림 3.4에서 보면 전압의 값이 변할지라도 전류는 0.7V 근처까지 거의 영에 가깝게 일정하게 나타나는 것을 볼 수 있다. 다이오드 전압 0.7V에서는 전류가 계속 지수적으로 증가하는 것을 볼 수 있다. 0.6V이하에서는 전류가 흐르지 않으며 0.6V에서 0.75V 사이에서는 비선형적으로 증가하는 것을 볼 수 있다. 일단 0.75V가 넘으면 전류가 계속 증가함을 알 수 있다.

Matlab 예제 2.1 다이오드 특성 곡선

```
VD = [0:0.01:1];
VT = 0.025; IS = 10^-14;
id = Is*(exp(VD/VT) -1 );
plot(VD,iD)
axis([0 1 0 1])
grid
xlabel('다이오드 전압 VD (V)')
ylabel('다이오드 전류 id (A)')
title('다이오드 특성 곡선')
```

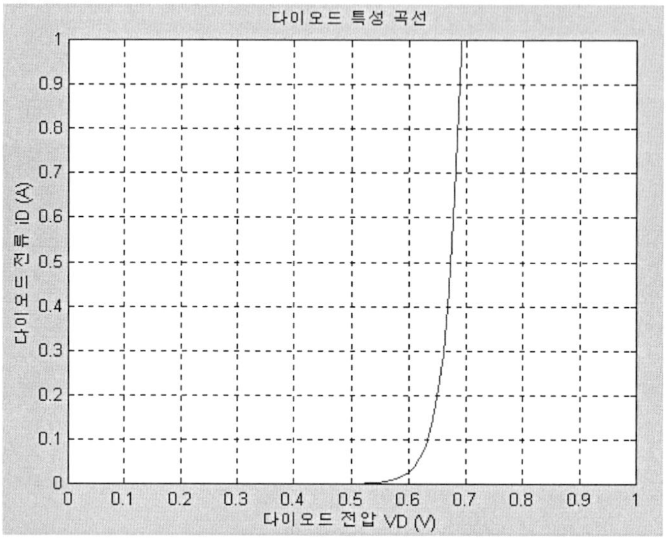

[그림 3.4] 다이오드 특성 곡선

이론적인 수식으로 표현된 다이오드의 응답이 아닌 다이오드의 응답 곡선을 PSpice로 그려보자.

PSpice 예제 3.1 다이오드 특성 곡선 그리기

다이오드 특성 곡선을 그리기 위해서는 그림 3.6에 나타난 것처럼 Set up에서 DC Sweep 기능을 사용한다. DC Sweep 기능은 전원의 전압값 Vs가 계속 변함에 따라 나타나는 특정한 노드의 전류나 전압값이 어떻게 변하는가를 그래프로 나타내도록 해준다. 자세한 내용은 부록을 참조하기 바란다. 다이오드의 특성 곡선을 나타내기 위해서는 저항값을 작게 설정하여 작은 전압에도 큰 전류가 흐르게 한다.

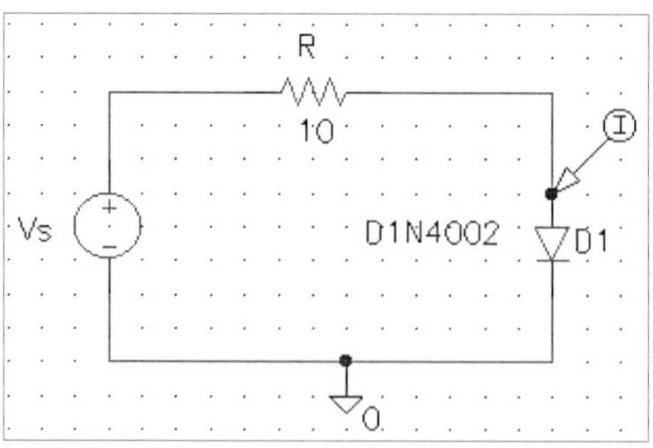

[그림 3.5] 다이오드 회로

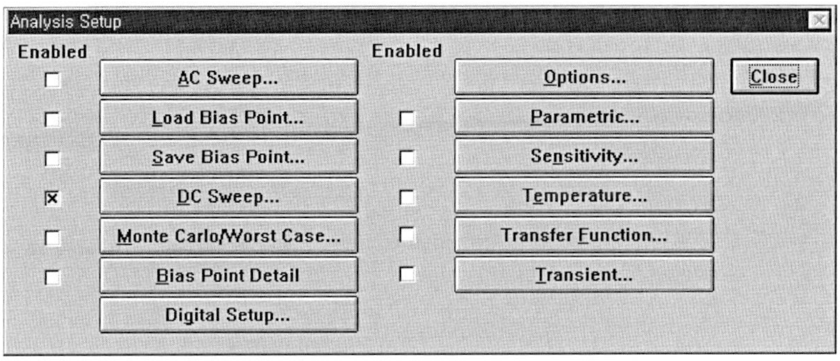

[그림 3.6] Setup 메뉴

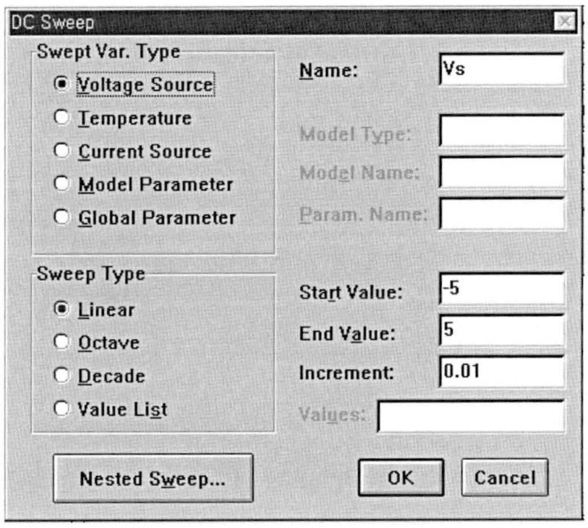

[그림 3.7] DC Sweep

DC Sweep에서는 값이 변화하는 x축의 값인 Voltage Source를 선택하고 일정한 간격의 응답을 보기 위해 Linear를 선택한다. 그림 3.7에서는 전압 Vs를 -5V에서 0.01V씩 5V까지 증가시키면서 Probe의 전류 I값을 나타내려면 Name으로는 회로의 전원전압인 Vs로 설정하고 Start Value = -5, End Value = 5 그리고 Increment = 0.01로 정하면 된다.

시뮬레이션 결과로 나타난 그래프의 축을 조절하기 위해 x축과 y축의 범위를 다음과 같이 설정하면 된다.

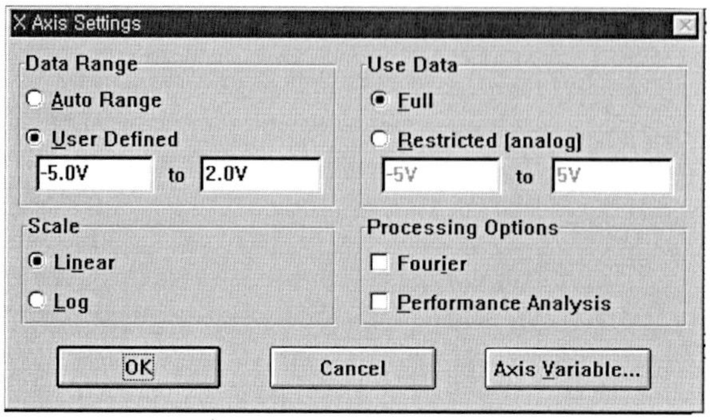

[그림 3.8] x축 설정

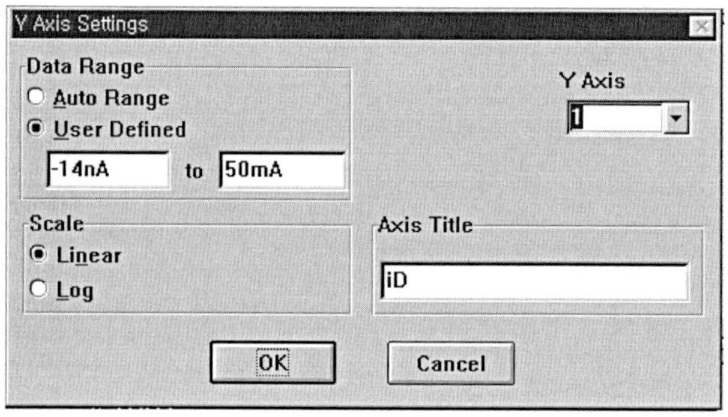

[그림 3.9] y축 설정

결과적인 다이오드의 특성 곡선이 그림 3.10에 나타나 있다.

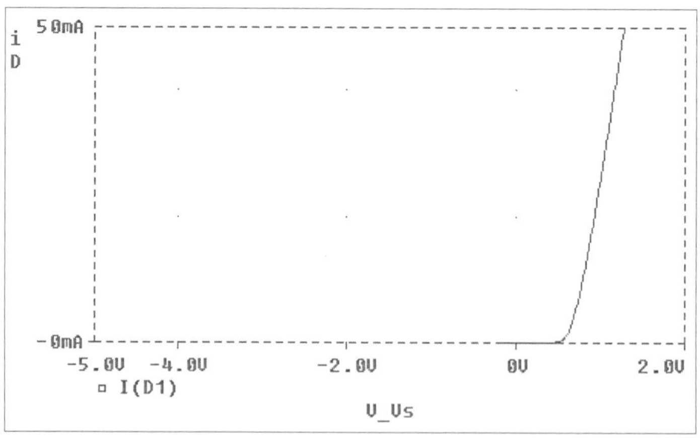

[그림 3.10] 다이오드 응답 특성 곡선

3.5 다이오드 바이어스 회로

3.5.1 순방향 회로(Forward bias)

바이어스란 직류전압을 회로에 입력으로 걸어줌으로써 작동점을 조절하는 것을 말한다. **순방향 바이어스**란 그림 3.11에서처럼 전류가 흐르도록 다이오드를 연결하는 것을 말한다. 바이어스 전압으로 장벽전압(실리콘의 경우 0.7V, 게르마늄의 경우에는 0.3V)보다 큰 전압을 걸어주어야만 장벽을 넘는 에너지가 생기므로 전자의 이동이 생긴다. n형 다이오드에 연결된 음극은 계속적으로 음의 전하를 공급하므로, 척력이 발생하여 n형의 자유전자들을 공핍층 쪽으로 밀어내는 역할을 하므로 자유전자들은 장벽을 넘어 p형 반도체로 이동하게 된다. 반대로 양극은 인력이 발생하여 p형 반도체의 밸런스 밴드의 전자들을 당기므로, 전체적인 전자의 흐름이 n형에서 p형으로 생겨 전류는 p형에서 n형으로 흐르게 되는 것이다.

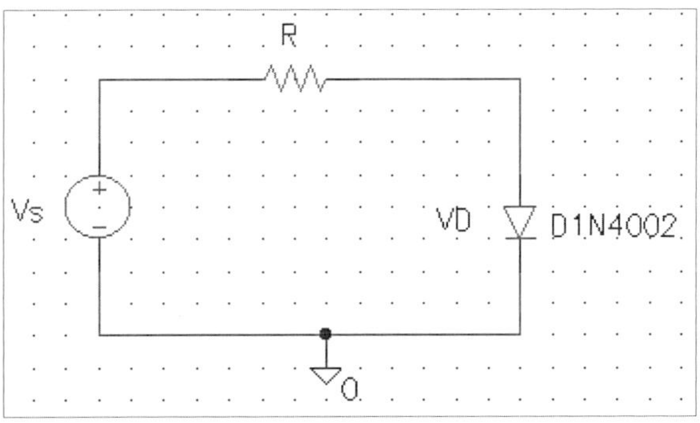

[그림 3.11] 순방향 다이오드 회로

3.5.2 역방향 회로(Reverse bias)

역방향 회로는 순방향의 반대로 전극을 연결한다. 양극의 양전하는 인력이 생겨 n형 반도체의 음전하를 당기고 양전하를 공핍층으로 밀게 되고 음극의 음전하는 척력이 생겨 p형의 음전자를 공핍층으로 밀치게 되어 결과적인 공핍층이 커지게 되어 전위 장벽이 높아지므로 전체적으로 전자의 이동이 거의 없게 된다. 하지만 소수 캐리어의 이동으로 미세한 전류가 생기게 되는데 이를 **역포화 전류**(reverse saturation current)라 한다. 이때 아무리 전압을 높여도 전류에는 변화가 없다가 어느 정도의 전압이 되면 갑작스런 전류가 흐르게 되는데, 이를 avalanche break down이라 부르고 이때의 전압을 PIV(peak inverse voltage)라 한다. 이 경우 다이오드의 상태는 파괴되었다고 한다. 이 PIV는 실리콘의 경우 1000V이고 게르마늄의 경우에는 400V정도이다. 이처럼 역방향 바이어스 회로에서 전류를 흐르지 못하게 하는 특성은 과전류나 갑작스런 전류의 흐름으로 인한 소자의 파괴 등을 보호하기 위한 목적으로 보호 회로에서 많이 사용된다.

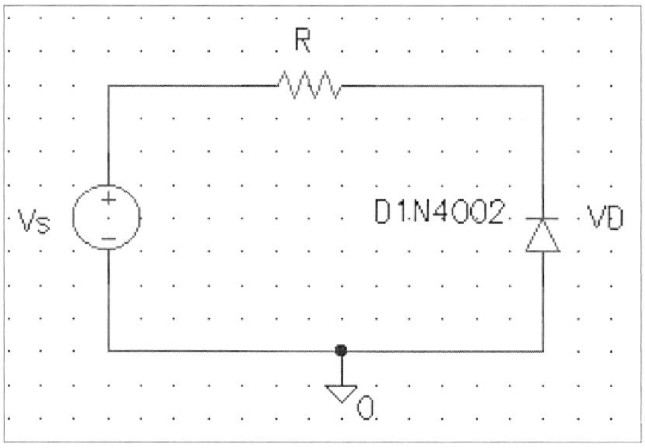

[그림 3.12] 역방향 다이오드 회로

3.6 다이오드 로드라인

로드라인(부하선)이란 다이오드의 작동점을 구하기 위해 필요한 선의 방정식을 말한다. 그림 3.10의 다이오드 특성곡선 위에 회로의 방정식에서 구한 선을 그어 만나는 점이 바로 다이오드의 작동점이 된다. 그림 3.11의 회로에서 다이오드에 흐르는 전압과 전류의 값을 구해보자.

KVL을 적용하면 로드 방정식은 다음과 같다.

$$v_S = Ri_D + V_D \tag{3.2}$$

전류를 구하면

$$i_D = \frac{v_S - V_D}{R} \tag{3.3}$$

x축을 V_D라 하고 y축을 i_D라 하면 식 (3.3)은 선의 방정식이 된다. 각 축의 절편을 구하면 위 식에서 다이오드 전압 $V_D = 0\,V$이면 전류는 $i_D = \frac{v_S}{R}$이고 전류 $i_D = 0$이면 $V_D = v_S$가 된다. 따라서 두 점을 이으면 로드선이 되고 다이오드 특성 곡선과 만나는 점이 생기게 되는데 이 점이 바로 **작동점**이 된다. 다이오드에서의 작동점은 크게 변화가 없으므로 우리가 실리콘 다이오드일 때 다이오드 전압을 $V_D = 0.7\,V$로 가정하는 것이 바로 이러한 이유에서이다. 하지만 나중에 배울 트랜지스터의 경우에 있어서 작동점은 트랜지스터의 역할에 따라 달라짐으로 매우 중요하다.

예를 들어, 그림 3.11의 회로에서 $v_S = 5\,V$, $R = 1K\Omega$, $V_D = 0.7\,V$일 때 전류는

$i_D = \frac{5-0.7}{10^3} = 4.3mA$이다. 식(3.2)에서 다이오드 전압이 0이면 전류는 $i_D = \frac{v_S}{R} = \frac{5}{10^3} = 5mA$이고 전류 $i_D = 0$이면 $V_D = v_S = 5V$가 된다. 각 점을 이으면 직선이 생기는데 이를 로드라인이라 한다. 로드라인은 다이오드의 작동점을 알려준다.

Matlab 예제 3.2 다이오드 특성 곡선에 로드선 그리기

```
VD = [0:0.01:6];
iD = 10^-14*(exp(VD/0.025) -1 );
iDL = (5-VD)/1000 ;
plot(VD,iD,VD,iDL)
axis([0 6 0 0.01])
grid
xlabel('다이오드 전압 VD (V)')
ylabel('다이오드 전류 iD (A)')
title('다이오드 작동점(Q)')
text(0.8,0.045,'Q point')
```

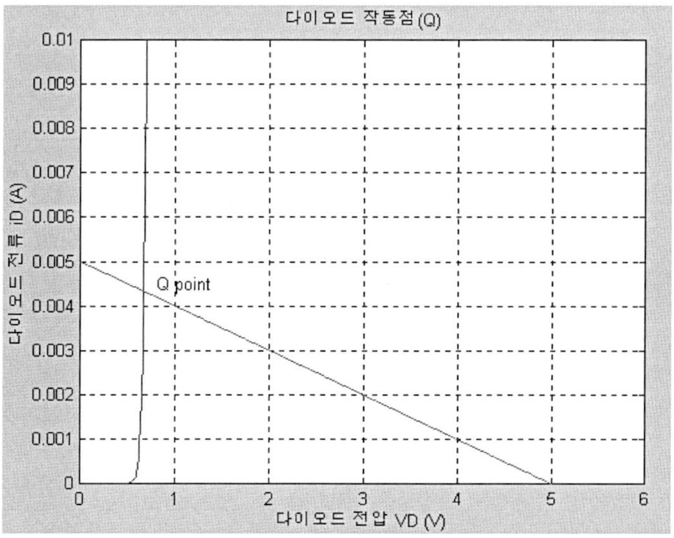

[그림 3.13] 작동점 설정

작동점을 더 자세하게 보기 위해 바꾸면 Q 점에서의 전압은 $V_D = 0.675V$인 것을 알 수 있다.

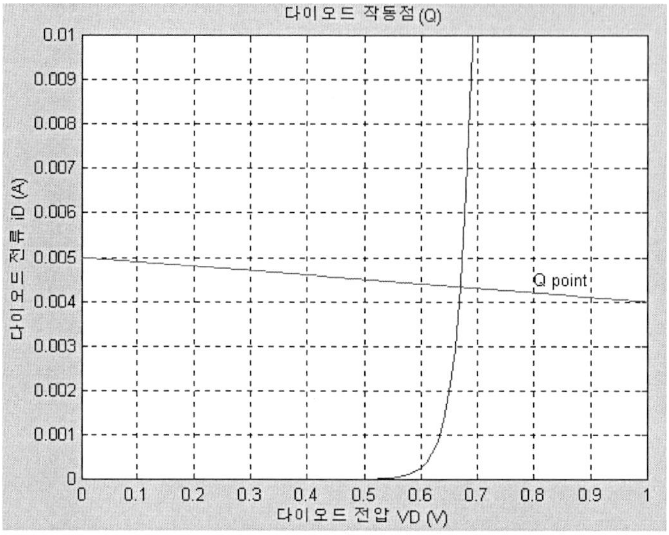

[그림 3.14] 작동점 설정

3.7 다이오드 회로 분석

다이오드가 있는 회로를 분석하기 위해서는 다음과 같은 과정을 따른다.

❶ 먼저 다이오드가 켜 있는지 꺼져 있는지를 가정한다.

❷ 가정에 따라 다이오드가 켜 있다면 쇼트시키고 꺼 있다면 오픈한다.

❸ 전류와 전압을 계산한다.

❹ 전류의 방향 또는 전압 강하의 방향으로 가정이 맞는지 확인한다.

PSpice 예제 3.2

그림 3.15와 같은 회로에서 전류 ID를 구해보자.
먼저 다이오드가 켜 있다고 가정하고 다이오드를 쇼트시킨다.
KVL을 적용하여 식을 구하면 다음과 같다.

$$12 = 10 \cdot 10^3 I_D - 8$$

$$I_D = \frac{12+8}{10 \cdot 10^3} = 2mA$$

그림 3.16에 보면 전류가 2mA보다 다소 작게 나타남을 알 수 있는데 이는 다이오드 전압을 고려했기 때문이다.

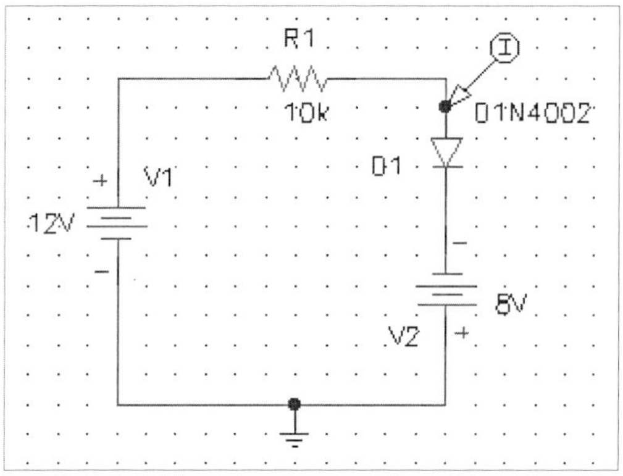

[그림 3.15] 다이오드 회로

[그림 3.16] 전류 응답

만약에 다이오드에 걸리는 전압 $V_D = 0.7\text{V}$를 고려하면 전류는 다음과 같다.

$$12 = 10 \cdot 10^3 I_D + 0.7 - 8$$

$$I_D = \frac{12 + 8 - 0.7}{10 \cdot 10^3} = 1.93mA$$

PSpice 예제 ▌ 3.3

다음 회로를 고려해보자.
먼저 두 다이오드가 모두 켜 있다고 가정하면 D1과 D2의 방향이 반대이므로 전류의 방향과 맞지 않으므로 가정은 틀리게 된다.

D1은 켜 있고 D2는 꺼 있다고 가정하고 KVL을 적용하면 다음과 같다.

$$12 = 0.7 + 2 \cdot 10^3 I_D$$

$$I = \frac{12 - 0.7}{2 \cdot 10^3} = 5.65mA$$

따라서 저항 R2에 걸리는 전압은 11.3V가 된다. D2는 저항과 병렬로 연결되어 있으므로 D2에는 역방향 전압이 걸리므로 꺼 있게 된다.

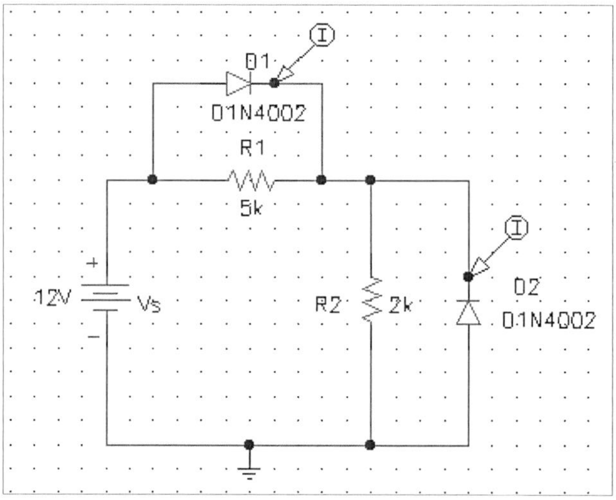

[그림 3.17] 다이오드 회로의 예

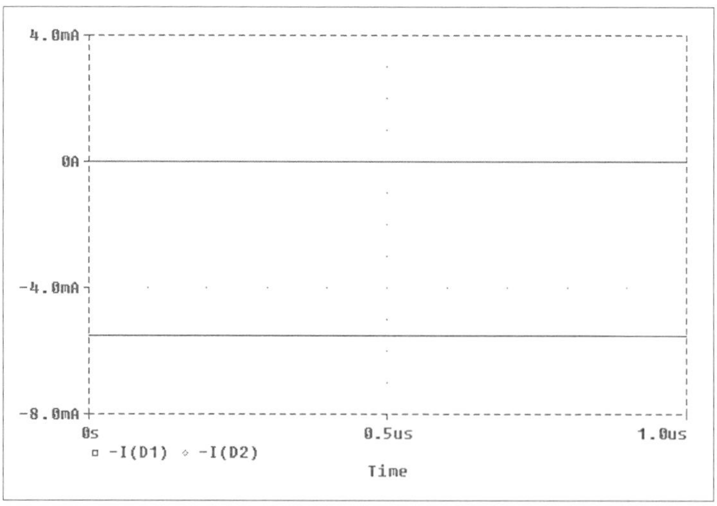

[그림 3.18] 전류 응답

PSpice 예제 ▌ 3.4

다음 회로를 고려해보자.

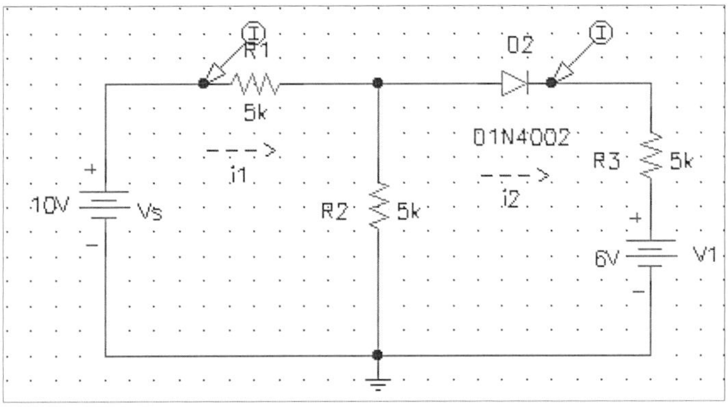

[그림 3.19] 다이오드 회로의 예

다이오드가 켜 있다고 가정하고 메쉬 분석법을 적용하면

$$10 = 5K\Omega\, i_1 + 5K\Omega\,(i_1 - i_2) = 10K\Omega\, i_1 - 5K\Omega\, i_2$$

메쉬 방정식은

$$5K\Omega\,(i_1 - i_2) = 5K\Omega\, i_2 + 6$$

두 식을 연립하면

$$i_1 = \frac{14}{15}mA, i_2 = -\frac{4}{30}mA$$

다이오드가 켜 있다는 가정이 틀림을 알 수 있다.

따라서 다이오드가 꺼 있다고 가정하면

$$10 = 5K\Omega\, i_1 + 5K\Omega\, i_1$$

$$i_1 = 1mA$$

다이오드에 걸리는 전압은

$$5K\Omega \cdot 1mA - 6V = -1V$$

따라서 역전압이 걸려 있으므로 다이오드가 꺼 있다는 가정이 맞게 된다.

결과적인 전류의 파형이 그림 3.20에 나타나 있다.

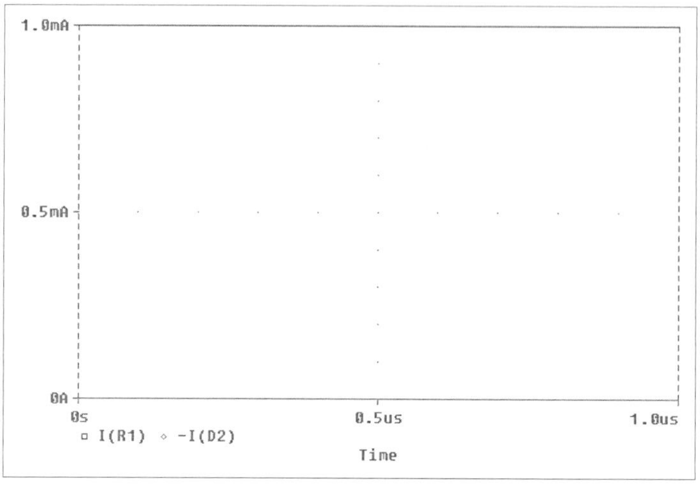

[그림 3.20] 전류 응답

실험 5 다이오드의 특성

준비물 : 아날로그 랩 유닛, DMM, 저항 $1K\Omega$ 1개, 다이오드 2개

1. PSpice 예제

   PSpice 예제 3.1을 구해보시오.

2. 그림 3.11의 회로에서 $V_s = 5V$, $R = 1K\Omega$일 경우에 다이오드 전압과 전류의 값을 측정해 보시오.

[표 1] 다이오드의 전압과 전류

	계 산 값	측 정 값	오 차
전 압(V)			
전 류(mA)			

3. 그림 3.21의 그래프는 다이오드 응답곡선이다. $V_s = 4, 3, 2V$일 때 로드라인을 그려보시오. 다이오드 응답 곡선과 만나는 점의 전압과 전류의 값은 얼마인가?

[표 2] 다이오드 특성 곡선

	$V_s = 4V$	$V_s = 3V$	$V_s = 2V$
전 압(V)			
전 류(mA)			

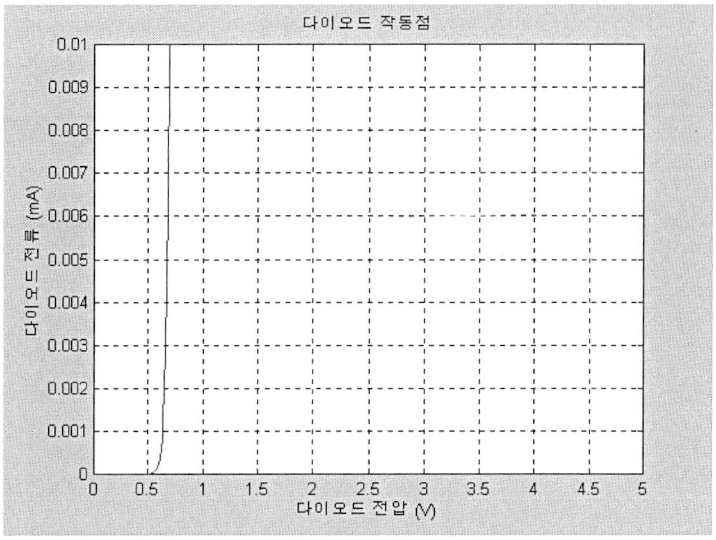

[그림 3.21] 다이오드 특성 곡선

4. 다음 회로를 구성하고 테이블을 완성하시오.

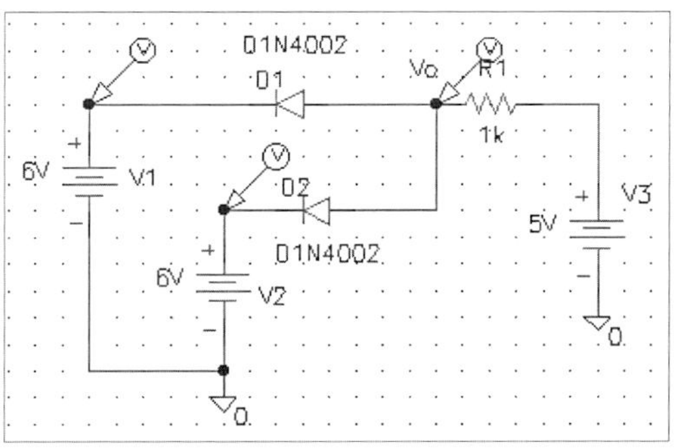

V1	V2	계산값 Vo	측정값 Vo
0V	0V		
0V	6V		
6V	0V		
6V	6V		

[그림 3.22] 다이오드 회로 1

5. 다음 회로를 구성하고 테이블을 완성하시오.

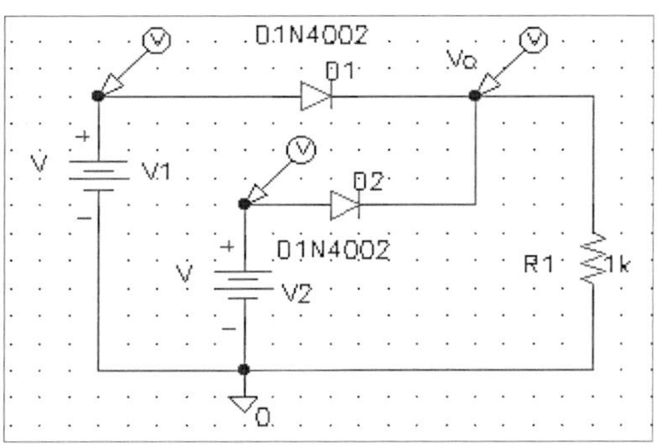

V1	V2	계산값 Vo	측정값 Vo
0V	0V		
0V	6V		
6V	0V		
6V	6V		

[그림 3.23] 다이오드 회로 2

6. 4, 5번의 회로는 무슨 회로인가 설명하시오.

7. 일반적으로 디지털 회로에서는 다음과 같은 아날로그 영역을 디지털로 설정한다. 0V에서 0.8V까지는 LOW로 2V에서 5V까지는 HIGH 설정한다. 중간영역을 비워둔 이유는 무엇일까?

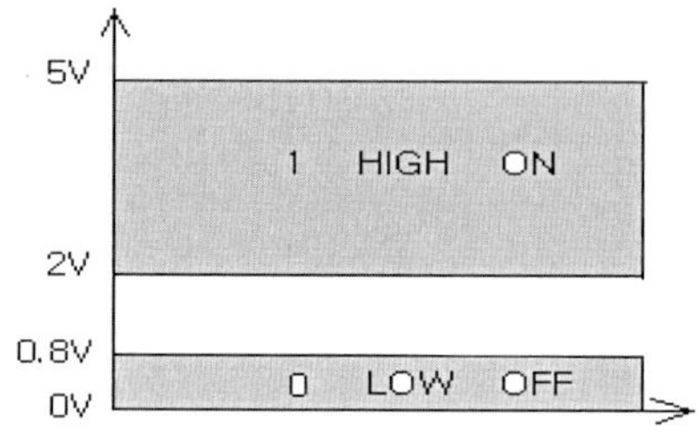

날 짜	
검 인	

PART 4

변압기 및 정류 회로

목적 : 변압기의 원리와 다이오드의 원리를 이해한다.
정류 회로를 이해한다.

4.1 변압기

변압기는 인덕터의 상호유도작용을 응용한 대표적인 제품이다. 한쪽 코일에 흐르는 전류는 인접한 코일에 전류를 생성하여 흐르게 한다. 권선비에 따라 전류를 많게 혹은 적게 생성시킬 수 있다. 우리나라 가정에서 사용하고 있는 교류는 220V 60Hz의 전압이다. 미국은 110V 60Hz를 사용하고 있다. 여기서 말하는 220V나 110V는 실효값(rms)을 말한다.

일반적으로 전기 신호의 사인 파형의 특성에 따라 크게 3가지로 구분하면 최대값(peak value), 평균값, 그리고 실효값이 있다. 최대값은 파형의 최대치값을 말하고 평균값은 파형을 평균한 값을 말한다. 사인파나 코사인파의 경우에는 0을 중심으로 같은 크기로 진동하므로 전체적인 평균값은 0이다. 실제적으로 많이 사용하는 **실효값**이란 사인파의 교류가 부하에 전달하는 평균파워를 고려하여 직류처럼 전압을 계산한 값이다.

아래 그림 4.1은 교류 회로를 동등한 직류 회로로 변형한 것이다.

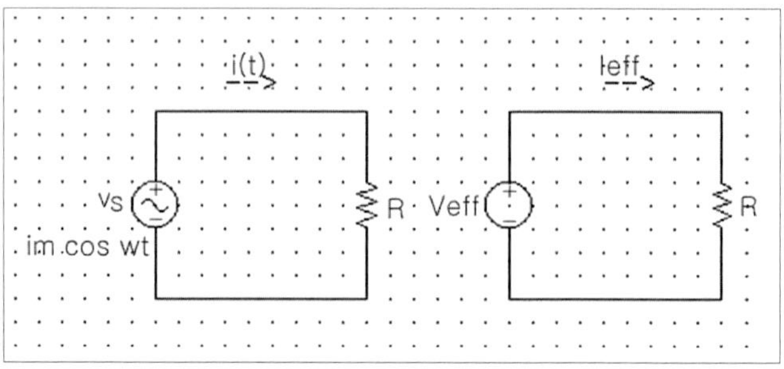

[그림 4.1] 실효값

각 회로에서 부하 저항 R에 한 일은 같으므로 다음과 같이 같다고 놓는다. 직류 회로에서의 파워는

$$P = I_{eff}^2\, R \tag{4.1}$$

교류 회로에서의 평균파워는 다음과 같다.

$$P_{ave} = \frac{1}{T}\int_0^T i^2(t) R dt \tag{4.2}$$

두 식을 서로 같다고 놓으면

$$\begin{aligned} I_{eff}^2\, R &= \frac{1}{T}\int_0^T i^2(t) R dt \qquad (4.3) \\ &= \frac{1}{T}\int_0^T (I_m^2 \cos^2 wt) R dt \end{aligned}$$

I_{eff} 에 대해 풀면 실효값은 전류의 최대값 Im을 $\sqrt{2}$ 로 나눈 것과 같게 된다.

$$\begin{aligned} I_s = I_{eff} &= \left[\frac{1}{T}\int_0^T (I_m^2 \cos^2 wt)dt\right]^{1/2} \\ &= \left[\frac{I_m^2}{2T}\int_0^T (1+\cos 2wt)dt\right]^{1/2} \\ &= \frac{I_m}{\sqrt{2}} \end{aligned} \tag{4.4}$$

전압 V_s 도 마찬가지이다.

$$V_s = \frac{V_m}{\sqrt{2}} \tag{4.5}$$

따라서 220V의 실효값을 만드는 사인파의 최고값은 $220\sqrt{2} = 311.13$V정도이고 110V의 실효값을 만드는 사인파의 최대값은 155.56V가 되는 것이다. 일반적으로 전압을 강하하기 위해서는 변압기를 사용한다. 미국에서는 110Vrms를 사용하므로 미국에서 판매되는 가전 제품은 110Vrms를 사용하도록 되어 있다. 이때 220Vrms를 110Vrms로 강하하기 위해 변압기를 사용하고 있다. 변압기는 전압이나 전류의 크기를 바꾸어 주는 장치이다. 이상적인 변압기는 1차권선과 2차권선 사이의 코일의 권선비에 의해 전압강하가 일어난다.

$$\frac{N_p}{N_s} = \frac{V_p}{V_s} = a \tag{4.3}$$

여기서 N_p, N_s 는 각각 1차 2차의 코일의 감은 수를 나타내고 V_p, V_s는 각각 1차 2차 전압을 나타낸다. a는 권선비이다. 권선비는 일반적으로 a:1로 정해지는데 그림 4.2에서 보면 전류 및 전압이 바뀌는 것을 알 수 있다.

하지만, 대부분의 전자제품들은 3V에서 30V의 직류 전압을 사용하고 있다. 또한 이러한 직류전압은 가전제품 내부에 있는 전자소자에 파워를 공급하기 위해 필요한 전압으로 강하되어 사용된다. 따라서 교류파형을 직류로 바꾸어 주는 회로가 필요하게 되는데 이 회로를 **정류 회로**라 한다.

PSpice 예제 4.1 변압기의 원리

그림 4.2는 변압기 회로의 구조를 나타낸다. 권선비를 2:1로 했을 경우 2차 전압이 반으로 작아지는 것을 알 수 있다.

- PSpice 변압기 변수들

  Transient, Tx1 : coupling = 0.999, L1_TURNS = 20000, L2_TURNS = 10000

  전압원은 VOFF = 0, VAMPL = 311, FREQ = 60, PHASE = 0

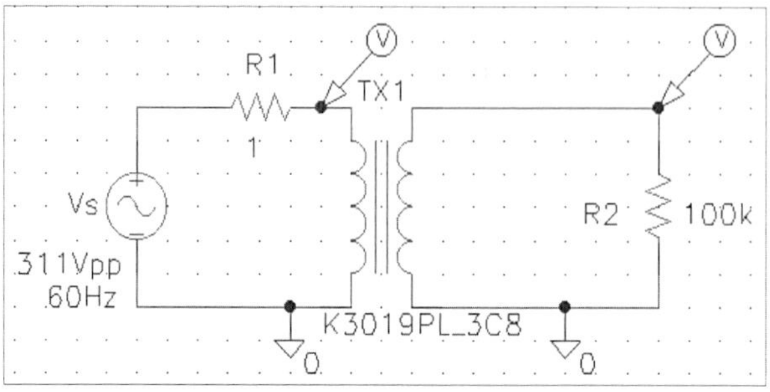

[그림 4.2] 변압기의 원리

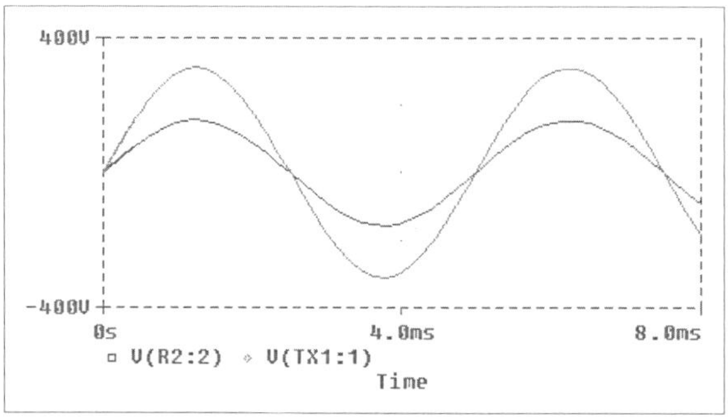

[그림 4.3] 변압기의 파형

예를 들어 권선비가 2:1이고 최고값이 $V_p = 311\text{V}$ 이면 2차 전압의 최고값은

$$V_s = \frac{V_p N_s}{N_p} = \frac{311 \cdot 1}{2} = 155.5\,V$$

가 된다. 그렇다면 교류전압을 직류 전압으로 바꾸려면 어떻게 해야 할까?

4.2 정류 회로

정류(rectification)란 교류 신호를 직류 신호로 바꾸는 것을 말한다. 예를 들어 컴퓨터에 파워를 공급하는 전원의 형태를 살펴보자. 컴퓨터 내부는 모두 반도체 소자로 구성되어 있으므로 실제적으로 직류전원을 사용하고 있다. 내부의 칩을 동작하기 위해 필요한 전압을 만드는 과정을 살펴보자. 먼저, 우리가정에 들어오는 교류전압을 강압한 뒤에 정류과정을 거쳐 직류로 만든 뒤에 불필요한 전압을 필터로 부드럽게 하고 다시 부하에 일정한 전압을 제공하는 소자(regulator)를 사용하여 필요한 전압으로 강하하여 사용한다.

이처럼 교류의 신호를 직류로 만들 때 사용하는 소자가 바로 한 방향으로 전류를 흐르게 하고 다른 방향으로는 흐르지 못하게 하는 스위칭 특성이 있는 다이오드이다. 이러한 특성은 전자소자를 보호하기 위해 역방향으로 과도한 전류를 흐르지 못하도록 할 경우에도 유용하게 사용된다.

4.2.1 반파 정류 회로

다이오드의 순방향일 때만 전류를 흐르게 하는 특성을 이용하면 양수값에서 음수값으로 바뀌는 교류 신호를 한쪽 파형만이 출력 되도록 할 수 있다. 그림 4.4의 회로를 살펴보면 입력전압이 양수이면 다이오드가 순방향이 되어 전류가 흐르게 되므로 저항에 걸리는 파형은 입력 파형을 그대로 따르게 되고 음수이면 역방향이 되어 전류가 흐르지 않으므로 출력되는 파형이 없다. 따라서 출력 파형의 그림이 반쪽으로 되어 **반파 정류 회로**라 한다.

PSpice 예제 4.2 **반파 정류 회로**

그림 4.4는 반파 정류 회로를 나타낸다. 입력전압이 사인파이므로 다이오드에 의해 양의 파형일 때만 부하저항으로 흐른다.
입력전원의 PSpice 모델은 DC = 0, AC = 5, VOFF = 0, VAMPL = 5, FREQ = 10, TD = 0, DF = 0, PHASE = 0이다.

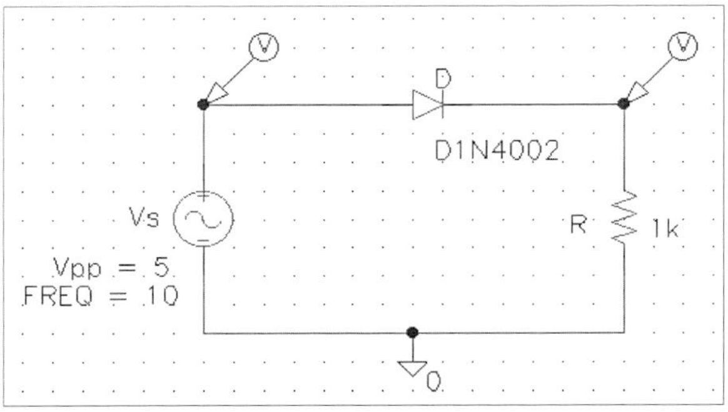

[그림 4.4] 반파 정류 회로

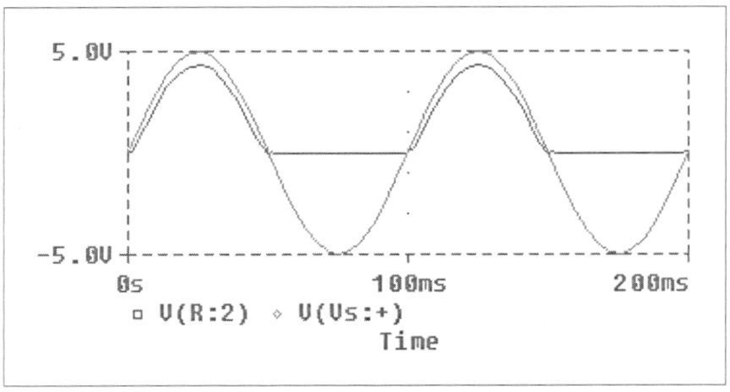

[그림 4.5] 정류된 반파 파형

정류된 반파의 평균값을 구해보면 다음과 같다.

$$\begin{aligned} V_{avg} &= \frac{\text{면적}}{2\pi} \\ &= \frac{1}{2\pi}\int_0^{\pi} V_p \sin\theta d\theta \\ &= \frac{V_p}{2\pi}[-\cos\theta]_0^{\pi} \\ &= \frac{V_p}{\pi} \\ &= 0.318\,V_p \end{aligned} \tag{4.2}$$

정류 회로에서 주의해야할 것은 다이오드가 역방향일 때 breakdown하지 않고 견뎌야 하는데 이때의 전압을 PIV(peak inverse voltage)라 한다. 그림 4.4의 반파 정류 회로의 경우에 PIV는 입력 파형의 최고전압 V_p가 되는 것이다.

4.2.2 전파 정류 회로(Center tapped rectifier)

반파 정류 회로는 평균전압이 원래 파형의 31.8%로 매우 비효율적임을 알 수 있다. 평균전압을 높이기 위한 정류 회로로는 전파 정류 회로가 있다. 대신에 전파 정류 회로는 두 개 이상의 다이오드를 사용한다. 전파 정류회로에는 두 가지 형태가 있는데 하나는 center-tapped 방식이고 또 다른 하나는 브리지 방식이다. Center-tapped 방식은 두 개의 다이오드를 사용하고 브리지 방식은 네 개의 다이오드를 사용한다.

전파 정류 회로를 이루는 또 다른 변압기의 형태로 center-tapped 형태가 있는데 PSpice에서는 다음 그림 4.6과 같이 두 개의 전원을 접지하여 사용하면 같은 출력을 얻을 수 있다. 두 개의 전원 사이에 접지를 만들면 반파 정류회로에서 나타난 반주기 형태의 출력 파형의 문제점을 해결할 수 있다.

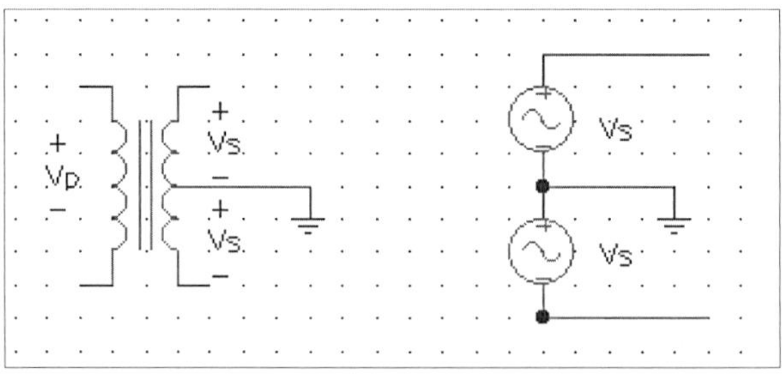

[그림 4.6] PSpice에서 Center tapped 모델

그림 4.7에서 보면 입력 파형이 양수일 때 다이오드 D_1은 순방향이 되어 입력 파형이 출력되지만 다이오드 D_2는 역방향이 되어 꺼지게 된다. 입력 파형이 음수로 바뀌게 되면 D_1은 역방향, D_2는 순방향이 되어 출력은 입력 파형의 위상과 반대가 되므로 결과적으로 그림처럼 모두 양으로 출력된다.

PSpice 예제 4.3 **Center-tapped 변압기를 사용한 전파 정류 회로**

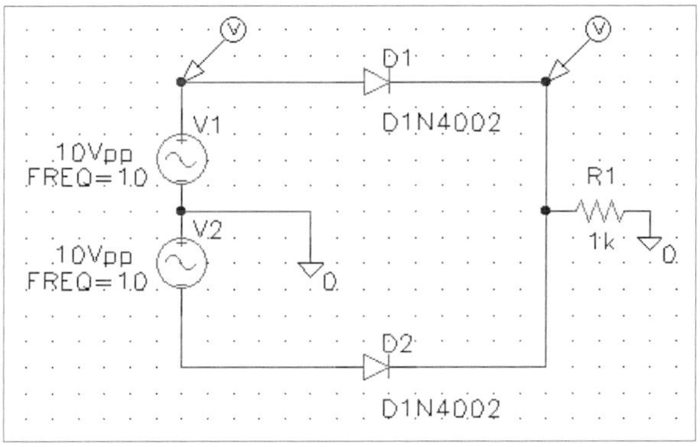

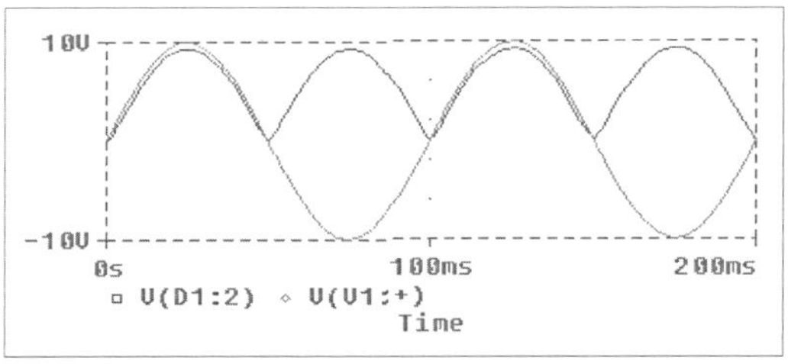

[그림 4.7] Center tapped 정류 회로와 출력 파형

따라서 그림 4.7에서 보듯이 전파 정류 회로의 평균값, 즉 DC값은 반파의 두 배가 된다.

$$V_{avg} = 2 * 0.318\,V_p \tag{4.3}$$

PIV는 D1이 역방향일 경우에 1에 걸리는 전압을 계산하면 $2\,V_p$가 된다.

4.2.3 브리지 정류 회로

이전의 center-tapped 전파 정류 회로에서는 두 개의 다이오드를 사용하였다. 하지만 실제 실험에서 center-tapped된 것처럼 접지를 만들기가 어려우므로 그림 4.8에서처럼 다른 형태의 전파 정류 회로를 구성한다. 그림 4.8의 전파 정류 회로는 브리지 정류 회로라 하며 네 개의 다이오드를 사용하여 정류한다. 그렇다면 브리지 정류 회로의 이점은 무엇인가?

PSpice 예제 4.4 브리지 회로를 이용한 전파 정류 회로 1

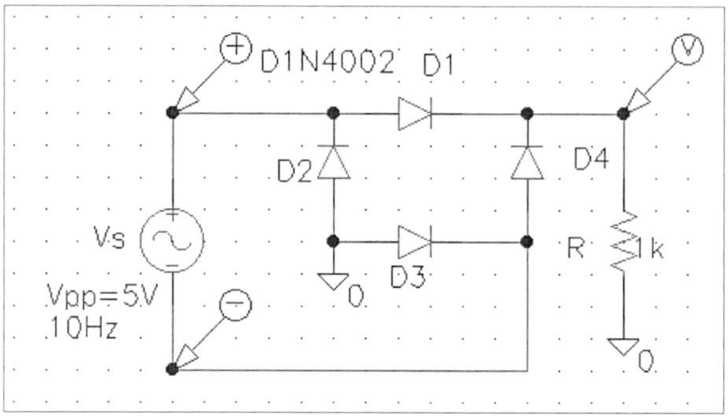

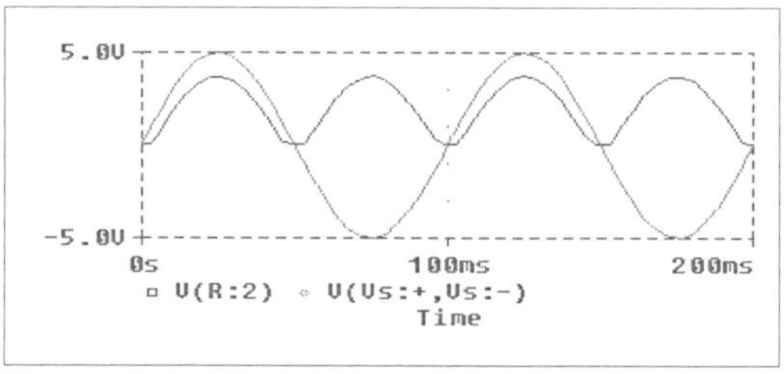

[그림 4.8] 브리지 정류 회로 및 출력 파형

브리지 전파 정류 회로의 경우 PIV는 V_p가 된다.

PSpice 예제 4.5 브리지 회로를 이용한 전파 정류 회로 2

입력 전원의 PSpice 모델은 DC = 0, AC = 5, VOFF = 0, VAMPL = 5, FREQ = 10, TD = 0, DF = 0, PHASE = 0이다.

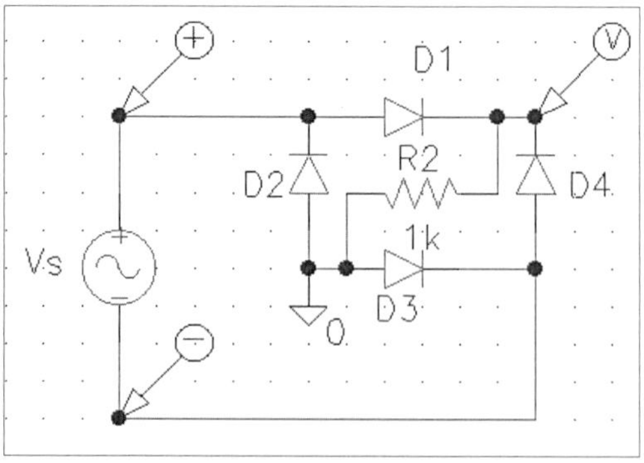

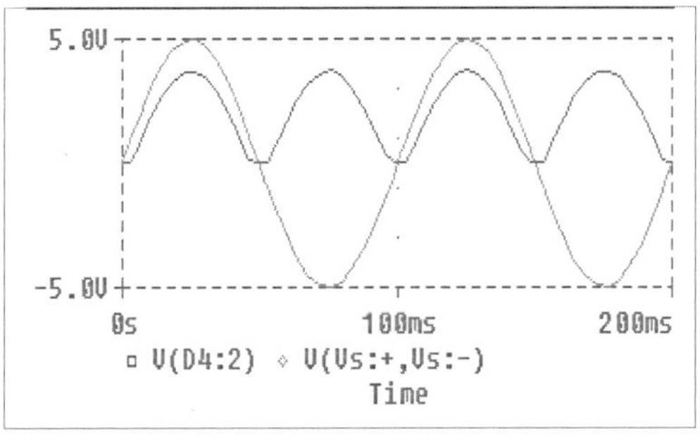

[그림 4.9] 브리지 정류 회로 및 출력 파형

4.3 RC 필터(저주파 필터)

교류를 정류하게 되면 양의 값만을 갖는 파형을 얻게 되지만 직류의 형태는 아니다. 이 정류된 파형을 직류로 만들기 위해서는 저주파 필터를 사용한다. 단순히 다이오드와 함께 충전과 방전을 이용한 저항과 커패시터를 사용하여 필터 회로를 만들 수 있다. 그림 4.11에서 보게 되면 충전과 방전에 의한 파형은 리플이 있는 직류파형이 된다. 이때 시상수를 충분히 크게 하면 리플을 더 줄일 수 있다.

PSpice 예제 4.6 RC 필터 1

그림 4.10 회로에서 커패시터와 저항을 직렬로 연결하면 고주파 성분만 통과시키는 고주파 통과 필터가 된다. 그림 4.10은 반파 정류회로에 저주파 필터를 연결하여 직류로 만드는 회로를 나타낸다.

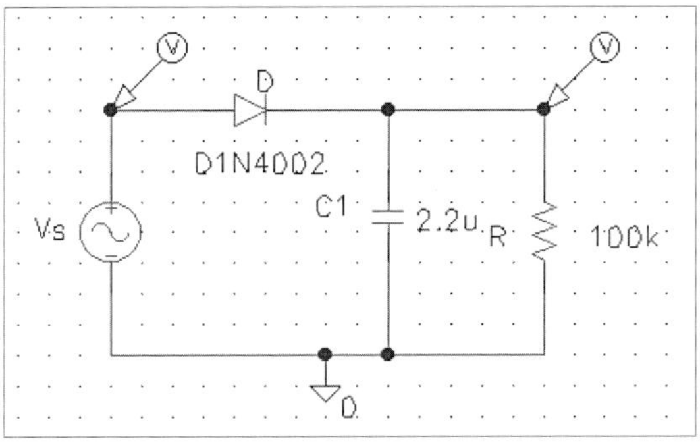

[그림 4.10] RC 필터 회로

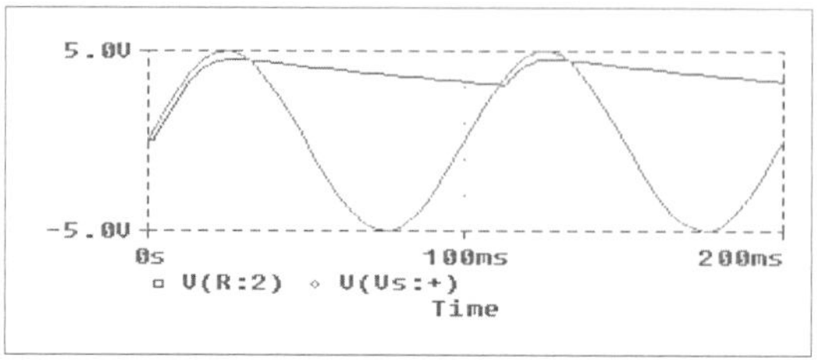

[그림 4.11] RC 저주파 필터 회로의 출력

PSpice 예제 ▌ 4.7 RC 필터 2

그림 4.12는 전파 정류 회로와 저주파 통과 필터를 함께 사용한 회로이다. 출력응답은 반파 정류일 때 보다 직류에 가까운 파형을 나타냄을 알 수 있다.

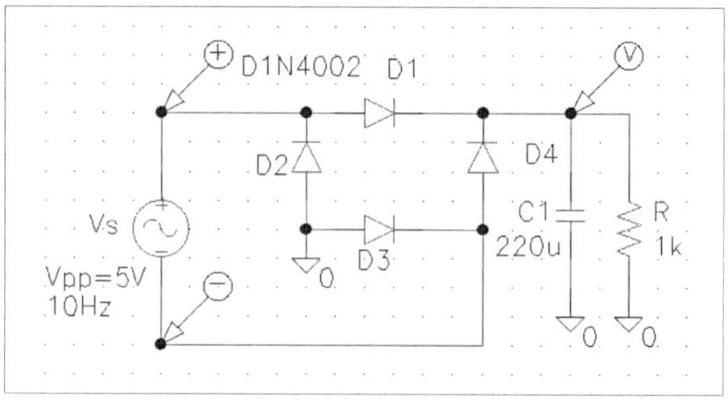

[그림 4.12] 전파 정류와 필터

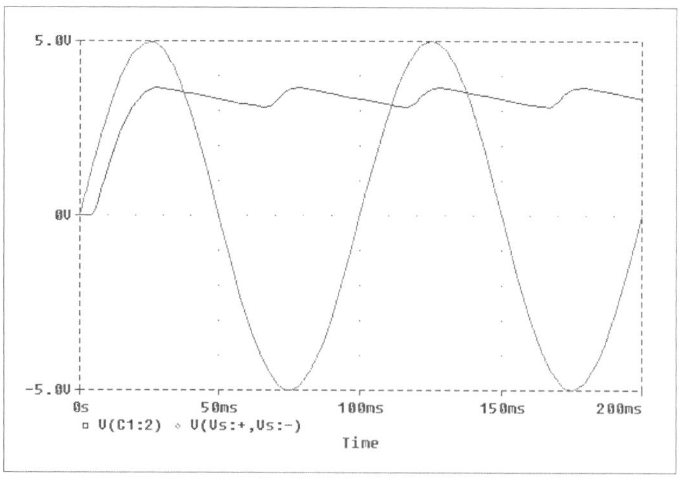

[그림 4.13] 필터된 파형

실험 6 정류 회로

준비물 : 아날로그 랩 유닛, DMM, 저항 $1K\Omega$ 1개, 다이오드 네 개

1. PSpice 예
   예제 4.2와 4.4의 예제에서 각각의 회로를 꾸미고 입력을 크기가 ±5V이고 주기가 100ms인 펄스 파형으로 바꾸고 출력을 구하시오.

2. 반파 정류 회로
   그림 4.4의 회로를 구성하시오. 입력전압은 함수발생기에서 주기가 10Hz이고 크기가 6V인 사인파를 사용하시오. 저항에 출력되는 파형을 입력 전압의 파형과 함께 그리시오.

	계산값	측정값	오 차
최고전압(V)			
주기(T)			
평균전압(V)			

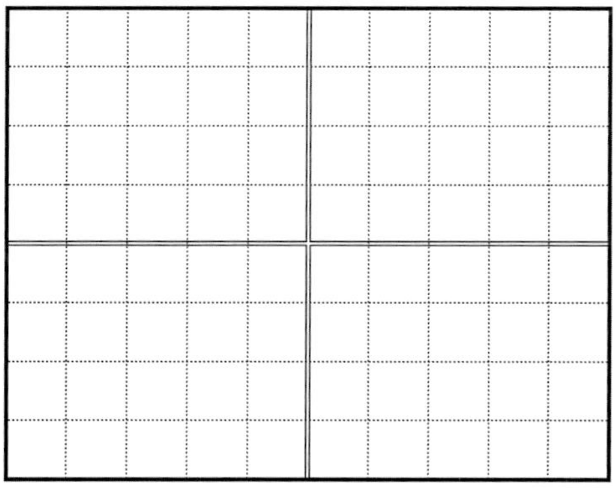

3. RC 저주파 필터 회로
   그림 4.10의 필터 회로를 구성하시오. 입력 전압은 함수발생기에서 주기가 10Hz이고 크기가 6V인 사인파를 사용하시오. 저항에 출력되는 파형을 입력 전압의 파형과 함께 그리시오.

	계 산 값	측 정 값	오 차
전 압(V)			
전류(mA)			

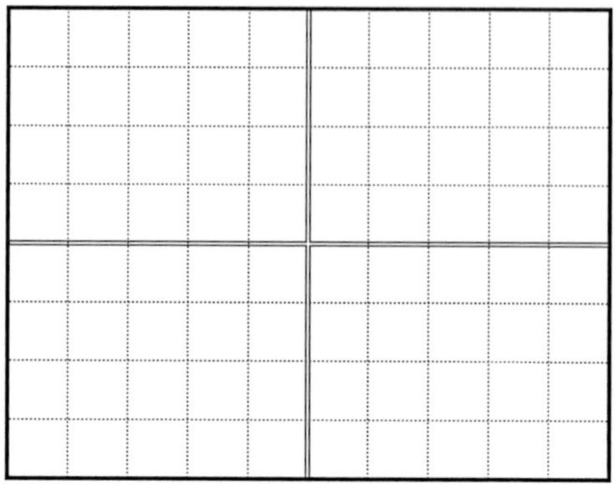

4. 브리지 정류 회로

그림 4.8의 회로를 구성하시오. 입력전압은 함수발생기에서 주기가 10Hz이고 크기가 6V인 사인파를 사용하시오. 저항에 출력되는 파형을 입력 전압의 파형과 함께 그리시오.

	계 산 값	측 정 값	오 차
최고전압(V)			
주기(T)			
평균전압(V)			

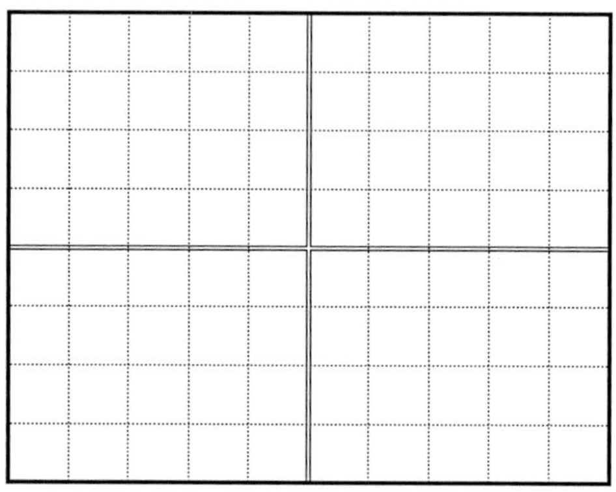

5. 브리지 정류 회로와 필터

그림 4.12의 회로를 구성하시오. 입력 전압은 함수발생기에서 주기가 10Hz이고 크기가 6V인 사인파를 사용하시오. 저항에 출력되는 파형을 입력 전압의 파형과 함께 그리시오.

	계 산 값	측 정 값	오 차
최고전압(V)			
주기(T)			

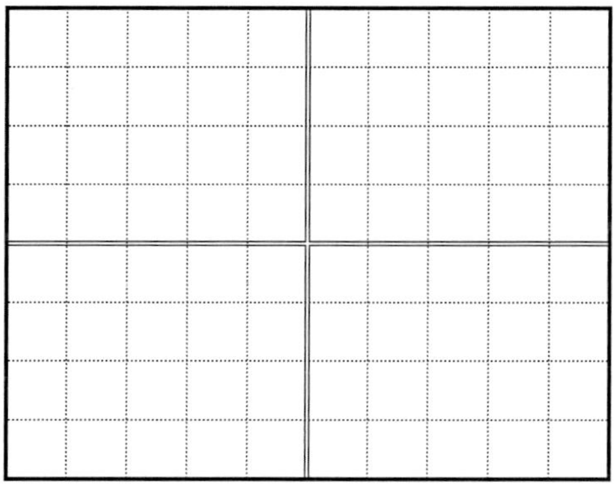

6. Centertapped 변압기와 두 개의 다이오드를 사용하면 전파 정류회로를 얻을 수 있다. 그렇다면 네 개의 다이오드를 사용하는 브리지 정류 회로를 사용하는 이유는 무엇인가?

7. 우리 가정에서 실제로 사용되는 어댑터와 같은 장치에서 사용하는 정류 회로에서는 어떠한 저항과 커패시터 그리고 다이오드가 사용되는지 조사해서 적으시오.

날 짜	
검 인	

PART 5 다이오드 응용 회로

목적 : 다이오드의 특성을 이해하고 응용한다.
다이오드 응용 회로를 분석한다.

5.1 다이오드 리미터

다이오드 리미터는 다이오드의 정류특성을 이용하여 출력 값을 주어진 값을 초과하지 못하도록 하는 역할을 한다. 그림 5.1에서처럼 저항에 걸리는 전압의 파형은 다이오드에 의해 제한된다. 입력전압이 양수일 때 다이오드는 순방향이 되어 출력되어지는 전압은 다이오드 전압 0.7V로 제한되고 입력 전압이 음수일 경우에는 다이오드가 꺼지게 되므로 저항 R_2 에 걸리는 전압은 입력전압의 반으로 분배되어 나타난다.

$$v_{R_2} = \frac{R_2}{R_1 + R_2} v_s = \frac{1}{2} v_s \tag{5.1}$$

가 된다.

PSpice 예제 ▌5.1 다이오드 리미터 회로

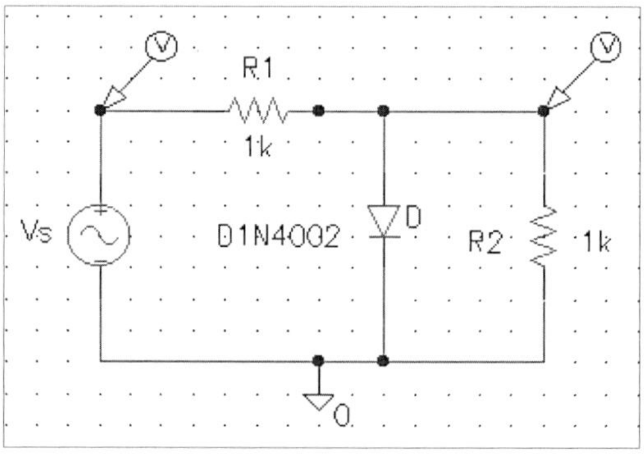

[그림 5.1] 리미터 회로

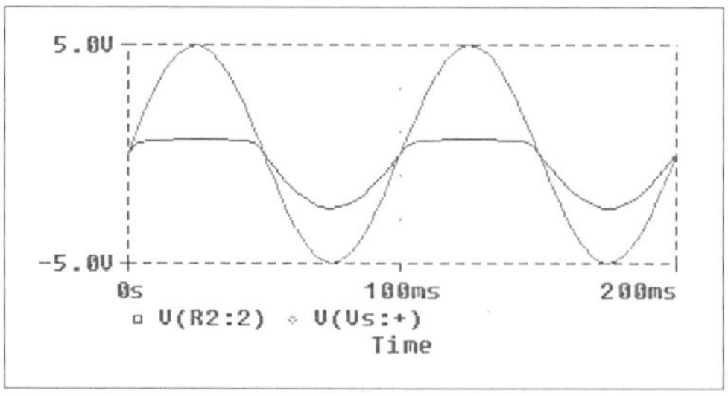

[그림 5.2] 다이오드 리미터 회로 출력 파형

5.2 바이어스된 리미터 회로

그림 5.1의 리미터 회로에서는 제한되어 출력되는 값이 항상 0.7V였다. 원하는 제한된 출력값을 얻기 위해서는 그림 5.3에서처럼 DC 바이어스를 해 주면 된다. 이 경우 순방향일 경우에 입력파형이 1.7V가 되는 순간부터 출력되는 값은 1 + 0.7 = 1.7V가 되고 역방향일 경우에는 다이오드가 꺼져 개회로가 되므로 전압분배기에 의해 최고치의 크기가 2.5V인 사인파가 된다.

$$v_{R_2} = \frac{R_2}{R_1 + R_2} v_s \tag{5.2}$$

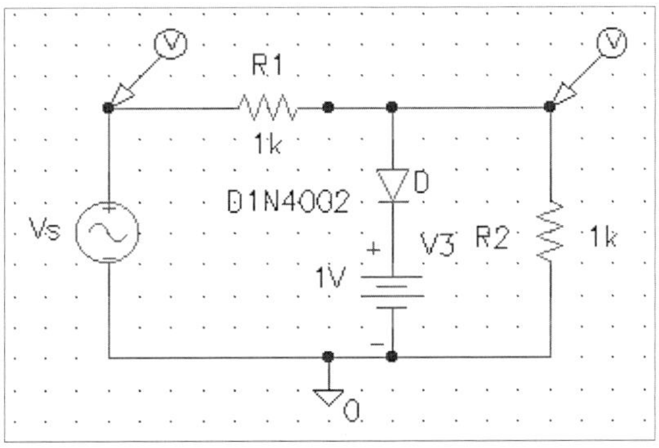

[그림 5.3] 바이어스된 다이오드 리미터 회로

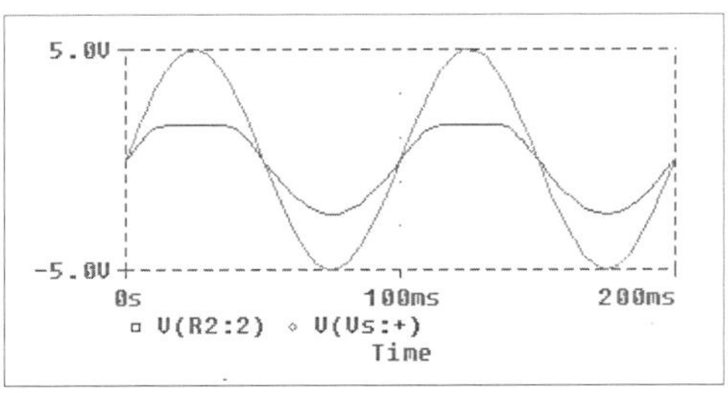

[그림 5.4] 바이어스된 리미터 회로의 출력

PSpice 예제 5.2 바이어스된 리미터 회로

그림 5.5에서는 입력이 양수일 때 다이오드는 시작점부터 순방향이므로 출력되는 전압은 - 2 + 0.7= - 1.3V가 된다. 입력 파형이 음수일 경우에 다이오드의 아노드 부분의 전압이 - 1.3V까지는 순방향으로 - 1.3V가 출력되다가 - 1.3V보다 작게 되면 역방향이 되어 다이오드가 꺼지게 되므로 출력 전압은 입력전압의 전압분배에 의해 최고치의 값이 입력 전압 최고치의 반인 - 2.5V로 출력되어진다.

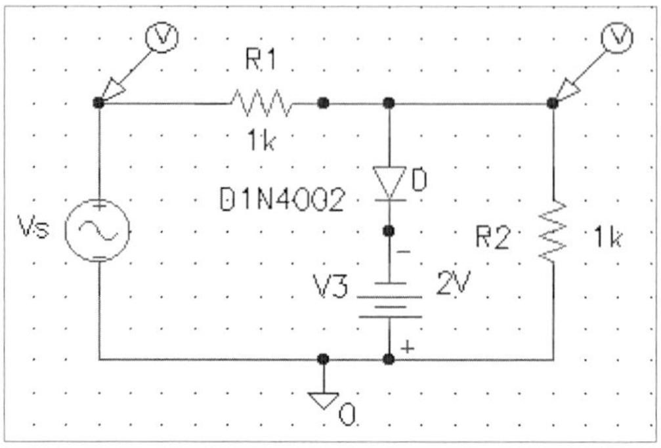

[그림 5.5] 바이어스된 리미터 회로

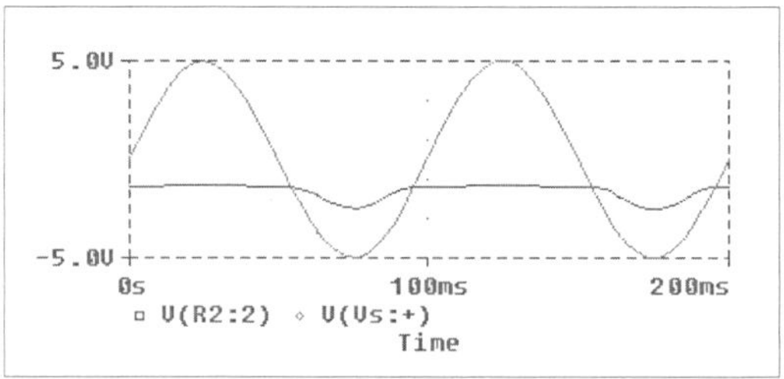

[그림 5.6] 바이어스된 리미터 회로의 출력 파형

PSpice 예제 ▌ 5.4 바이어스된 리미터 회로의 예

그림 5.7은 그림 5.5와 반대로 다이오드와 전압이 연결되어 있다. 따라서 출력되는 파형의 모양도 반대가 된다. 입력전압이 양일 때 다이오드는 역방향이 되어 출력은 전압 분배에 의해 나타난다.

$$v_{R_2} = \frac{R_2}{R_1 + R_2} v_s = \frac{1}{2} v_s \tag{5.3}$$

입력 전압이 음일 때는 입력전압이 0V에서 -1.7V까지는 다이오드가 역방향이 되어 꺼져 있다가 -1.7V를 지나면서 다이오드가 순방향이 되어 켜지므로 -1.7V가 출력되어 진다.

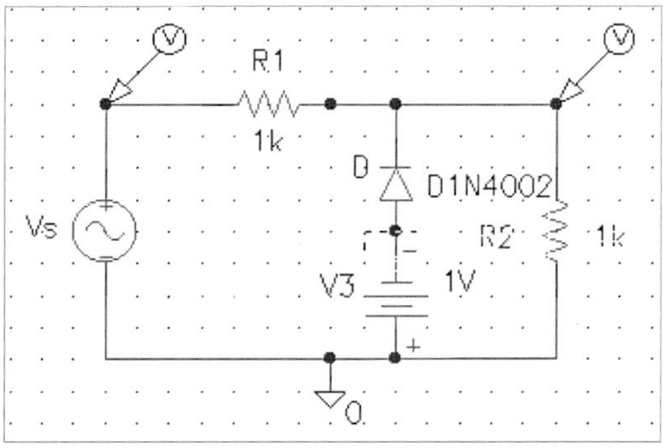

[그림 5.7] 바이어스된 리미터 회로

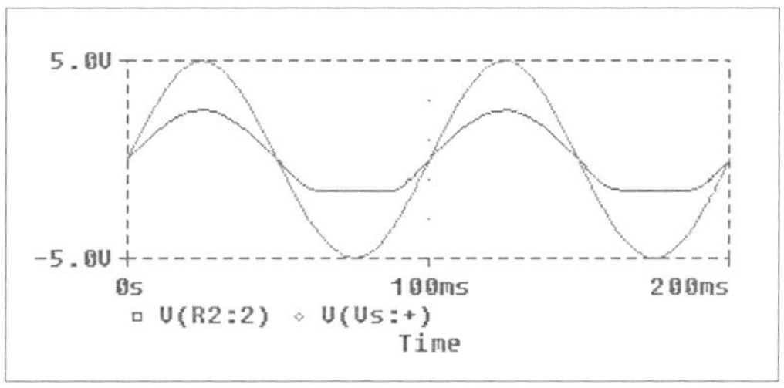

[그림 5.8] 바이어스된 리미터 회로의 출력 파형

PSpice 예제 5.5 바이어스된 리미터 회로의 예

그림 5.9는 그림 5.5의 회로와 반대이다. 입력이 양수이고 1.3V까지는 다이오드는 순방향으로 출력전압은 1.3V가 된다. 입력이 1.3V를 넘게 되면 역방향이 되어 다이오드는 꺼지므로 출력은 입력의 반이 된다. 입력이 음수일 경우에 다이오드는 항상 순방향이므로 1.3V가 출력되어진다.

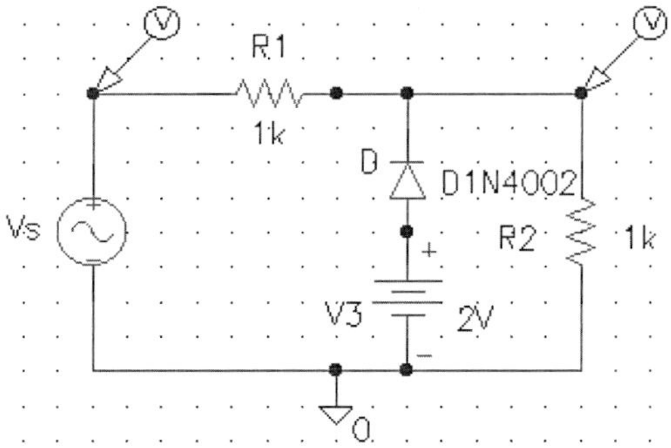

[그림 5.9] 바이어스된 리미터 회로

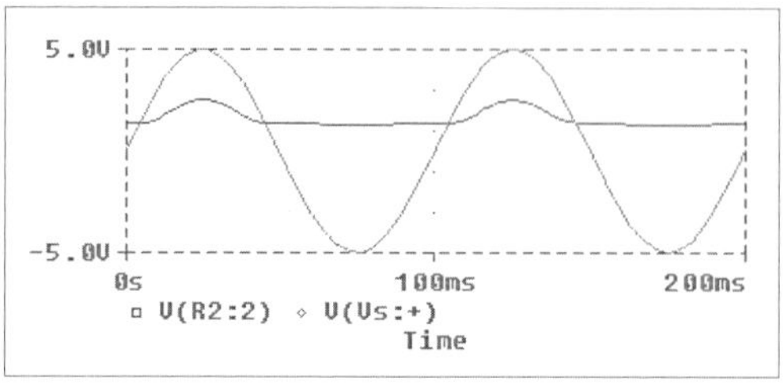

[그림 5.10] 바이어스된 리미터 회로의 출력 파형

PSpice 예제 5.6 리미터 회로의 예

그림 5.11은 그림 5.5와 그림 5.9의 회로가 서로 합한 형태이므로 출력 파형은 각각의 출력 파형이 나타난다. 입력이 양수 파형일 때 D2는 꺼지게 되고 입력전압이 3.7V가 되기까지는 D1이 꺼져 있으므로 전압분배에 의해 출력되고 3.7V에서부터는 다이오드 D1이 켜지므로 3.7V로 출력된다. 마찬가지로 역방향에서는 D1은 꺼져 있고 입력 전압이 －2.7V까지는 D2도 꺼져 있으므로 전압분배에 의해 출력되고 －2.7V보다 작게 되면 다이오드 D2가 켜지므로 －2.7V가 출력된다.

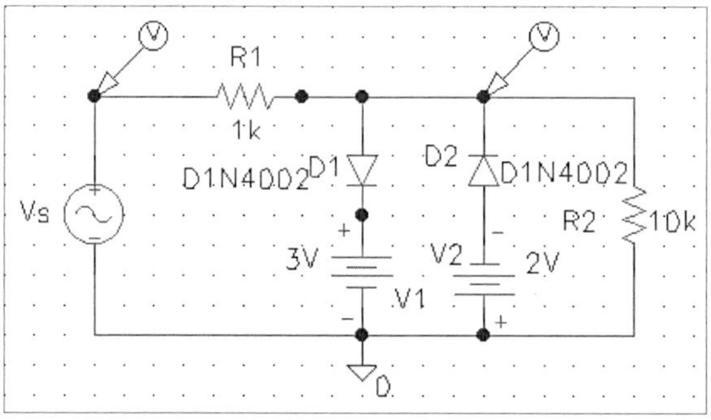

[그림 5.11] 바이어스된 리미터 회로

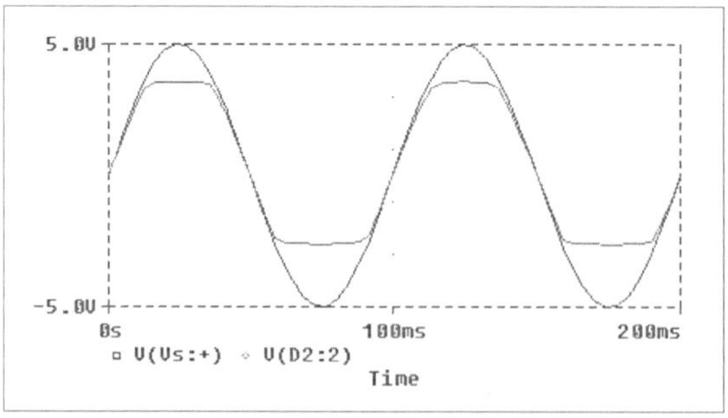

[그림 5.12] 바이어스된 리미터 회로의 출력 파형

PSpice 예제 5.7 리미터 회로의 예

입력이 양수일 경우에 아노드에 걸리는 전압은 vs + 5V이므로 다이오드는 켜진다. 이때 저항에 걸리는 전압은 vs + 5 - 0.7V가 된다. 따라서 초기 출력 전압은 5 - 0.7V = 4.3V가 된다. 입력 파형이 음수가 되어 - 4.3V까지 다이오드는 켜 있다. 입력 전압이 - 4.3V는 지나자마자 다이오드는 역방향이 걸리므로 꺼지게 되어 출력전압은 0이 된다.

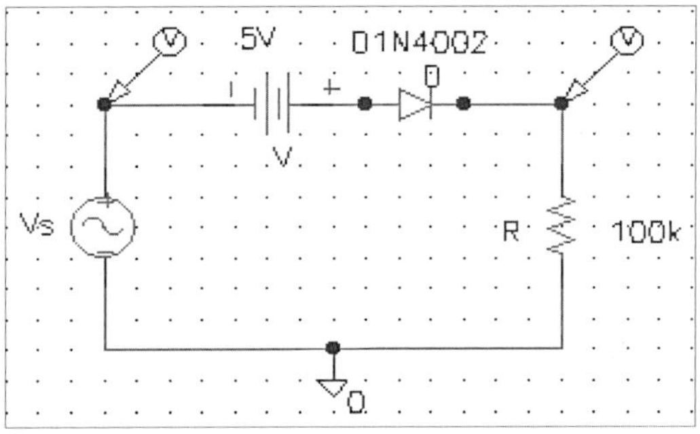

[그림 5.13] 바이어스된 클리퍼 회로

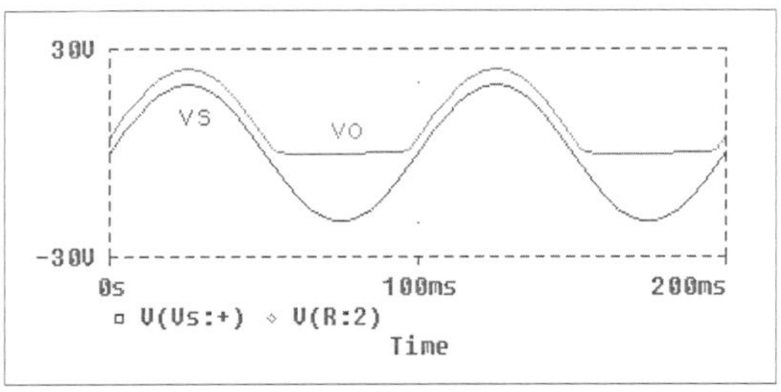

[그림 5.14] 바이어스된 클리퍼 회로의 출력 파형

5.3 다이오드 클램퍼

클램퍼 회로는 직류 저장기(DC storer)로서 이름자체에서 보듯이 신호를 잡아두는 역할을 한다. 클램퍼 회로는 다이오드와 커패시터를 사용하게 된다. 커패시터를 사용하여 전압을 저장하므로 교류 신호에 DC offset 만큼 더하거나 빼주어 출력되는 전압이 DC 값에 의해 커지거나 작아지게 된다.

PSpice 예제 5.8 다이오드 클램퍼 회로(음의 전압으로 클램프)

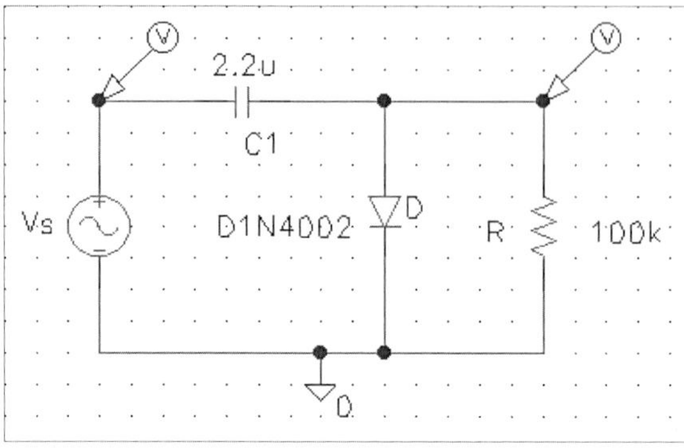

[그림 5.15] 다이오드 클램퍼 회로

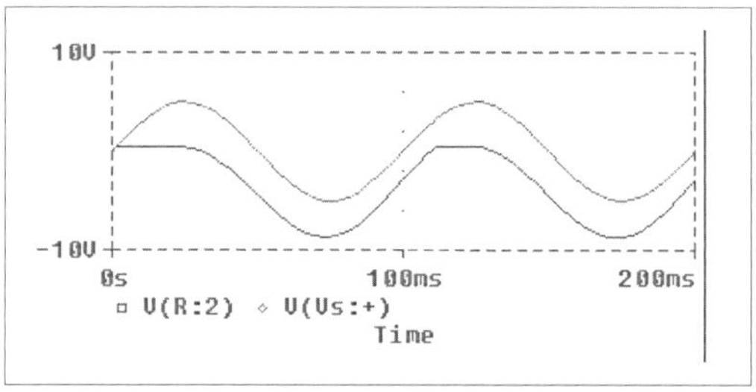

[그림 5.16] 다이오드 클램퍼 회로의 출력 파형

PSpice 예제 5.9 다이오드 클램퍼 회로(양의 전압으로 클램프)

입력이 양수일 경우에 다이오드는 꺼진다. 이때 저항에 걸리는 전압은 대략 입력 파형과 같게 되어 vo = vs가 된다. 입력 파형이 음수가 되면 다이오드 켜져 출력 전압은 - 0.7V가 된다. 이때 커패시터는 $v_c = V_p$-0.7V로 충전된다. 입력 전압이 음의 최고값을 - Vp를 지나자마자 다이오드에 걸리는 전압 $v_D = V_p - 0.7 - V_p = -0.7\,V$로 역방향이 걸리므로 꺼지게 되어 출력 전압은 $v_o = v_c + v_s$가 되는데 양의 입력의 최고치에서는 $v_o = V_p - 0.7 + V_p = 2\,V_p - 0.7\,V$가 된다.

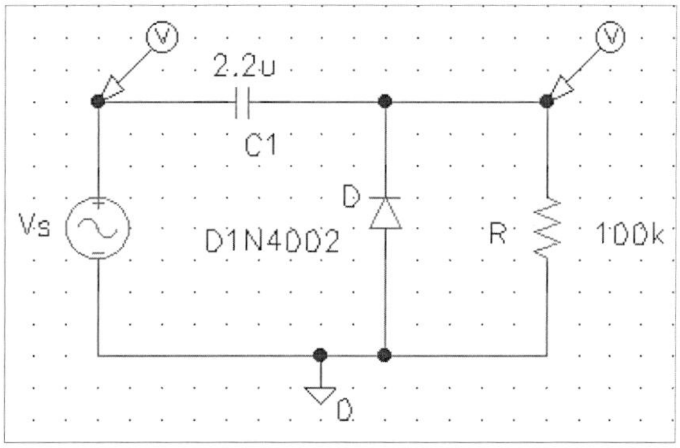

[그림 5.17] 다이오드 클램퍼 회로

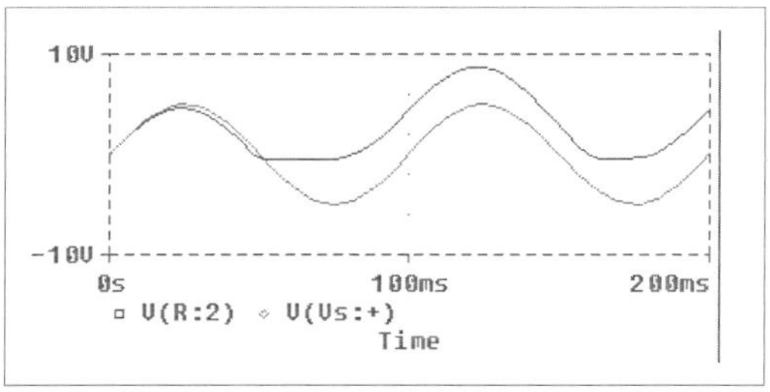

[그림 5.18] 다이오드 클램퍼 회로의 출력 파형

PSpice 예제 ▌5.10 다이오드 클램퍼 회로

그림 5.19 회로에서는 커패시터의 용량과 저항 값에 따른 시상수의 영향이 출력 파형에 미치는 변화를 볼 수 있다.

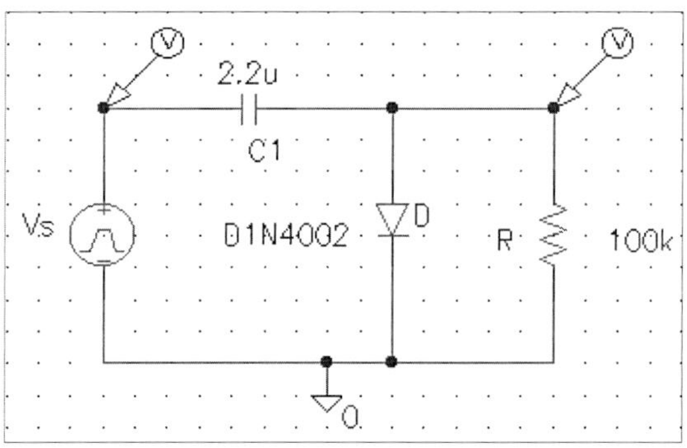

[그림 5.19] 다이오드 클램퍼 회로

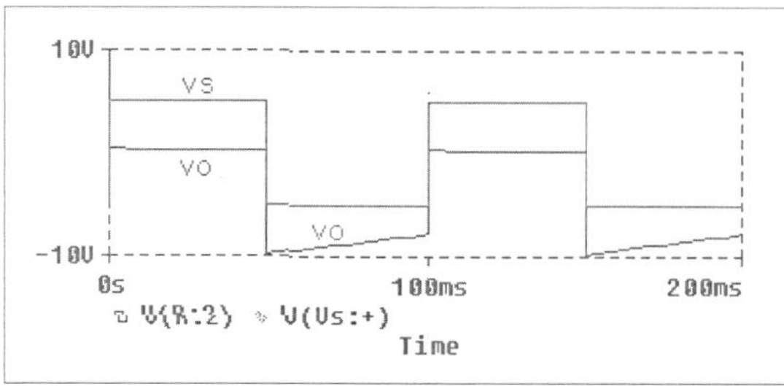

[그림 5.20] 다이오드 클램퍼 회로의 출력 파형

PSpice 예제 5.11 바이어스 다이오드 클램퍼 회로

입력이 양수일 경우에 다이오드는 꺼진다. 이때 저항에 걸리는 전압은 대략 입력 파형과 같게 되어 vo = vs가 된다. 입력 파형이 음수가 되면 다이오드가 켜져 출력 전압은 - 0.7V가 된다. 이때 커패시터는 $v_c = V_p - 0.7\text{V}$로 충전된다. 입력 전압이 음의 최고값 - Vp를 지나자마자 다이오드에 걸리는 전압 $v_D = V_p - 0.7 - V_p = -0.7\,V$로 역방향이 걸리므로 꺼지게 되어 출력 전압은 $v_o = v_c + v_s$가 되는데 양의 입력의 최고치에서는 $v_o = V_p - 0.7 + V_p = 2\,V_p - 0.7\,V$가 된다.

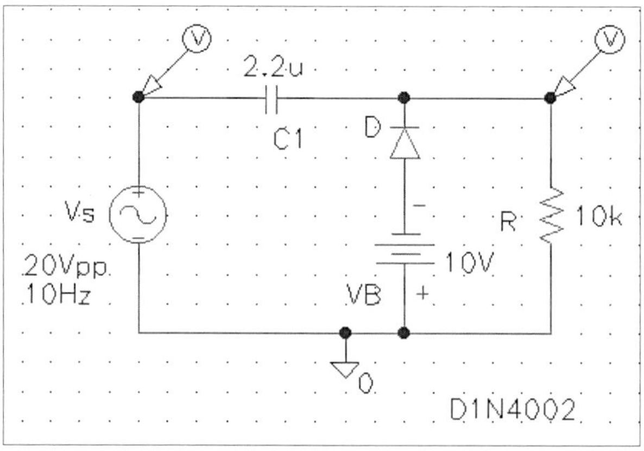

[그림 5.21] 바이어스된 클램프 회로

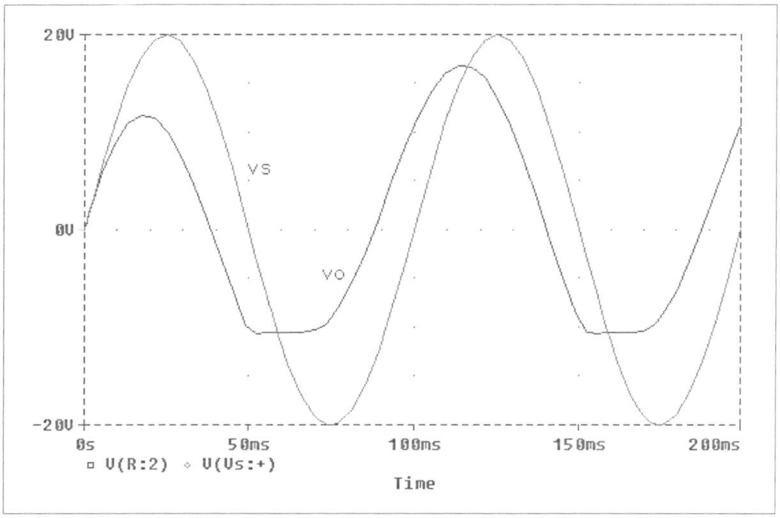

[그림 5.22] 클램프된 출력 전압

저항을 $100K\Omega$으로 바꾸었을 때 나타나는 출력 파형은 다음과 같다.

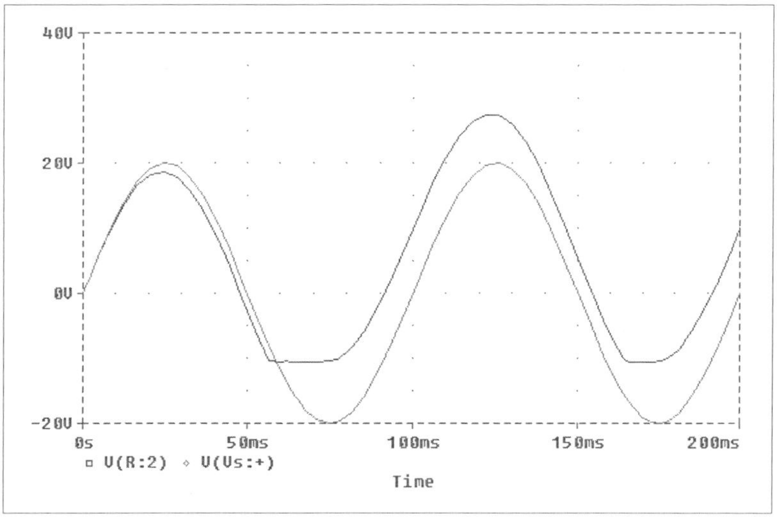

[그림 5.23] 저항을 $100K\Omega$으로 바꾸었을 때 나타나는 출력 파형

PSpice 예제 5.12 바이어스 다이오드 클램퍼 회로

입력이 양수일 경우에 입력 전압이 10.7 V가 될 때까지 다이오드는 꺼져 저항에 걸리는 전압은 대략 입력 파형과 같게 되어 $v_o = v_s$가 된다. 입력 파형이 10.7 V보다 커지게 되면 다이오드는 켜져 출력은 10.7 V가 된다. 최고값에서 커패시터는 $v_c = V_p - V_B - 0.7\text{V}$로 충전된다. 이때 출력 전압은 $v_o = -v_c + v_s = V_B + 0.7 - V_p + v_s$가 된다. 입력 전압이 양의 최고값 Vp를 지나자마자 출력 전압 $v_o = V_B + 0.7 - V_p + V_p = V_B + 0.7\,V$ 보다 작아지게 되어 역방향이 걸리므로 꺼지게 되어 출력 전압은 다시 $v_o = -v_c + v_s$가 된다.
음의 전압값일 경우에는 다이오드가 꺼져 있으므로 음의 입력의 최고치에서는 $v_o = -v_c - V_p = V_B + 0.7 - V_p - V_p = -2V_p + V_B + 0.7\,V$가 된다.

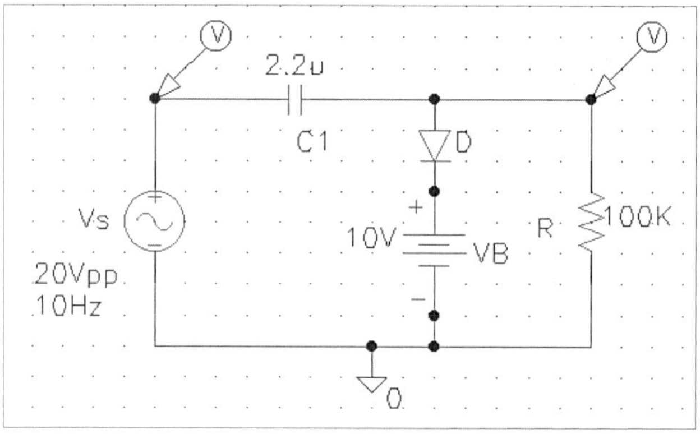

[그림 5.24] 바이어스된 클램퍼 회로

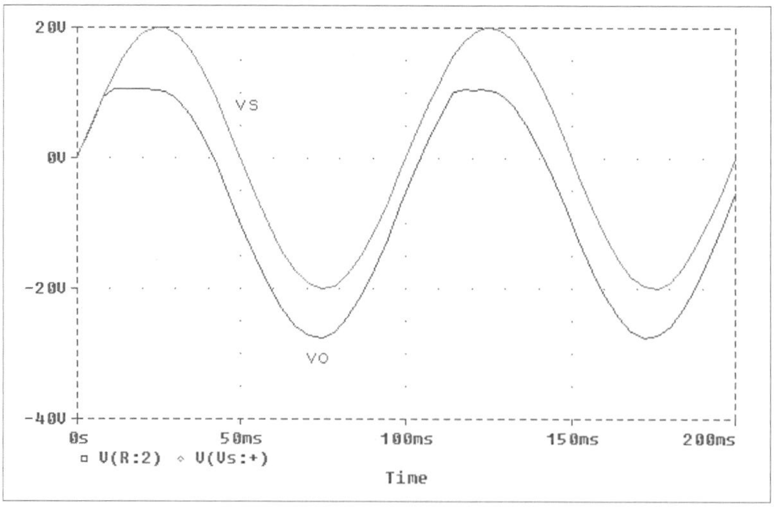

[그림 5.25] 클램프된 출력

5.4 전압 두 배 증폭기

전압 두 배 증폭기는 입력 전압의 최고값의 두 배가 되는 전압을 출력한다. 두 개의 커패시터가 양의 전압과 음의 전압일 때 각각 저장하므로 결과적인 출력의 전압은 두 커패시터에 저장된 전압의 합으로 나타난다. 아래 회로에서 입력 파형의 최고값이 V_p라 하면 양의 입력 전압일 때 다이오드 D_2는 꺼지고 D_1이 켜지므로 커패시터 C_1은 $V_p - 0.7V$만큼 충전되어 있다. 이 경우 출력은 영이다. 음의 입력 전압일 경우에는 다이오드 D_1이 꺼지고 D_2가 켜지므로 커패시터 C2에는 $-2V_p + 1.4V$만큼의 전압이 충전된다. 입력 전압이 음수로 최대치 $-V_p$일 때 다이오드 D_2는 꺼지게 된다.

PSpice 예제 5.11 전압 두 배 증폭기

입력의 크기가 5인 사인파가 주어질 경우 커패시터 C2에 저장되는 전압은 그림에서 보는 것처럼 두 배인 $-10 + 1.4V = -8.6V$가 된다.

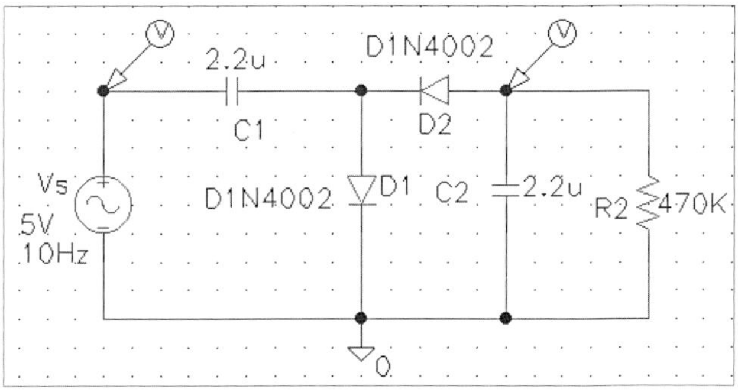

[그림 5.26] 전압 두 배 회로

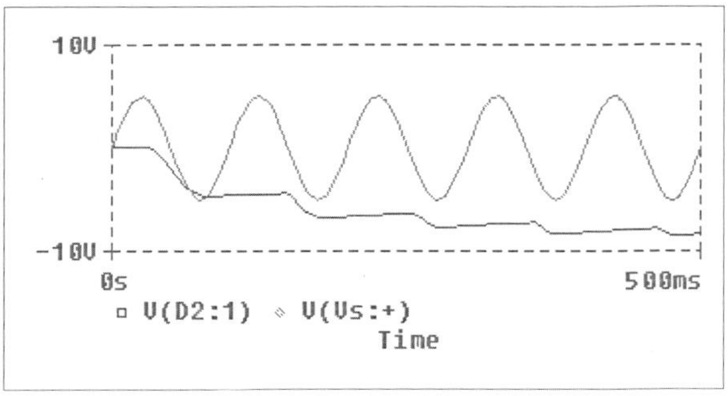

[그림 5.27] 전압 두 배 회로의 출력

실험 7 다이오드 응용 회로

1. PSpice 예제

❶ 그림 5.1의 리미터 회로에서 입력 전압의 크기가 6V이고 10Hz인 사인파를 사용하여 출력을 나타내시오.

❷ 그림 5.15의 클램퍼 회로에서 입력 전압의 크기가 6V이고 10Hz인 사인파를 사용하여 출력을 나타내시오.

❸ 그림 5.21의 클램퍼 회로에서 입력 전압의 크기가 6V이고 10Hz인 사인파를 사용하여 출력을 나타내시오.

2. 다이오드 리미터 회로

그림 5.1의 회로를 구성하시오. 입력 전압은 함수발생기에서 주기가 10Hz이고 크기가 6V인 사인파를 사용하시오. 저항에 출력되는 파형을 입력 전압의 파형과 함께 그리시오.

	계 산 값	측 정 값	오 차
피크전압(V)			

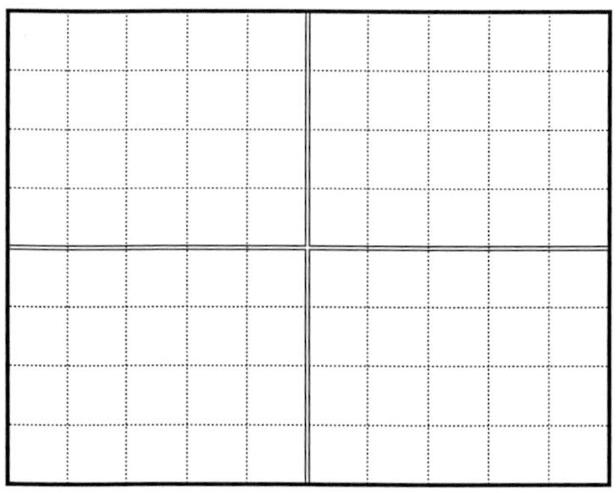

3. 다이오드 리미터 회로

그림 5.11의 회로를 구성하시오. 입력전압은 함수발생기에서 주기가 10Hz이고 크기가 6V인 사인파를 사용하시오. 저항에 출력되는 파형을 입력 전압의 파형과 함께 그리시오.

	계 산 값	측 정 값	오 차
피크전압(V)			

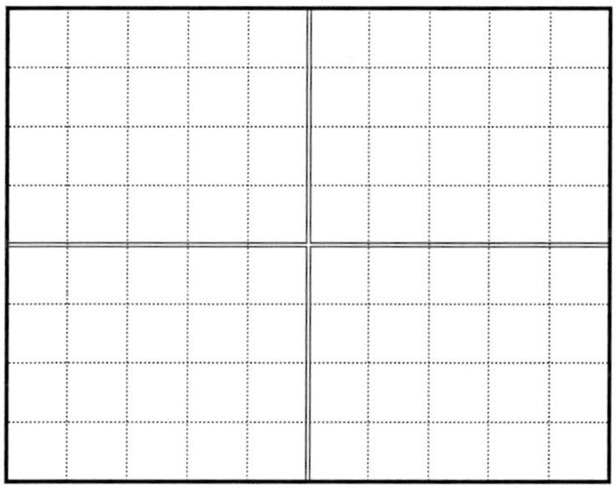

4. 다이오드 클램퍼 회로

그림 5.15의 회로를 구성하시오. 입력전압은 함수발생기에서 주기가 10Hz이고 크기가 6V인 펄스파를 사용하시오. 저항에 출력되는 파형을 입력 전압의 파형과 함께 그리시오.

	계 산 값	측 정 값	오 차
최대전압(V)			
최소전압(V)			

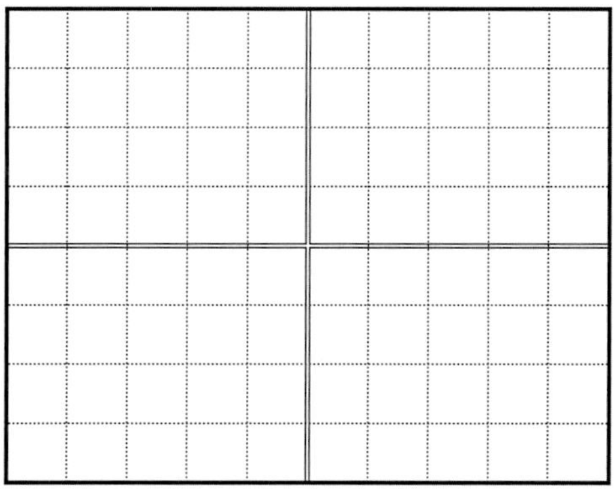

5. 다이오드 클램퍼 회로

그림 5.24의 바이어스된 클램프 회로를 구성하시오. 입력전압은 함수발생기에서 주기가 10Hz이고 크기가 6V인 사인파를 사용하시오. 바이어스 전압 $V_B = 3\,V$로 설정하시오. 저항에 출력되는 파형을 입력 전압의 파형과 함께 그리시오.

	계 산 값	측 정 값	오 차
최대전압(V)			
최소전압(V)			

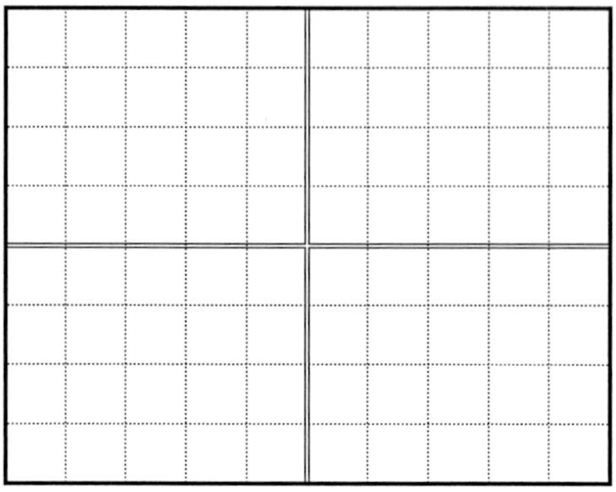

6. 고찰

DC-DC 컨버터란 무엇인가? 이 소자의 사용 사례를 조사해서 설명하시오.

날 짜	
검 인	

PART 6

제너 다이오드 응용

목적 : 제너 다이오드의 특성을 이해한다.
제너 다이오드 회로를 응용한다.

6.1 제너 다이오드의 특성

제너 다이오드는 몸체에 빨간색 띠가 둘러있거나 빨간색을 띠고 있어 일반 다이오드와 구별된다. 제너 다이오드의 심볼은 다음과 같다.

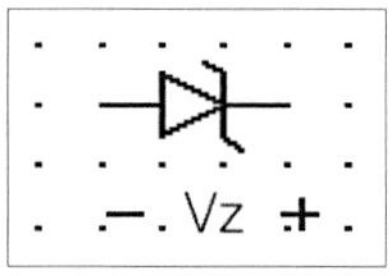

[그림 6.1] 제어 다이오드의 심볼

제너 다이오드는 다이오드의 일종으로 순방향에서는 일반 다이오드처럼 작동하지만 역방향에서는 다른 동작을 한다. 따라서 일반 다이오드는 한 방향으로만 전류가 흐를 수 있도록 순방향의 특성을 주로 사용하지만 제너 다이오드는 역방향의 특성을 주로 사용한다. 순방향에서는 일반 다이오드와 마찬가지로 작동한다. 다이오드는 역방향으로 전류가 거의 흐르지 않고 큰 전압에서는 애발랜치 항복이 발생하여 다이오드 파괴가 발생하였으나 제너 다이오드에서는 제너 항복이 발생하여 원하는 전압에서 항복이 발생한다. 그림 6.2를 보면 제너 다이오드의 특성 곡선이 나타나 있는데 전류의 값이 계속적으로 증가하더라도 일정한 전압 V_z을 나타낸다. 따라서 제너 다이오드는 전류가 증가하더라도 일정한 역방향 전압의 값을 나타내므로 전압조절기로 사용한다. 제너 다이오드는 종류에 따라 3V에서 200V까지 다양한 역방향 전압을 나타낸다.

이상적인 다이오드에 역방향을 걸어주면 전압에 상관없이 작은 양의 leakage 전류가 흐른다고 가정하였다. 하지만 실제 다이오드에 PIV(Peak Inverse Voltage)이상의 전압을 걸어주면 그림 6.2에 나타난 것처럼 역방향 전압에 의한 애발랜치 항복(avalanche breakdown)이 일어나 갑작스럽게 역방향의 전류가 흐르게 된다. 이는 다이오드를 파괴하기 충분한 전류의 값이다. 역방향 전압에 의한 다른 breakdown 현상이 나타나는데 이를 **제너 항복(breakdown)**이라 하며 이는 제너다이오드를 통해 나타난다. 항복이 일어나는 전압은 제너 다이오드의 종류에 따라 다르다. 애발랜치 파괴와 제너 항복과의 다른 점은 전류가 흐르게 되는 원인에 있다. 애발랜치 항복의 경우 음극에서 강한 힘에 의해 영향을 받은 전자들의 연쇄적인 충돌에 의해 생기는 전류의 흐름이고, 제너 다이오드의 경우에는 공핍층 부근에서 전기장에 노출되어 있는 발렌스 밴드 전자들이 터널 효과에 이동하므로 전류가 흐르게 되는 것이다. 제너 다이오드의 순방향 전압은 일반 다이오드와 같다.

다음 그림 6-2에서 V_{R1}, V_{R2}, V_{R3} 등은 다양한 종류의 제너 다이오드의 항복전압을 나타낸다.

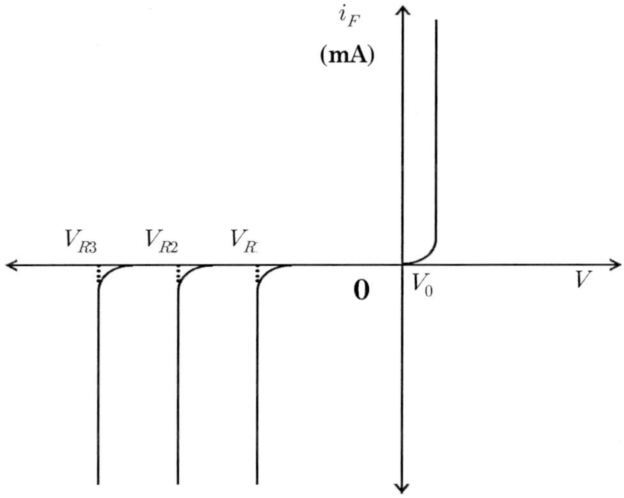

[그림 6.2] 제너 항복

PSpice 예제 ▌ 6.1 제너 다이오드 응답 특성 곡선

제너 다이오드 응답 특성 곡선을 그리기 위해 그림 6.3과 같은 회로를 설계한다. 회로 구성 시에 저항의 값은 되도록 작게 설정하여 응답을 나타낸다. 제너 항복 전압을 보기 위해서는 전압의 범위를 바꾸어야 하므로 Setup 메뉴에서 DC Sweep을 사용한다. DC Sweep을 클릭하여 그림 6.3처럼 전원을 －10V에서 5V까지 0.1V씩 증가하도록 선택하고 Analysis 메뉴에서 Simulate를 클릭한다. 하지만 이때 나타나는 파형은 전류의 값을 음수로 나타낸 파형이라 파형이 거꾸로 나타나므로 Probe 창의 Plot 메뉴에서 Y Axis settings을 통해 아래와 같이 영역을 다시 설정하면 그림 6.6과 같은 출력을 얻게 된다.

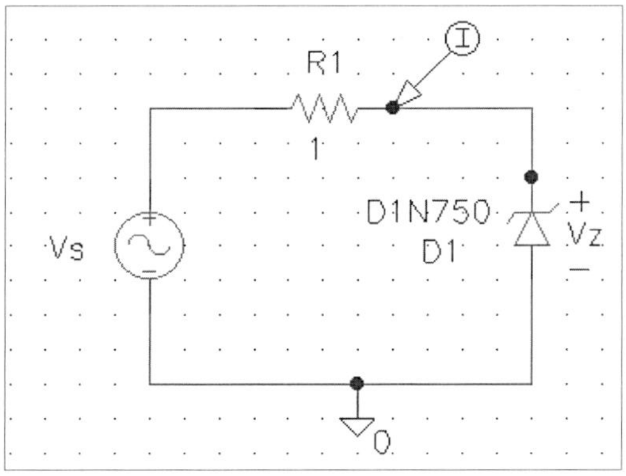

[그림 6.3] 제너 다이오드 회로

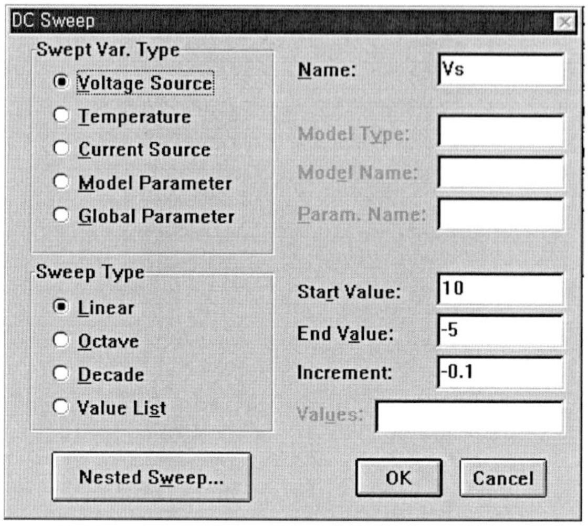

[그림 6.4] DC Sweep 창

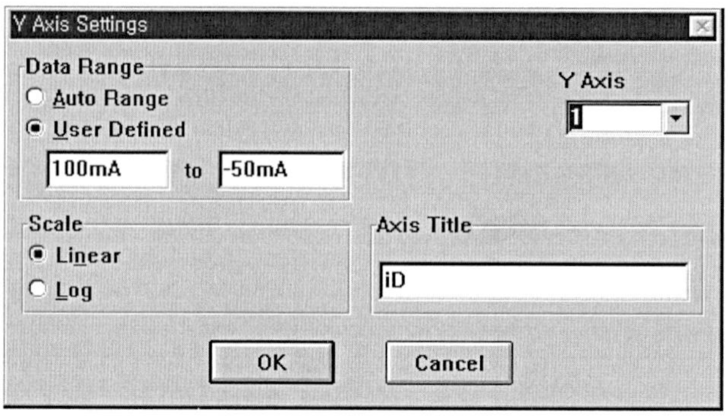

[그림 6.5] Y axis 창

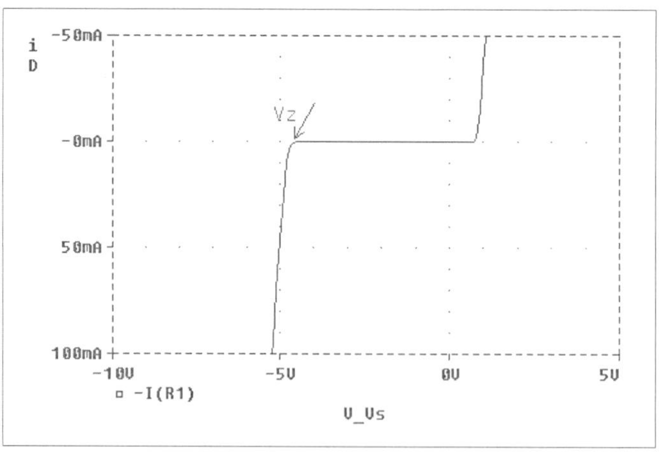

[그림 6.6] 제너 다이오드 특성 곡선

그림 6.6에서 보면 0V에서 4.7V까지 전류가 흐르지 않고 4.7V이후에는 전류가 계속 증가하지만 전압은 일정하게 유지되는 것을 볼 수 있다. 따라서 그림 6.3에서 사용된 제너 항복 전압은 4.7V이다.

6.2 전원 전압조절기

제너 다이오드는 그림 6.2에 나타난 것처럼 항복이 일어나는 전압이 각각 다르다. 이러한 특성은 제너 다이오드의 종류에 따라 전류가 변하더라도 일정한 전압값을 유지하도록 만드는 전압조절기(voltage regulator)로 사용된다. 예를 들어, 입력전원이 안정하지 못하고 값이 계속 바뀌면 출력되는 신호도 입력에 영향을 받아 안정하지 못하게 된다. 이러한 경우를 입력 조절 회로라 하는데 입력전원의 변화에도 출력을 일정하도록 하는 것이 제어 다이오드이다. 다양한 제너 다이오드의 종류는 항복 전압이 작게는 수 볼트에서 크게는 몇 백 볼트까지 있다.

PSpice 예제 6.2 제너 다이오드 전압 조절 기능

그림 6.7에서는 제너 다이오드의 전원전압 조절 기능을 확인하기 위해서 Setup의 DC Sweep 기능을 사용하여 입력 전압 Vs가 1V에서 10V까지 변할 때 출력되어져서 나오는 전압을 나타낸 것이다. 그림에서 보면 제너 다이오드는 입력전압 Vs가 6V이하에서는 작동하지 않고 있다가 6V이후에 전원 전압이 계속 증가하더라도 출력되어져서 나오는 전압은 약 4.7V로 일정하게 출력하는 것을 알 수 있다. 따라서 제너 다이오드의 V_z = 4.7V 임을 알 수 있다.

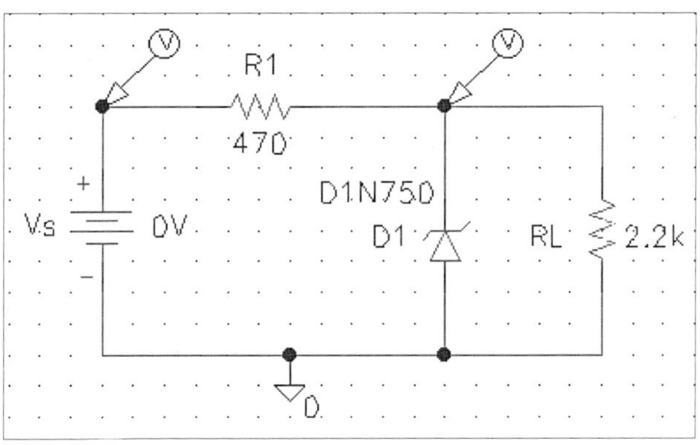

[그림 6.7] 제너 전압 조절 회로

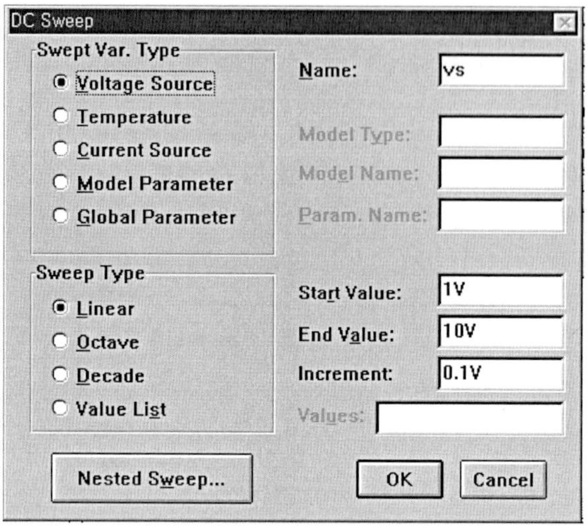

[그림 6.8] DC Sweep

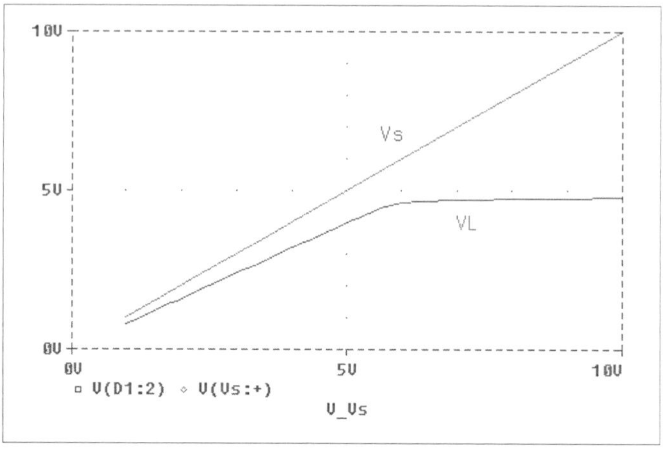

[그림 6.9] 제너 출력 응답

PSpice 예제 6.3 제너 다이오드의 전원 전압 조절 기능

다음 그림 6.10은 입력 전원을 DC offset 값을 갖는 사인파로 주어 입력전원의 등락을 나타내었다. 입력 전압이 사인파와 같이 바뀔 때 출력되는 제너 다이오드의 파형을 살펴보자.

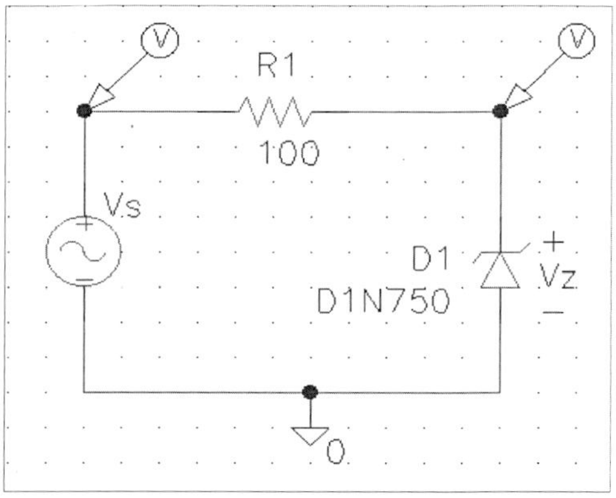

[그림 6.10] 제너 다이오드의 입력 전압 조절

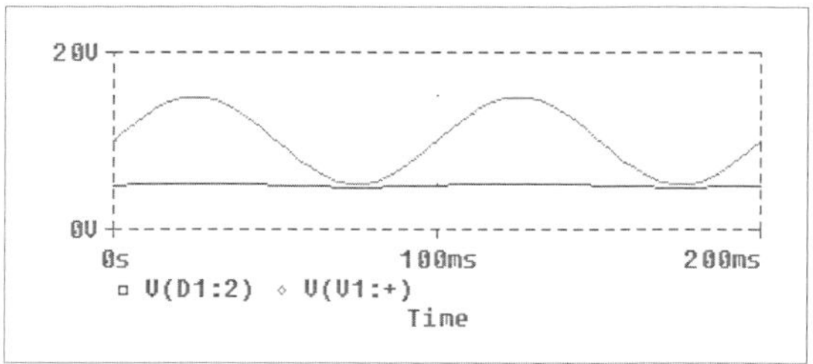

[그림 6.11] 제너 다이오드의 전압원 조절 파형

PSpice 예제 6.4 정류된 전원 전압 조절 기능

다음 그림 6.12는 정류된 파형이 저주파 통과 필터를 거쳐 제너 전압 조절기를 통과했을 때의 파형을 나타낸다. 제너 전압은 4.7V이므로 제너가 작동하기 위한 최소의 입력 전압은

$$v_{s_{\min}} = \frac{R+R_L}{R_L}V_z = \frac{1100}{1000}4.7\,V = 5.17\,V$$

따라서 필터된 전압이 5.17V보다 작아지면서 제너가 조절 능력을 상실하게 되는 것을 그림 6.13에서 볼 수 있다.

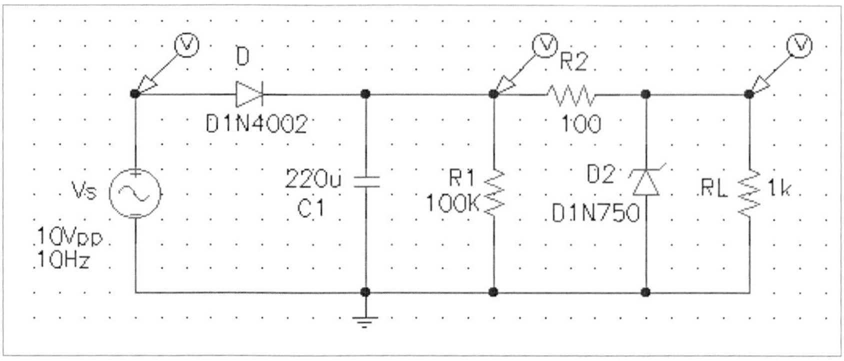

[그림 6.12] 정류된 파형의 전압 조절

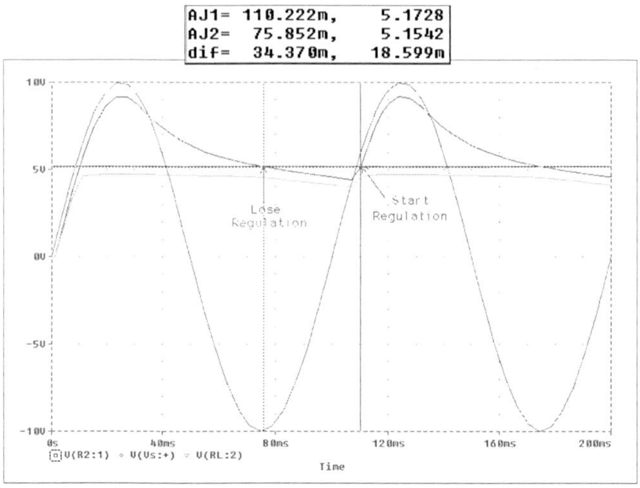

[그림 6.13] 전압 조절 파형

6.3 부하 전압 조절기

또한 제너 다이오드는 부하에 전류가 많이 소비되어 흐를 지라도 일정한 전압을 유지시켜주는 회로에 필요하다. 이를 부하 조절 회로라 한다.

PSpice 예제 6.5 제너 다이오드의 부하 전압 조절 기능

입력전압이 12V로 일정하고 부하 저항의 값이 변할 때 제너 다이오드의 성능을 살펴보자. 먼저 제너가 작동하지 않았을 경우 부하에 걸리는 전압값을 계산하면 다음과 같다.

$$V_{R_L} = \frac{100}{470+100} \cdot 12 = 2.1\,V$$

그림 6.14에서 역방향의 D1N750 제너의 항복전압은 4.7V > 2.1V이므로 다음 회로에서 제너 다이오드는 꺼져 있어 작동하지 않는다. 부하에 걸리는 전압은 그림 6.15에 나타난 것처럼 2.1V가 된다.

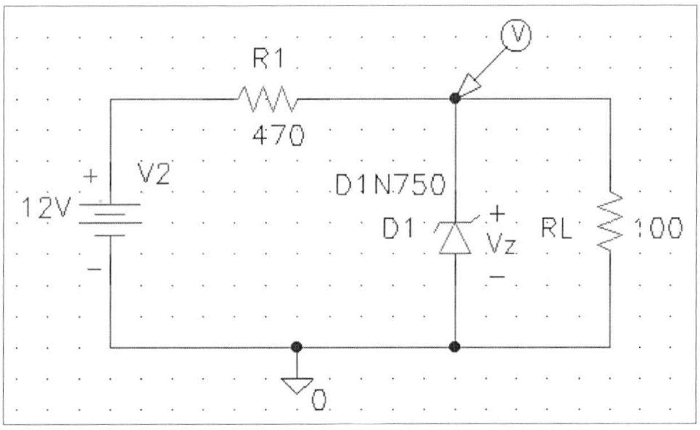

[그림 6.14] 제너 다이오드의 부하 조절

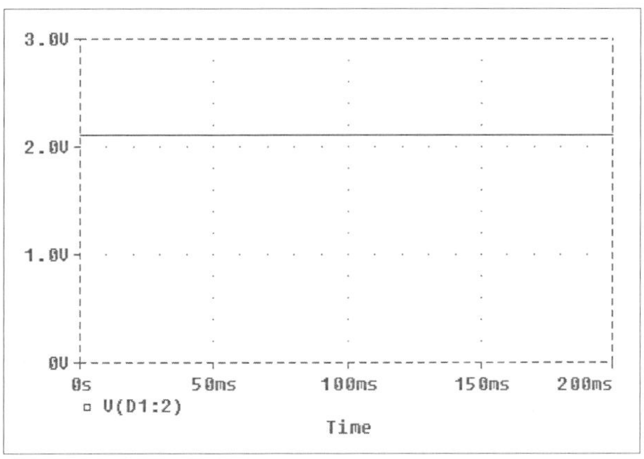

[그림 6.15] 부하 조절된 출력

만약 부하 저항의 값이 $R_L = 470\Omega$ 로 바뀌었을 경우 제너 동작 여부를 조사해 보자. 제너가 동작하지 않을 경우 부하에 걸리는 전압을 계산하면

$$\frac{470}{470+470}\cdot 12 = 6\,V$$

역방향의 제너 항복전압은 4.7V < 6V이므로 제너는 동작한다. 따라서 부하저항에 걸리는 전압은 원래 전압분배법칙에 의해 6V가 되어야 하지만 제너 항복으로 인해 4.7V가 됨을 그림 6.17에서 볼 수 있다.

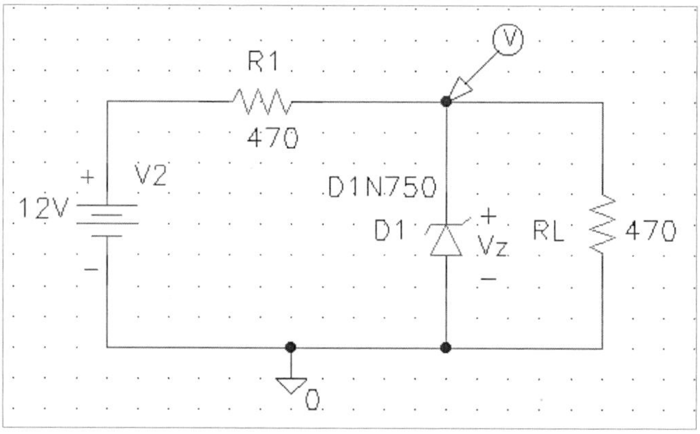

[그림 6.16] 제너 부하 전압 조절

그림 6.17에서 보는 것처럼 제너가 작동하여 부하가 $R_L = 470\Omega$ 일 때 6V가 아닌 일정한 전압인 4.7V를 출력하는 것을 알 수 있다.

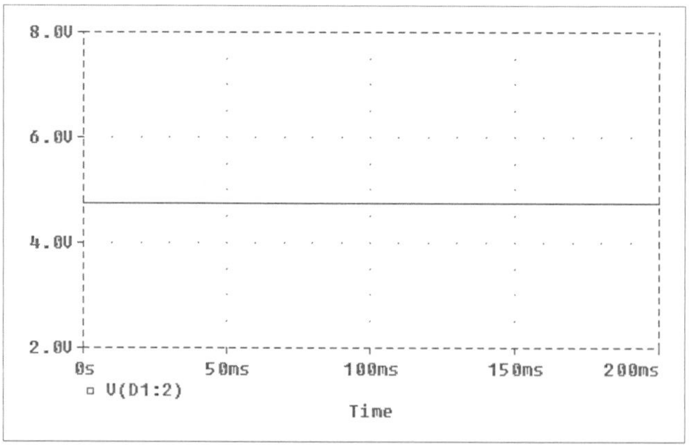

[그림 6.17] 부하에 걸리는 전압

6.4 제너 리미터 회로

제너 다이오드를 사용하여 리미터 회로를 만들 수 있다. 다음 회로를 고려하여 보자.

PSpice 예제 6.6 제너 다이오드의 출력 제한 기능

그림 6.18의 회로는 리미터 회로이다. 제너 다이오드가 반대로 연결되어 있어 입력전압이 양의 전압일 경우에는 D_1은 순방향D_2는 역방향이 되어 출력되는 전압의 크기는 0.7 + 4.7 = 5.4V가 된다. 입력이 음의 전압일 경우에는 D_1은 역방향 D_2는 순방향이 되어 - 0.7 - 4.7 = - 5.4V가 된다. PSpice에서 입력 전압 Vs의 변수들은

VOFF = 0, VAMPL = 10, FREQ = 10, TD = 0, DF = 0, PHASE = 0

으로 설정하였다.

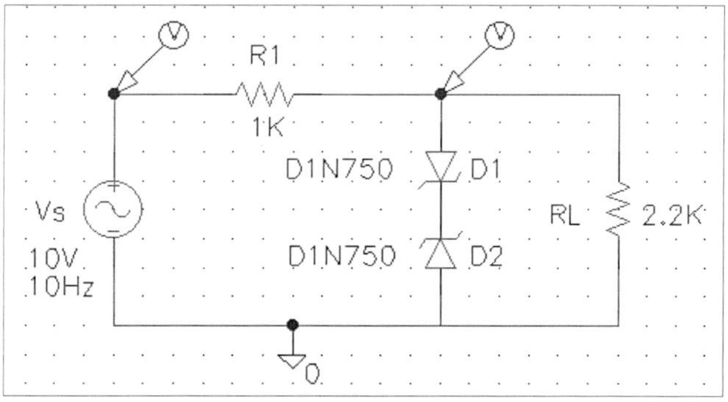

[그림 6.18] 제너 리미터 회로

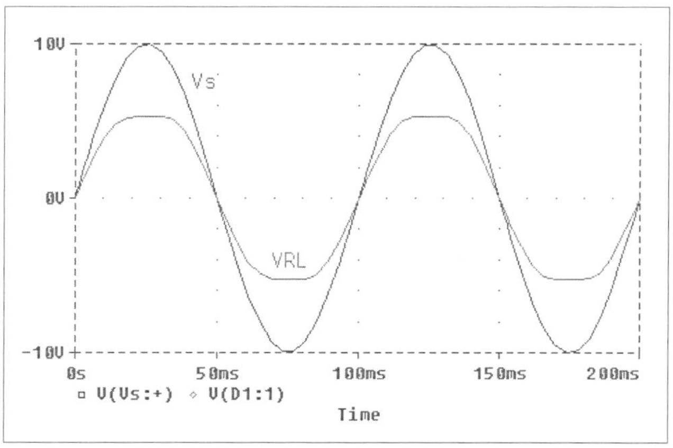

[그림 6.19] 제너 다이오드로 제한된 출력

6.5 그 밖의 다이오드

6.5.1 쇼트키 다이오드 (Schottky diode)

금속과 n형 반도체와 결합하여 pn 접합 다이오드처럼 작동한다. 금속은 자유전자가 많고 n형 반도체도 대수 캐리어가 전자이므로 전자에 의해서만 전류가 흐르게 되어 unipolar 소자의 대표적인 예이다. 순방향 전압은 0.3V에서 0.5V이며 고주파에서 빠른 스위칭을 필요로 한 초고주파수신기 등에 사용된다.

6.5.2 발광 다이오드 (LED)

발광 다이오드는 (Light Emitting Diode) 다이오드의 일종으로 전류가 통하는 순방향일 때 불이 들어오는 다이오드로 디지털 회로에서 많이 사용된다. 순방향을 다이오드에 걸어주면 공핍층에서 자유전자와 발랜스 밴드의 정공과 재결합(recombination)이 일어나는데 이때 자유전자의 에너지 준위가 낮아지므로 에너지를 방출하게 된다. 이처럼 전기적으로 빛을 발광하는 과정을 electro-luminescence라 한다. 다리가 긴 쪽이 anode(+)이고 짧은 쪽이 cathode(-)이다.

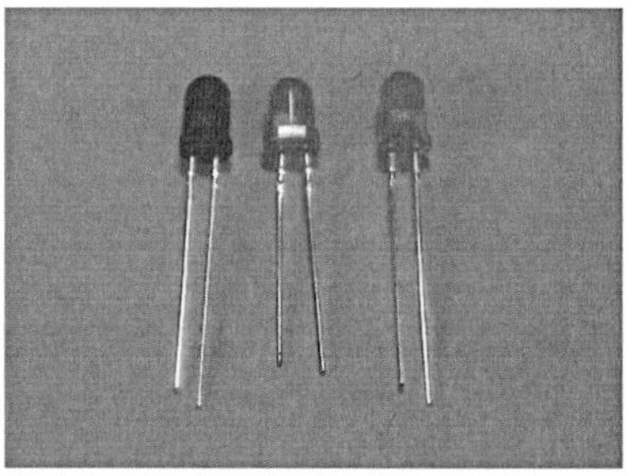

6.5.3 광 다이오드 (Photo diode)

광 다이오드는 빛을 감지하는 광 센서라고도 한다. pn 접합 부분에 빛을 조사하면 전자와 정공이 발생하여 역전류가 흐르므로 빛을 감지하게 된다. 빛의 세기에 따라 출력전압의 크기가 달라진다. pn 접합 외에 pin 접합 그리고 쇼트키 장벽형 광 다이오드 등이 있는데 이는 빠른 응답 속도를 나타낸다. 광 다이오드는 빛 검출용으로 다양한 부분에 사용되고 있고 아파트의 자동 점멸장치도 이 광 센서를 사용한 한 예다.

실험 8 제너 다이오드 실험

1. PSpice 예제

❶ 그림 6.7에서 부하저항 R_L 을 가변 저항으로 바꾸고 부하에 걸리는 전압이 일정 하게 되는 부하저항 값을 구하고 그 때의 출력 파형을 그리시오.

❷ 그림 6.12의 정류된 파형의 전압조절에서 저항 $R_L = 0.5K\Omega$ 으로 바꾸고 파형을 출력하시오. 계산한 값과 일치하는지 확인하시오.

❸ 그림 6.18의 리미터 회로에서 부하 저항을 $1K\Omega$로 바꾸고 출력 파형을 그리시오.

2. 제너 다이오드 항복 전압 측정

그림 6.3의 회로를 구성하시오. 입력 전압값을 2V에서 10V까지 서서히 증가시키면서 전압과 전류의 값을 측정하시오. 출력 전압이 일정하게 되는 입력 전압값은 얼마인가?

	Vs=2V	Vs=3V	Vs=5V	Vs=6V	Vs= 7V	Vs=8V	Vs=9V	Vs=10V
전 압(V)								
전류(mA)								

x축을 전원 전압 Vs로 하고 y축을 출력 전압으로 그림 6.6과 같은 그래프를 그리시오.

3. 부하 조절 기능

그림 6.7의 회로를 구성하고 부하 저항 R_L의 값을 아래와 같이 바꾸었을 때 부하에 걸

리는 출력 전압을 구하시오. 가변 저항을 사용하시오. 제너 다이오드가 작동하는 부하의 영역은 무엇인가?

	R=100	R=200	R=500	R=800	R=1K	R=2K
전 압(V)						
전류(mA)						

4. 제너 리미터 회로

그림 6.18의 리미터 회로를 구성하고 출력되는 파형을 그리시오.

	계 산 값	측 정 값	오 차
최대전압(V)			
최소전압(V)			

날 짜	
검 인	

Project 1 DC adapter 회로 설계

일반 가정에 들어오는 전압은 220Vrms이다. 하지만 IC로 구성되어 있는 대부분의 전자 제품은 DC 전압을 전원으로 사용하므로 15V DC로 만들기 위해서는 어댑터가 필요하다. 이 어댑터를 만들기 위해 필요한 회로를 구성하고 설계하여 보자. 먼저 필요한 회로가 무엇일까?

❶ 변압기
❷ 전파 정류 회로
❸ 필터
❹ 조절기

주 의 Power가 큰 신호를 정류하기 위해서는 마찬가지로 Power 소자를 사용해야 한다. 용량이 큰 Power Diode(예 : LT321 4A), Power Resister(10W용)를 사용해야 회로를 구성할 수 있다. 변압기는 사용으로는 24V용으로 HT-801이 있다.

PART 7

트랜지스터의 특성

목적 : 트랜지스터의 특성을 이해한다.
트랜지스터의 작동을 이해한다.
작동점의 역할을 이해한다.

7.1 트랜지스터의 특성

트랜지스터는 3단자가 있는 소자로 pn 접합 다이오드 두 개를 붙여 놓은 형태이다. pn 접합소자를 어떻게 붙이느냐에 따라 npn형, pnp형으로 나뉜다. 그림 7.1에서 트랜지스터의 심벌과 구조가 나타나 있다. 각 단자의 이름은 전자를 방출하는 단자인 **에미터(E)**, 전자를 모으는 단자인 **컬렉터(C)**, 그리고 전자의 흐름을 조절하는 **베이스(B)** 단자로 구성되어 있다. npn 트랜지스터의 예를 들어 전류의 흐름을 살펴보면 다음과 같다.

먼저 베이스에 흐르는 전류의 양은 증폭되어 컬렉터의 전류로 나타나므로 베이스의 전류를 조절하므로 컬렉터에 흐르는 전류의 양을 조절할 수 있는 **증폭 작용**이 있다. 또한 베이스의 전류를 흐르지 않게 하므로 컬렉터 전류도 흐르지 않게 되어 개회로가 된다. 반면에 무시할 정도의 작은 베이스 전류를 흐르게 하여 컬렉터의 전류가 그대로 에미터의 전류와 같도록 하여 폐회로를 이루는 **스위칭 작용**을 한다.

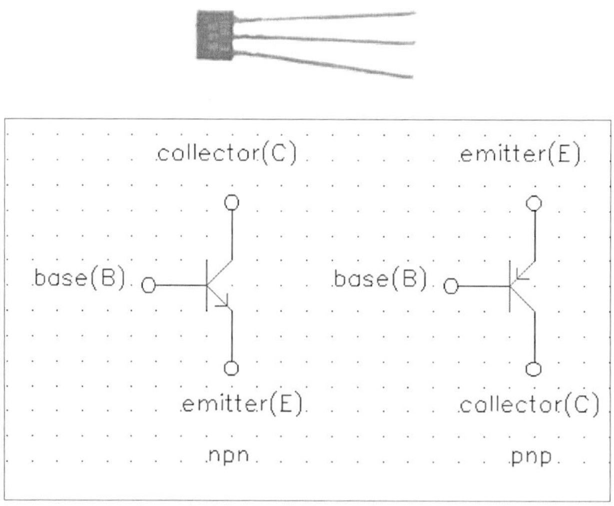

[그림 7.1] 트랜지스터의 심볼

7.2 트랜지스터 물성

일반적으로 트랜지스터의 전류를 형성하는 요소는 크게 두 가지이다. 하나는 diffusion 전류 그리고 다른 하나는 drift 전류이다. BJT(Bipolar Junction Transistor)에서는 drift 전류가 열에 의해 소수 캐리어가 생성되므로 나타나는데 diffusion 전류에 비해 아주 작으므로 보통 무시된다. 따라서 BJT 트랜지스터에서의 전류의 흐름은 diffusion 전류가 다수라 할 수 있다. 예를 들어 npn 트랜지스터의 diffusion 전류의 흐름을 살펴보면 다음과 같다. 그림 7.2에 나타난 것처럼 전류의 흐름은 크게 두 가지 요소에 의해 결정된다. 따라서 에미터의 전류는 베이스와 컬렉터의 전류의 합으로 나타난다.

$$I_E = I_C + I_B \tag{7.1}$$

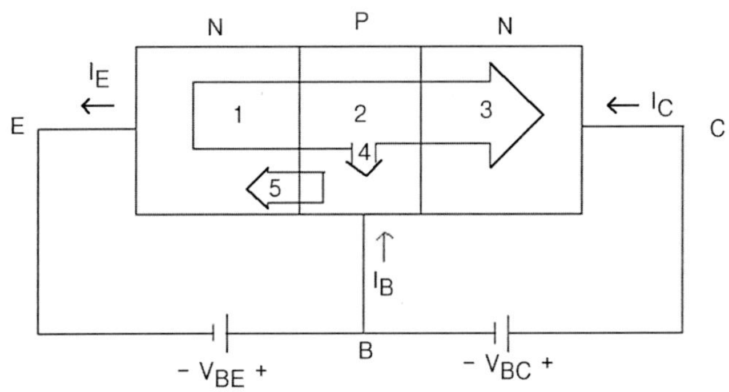

[그림 7.2] npn 트랜지스터에서의 전류 흐름

Bipolar 트랜지스터는 Bipolar란 이름에서 알 수 있듯이 전자와 정공 모두에 의해 전류의 흐름이 영향을 받는다. npn 트랜지스터의 경우에는 전자의 흐름에 의해 전류의 흐름이 결정된다.

그림 7.2에서 보면 전자의 흐름과 전류의 방향은 반대로 되어 있다.

❶ n형 반도체의 다수 캐리어인 전자는 에미터의 음전압의 밀치는 힘에 의해 베이스로 인젝션된다.

❷ 베이스로 인젝션된 전자들 대부분은 diffusion에 의해 공핍층의 경계면으로 간다.

❸ 이 때 컬렉터의 단자는 양의 전압이 걸려있어 전자들을 당겨 컬렉터 전류를 형성한다.

❹ 인젝션된 전자들 중 소수는 베이스의 다수 캐리어인 정공과 재결합하게 된다.

❺ 베이스의 정공은 에미터로 인젝션되어 베이스 전류를 형성한다.

❻ 또한 베이스에서 재결합에 의해 소멸된 정공들을 메우기 위해 외부로부터 정공이 공급되어야 하는데 이는 베이스 전류의 또 한 부분을 이룬다.

pnp 트랜지스터일 경우는 정공의 흐름이 전류의 흐름을 주도하므로 npn에서의 전자의 역할이 정공으로 바뀌게 된다. 그림 7.3에서 보면 ❶ 에미터의 다수 캐리어인 정공이 베이스로 인젝션되고 ❷ 인젝션된 정공 중의 일부는 베이스의 전자와 재결합을 이루어 ❸ 그 빈자리 메우기 위해 외부로부터 전자가 공급되는 것이 베이스 전류를 이루게 된다. ❷, ❸ 대부분의 정공은 컬렉터로 넘어가 컬렉터 단자의 음의 전압에 의해 끌려 컬렉터 전류를 형성한다. 마찬가지로 베이스의 전류는 에미터로 인젝션되어 베이스 전류를 형성한다.

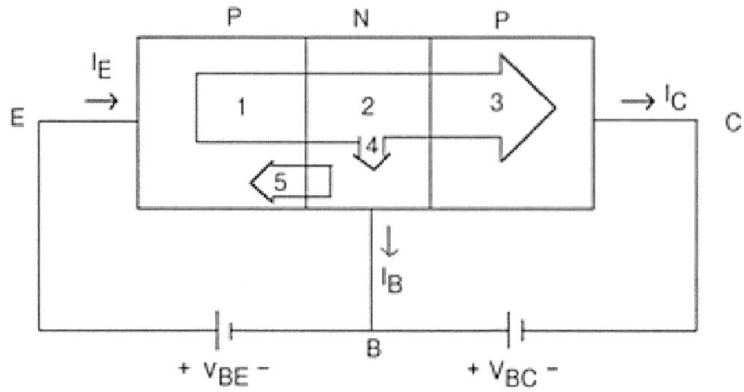

[그림 7.3] pnp 트랜지스터에서의 전류 흐름

7.3 트랜지스터 특성 곡선

트랜지스터 특성 곡선은 컬렉터-에미터 전압 v_{CE}와 컬렉터 전류 i_C와의 관계를 나타낸 그래프이다. 트랜지스터 모드는 작동영역에 따라 크게 활성화 모드(active:2), 포화 모드(saturation:1), 컷 오프(cut-off:4) 모드, breakdown(3) 으로 나뉜다. 활성화 모드는 증폭 작용을 나타내는 것이고 포화 모드는 닫힌 회로를 컷오프 모드는 개회로를 나타내므로 스위칭 작용을 한다. 그림 7.4에서 보면 각 영역이 나타나 있다. x축 가까이는 $I_B = 0$이므로 $I_C = 0$인 트랜지스터가 꺼진 상태인 컷오프 모드를 나타내고 $v_{CE(sat)}$ 전압까지의 y축 $I_C = I_E$이므로 포화모드 그리고 x축과 y축을 제외한 나머지 영역은 활성화 모드 즉 $I_C = \beta I_B$를 나타내어 증폭 작용을 한다. 트랜지스터는 비선형이므로 특성 곡선이 비선형적으로 나타난다.

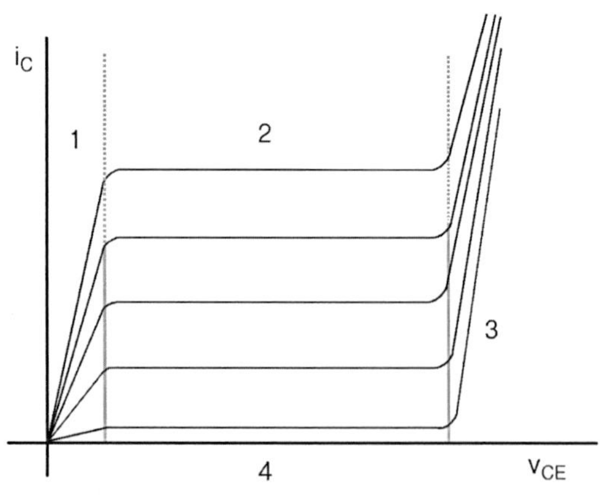

[그림 7.4] 트랜지스터의 특성 곡선

PSpice 예제 7.1 npn 트랜지스터 특성 곡선

PSpice의 DC Sweep 기능을 사용하면 그림 7.8과 같은 응답 곡선을 그릴 수 있다. DC Sweep 기능은 전류전원이나 전압전원의 값이 바뀜에 따른 계속적인 응답을 나타내도록 해 준다. 따라서 각 전원에서 화면에 설정한 값은 아무런 의미가 없다. 이때 x축을 전압으로 y축을 전류값으로 하려면 그림 7.6에서처럼 DC Sweep에 전압의 변수들을 넣고
DC Nested Sweep에 전류소스의 변수를 넣으면 된다. 다음 회로에서 전류 프로브는 전압 V_1의 값을 0V에서 5V까지 0.1V씩 증가시켰고 전류 I_s 의 값을 0에서 60uA까지 10uA씩 증가시켰을 때 컬렉터에 흐르는 전류 I의 값을 나타낸다.

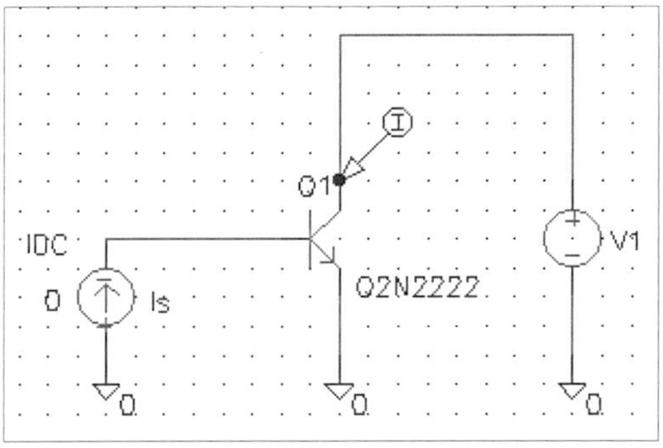

[그림 7.5] 트랜지스터 특성 곡선을 위한 회로

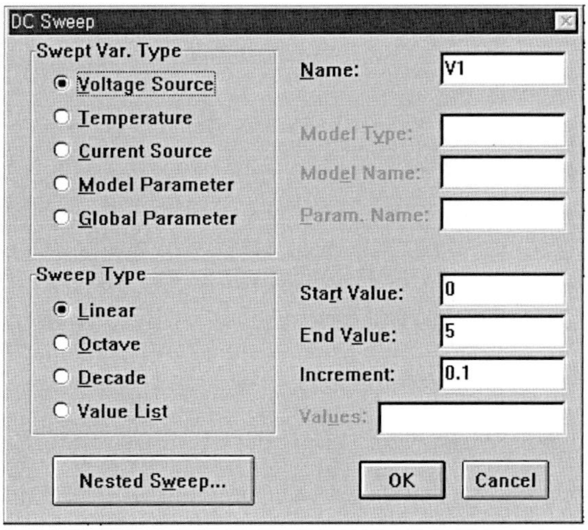

[그림 7.6] V_1에 대한 DC Sweep

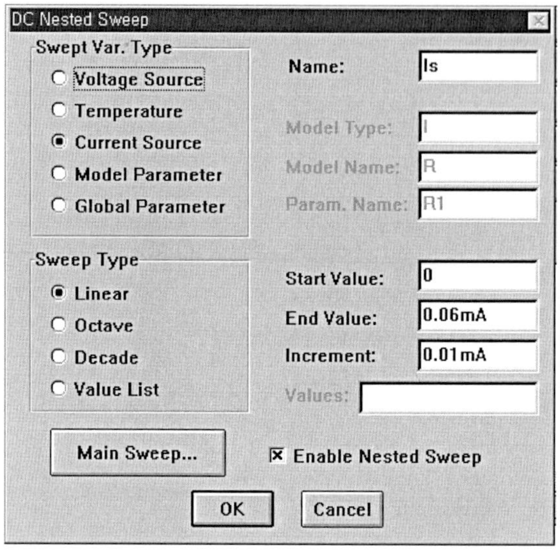

[그림 7.7] I_s에 대한 DC Nested Sweep

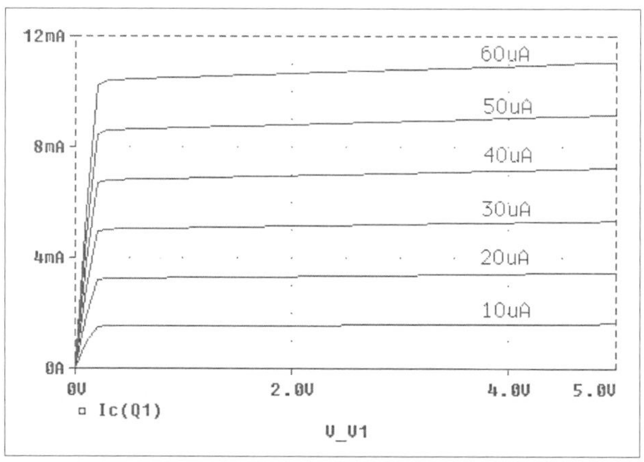

[그림 7.8] npn 트랜지스터 특성 곡선

그림 7.8의 특성 곡선에서 보면 베이스 전류 I_B가 $10\mu A$에서 $60\mu A$로 증가함에 따라 y축의 컬렉터 전류 I_C도 비례하게 증가하는 것을 볼 수 있다. 따라서 컬렉터와 베이스 전류 사이에는 다음과 같은 관계가 있다.

$$\beta_{dc} = \frac{I_C}{I_B} \tag{7.2}$$

여기서 β_{dc}를 DC 전류 증폭 이득이라 한다. 또한 β_{ac} 값은 소신호 전류 증폭 이득이라 하고 다음과 같이 변화율로 정의한다.

$$\beta_{ac} = \frac{\Delta I_C}{\Delta I_B} = \frac{I_{C_2} - I_{C_1}}{I_{B_2} - I_{B_1}} \tag{7.3}$$

따라서 β_{dc} 와 β_{ac} 의 값은 서로 다르게 나타난다. 하지만 편의상 하나의 β로 간주하여 같다고 가정하는 경우가 있다.

PSpice 예제 7.2 pnp 트랜지스터 특성 곡선

마찬가지로 pnp 트랜지스터의 경우도 예제 7.1에서처럼 DC Sweep에 전압의 변수 V_s 를 넣고 DC Nested Sweep에 전류전원의 변수 I_s 를 넣으면 된다. 다음 회로에서 전류 프로브는 전압의 값을 0V에서 -5V까지 -0.1V씩 증가시켰고 전류의 값을 0에서 $60\mu A$까지 $10\mu A$씩 감소시켰을 때 컬렉터에 흐르는 전류의 값을 나타낸다.

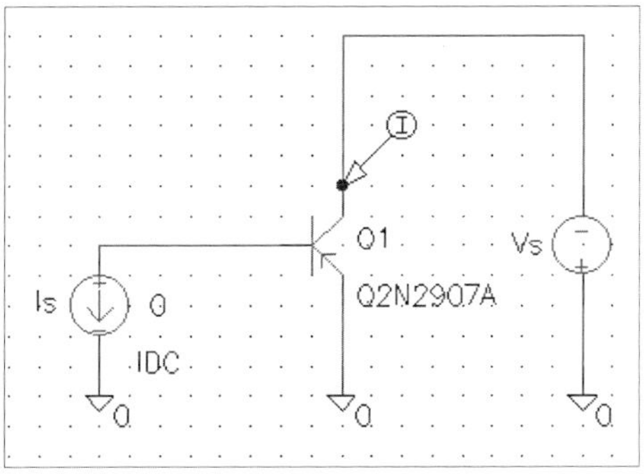

[그림 7.9] pnp 트랜지스터

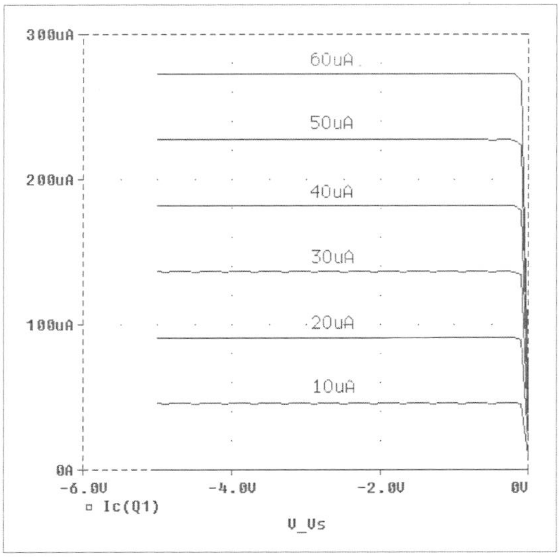

[그림 7.10] pnp 트랜지스터 특성 곡선

7.4 작동점(Q Point)

트랜지스터의 특성 곡선에서 나타난 것처럼 전원전류의 값, 즉 베이스 전류, I_B의 값에 따라 컬렉터의 전류 I_C의 값이 비례하게 증폭되어 나타나는 것을 볼 수 있다. 그렇다면 적당한 베이스 전류의 값은 무엇일까? 베이스 전류의 값이 너무 작거나 크면 어떻게 될까? 이 질문의 답이 바로 작동점의 설정이다. 트랜지스터에 있어서 작동점의 설정은 매우 중요하다. 작동점은 입력의 DC 바이어스 회로에 의한 베이스 전류에 의해 결정되는데 이는 입력의 소신호가 출력될 때 파형의 형태에 중요한 영향을 미친다. 작동점을 잘못 선정하면 출력되는 신호의 파형이 잘려 왜곡된다.

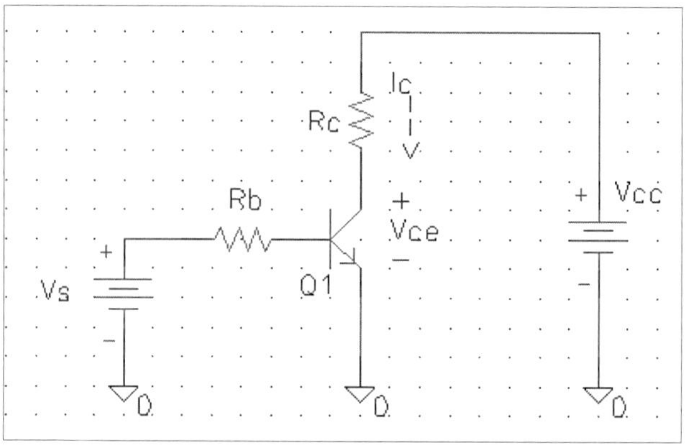

[그림 7.11] 작동점을 구하기 위한 트랜지스터 회로

작동점을 구하기 위해서는 먼저 로드라인을 구해야 하는데 로드라인은 다음과 같이 컬렉터 전류 i_C의 선의 방정식을 구하므로 얻을 수 있다. 그림 7.11의 회로로부터 KVL을 적용하면 식 (7.4)를 구할 수 있다.

$$V_{cc} = I_C R_c + V_{CE} \tag{7.4}$$

여기서 v_{CE}는 트랜지스터의 컬렉터 에미터에 걸리는 전압을 말한다. 위 식에서 컬렉터 전류는 다음과 같다.

$$I_C = -\frac{V_{CE}}{R_c} + \frac{V_{cc}}{R_c} \tag{7.5}$$

그래프의 절편값을 구하면 다음과 같다.

$$I_C = 0 \text{이면 } V_{CE} = V_{cc}$$

$$V_{CE} = 0 \text{이면 } I_C = \frac{V_{cc}}{R_c}$$

그림 7.12의 트랜지스터 특성 곡선 그래프에 주어진 베이스 전류에 해당하는 특성 곡선에 로드라인을 그렸을 때 만나는 한 점이 바로 작동점이 된다.

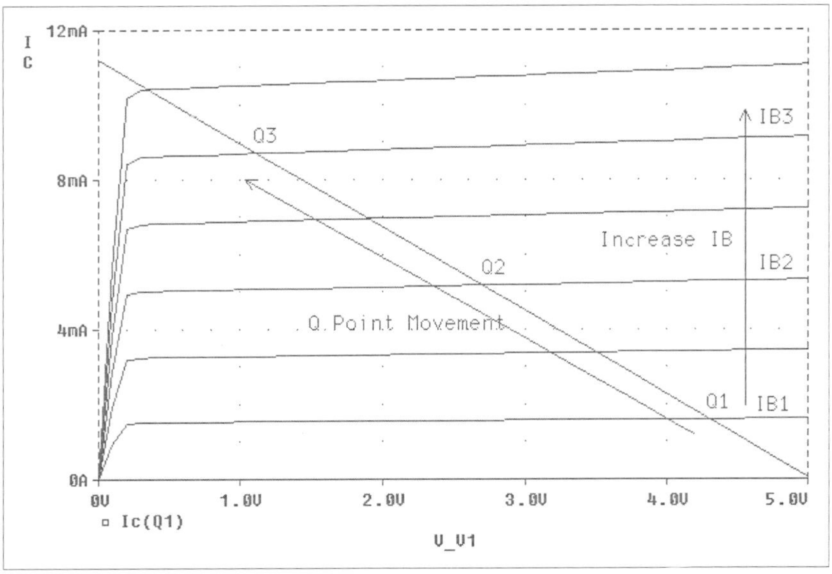

[그림 7.12] 작동점의 y축 이동

7.4.1 작동점을 y축으로 이동

로드라인 선상에서 작동점을 y축으로 이동하기 위해서는 베이스 전류를 증가시키면 된다. 즉, 로드선을 고정시키기 위해서는 V_{cc}와 R_C의 값을 고정시키는 것과 같다. 트랜지스터의 특성 곡선으로부터 로드선을 그리고 베이스 전류를 바꾸어주면 그림 7.12처럼 작동점이 y축으로 움직이게 된다. 베이스 전류를 크게 함에 따라 작동점은 cut-off 모드에서 active 모드를 거쳐 saturation 모드로 움직이는 것을 확인할 수 있다.

7.4.2 작동점을 x축으로 이동

작동점을 x축으로 이동하고자 하면 로드라인을 바꾸어 준다. 따라서 V_{CC}와 I_B를 고정하고 R_C의 값을 바꾸어 주면 작동점이 x축으로 움직인다. 다음 두 가지 예를 고려하여 작동점의 움직임을 조사해 보자.

❶ $V_{cc} = 5\,V$이고 $R_c = 500\Omega$ 일 때 $L_2(I_c = 10mA)$

❷ $V_{cc} = 5\,V$이고 $R_c = 1K\Omega$ 일 때 $L_1(I_c = 5mA)$

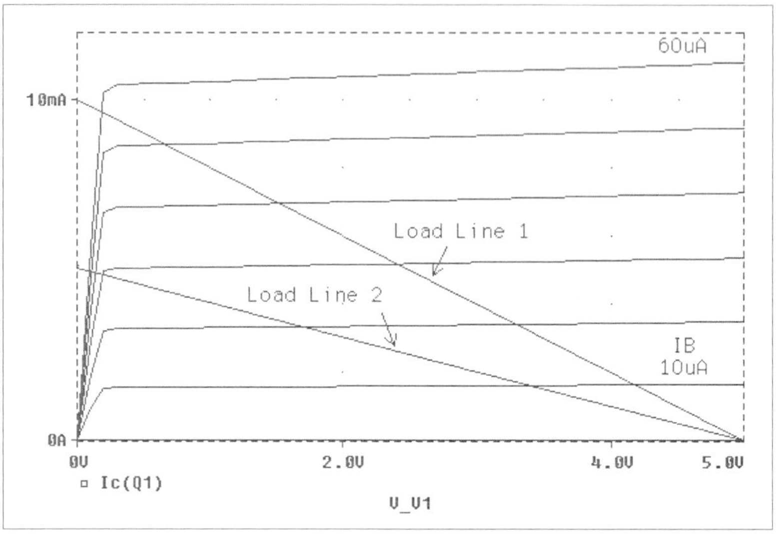

[그림 7.13] 로드 라인의 변화에 의한 작동점의 움직임

만약 그림 7.13(Load Line 2)에 나타난 것처럼 $V_{cc}=5\,V$이고 $R_c=1K\Omega$이면 컬렉터 전류 I_C는 다음과 같은 선의 방정식이 된다.

$$I_C = -10^{-3}V_{CE} + 0.005\,(\mathrm{A})$$

그림 7.14의 회로에서 작동점을 계산해 보자.

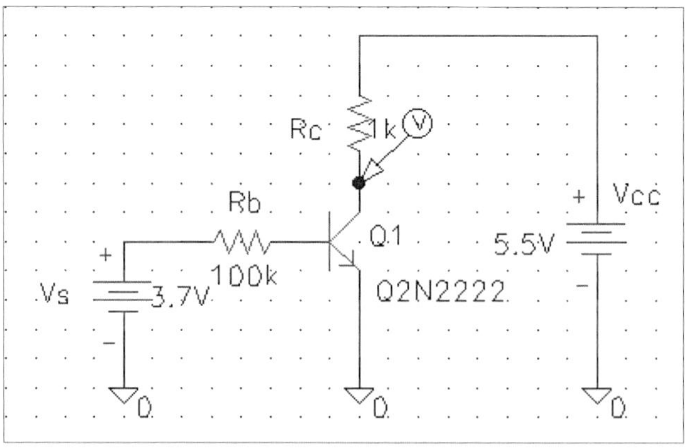

[그림 7.14] 트랜지스터 회로

먼저 한 트랜지스터의 작동점을 구하기 위해서는 그 트랜지스터 고유의 전류 증폭 이득 값 β을 알아야 한다. $\beta_{dc}=\dfrac{I_C}{I_B}$로 직류 전류 증폭 이득값이고 $\beta_{ac}=\dfrac{\Delta I_C}{\Delta I_B}$로 교류 전류증폭 이득 값인데 위의 특성곡선 그래프를 통하여 대략적인 교류 증폭 이득을 구해보자.

$$\beta_{ac} = \frac{\Delta I_C}{\Delta I_B} = \frac{1.7mA}{10uA} = 170$$

그림 7.14 회로의 왼쪽루프에 KVL을 적용하면

$$V_s = I_B R_b + 0.7$$

$$I_B = \frac{3.7V - 0.7V}{100K\Omega} = 0.03mA = 30uA$$

$$I_C = \beta_{dc} I_B = 170 \cdot 30uA = 5.1mA$$

그림 7.14 회로의 오른쪽 루프에 KVL을 적용하면 다음과 같은 로드라인 방정식을 구할 수 있다.

$$V_{cc} = I_C R_c + V_{CE}$$

$$V_{CE} = 5.5 - 5.1 \cdot 1 = 0.4V$$

따라서 대략적인 작동점은 다음과 같다. 특성곡선에 작동점을 표시하면 y축에 가까이 나타나는 것을 알 수 있다.

$$Q(I_C, V_{CE}) = (5.1mA, 0.4V)$$

이처럼 작동점이 y축에 가까이 있을 때 출력에 미치는 영향은 어떠한가?

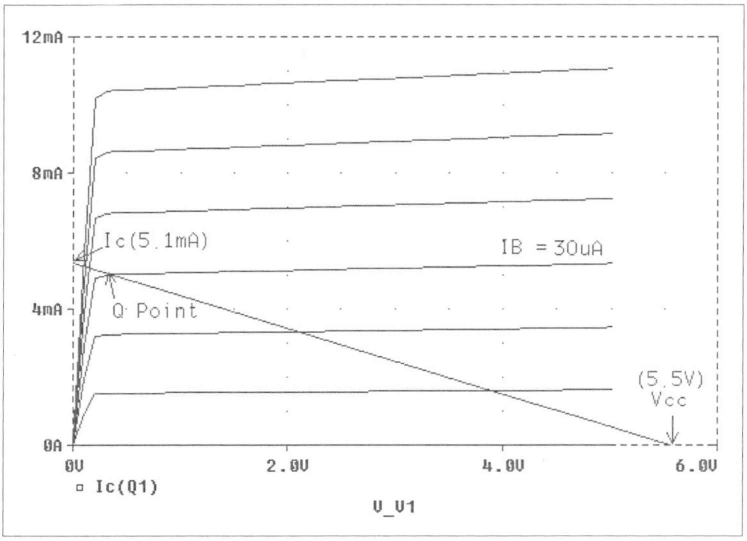

[그림 7.15] 작동점 (Q point) 계산

7.5 증폭 모드

7.5.1 왜곡된 출력 파형(작동점이 y축에 치중되어 나타날 경우)

작동점이 y축에 치중되었을 경우에 나타나는 현상은 saturation 모드에 가까워지는 것을 의미한다. 아래 그림 7.16에서 보면 작동점에서 베이스 전류가 주어졌을 때 컬렉터 전류 I_C와 컬렉터 에미터 전압 V_{CE}는 일부분이 Saturation되는 것을 알 수 있다. Saturation에서 $I_C = \dfrac{V_{CC}}{R_C}$, $V_{CE} = 0\,V$임을 알 수 있다.

에미터 공통 회로는 트랜지스터의 에미터 부분이 접지에 연결된 회로를 말한다. 그림 7.16은 그림 7.14 회로의 작동점에서 입력된 신호가 출력되어 나타나는 것을 보여준다.

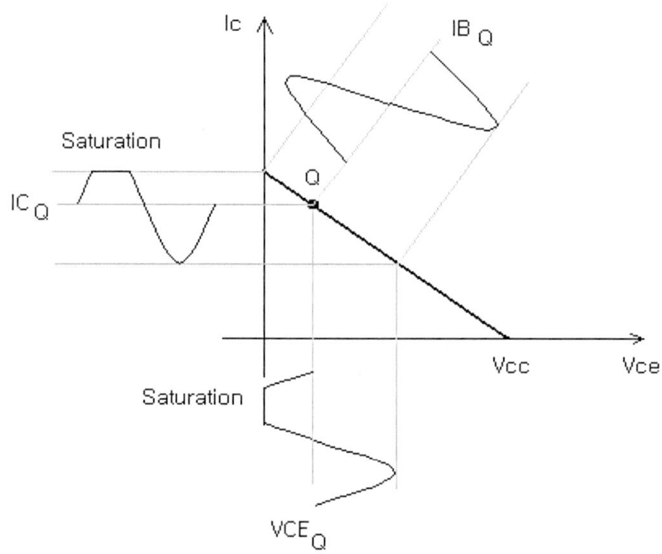

[그림 7.16] Saturation에 근접한 Q

PSpice 예제 7.3 증폭된 출력 파형

입력 전원 전압 Vs의 값으로 DC값이 3.7V이고 소신호의 크기가 2V인 전압원, 즉 크기가 1V와 5V사이인 사인파를 사용하였다. 아래 출력 파형을 보면 작동점이 y축에 치우치게 선정되어 포화 모드가 되므로 출력 파형이 왜곡됨을 알 수 있다. 이때의 작동점을 구하면 대략 y축에 가까운 쪽으로 포화 모드에 치중되어 있음을 알 수 있다.

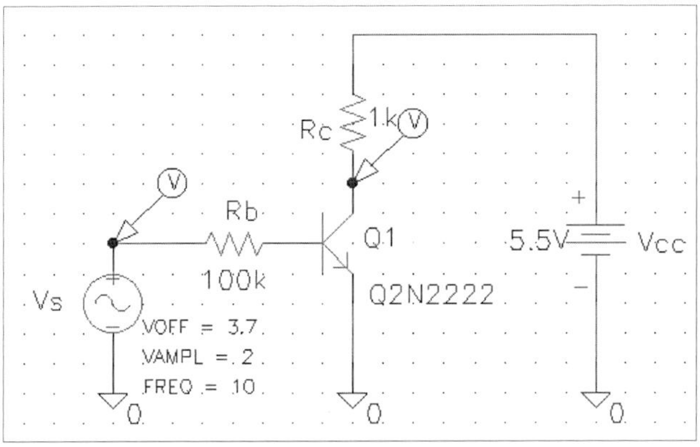

[그림 7.17] 에미터 공통 회로

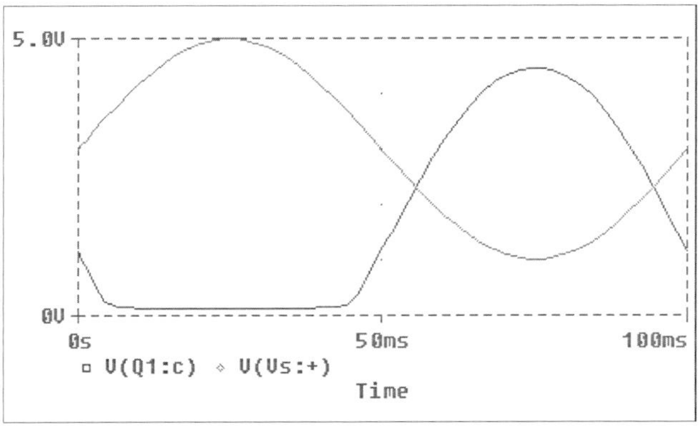

[그림 7.18] 왜곡된 파형

7.5.2 작동점이 x축에 치중되어 나타나는 왜곡된 파형

그림 7.19는 Cut-off 모드에 가까운 작동점을 나타낸다. 입력으로 베이스 전류를 주었을 때 출력으로 나타나는 컬렉터 전류와 컬렉터와 에미터 사이의 전압의 파형을 나타낸다. Cut-off에서는 $I_C = 0, V_{CE} = V_{CC}$임을 알 수 있다.

그림 7.17의 회로에서 작동점을 x축에 치중되어 나타나게 하는 방법은 베이스 전류를 바꾸면 된다. 베이스 전류의 값을 바꾸려면 저항 R_b의 값을 바꾸면 된다. R_b를 $500K\Omega$로 바꾸면 아래와 같이 출력되는 전압의 스윙하는 폭이 줄어든다.

$$i_B = \frac{3.7V - 0.7V}{500K\Omega} = 0.006mA = 6uA$$

$$i_C = \beta i_B = 170 \cdot 6uA = 1.02mA$$

$$v_{CE} = 5.5 - 1.02 \cdot 1 = 5.4V$$

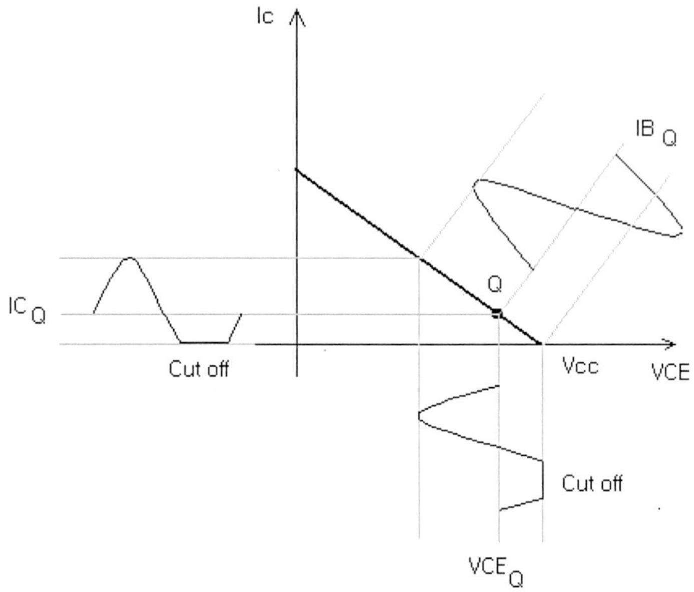

[그림 7.19] Cut-off 모드에 근접한 Q

작동점은 다음과 같이 x축에 치우쳐서 나타나게 되는데 이때 출력되는 파형은 크기가 줄어든 형태로 나타난다.

$$Q(i_C, v_{CE}) = (0.782mA, 5.4\,V)$$

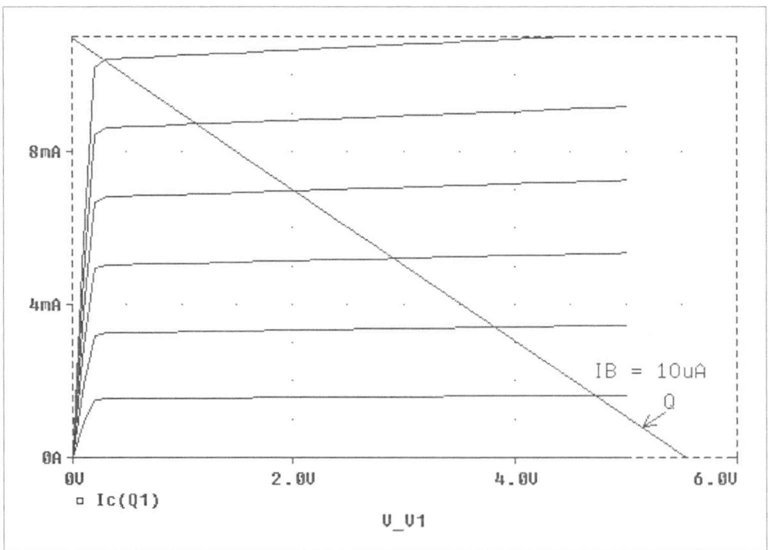

[그림 7.20] 작동점 (Q point)

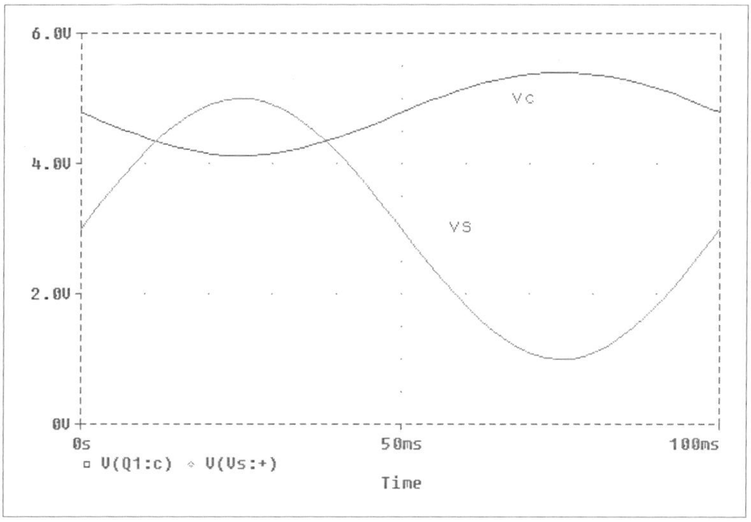

[그림 7.21] 출력 파형

7.5.3 정상 파형

이 경우에 로드라인을 바꾸어 작동점을 중앙에 오게 하면 정상적인 출력 파형을 얻을 수 있다.

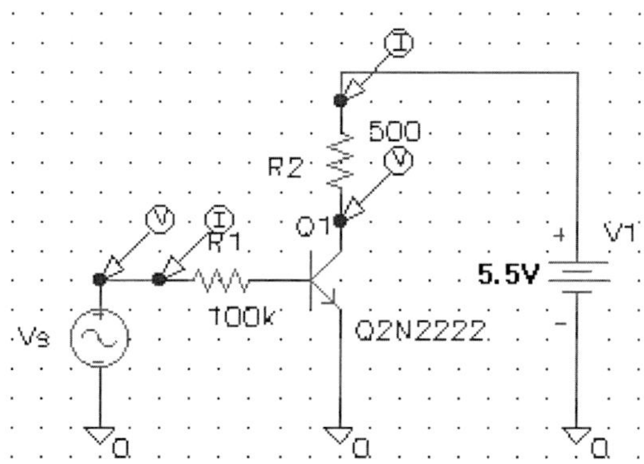

[그림 7.22] 정상 파형의 회로

결과적으로 저항 R_c를 수정하면 된다. 그림 7.17에서 $R_c = 500\Omega$으로 바꾸고 다시 출력하면 다음과 같다.

$$i_B = \frac{3.7V - 0.7V}{100K\Omega} = 0.03mA = 30uA$$

$$i_C = \beta i_B = 170 \cdot 30uA = 5.1mA$$

그림 7.22의 회로의 오른쪽 루프에 KVL을 적용하면

$$V_{cc} = i_C R_c + v_{CE}$$

$$v_{CE} = 5.5 - 5.1 \cdot 0.5 = 2.95\,V$$

따라서 대략적인 작동점은 다음과 같다. 특성곡선에 작동점을 표시하면 로드선 중앙에 위치함을 알 수 있다.

$$Q(i_C, v_{CE}) = (5.1mA, 2.95\,V)$$

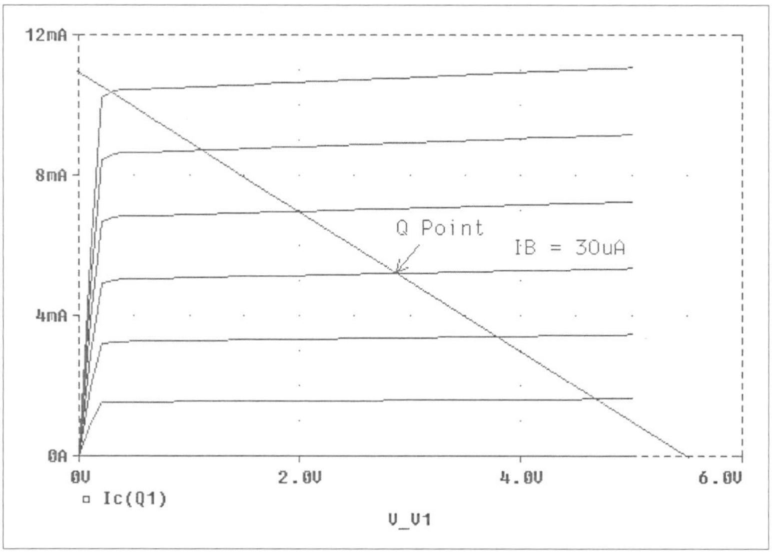

[그림 7.23] 작동점 설정

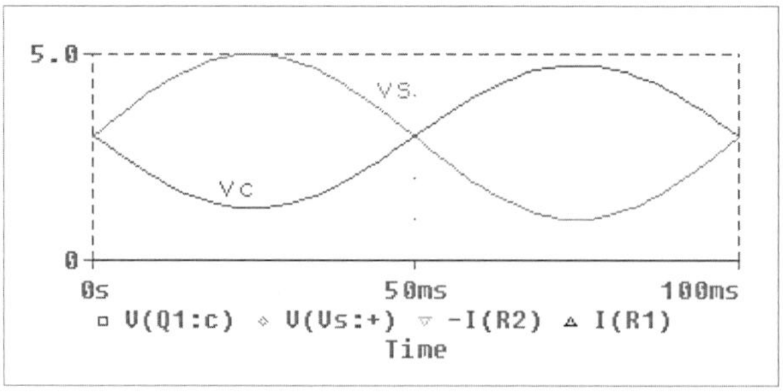

[그림 7.24] 반전된 정상 파형

결과적으로 출력되는 파형은 왜곡되지 않게 나타난다.

예 제 7.1

다음 로드라인 그래프를 만족하는 각 소자의 값을 구하고 회로를 설계하시오.

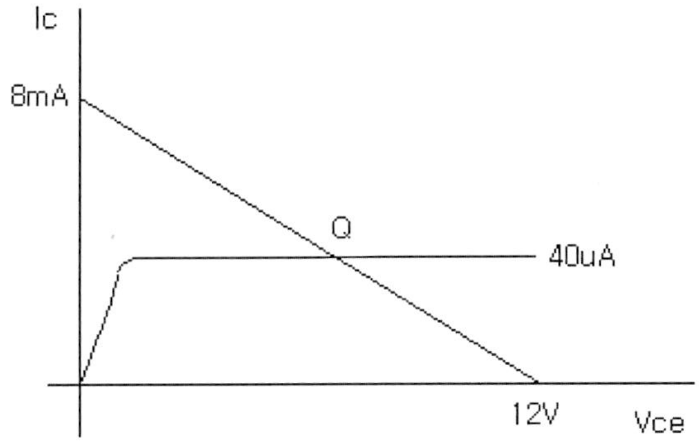

[그림 7.25] 작동점

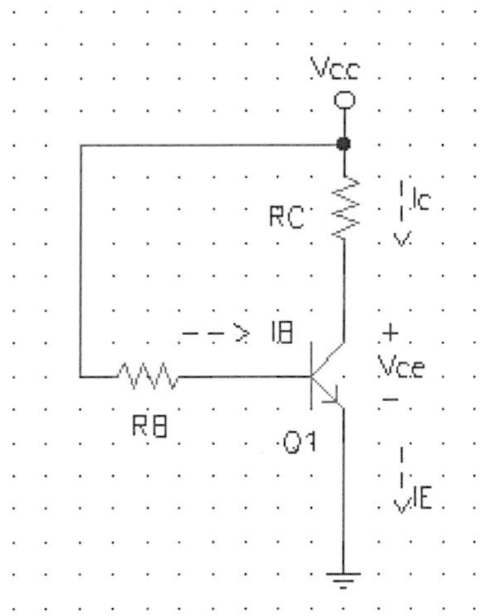

[그림 7.26] 트랜지스터 회로

그림 7.26에서 오른쪽에 KVL을 적용하면

$$V_{cc} = I_c R_c + v_{CE}$$

$v_{CE} = 0\,V$일 때 $I_c = \dfrac{V_{cc}}{R_c} = \dfrac{12\,V}{R_c} = 8mA,\ R_C = 1.5K\Omega$

왼쪽에 KVL을 적용하면 다음과 같다.

$$V_{cc} = R_B I_B + V_{BE}$$

$$I_B = \frac{V_{cc} - V_{BE}}{R_B} = \frac{12 - 0.7}{R_B} = 40uA,\ R_B = 282.5K\Omega$$

실제 응용에서 282.5$K\Omega$에 가장 가까운 저항을 선택한다.

7.6 스위칭 회로

트랜지스터의 주요 작동중의 하나가 스위칭 작용이다. 이 경우에는 off 상태를 나타내기 위한 Cut toff 모드와 on 상태를 나타내기 위한 새츄레이션 모드를 사용한다. Cut-off 모드는 베이스의 입력 전압이 0이어서 컬렉터 전류 또한 0($i_C = 0A$)이 되어 트랜지스터가 꺼진 상태를 말한다. 새츄레이션 모드는 컬렉터의 전류가 에미터의 전류와 같다고 가정한다($i_C \approx i_E$).

7.6.1 Cut-off 모드 회로

PSpice 예제 7.3 스위칭 회로

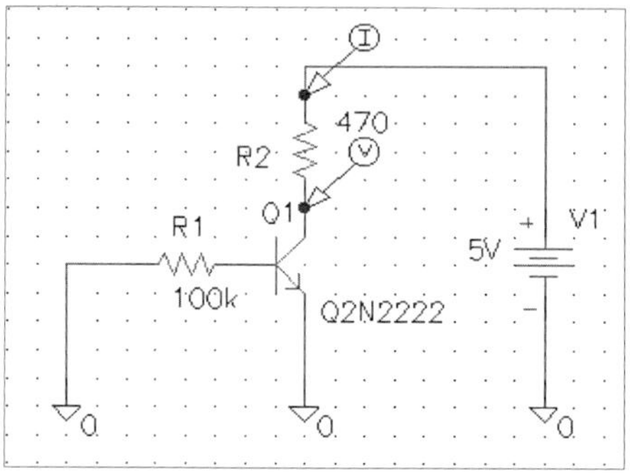

[그림 7.27] cut-off 모드 회로

베이스가 접지에 연결되어 있으므로 $i_B = 0$이다. 따라서 트랜지스터는 꺼져 있는 상태이다.

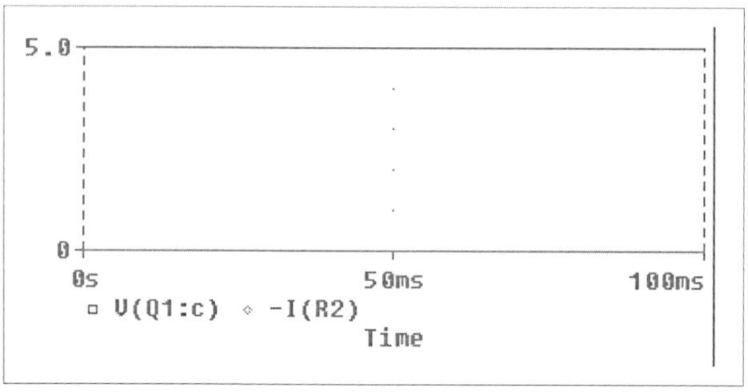

[그림 7.28] Cut-off 회로 및 응답

7.6.2 포화 모드 응답(Saturation 모드)

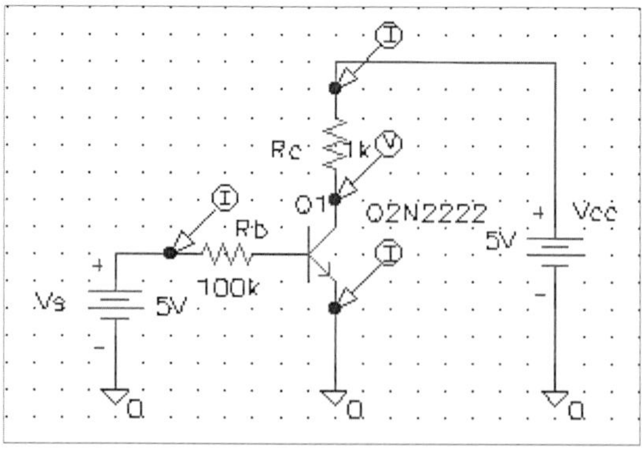

[그림 7.29] 포화 모드 회로

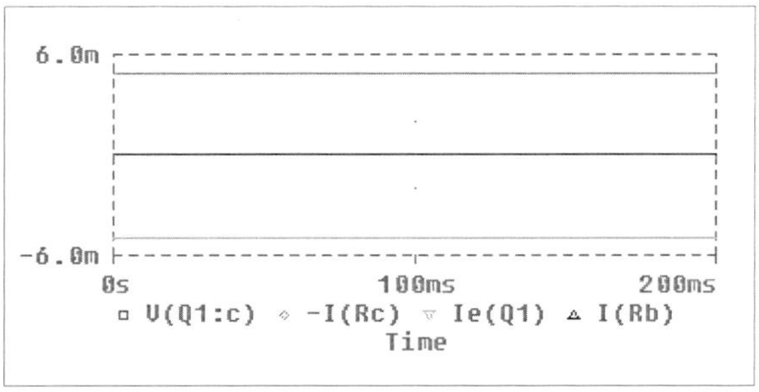

[그림 7.30] Saturation 회로 및 응답

7.6.3 스위칭 회로 응용

위의 Cut-off 모드와 saturation 모드를 응용하여 트랜지스터를 스위칭해 보자. 입력이 0 V이면 컬렉터의 전류가 0이므로 전원전압인 출력은 $v_{ce}=5\,V$가 되고 입력이 5 V이면 v_{ce}는 0에 가까운 작은 전압이 된다.

PSpice 예제 7.4 스위칭 회로 응용

그림 7.31의 회로는 위의 스위칭 회로를 응용하여 출력되는 전압이 on일 때는 5 V가 되고 off일 때는 0 V가 되는 회로이다. 입력전압으로 펄스파를 사용하였다.

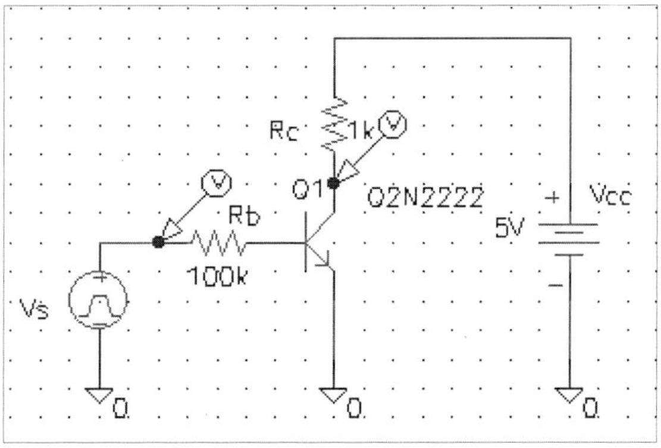

[그림 7.31] 스위칭 회로

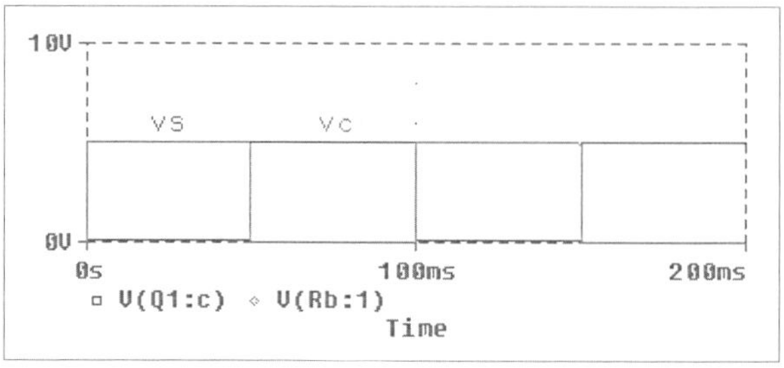

[그림 7.32] 스위칭 회로의 응답

실험 9 트랜지스터 특성 곡선

1. PSpice 예제

❶ 그림 7.8의 npn 트랜지스터의 특성곡선을 구하시오.

❷ 그림 7.22에서 $V_{cc}=10\,V$, $R_b=100K\Omega$, $R_c=220\Omega$일 때에 출력 파형을 그리시오.

2. 트랜지스터로 실험할 경우에는 먼저 트랜지스터의 베이스와 컬렉터 그리고 에미터 단자를 먼저 확인해야 한다. 실험에 주어진 트랜지스터의 에미터, 컬렉터, 베이스를 확인하고 그리시오.

3. 특성 곡선의 Y축 그리기

그림 7.11의 회로에서 $V_{CC}=10\,V, R_B=100K\Omega$이고 $R_C=220\Omega$ 일 때에 다음 회로를 구성하시오.

❶ 베이스 전류 $i_B=20\mu A$가 되도록 V_S의 값을 구하고 $Q(i_C, v_{CE})$점을 구하시오.

❷ 베이스 전류 $i_B=40\mu A$가 되도록 V_S의 값을 구하고 $Q(i_C, v_{CE})$점을 구하시오.

❸ 베이스 전류 $i_B=60\mu A$가 되도록 V_S의 값을 구하고 $Q(i_C, v_{CE})$점을 구하시오.

	전원 전압 VS			컬렉터 전류 IC			컬렉터에미터 전압, VCE		
베이스 전류	계산	측정	오차	계산	측정	오차	계산	측정	오차
20uA									
40uA									
60uA									

4. 특성곡선의 X축 그리기

그림 7.13의 회로에서 $R_B=100K\Omega$이고 $R_C=220\Omega$ 일 때에 다음 회로를 구성하시오.

❶ 베이스 전류 $i_B=20\mu A$이고 V_{cc} = 5V일 때 $Q(i_C, v_{CE})$점을 구하시오.

❷ 베이스 전류 $i_B=40\mu A$이고 V_{cc} = 5V일 때 $Q(i_C, v_{CE})$점을 구하시오.

❸ 베이스 전류 $i_B = 60\mu A$이고 $V_{cc} = 5\text{V}$일 때 $Q(i_C, v_{CE})$점을 구하시오.

	컬렉터 전류 iC			컬렉터에미터 전압, VCE		
베이스 전류	계산	측정	오차	계산	측정	오차
20uA						
40uA						
60uA						

5. 이 트랜지스터의 β 값은 얼마인가?

6. x축을 v_{CE}로 하고 y축을 i_C로 한 뒤에 그래프를 그리시오.

7. 위 그래프에 로드라인을 그리시오.

8. 실험하고 있는 그래프로부터 적당한 Q점은 얼마라고 생각되는가? 왜 그렇게 생각하는가?

9. 그림 7.31의 회로를 구성하시오. 전원으로 함수 발생기를 사용하여 펄스파를 생성하시오. 컬렉터와 VCC 전원사이에 LED를 직렬로 연결하여 불이 깜박이며 들어오는지 확인하시오. 함수 발생기에서 주파수를 변환하므로 LED의 on-off를 관찰하시오.

10. 고찰

트랜지스터 종류를 조사해서 설명하시오.

날 짜	
검 인	

PART 8 BJT 트랜지스터 증폭 회로

목적 : 트랜지스터의 증폭 작용을 이해한다.
대신호와 소신호 회로를 분석한다.

8.1 소개

신호를 특성에 따라 크게 둘로 나누면 대신호(Large signal)와 소신호(Small signal)로 나눌 수 있다. 일반적으로 회로에서 대신호는 DC 신호인 직류를 말하고 소신호는 AC 신호인 교류를 말한다. 따라서 한 신호는 대신호와 소신호의 합으로 구성되어 있다. 입력 전원으로 사용하는 v_I는 대신호인 V_I와 소신호인 v_i의 합 $v_I = V_I + v_i$으로 나타난다. 이 때 DC 전압 대신호 V_I는 트랜지스터의 작동점을 설정하고 소신호 v_i는 이 작동점을 중심으로 증폭되어 나타나므로 출력단에서는 DC offset 값이 포함된 파형이 출력된다. 따라서 증폭회로를 분석하기 위해서는 작동점을 구하는 DC 분석을 먼저 해야 한다. DC 분석을 통하여 Q점을 구한 뒤에 Q점이 적절하도록 회로를 구성하여야 하는데 이 회로를 **바이어싱 회로**라 한다. 바이어싱이란 회로의 전달 특성의 중간점에서 동작하도록 DC 값을 조작하는 기술을 말한다.

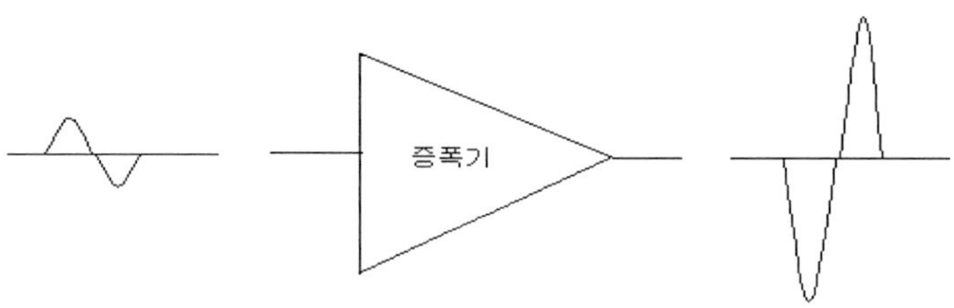

[그림 8.1] 증폭 작용

증폭 회로를 분석할 경우에는 다음과 같은 점들을 중심으로 한다.

- 대신호 분석
  1. 모든 커패시터는 연다.
  2. 모든 전류와 전압값을 계산한다. I_B, I_C, I_E, V_{CE}
  3. 작동점 Q점을 계산한다.
  4. 전류증폭값 β을 계산한다.

- 소신호 분석
  5. 커패시터를 쇼트시킨다.
  6. 모든 독립전원은 끈다.
  7. 트랜지스터를 소신호 모델로 바꾼다.
  8. 소신호 변수값을 계산한다. r_π, g_m, r_o, r_e
  9. 전압 증폭 이득값 A_v, 전류 증폭 이득값 A_i, 입력 임피던스 Z_i 그리고 출력 임피던스 Z_o의 값을 계산한다.

다음 그림은 증폭 회로의 입력과 출력의 관계를 나타낸다. 이 경우에 A_v, A_i, Z_i, Z_o는 각각 다음과 같이 정의된다.

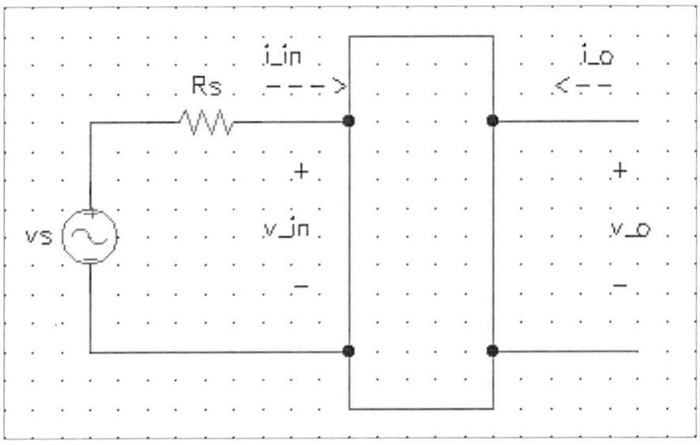

❶ **입력 임피던스**

입력 임피던스는 입력전압 v_{in}에서 바라본 전체 임피던스이다.

$$Z_i = \frac{v_{in}}{i_{in}}$$

❷ **출력 임피던스**

출력 임피던스는 전원전압 v_s를 쇼트시키고 출력 전압 v_o에서 바라본 전체 임피던스이다.

$$Z_o = \frac{v_t}{i_t}$$

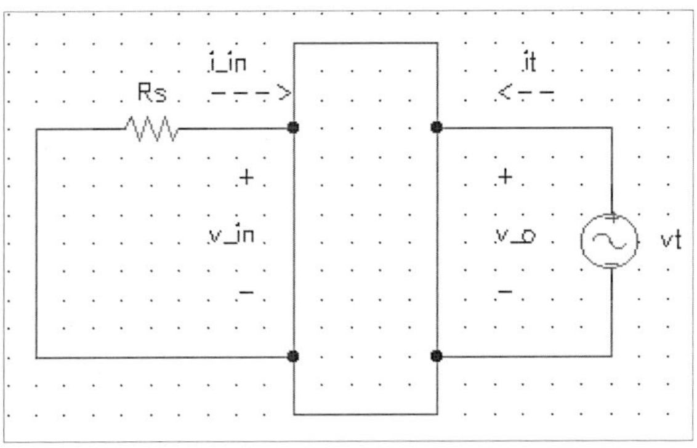

❸ **전압 증폭율, A_v**

전압 증폭율은 출력 전압 v_o를 입력 전압 v_{in}으로 나눈 값이다.

$$A_v = \frac{v_o}{v_{in}}$$

❹ **전류 증폭율, A_i**

전류 증폭율은 출력 전류 i_o를 입력 전류 i_{in}으로 나눈 값이다.

$$A_i = \frac{i_o}{v_{in}}$$

8.2 에미터 공통 증폭 회로

다음 그림 8.2에 나타난 에미터 공통 증폭 회로를 고려해보자. 트랜지스터의 에미터 단자가 접지에 연결되어 있어 에미터 공통 회로라 부른다. 그림 8.2에서 커패시터 C_b와 C_C는 **연결 커패시터(coupling capacitor)**로 DC 전압을 안정하게 한다. 입력 커패시터 C_b는 베이스의 전압으로 충전되어 안정한 DC 전압을 제공한다. 마찬가지로 C_c는 다음 단의 증폭 회로에 안정한 바이어스 전압을 제공하기 위한 것이다. 출력 커패시터 C_e는 **바이패스 커패시터**로 소신호에서 쇼트된 것처럼 되므로 저항 R_e를 무력화하게 하여 이득 값을 높이는 역할을 한다. 저항 R_e는 DC 바이어스를 안정화하고 저항 R_c에 의존하는 전류 증폭이득 값 β의 변화에 덜 민감하게 한다.

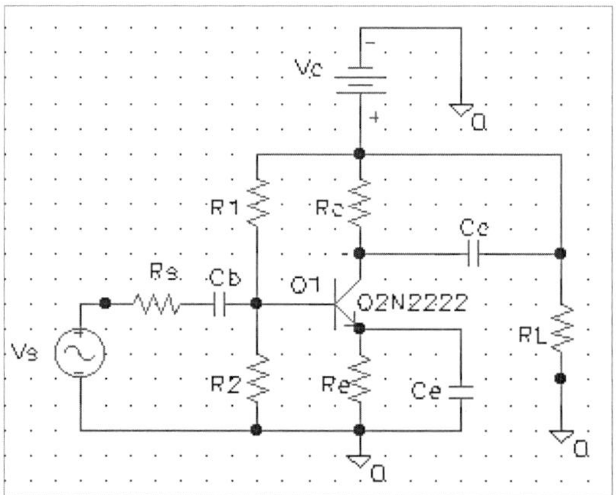

[그림 8.2] 에미터 공통 증폭 회로

8.2.1 DC 분석 (대신호 분석)

증폭 회로에서 대신호 분석은 작동점 설정을 정확하게 한다는 점에서 매우 중요하다. 결과적으로 출력되어 나타나는 신호는 작동점의 대신호를 중심으로 소신호가 증폭되어 나타나기 때문에 앞에서 설명한 것처럼 작동점의 선택이 잘못되면 증폭되는 파형이 왜곡되어 나타나기 때문이다. 그림 8.2에서 나타난 것처럼 v_i는 소신호 입력 전압이므로 대신호 V_I를 결정하는 소자들은 저항 R_1, R_2와 V_{CC}이다. 이러한 특성 때문에 이 회로를 바이어싱 회로라 부른다. 바이어싱 회로는 하나의 전원 전압 V_{CC}만으로 원하는 베이스 전류를 설정하므로 편리하다. DC 분석을 하기 위해서는 그림 8.3처럼 먼저 커패시터를 개회로로 가정하고 작동점을 계산한다. DC 바이어스 회로가 있을 경우에는 베이스에서 바라본 Thevnin 동등 회로를 구하므로 바이어싱 회로를 간단하게 만들 수 있다.

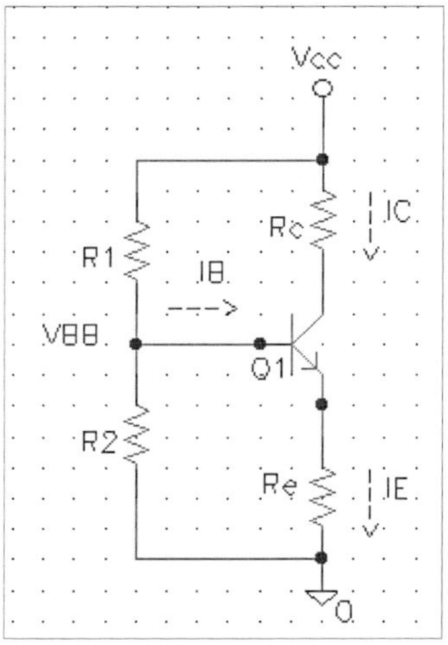

[그림 8.3] 에미터 공통 회로의 DC 분석

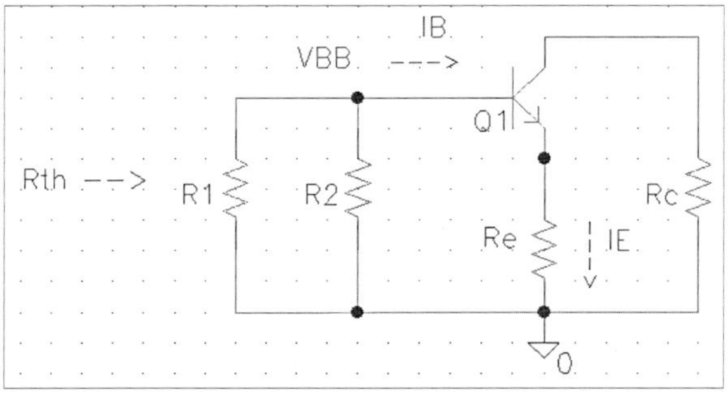

[그림 8.4] 등가저항 R_{th}를 구하기 위한 Thevenin 회로

먼저 베이스에서 바라본 R_{th}를 구해보면

$$R_{th} = \frac{R_1 \times R_2}{R_1 + R_2} \tag{8.1}$$

전압 V_{BB}는 전압 분배기에 의해

$$V_{BB} = \frac{R_2}{R_1 + R_2} V_{cc} \tag{8.2}$$

결과적으로 Thevenin 등가 회로는 다음과 같다.

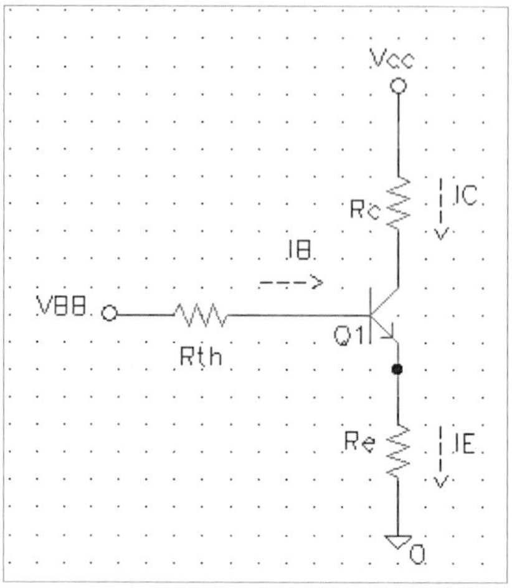

[그림 8.5] Thevenin 등가 회로

왼쪽 루프에 KVL을 적용하면

$$V_{BB} = R_{th} I_B + R_e I_E + V_{BE} \tag{8.3}$$

$$= R_{th} I_B + R_e (\beta + 1) I_B + V_{BE}$$

베이스 전류는

$$I_B = \frac{V_{BB} - V_{BE}}{R_{th} + R_e(\beta + 1)} \tag{8.4}$$

컬렉터 전류와 에미터 전류는 다음과 같다.

$$I_C = \beta I_B , \quad I_E = I_C + I_B \tag{8.5}$$

오른쪽 루프에 KVL을 적용하면

$$V_{CC} = R_C I_C + V_{CE} + R_E I_E \tag{8.6}$$

컬렉터 베이스 전압 V_{CE}는 다음과 같다.

$$V_{CE} = V_{CC} - R_C I_C - R_E I_E \tag{8.7}$$

일반적으로 베이스 전류는 상대적으로 매우 작으므로 $I_C \cong I_E$라 가정하면

$$V_{CE} = V_{CC} - (R_C + R_E) I_C \tag{8.8}$$

따라서 로드라인의 각 축의 절편값은 다음과 같다.

$$I_C = 0 \quad \rightarrow \quad V_{CE} = V_{CC}$$

$$V_{CE} = 0 \quad \rightarrow \quad I_C = \frac{V_{CC}}{R_C + R_E} \tag{8.9}$$

8.2.2 π 모델 소신호 분석

소신호를 분석하기 위해서는 DC 전원을 접지시키고 커패시터를 단락시킨다. 그림 8.2는 다음과 같이 된다.

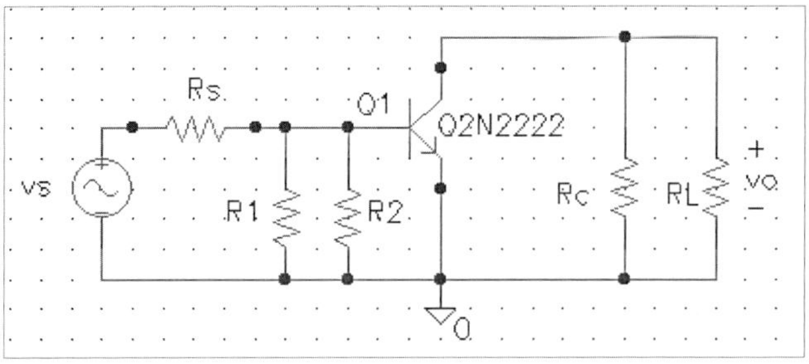

[그림 8.6] 소신호 분석 회로

트랜지스터의 소신호 모델을 구하여 보자. 트랜지스터의 컬렉터 전류와 베이스 전류는 다음과 같이 정의된다.

$$I_C = I_S e^{\frac{V_{BE}}{V_T}}, \quad I_B = \frac{I_S}{\beta} e^{\frac{V_{BE}}{V_T}} \tag{8.9}$$

I_S는 포화 전류이고 V_T는 열전압이다.

베이스 전류에 소신호 v_{be}를 더해 보자.

$$\begin{aligned} i_B &= \frac{I_S}{\beta} e^{\frac{(V_{BE}+v_{be})}{V_T}} \\ &= I_B e^{\frac{v_{be}}{V_T}} \end{aligned} \tag{8.10}$$

테일러 급수를 적용하면

$$\begin{aligned} i_B &= I_B\left(1+\frac{v_{be}}{V_T}+\frac{1}{2!}\left(\frac{v_{be}}{V_T}\right)^2+\cdots\right) \\ &\approx I_B + I_B\frac{v_{be}}{V_T} \end{aligned} \tag{8.11}$$

$i_B = I_B + i_b$이므로 식 (8.11)에서 소신호 베이스 전류 i_b는 다음과 같다.

$$i_b = I_B\frac{v_{be}}{V_T} = \frac{v_{be}}{r_\pi} = \frac{v_\pi}{r_\pi} \tag{8.12}$$

여기서 저항 $r_\pi = \dfrac{V_T}{I_B}$, $v_{be} = v_\pi$라 정의한다. 저항 r_π는 베이스와 에미터 사이의 저항이다.

컬렉터 전류는

$$i_C = I_C + i_c = \beta(I_B + i_b) \tag{8.13}$$

소신호 컬렉터 전류는

$$i_c = \beta i_b = \beta \frac{v_\pi}{r_\pi} = g_m v_\pi \tag{8.14}$$

식 (8.14)에서 컨덕턴스 g_m은 다음과 같이 정의된다.

$$g_m = \frac{\beta}{r_\pi} \tag{8.15}$$

컬렉터와 에미터 사이에는 종속 전류 전원인 $\beta i_b = g_m v_\pi$이 연결되어 있다. 이러한 소신호 모델을 그림으로 나타내면 다음과 같다.

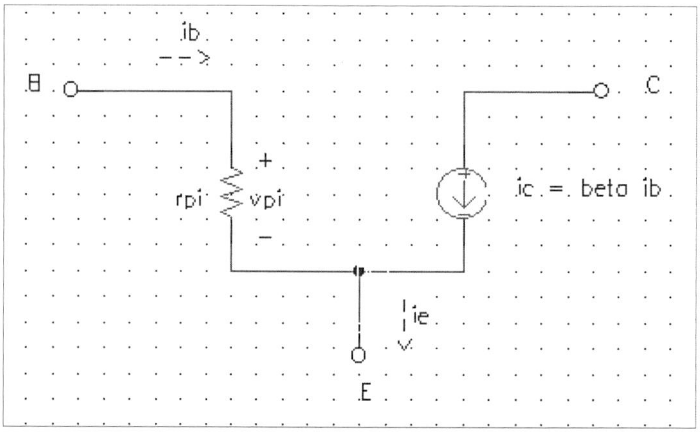

[그림 8.7] npn 트랜지스터의 소신호 모델

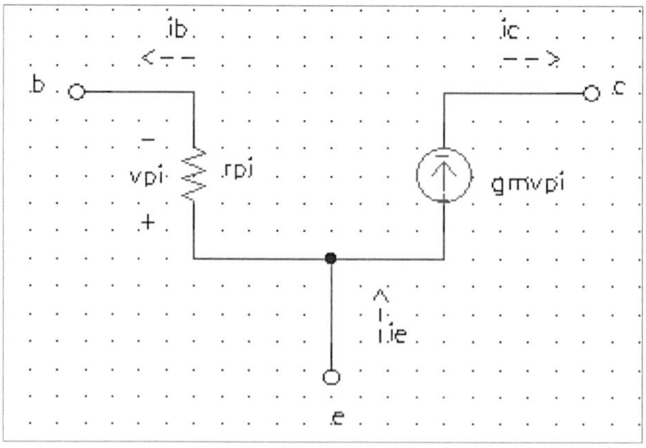

[그림 8.8] pnp 트랜지스터의 소신호 모델

실제에 가깝게 정확하게 모델하면 주변에 다양한 기생 커패시터와 저항들이 있지만 우리는 앞으로 그림 8.7의 모델을 사용하여 분석한다. 때에 따라서 컬렉터와 에미터 사이에 출력 저항 r_o를 연결하기도 한다.

결과적으로 대신호 전류 I_C와 I_B가 주어지면 소신호 변수들을 계산할 수 있다.

$$r_\pi = \frac{V_T}{I_B},\ g_m = \frac{\beta}{r_\pi} = \frac{\beta I_B}{V_T} = \frac{I_C}{V_T} \tag{8.16}$$

종종 다음 변수를 사용하기도 한다.

$$r_e = \frac{V_T}{I_E} \approx \frac{V_T}{I_C} = \frac{1}{g_m}, r_\pi = \beta r_e \tag{8.17}$$

소신호 출력 저항 r_o는 다음과 같이 Early 전압이 주어지면 구한다.

$$r_o = \frac{V_A}{I_C} \tag{8.18}$$

소신호를 분석하기 위해서는 먼저 커패시터를 쇼트시키고 모든 바이어스 전압을 접지시킨다. 그림 8.6의 에미터 공통 증폭 회로와 그림 8.7을 결합한 소신호를 분석하기 위한 회로는 그림 8.9와 같다.

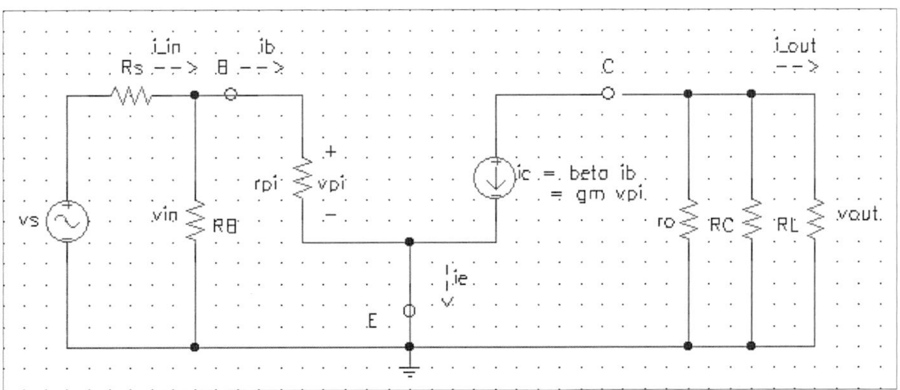

[그림 8.9] 에미터 공통 회로의 소신호 회로

❶ 전압 증폭이득, Av

저항 r_o, R_C, R_L이 병렬로 연결되어 있으므로 전체저항 $R_{LL} = r_o \| R_C \| R_L$이다. 출력 전압은 전류의 방향을 고려하여

$$v_o = -g_m v_\pi R_{LL} = -g_m v_\pi (r_o \| R_C \| R_L) \tag{8.19}$$

입력 전압은 v_π와 같으므로

$$v_{in} = v_\pi \tag{8.20}$$

전압 증폭이득은

$$A_V = \frac{v_o}{v_{in}} = -g_m R_{LL} = -\frac{R_{LL}}{r_e} \tag{8.21}$$

따라서 출력 응답은 입력 파형과 위상이 반대로 나타난다.

❷ 전류 증폭 이득, Ai

부하에 흐르는 전류는 전류 분배 법칙을 고려하여

$$i_{out} = \frac{r_o \| R_C}{(r_o \| R_C) + R_L}(-g_m v_\pi) \tag{8.22}$$

입력 전류 i_{in}

$$i_{in} = i_b + \frac{v_\pi}{R_B} \tag{8.23}$$

여기서 $i_b = \dfrac{v_\pi}{r_\pi}$ 이므로

$$\begin{aligned} i_{in} &= \frac{v_\pi}{r_\pi} + \frac{v_\pi}{R_B} = \left(\frac{1}{r_\pi} + \frac{1}{R_B}\right) v_\pi \\ &= \frac{v_\pi}{R_{BB}} \end{aligned} \tag{8.24}$$

여기서 $R_{BB} = R_B \| r_\pi$ 이다.

전류 증폭 이득값은

$$\begin{aligned} A_i = \frac{i_o}{i_{in}} &= \frac{r_o \| R_C}{r_o \| R_C + R_L}(-g_m R_{BB}) \\ &= \frac{r_o \| R_C}{r_o \| R_C + R_L}(-g_m)\frac{R_B r_\pi}{R_B + r_\pi} \\ &= \frac{r_o \| R_C}{r_o \| R_C + R_L}(-\beta)\frac{R_B}{R_B + r_\pi} \end{aligned} \tag{8.25}$$

만약 $r_o \gg R_C$, $R_B \gg r_\pi$ 이면 전류 이득값은 다음과 같다.

$$A_i \approx -\beta \tag{8.26}$$

❸ 입력 임피던스, Z_{in}

입력 저항은 입력 전압 v_{in}에서 바라본 전체 저항값이다. 그림 8.9의 회로에서는 간단히 R_B와 r_π의 합인 것을 알 수 있다. 식 (8.20)과 식 (8.24)로부터

$$Z_{in} = \frac{v_{in}}{i_{in}} = \frac{v_\pi}{i_{in}} = R_{BB} \tag{8.27}$$

한 회로에서 입력 저항이 정해지면 입력 전압이 변함에 따라 입력전류의 값을 쉽게 알 수 있다.

❹ 출력 임피던스, Z_{out}

출력 임피던스 또는 출력 저항 Z_{out}은 부하 저항에서 바라본 전체 저항이므로 다음과 같다.

$$Z_{out} = r_o \parallel R_C \tag{8.28}$$

여기서 주의할 점은 부하 저항 R_L을 포함시키지 않는 것이다.

한 증폭 회로의 출력 저항은 일반적으로 크게 하는데 그 이유는 출력 저항이 큰 곳은 상대적으로 전류가 잘 흐르지 않으므로 증폭된 전류가 부하저항에 많이 흐르도록 하여 출력을 높이기 위함이다. 다단 증폭 회로의 경우 첫 번째 증폭 회로의 출력이 다음 증폭회로의 입력으로 들어가게 되므로 큰 전류의 입력은 결과적으로 큰 전류 증폭을 나타내게 되므로 첫 번째 증폭 회로의 출력 임피던스가 커야 된다.

❺ 파워 이득값, P

파워 이득은 전류 증폭 이득과 전압 증폭 이득값을 곱한 형태로 나타난다.

$$P = A_v A_i \tag{8.29}$$

정리하면 부하저항 R_L이 있는 에미터 공통 회로는

- 높은 전압 증폭 이득값을 나타낸다.

  $A_v = -g_m(r_o \parallel R_C \parallel R_L)$ 부하저항 R_L이 있는 경우

  $A_v = -g_m(r_o \parallel R_C)$ 부하저항을 고려하지 않은 경우
- 큰 전류 이득 값을 나타낸다.

  $$A_i = -\beta$$
- 큰 출력 임피던스를 가지고 있다.

  $$Z_{out} = r_o // R_C$$
- 작은 입력 임피던스를 가지고 있다.

  $$Z_{\text{in}} = R_{BB}$$

8.2.3 T 모델 소신호 분석

앞장에서 배운 π 모델은 $r_\pi = \dfrac{V_T}{I_B}$를 중심으로 모델하였다. 같은 방법으로 $r_e = \dfrac{V_T}{I_E}$를 중심으로 모델하는 방법을 T 모델링이라 한다.

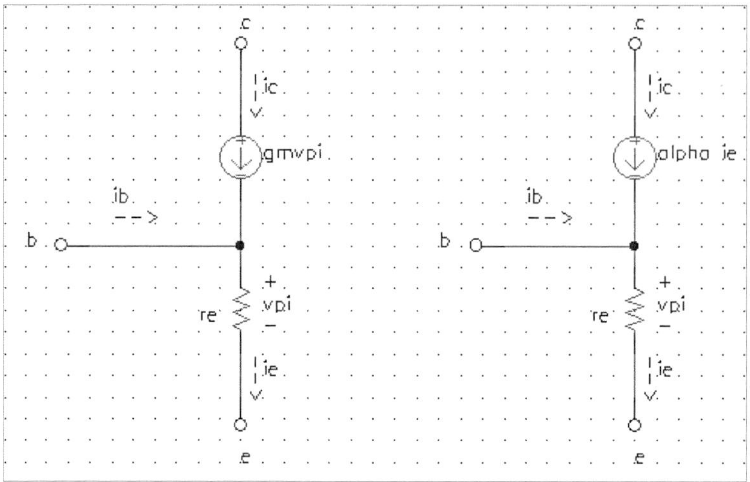

[그림 8.10] npn 트랜지스터의 T 모델 소신호

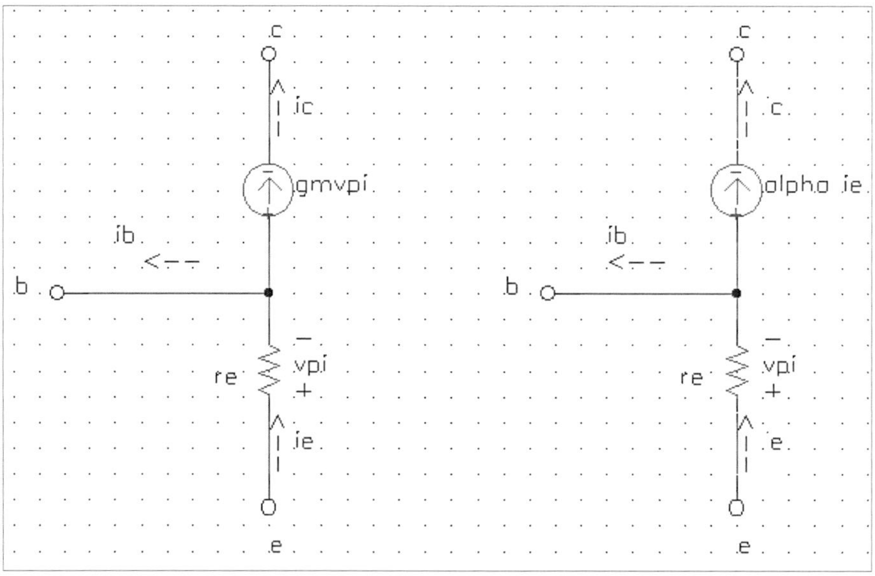

[그림 8.11] pnp 트랜지스터의 T 모델 소신호

그림 8.12의 에미터 공통 회로를 T 모델로 나타내어 보자.

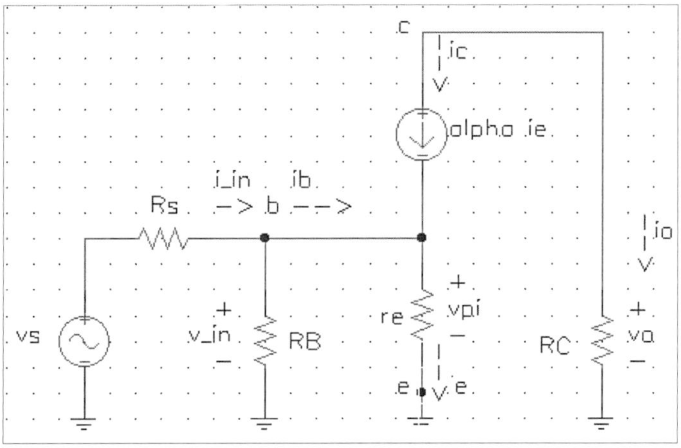

[그림 8.12] 그림 8.2의 에미터 공통회로의 T 모델

❶ 전압 증폭 이득, A_V

저항 r_o, R_C, R_L이 병렬로 연결되어 있으므로 전체 저항 $R_{LL} = r_o \| R_C \| R_L$이다. 출력 전압은 전류의 방향을 고려하여

$$v_o = -\alpha i_e R_{LL} = -\alpha i_e (r_o \| R_C \| R_L) \tag{8.30}$$

입력 전압은 v_π 와 같으므로

$$v_{\text{in}} = v_\pi = r_e i_e \tag{8.31}$$

전압 증폭 이득은

$$A_V = \frac{v_o}{v_{\text{in}}} = -\frac{\alpha}{r_e} R_{LL} = -g_m R_{LL} \tag{8.32}$$

따라서 출력 응답은 입력 파형과 위상이 반대로 나타난다.

❷ 전류 증폭 이득, A_i

부하에 흐르는 전류는 전류 분배 법칙을 고려하여

$$i_{out} = -\alpha i_e \tag{8.33}$$

입력 전류 i_{in}

$$i_b = i_{in} \frac{R_B}{R_B + Z_{\text{in}}'} \tag{8.34}$$

Z_{in}'을 구하기 위해 실험 전압 원을 다음과 같이 설치한다.

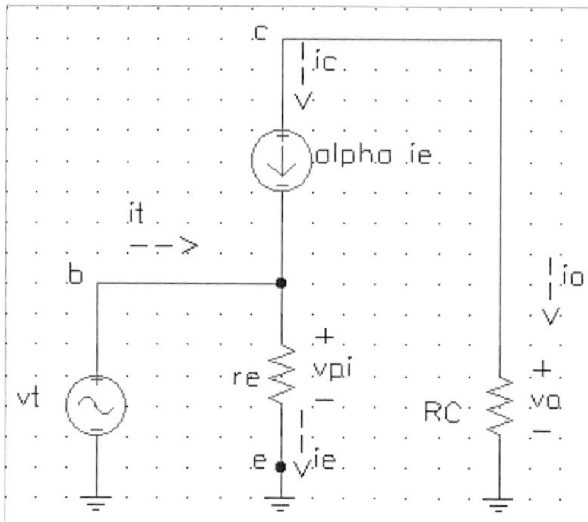

[그림 8.13] Z_{in}을 계산하기 위한 회로

$$v_t = v_\pi = r_e i_e \tag{8.35}$$

$$i_t + \alpha i_e = i_e \tag{8.36}$$

$$Z_{in}' = \frac{v_t}{i_t} = \frac{r_e i_e}{i_e(1-\alpha)} = (\beta+1)r_e \tag{8.37}$$

전류 증폭 이득값은

$$\begin{aligned} A_i = \frac{i_o}{i_{in}} &= \frac{-\alpha i_e R_B}{i_b(R_B + Z_{\mathrm{in}}')} \\ &= -\frac{\beta i_b R_B}{i_b(R_B + Z_{\mathrm{in}}')} \\ &= -\frac{\beta R_B}{R_B + (\beta+1)r_e} \\ &\approx -\frac{\beta R_B}{R_B + r_\pi} \end{aligned} \tag{8.38}$$

만약 $R_B \gg r_\pi$이면 전류 이득값은 다음과 같다.

$$A_i \approx -\beta \tag{8.39}$$

❸ 입력 임피던스, Z_{in}

입력 저항은 입력 전압 v_{in}에서 바라본 전체 저항 값이다. 위의 회로에서는 간단히 R_B와 r_π의 합인 것을 알 수 있다. 식 (8.20)과 식 (8.24)로부터

$$Z_{in} = R_B // Z_{in}' \tag{8.40}$$

$$\approx R_B // r_\pi = R_{BB}$$

한 회로에서 입력 저항이 정해지면 입력 전압이 변함에 따라 입력전류의 값을 쉽게 알 수 있다.

❹ 출력 임피던스, Z_{out}

출력 임피던스 또는 출력 저항 Z_{out}은 부하 저항에서 바라본 전체저항이므로 다음과 같다.

$$Z_{out} = r_o \parallel R_C \tag{8.41}$$

8.3 에미터 공통 증폭 회로의 예

다음 에미터 공통 증폭 회로를 고려해 보자. 소신호 입력은 $\pm 1mV$, $1KHz$의 사인파로 구현하였다. 연결 커패시터의 크기는 충분히 크게 하여 신호가 왜곡되지 않도록 한다. 아래 그림 8.14에서는 바이어스 회로를 통하여 작동점을 설정하고 노드에서 전압의 크기를 살펴보았다.

PSpice 예제 ▌8.1 에미터 공통 증폭 회로

그림 8.14의 에미터 공통 회로를 고려해 보자.

❶ DC 분석

위의 회로에서 작동점을 구해보자.

$$R_{th} = \frac{R_1 \times R_2}{R_1 + R_2} = \frac{47 \cdot 10}{57} = 8.24K\Omega$$

$$V_{oc} = \frac{R_2}{R_1 + R_2} V_{cc} = \frac{10}{57} \cdot 15 = 2.63V$$

베이스 전류는

$$I_B = \frac{V_{oc} - V_{BE}}{R_{th} + R_E(\beta_{dc} + 1)} = \frac{2.63 - 0.7}{8.24K + 0.22K \cdot 184} = 39.6uA$$

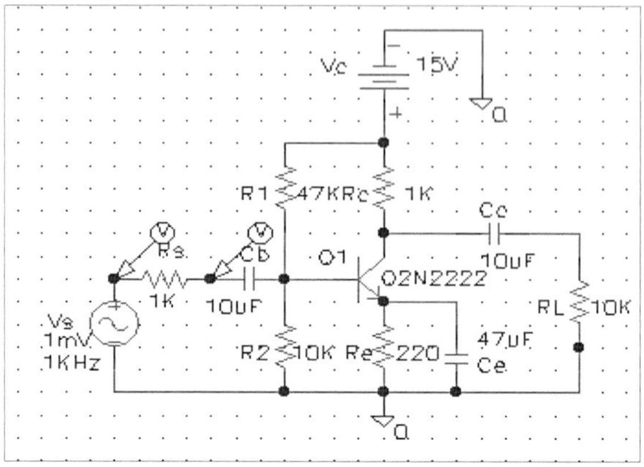

[그림 8.14] 에미터 공통 회로의 예

위의 트랜지스터의 전류이득이 $\beta_{dc} = 184$ 이라 할 때 컬렉터 전류와 에미터 전류는

$$I_C = \beta I_B = 184 \cdot 39.6uA = 7.28mA,$$

$$I_E = I_C + I_B = 7.32mA$$

컬렉터 베이스 전압 V_{CE} 는 다음과 같다.

$$V_{CE} = V_{CC} - R_C I_C - R_E I_E = 15 - 1 \cdot 7.28 - 0.22 \cdot 7.32 = 6.11V$$

따라서 작동점은 $(I_C, V_{CE}) = (7.28mA,\ 6.11V)$ 가 된다.

❷ AC 분석

$V_T = 26mV$ 라 가정하면

$$g_m = \frac{I_C}{V_T} = \frac{7.28mA}{26mV} = 0.28\frac{1}{\Omega}$$

$V_A = 74.03V$ 라 가정하면 소신호 출력 저항 r_o 는

$$r_o = \frac{V_A}{I_C} = \frac{74.03V}{7.28mA} = 10.17K\Omega$$

다음의 소신호 증폭에 대해 살펴보자.

$$A_V = -g_m R_{LL} = -0.28\frac{1}{\Omega} \cdot (10.17K \| 1K \| 10K) = -0.28\frac{1}{\Omega} \cdot 834\Omega = -233$$

그림에서 입력 출력은 0.49mV인 것을 알 수 있다. 출력은

$$v_o = A_V v_{\text{in}} = 233 \cdot 0.49mV = 114mV_{pp}$$

❸ PSpice 응용

PSpice의 Analysis의 Examine Output을 통해서 DC 분석 결과를 비교해 보자.

그림 8.15에 나타난 전류와 작동점의 값을 살펴보면

IB = 3.96E - 05, IC = 7.27E - 03, BETADC = 1.84E + 02, BETAAC = 1.94E + 02

VCE = 6.12E + 00

로 계산한 값과 거의 일치함을 알 수 있다.

$$A_V = BAC = 194$$

$$v_o = A_V v_{in} = 194 \cdot 0.49m\,V = 95.06m\,V_{pp}$$

손으로 계산한 출력값과 다소 오차가 있음을 알 수 있다.

**** BIPOLAR JUNCTION TRANSISTORS	
NAME	Q_Q1
MODEL	Q2N2222-X
IB	3.96E-05
IC	7.27E-03
VBE	6.96E-01
VBC	-5.42E+00
VCE	6.12E+00
BETADC	1.84E+02
GM	2.75E-01
RPI	7.05E+02
RX	1.00E+01
RO	1.09E+04
CBE	1.51E-10
CBC	3.56E-12
CBX	0.00E+00
CJS	0.00E+00
BETAAC	1.94E+02
FT	2.83E+08

[그림 8.15]

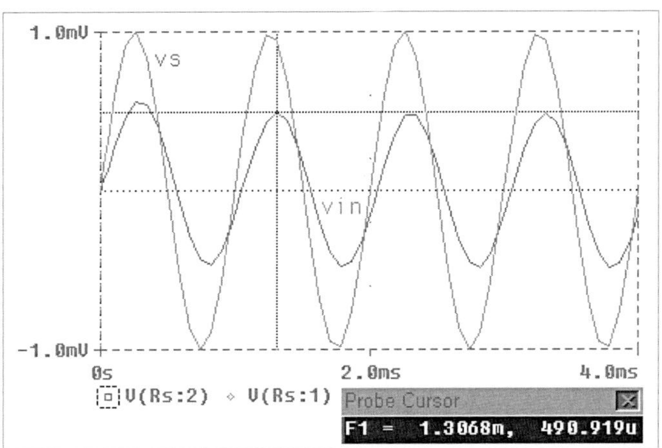

[그림 8.16] 입력 전압 파형

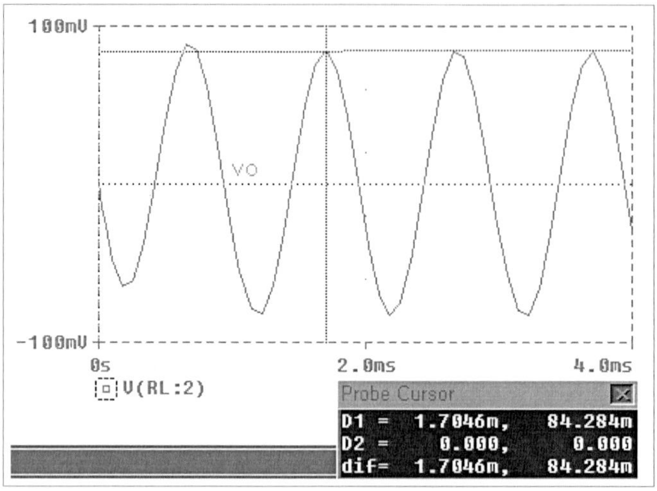

[그림 8.17] 출력 전압 파형

출력은 소신호 입력에 반전되어 증폭되어 나타난 것을 알 수 있다. 부하의 전압은 커패시터의 역할에 의해 DC 성분이 없이 소신호 성분만 있는 것을 알 수 있다.

PSpice 예제 8.2 에미터 공통 증폭 회로(바이패스 커패시터가 없는 경우)

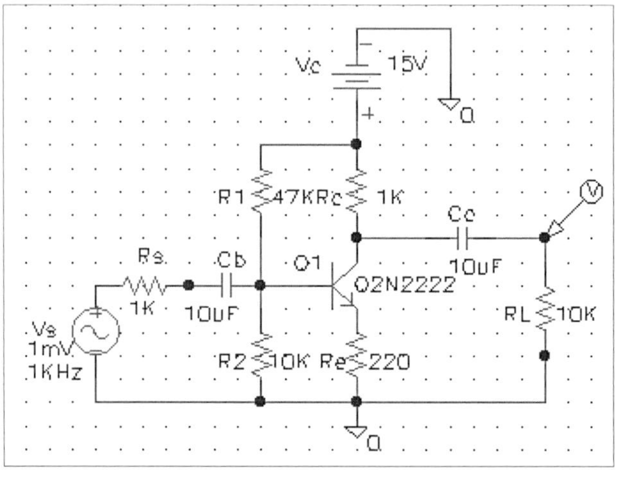

[그림 8.18] 바이패스 커패시터가 없을 경우

소신호 출력은

$$v_o = -\beta i_b R_C$$

$$v_{in} = r_\pi + R_E(i_b + \beta i_b)$$
$$= r_\pi ib + R_E(i_b + \beta i_b)$$
$$= i_b[r_\pi + R_E(1+\beta)]$$

전압 증폭 이득은

$$A_v = \frac{v_o}{v_{in}} = -\frac{\beta R_C}{r_\pi + R_E(1+\beta)} = -\frac{g_m R_C}{1+R_E(1+\beta)}$$

바이패스 커패시터가 있을 경우 $A_v = -g_m R_C$와 비교하면 작은 것을 알 수 있다. 따라서 바이패스 커패시터는 전압 이득값을 크게 해 주는 역할을 한다.

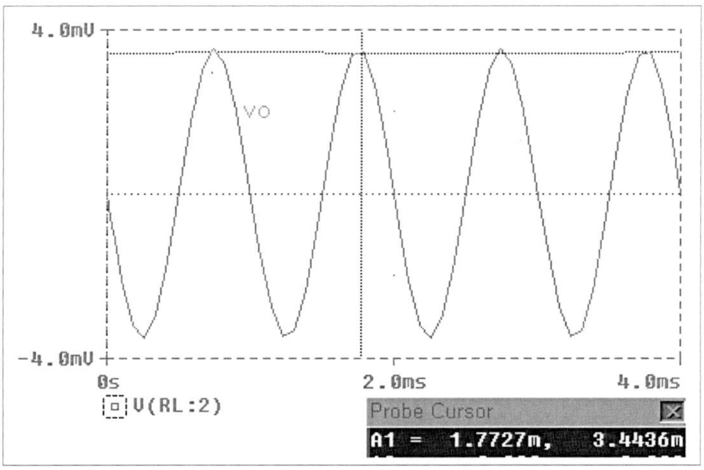

[그림 8.19] 바이패스 커패시터가 없을 때의 출력전압 파형

복습 예제 8.1 에미터 공통 증폭 회로

아래 그림은 에미터 공통 증폭 회로를 나타낸다.

$\beta = 100$, $V_A = 120\,V$, $V_T = 25m\,V$라 할 때 대신호를 구하고 소신호 변수의 값을 계산하시오.

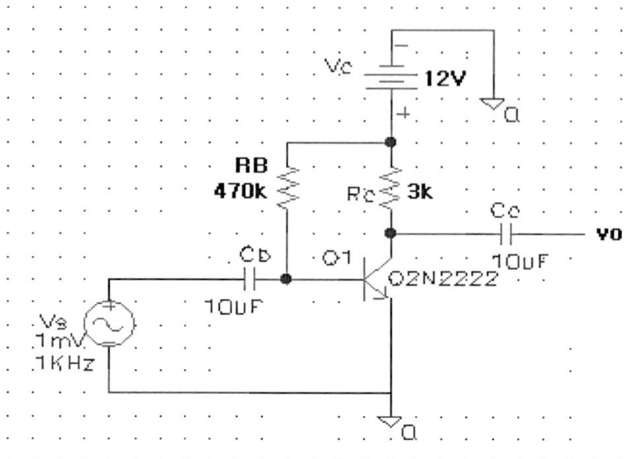

❶ 대신호 분석

KVL을 적용하면

$$V_{CC} = R_B I_B + V_{BE}$$

베이스 전류를 계산하면

$$I_B = \frac{V_{CC} - V_{BE}}{R_B} = \frac{12 - 0.7}{470K} = 24uA$$

$$I_C = \beta I_B = 100 \cdot 24uA = 2.4mA$$

$$I_E = I_C + I_B = 2.42mA$$

$$V_C = V_{CC} - I_C R_C = 12 - 2.4mA \cdot 3K\Omega = 4.8V$$

❷ 소신호 분석

위 회로의 소신호 모델은 다음과 같다.

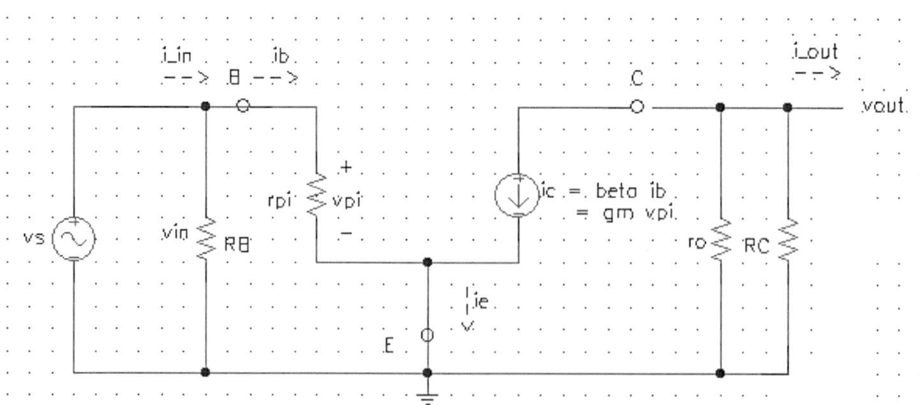

각 소신호 모델 변수값들을 계산하면 다음과 같다.

$$g_m = \frac{I_C}{V_T} = \frac{2.4mA}{25mV} = 0.096\,1/\Omega$$

$$r_\pi = \frac{\beta}{g_m} = \frac{100}{0.096} = 1.04K\Omega$$

$$r_o = \frac{V_A}{I_C} = \frac{120}{24mA} = 50K\Omega$$

$$r_e = \frac{V_T}{I_E} = \frac{25mV}{2.42mA} = 10.3\Omega$$

❸ $A_v = -g_m R_C = -0.096 \cdot 3k = -288$

❹ $A_i = \frac{R_B}{r_\pi + R_B}\beta = 100\frac{470k\Omega}{1.04k\Omega + 470k\Omega} = 99$

❺ $Z_{\text{in}} = R_B // r_\pi = 1.05k\Omega$

❻ $Z_o = r_o // R_C = 2.83k\Omega$

❼ Power gain = $|A_v||A_i| = 288 \cdot 99 = 28512$

실험 10 에미터 공통 증폭 회로

1. PSpice 예제
   그림 8.14의 회로에서 입력 전압을 10mV로 바꾼 뒤에 출력 파형을 구하시오.

2. 그림 8.14의 회로를 구성하시오. 입력 전압을 10mV로 바꾼 뒤에 DC 회로 분석을 통해 작동점을 계산하고 측정하시오.

	베이스전압 VB			컬렉터 전류 iC			컬렉터에미터 전압, VCE		
베이스 전류	계산	측정	오차	계산	측정	오차	계산	측정	오차

3. 로드라인을 그리고 작동점을 표시하시오. 작동점이 제대로 설정되어 있는가?

4. 에미터 공통 회로에서 소신호 증폭은 $v_o = -g_m v_\pi R_{LL}$이다. $R_{LL} = r_o // R_C // R_L$이다. 계산값과 측정값을 구하고 오차를 계산하시오.

	계 산 값	측 정 값	오 차
최대출력전압			
최소출력전압			
전압이득 Av			

5. 그림 8.18에서처럼 바이패스 커패시터를 제거했을 경우 출력 파형을 그리시오.

	계 산 값	측 정 값	오 차
최대출력전압			
최소출력전압			
전압이득 Av			

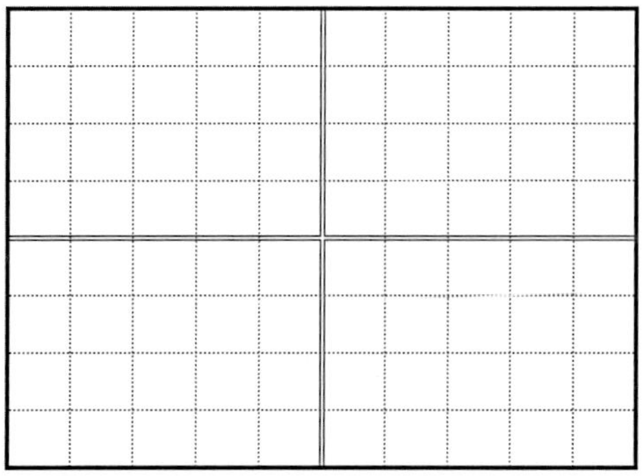

6. 앞의 두 경우에 있어서 출력의 차이는 무엇인가? 그렇다면 바이패스 커패시터의 역할은 무엇인가?

날 짜	
검 인	

PART 9 컬렉터 및 베이스 공통 회로

목적 : 컬렉터 공통 회로를 이해한다.
베이스 공통 회로를 이해한다.

9.1 컬렉터 공통 회로

컬렉터 공통 회로는 **에미터 팔로우어**(emitter follower)라고도 하는데 그 이유는 출력 전압이 입력 전압과 비슷하게 나타나기 때문이다. 에미터 공통 회로에서는 출력단자가 컬렉터인 반면 컬렉터 공통 회로에서는 컬렉터가 접지에 연결되어 있으므로 출력이 에미터 단자에서 나타난다.

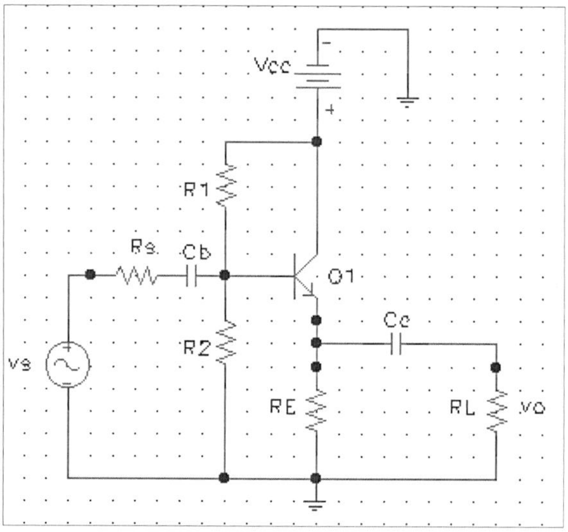

[그림 9.1] 컬렉터 공통 회로

그림 9.1에서 dc 전원을 접지로 연결하고 커패시터를 쇼트시킨 뒤에 트랜지스터를 소신호 모델로 대체하면 그림 9.2와 같다. 다음 그림에서 소신호 특성을 구해보자.

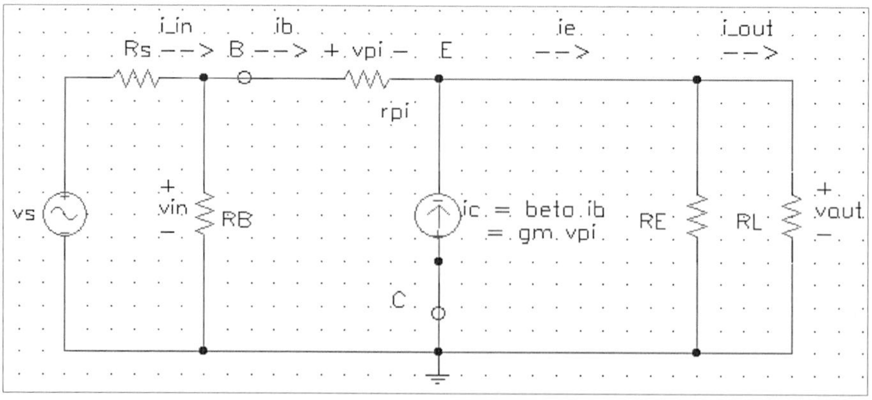

[그림 9.2] 컬렉터 공통 소신호 회로

❶ 입력 임피던스, Z_i

입력 전압 v_{in}에서 바라본 입력 임피던스 Z_i는 전류원 때문에 쉽게 구하기 어려우므로 전압원을 무시하고 R_B에서 바라본 입력 임피던스 Z_i'를 먼저 구해보자. 저항 R_B와 저항 R_B에서 바라본 입력 임피던스 Z_i'과 병렬인 것을 알 수 있다. 저항 R_B에 걸리는 전압을 v_{oc}라 하고 KVL을 적용하면

$$
\begin{aligned}
v_{oc} &= v_\pi + R_{EE} i_e \qquad (9.1) \\
&= v_\pi + R_{EE}(i_b + \beta i_b) \\
&= r_\pi i_b + R_{EE}(1+\beta) i_b
\end{aligned}
$$

여기서 $R_{EE} = R_E // R_L$이다.

쇼트된 회로의 전류는

$$i_{sc} = i_b \qquad (9.2)$$

입력 임피던스는 식 (9.1)과 (9.2)로부터

$$Z_\text{i}' = \frac{v_{oc}}{i_{sc}} = r_\pi + R_E(1+\beta) \qquad (9.3)$$

따라서 v_{in}에서 바라본 입력 임피던스는 다음과 같이 R_B와 Z_i'이 병렬로 되어 있다.

$$Z_\text{i} = Z_\text{i}' \| R_B \qquad (9.4)$$

❷ 출력 임피던스

출력 임피던스는 부하 저항 R_L에서 바라본 임피던스이다. 출력 임피던스 Z_o은 저항 R_E에서 바라본 임피던스 Z_o'과 R_E와 병렬로 나타낼 수 있다. 먼저 Z_o'을 구하면 다음과 같다.

$$Z_o' = \frac{v_{oc}}{i_{sc}} = \frac{-[(R_s \| R_B) + r_\pi] i_b}{-(\beta+1) i_b} = \frac{[(R_s \| R_B) + r_\pi]}{(\beta+1)} \qquad (9.5)$$

그러므로 출력 임피던스는

$$Z_o = R_E \| Z_o' \qquad (9.6)$$

❸ 전압 이득, Av

먼저 부하 저항에 걸리는 전압을 구하면

$$v_o = (R_E \| R_L) i_e = (R_E \| R_L)(i_b + \beta i_b) = (R_E \| R_L)(1+\beta) i_b \qquad (9.7)$$

저항 R_B에 걸리는 입력 전압은

$$v_{in} = v_\pi + v_o = r_\pi i_b + (R_E \| R_L) i_e \tag{9.8}$$

$$= r_\pi i_b + (R_E \| R_L)(i_b + \beta i_b)$$

$$= [r_\pi + (R_E \| R_L)(1+\beta)] i_b$$

식 (9.7)과 (9.8)로부터 전압 증폭 이득은

$$A_v = \frac{v_o}{v_{in}} = \frac{(R_E \| R_L)(1+\beta)}{r_\pi + (R_E \| R_L)(1+\beta)} = \frac{(R_E \| R_L)}{\dfrac{r_\pi}{(1+\beta)} + (R_E \| R_L)} \tag{9.9}$$

$$= \frac{(R_E \| R_L)}{\dfrac{\beta r_e}{(1+\beta)} + (R_E \| R_L)} \approx \frac{(R_E \| R_L)}{r_e + (R_E \| R_L)}$$

여기서 $r_e = \dfrac{r_\pi}{\beta}$ 이다.

일반적으로 $R_E \| R_L \gg r_e$ 이므로

$$A_V \approx 1 \tag{9.10}$$

따라서 출력 $v_o \approx v_{in}$ 이 된다.

❹ 전류 이득, Ai

부하저항 R_L에 흐르는 출력 전류 i_{out}는 전류 분배에 의해

$$i_{out} = i_e \frac{R_E}{R_E + R_L} = i_b (1+\beta) \frac{R_E}{R_E + R_L} \tag{9.11}$$

입력 임피던스 Z_i'와 저항 R_B에 의한 전류 분배로 i_b는 다음과 같다.

$$i_b = \frac{R_B}{R_B + Z_i'} i_{in} \tag{9.12}$$

입력 전류 i_{in}에 대한 식으로 바꾸면

$$i_{in} = i_b \frac{(R_B + Z_i')}{R_B} \tag{9.13}$$

전류 증폭 이득은

$$A_i = \frac{i_o}{i_{in}} = \frac{R_E}{R_E + R_L}(1+\beta)\frac{R_B}{(R_B + Z_i')} \tag{9.14}$$

결과적으로 컬렉터 공통 회로는

- 전압 증폭 이득값이 1보다 작다.
- 높은 전류 이득 증폭을 나타낸다.
- 큰 입력 임피던스를 가지고 있다.
- 작은 출력 임피던스를 가지고 있다.

PSpice 예제 9.1 컬렉터 공통 증폭 회로

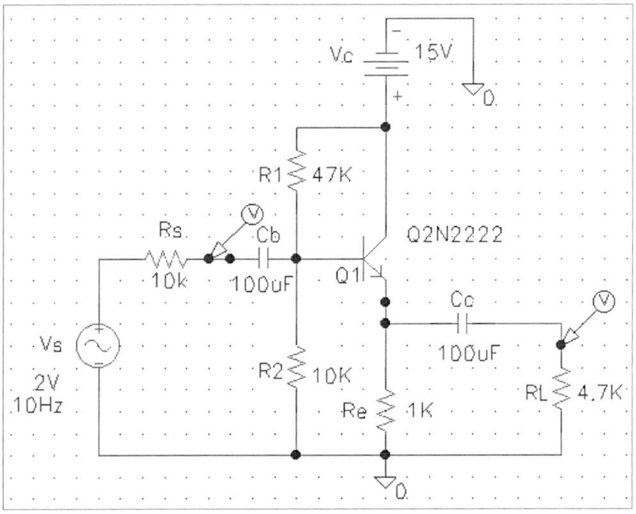

[그림 9.3] 컬렉터 공통 회로

그림 9.4에서 보면 입력 전압과 출력 전압이 거의 같음을 알 수 있다.

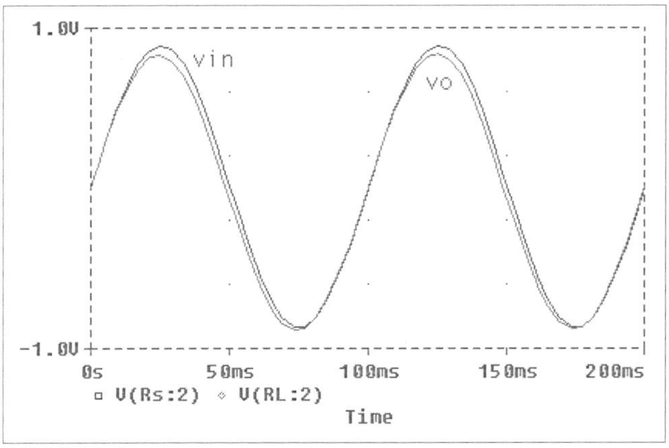

[그림 9.4] 컬렉터 공통 회로의 출력 전압

그림 9.5에서 보면 출력 전류는 증폭됨을 알 수 있다.

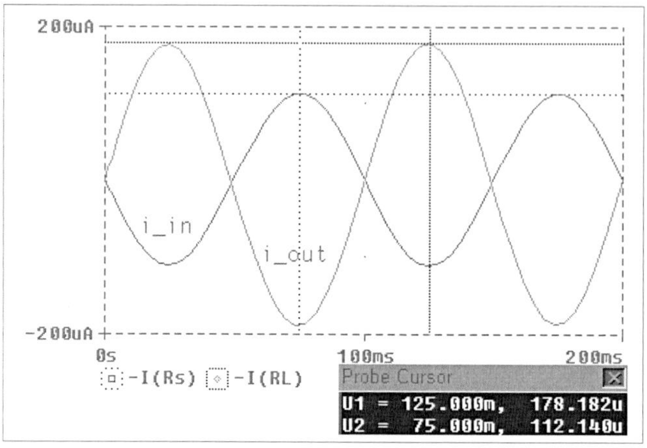

[그림 9.5] 컬렉터 공통 회로의 전류 측정

복습 예제 9.1 컬렉터 공통 증폭 회로

다음 회로에서 $\beta = 100$, $V_A = 100\,V$, $V_T = 26m\,V$이다. 소신호 모델을 그리고 A_v, A_i, Z_{in}, Z_o을 구하시오.

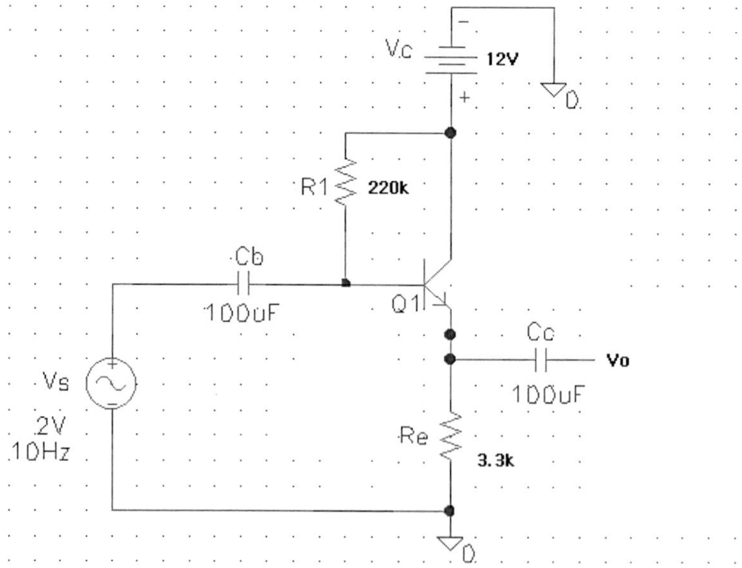

답 $A_v = 0.996$, $A_i = -40$, $Z_{in} = 132.4k\Omega$, $Z_o = 12.7\Omega$

9.2 베이스 공통 회로

그림 9.7은 베이스가 접지에 연결된 베이스 공통 회로이다.(소신호 베이스 공통 회로)

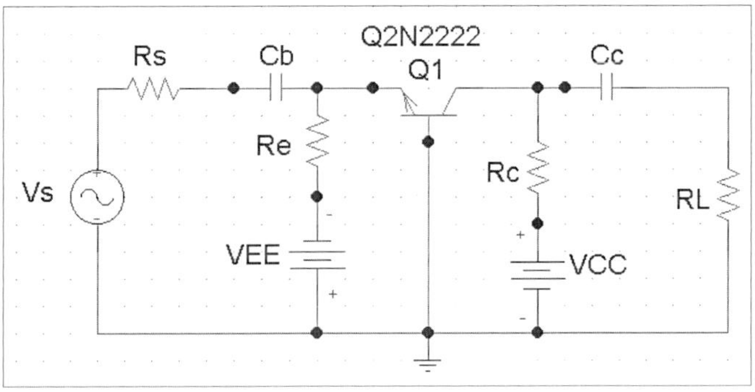

[그림 9.6] 베이스 공통 회로

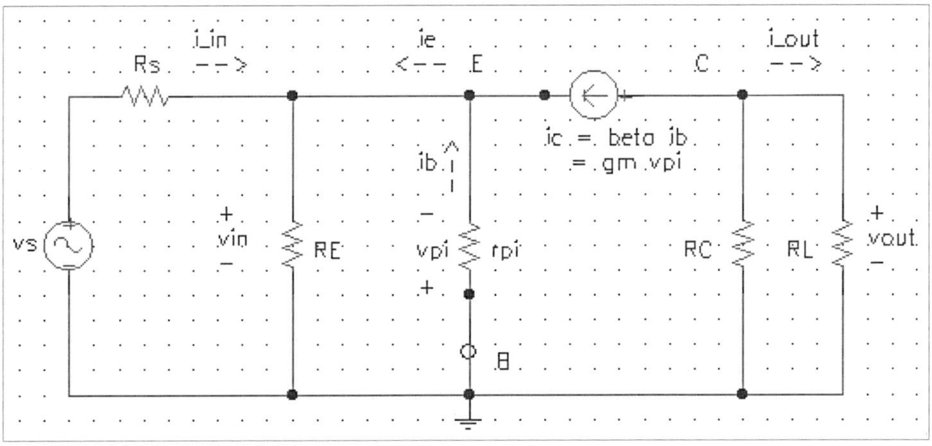

[그림 9.7] 베이스 공통 소신호 회로

❶ 입력 임피던스, Z_i

입력 전압 v_{in}에서 바라본 입력 임피던스 Z_i는 저항 R_E와 저항 R_E에서 바라본 입력 임피던스 Z_i'와 병렬인 것을 알 수 있다. 먼저 Z_i'를 구해보자.

저항 R_E에서 바라본 전압을 v_{oc}라 하면

$$v_{oc} = -v_\pi \tag{9.15}$$

저항 R_E에 흐르는 전류는 다음과 같다.

$$i_{sc} = -(g_m v_\pi + i_b) = -(g_m v_\pi + \frac{v_\pi}{r_\pi}) = -v_\pi(g_m + \frac{1}{r_\pi}) \tag{9.16}$$

따라서 저항 R_E에서 바라본 입력 임피던스는

$$Z_i' = \frac{v_{oc}}{i_{sc}} = \frac{1}{g_m + \frac{1}{r_\pi}} = \frac{r_\pi}{1 + g_m r_\pi} = \frac{r_\pi}{1+\beta} = \beta\frac{r_e}{1+\beta} \approx r_e \tag{9.17}$$

따라서 v_{in}에서 바라본 입력 임피던스는 R_E와 Z_i'과 병렬이므로 다음과 같다.

$$Z_i = r_e \| R_E \tag{9.18}$$

❷ 출력 임피던스, Z_o

컬렉터와 에미터 사이에는 출력 저항 r_o가 연결되어 있다. 출력 임피던스는 부하 저항 R_L에서 바라본 임피던스이다. 따라서 출력 임피던스 Z_o은 저항 R_C에서 바라본 임피던스 Z_o'과 R_C와 병렬로 나타낼 수 있다. 먼저 Z_o'을 구하여 보자.

부하저항 R_L대신에 전압 v_{oc}를 연결하면

$$v_{oc} = r_o(i_{sc} - g_m v_\pi) - v_\pi \tag{9.19}$$

$v_\pi = -i_{sc}(R_S \| R_E \| r_\pi) = -i_{sc}R_{BB}$ 이므로 식 (9.19)에 대입하면

$$\begin{aligned} v_{oc} &= r_o(i_{sc} + g_m i_{sc} R_{BB}) + i_{sc}R_{BB} \\ &= i_{sc}[r_o(1 + g_m R_{BB}) + R_{BB}] \end{aligned} \tag{9.20}$$

출력 임피던스 Z_o'는

$$Z_o' = \frac{v_{oc}}{i_{sc}} = r_o(1 + g_m R_{BB}) + R_{BB} \tag{9.21}$$

r_o가 일반적으로 크므로 식 (9.21)은 다음과 같이 간단해진다.

$$Z_o' \approx r_o(1 + g_m R_{BB}) \tag{9.22}$$

결과적인 출력 임피던스는 다음과 같다.

$$Z_o = R_C \| Z_o' \tag{9.23}$$

❸ 전압 이득, A_V

부하저항 R_L에 걸리는 전압 v_{out}은

$$v_{out} = -g_m v_\pi (R_C \| R_L) \tag{9.24}$$

입력 전압 v_{in}은

$$v_{in} = -v_\pi \tag{9.25}$$

식 (9.24)와 식 (9.25)로부터 전압 증폭 이득은

$$A_v = \frac{v_o}{v_{in}} = \frac{-g_m v_\pi (R_C \| R_L)}{-v_\pi} = g_m (R_C \| R_L) = \frac{R_C \| R_L}{r_e} \tag{9.26}$$

❹ 전류 이득, A_i

출력 전류 i_o는 전류 분배에 의해

$$i_{out} = -\beta i_b \frac{R_C}{R_C + R_L} \tag{9.27}$$

입력 임피던스 Z_i와 저항 R_B에 의한 전류 분배로 i_e는 다음과 같다.

$$i_e = -\frac{R_E}{R_E + Z_i'} i_{\text{in}} \tag{9.28}$$

입력 전류는

$$i_{in} = -i_e \frac{(R_E + Z_i')}{R_E} = -i_b (1+\beta) \frac{(R_E + Z_i')}{R_E} \tag{9.29}$$

전류 증폭 이득값은

$$\begin{aligned} A_i = \frac{i_{out}}{i_{in}} &= \frac{R_E}{R_E + Z_i'} \frac{\beta}{1+\beta} \frac{R_C}{R_C + R_L} \\ &= \frac{R_E}{R_E + r_e} \frac{\beta}{1+\beta} \frac{R_C}{R_C + R_L} \end{aligned} \tag{9.30}$$

만약 $R_E \gg r_e$ 면

$$A_i \approx \frac{R_C}{R_C + R_L} \tag{9.31}$$

결과적으로 베이스 공통 회로는

- 전류 증폭 이득값이 1보다 작다.
- 높은 전압 이득 증폭을 나타낸다.
- 큰 출력 임피던스를 가지고 있다.
- 작은 입력 임피던스를 가지고 있다.

PSpice 예제 9.2 베이스 공통 회로

다음 베이스 공통 회로를 고려해 보자.

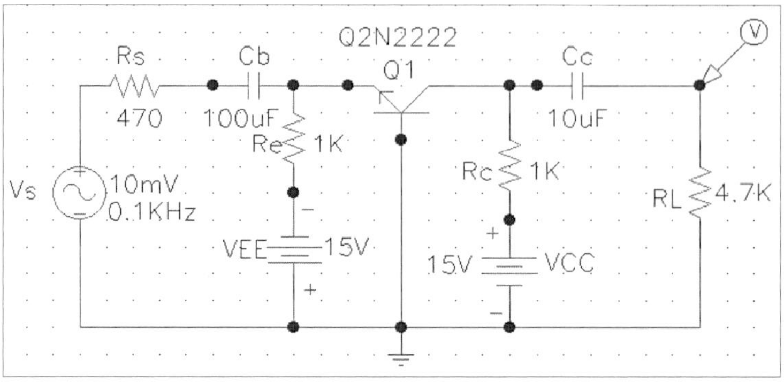

[그림 9.8] 베이스 공통 회로

```
**** BIPOLAR JUNCTION TRANSISTORS


NAME          Q_Q1
MODEL         Q2N2222
IB            7.99E-05
IC            1.42E-02
VBE           7.16E-01
VBC          -7.96E-01
VCE           1.51E+00
BETADC        1.78E+02
GM            5.24E-01
RPI           3.46E+02
RX            1.00E+01
RO            5.27E+03
CBE           2.55E-10
CBC           5.72E-12
CBX           0.00E+00
CJS           0.00E+00
BETAAC        1.82E+02
FT            3.20E+08
```

Examine Output을 통해서 컨덕턴스는 $g_m = 0.524$이다.

전압 증폭 이득값은

$$A_v = g_m (R_C \| R_L) = 0.524 \cdot 0.824K\Omega = 431.8$$

그림 9.10은 전류 증폭을 나타낸다.

$$A_i \approx \frac{R_C}{R_C + R_L} = \frac{1K\Omega}{5.7K\Omega} = 0.175$$

그림 9.10으로부터 출력된 전류는

$$i_o = A_i i_{in} = 0.175 \cdot 20uA = 3.5uA$$

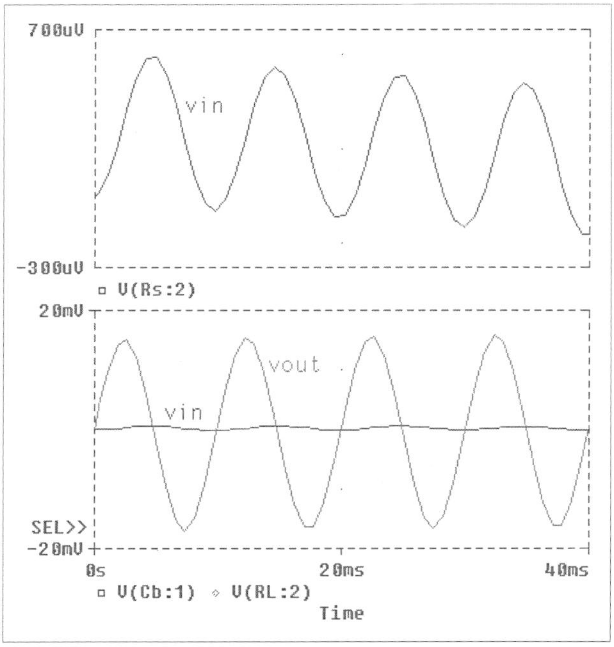

[그림 9.9] 출력된 전압 파형

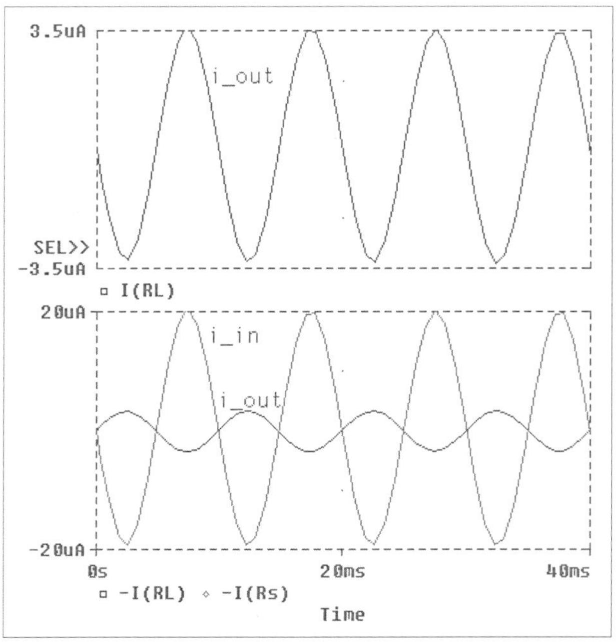

[그림 9.10] 전류 파형

9.3 각 공통 회로의 특성 정리

	A_v	A_i	Z_i	Z_o
에미터 공통	$-g_m R_C$ 매우 큼	β 중간임	$R_B // r_\pi$ 중간임	R_C 중간임
컬렉터 공통	$\dfrac{(1+\beta)R_E}{r_\pi + (1+\beta)R_E}$ 1보다 작음	$\dfrac{-(1+\beta)R_B}{R_B + r_\pi + R_E(1+\beta)}$ 중간임	$R_B // Z_i'$ $Z_i' = r_\pi + R_E(1+\beta)$ 매우 큼	$Z_o' // R_E$ $Z_o' = \dfrac{(R_s // R_B) + r_\pi}{1+\beta}$ 작음
베이스 공통	$g_m R_C$ 매우 큼	$\dfrac{R_C R_E}{(R_C + R_L)(R_E + r_e)}$ 매우 작음	$r_e // R_E$ 작음	$Z_o = R_C // Z_o'$ $Z_o' = r_o(1 + g_m R_{BB})$ $R_{BB} = R_s // R_E // r_\pi$ 중간임

실험 9 컬렉터 및 베이스 공통 증폭 회로

1. PSpice 예제

❶ 그림 9.3의 회로를 PSpice로 구하시오. 입력 전압을 10mV, 1KHz로 하시오.

❷ 그림 9.8의 회로를 PSpice로 구하시오. 입력 전압을 10mV, 1KHz로 하시오.

2. 그림 9.3의 회로를 구성하시오. 입력 전압을 10mV, 1KHz로 하고 전류 증폭을 계산하고 측정하시오.

	계 산 값	측 정 값	오 차
최대출력전압			
최소출력전압			
전압이득 Av			

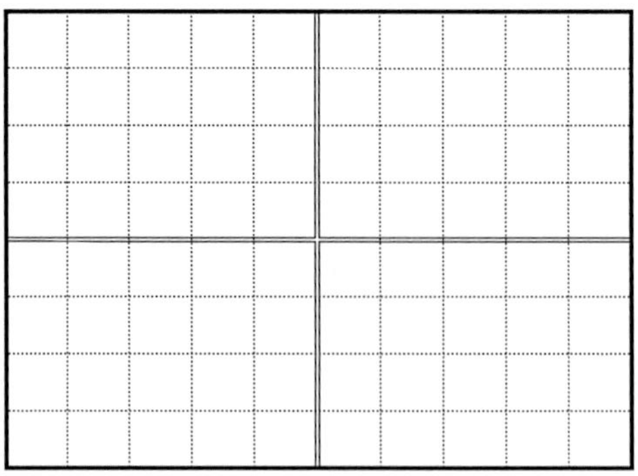

3. 전류 증폭, 입력 임피던스, 출력 임피던스를 계산해 보시오.

	수 식	계 산 값
전류증폭이득, Ai		
입력 임피던스, Zi		
출력임피던스, Zo		

4. 그림 9.8의 베이스 공통 회로를 구성하시오. 입력 전압을 10mV, 1KHz의 사인파로 하고 전압이득을 측정해 보시오. 계산값과 비교해 보시오.

	계 산 값	측 정 값	오 차
최대출력전압			
최소출력전압			
전압이득 Av			

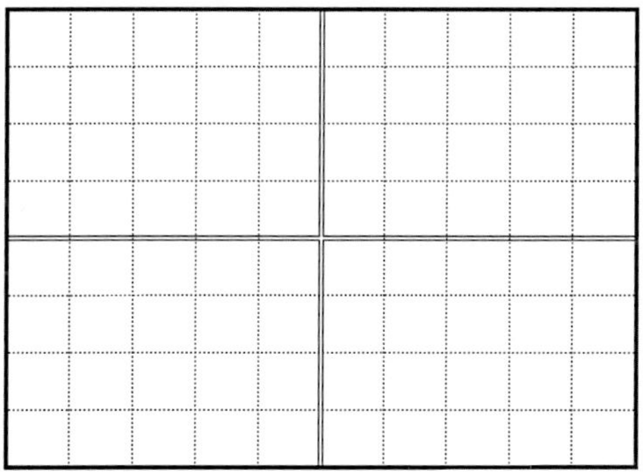

5. 베이스 공통 회로의 전류이득과 입력 임피던스, 출력 임피던스를 계산하시오.

	수 식	계 산 값
전류증폭이득, Ai		
입력 임피던스, Zi		
출력임피던스, Zo		

6. 고찰

각 공용 회로가 쓰이는 용도가 무엇이며 어디에 사용하면 좋은지 설명하시오.

날 짜	
검 인	

PART 10 FET (Field Effect Transistor)

목적 : JFET의 특성을 이해한다.

JFET의 작동점을 이해한다.

10.1 JFET(Junction Field Effect Transistor)의 특성

JFET는 바이폴라 트랜지스터와 마찬가지로 세 개의 단자가 있는데 각각 Drain(D), Gate(G), Source(S)라 한다. 소스는 전자 또는 정공을 공급하는 단자이고, 게이트는 드레인으로 흐르는 전자 또는 정공의 흐름을 마치 수도꼭지처럼 조절한다. Field란 이름은 전기장(electric field)에 의해 전자의 흐름이 조절되므로 붙여진 이름이다. 물성 구조상 두 가지 형태가 있는데 하나는 n채널이고 다른 하나는 p채널이다. 아래 그림 10.1은 n채널 JFET을 나타낸다. p채널 JFET는 화살표의 방향이 반대로 나가는 방향으로 설정되어 있다.

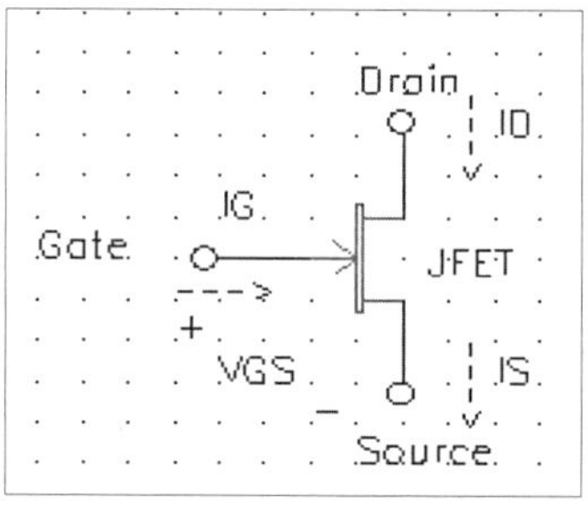

[그림 10.1] n 채널 JFET

작동면에서 바이폴라 트랜지스터와 크게 다른 점은 바이폴라 트랜지스터의 경우에는 베이스 전류 I_B에 의해 컬렉터 전류 I_C가 제어되는 전류제어 소자였으나 JFET에서는 드레인 전류 I_D가 게이트와 소스사이의 전압 V_{GS}에 의해 제어되는 전압 조절 소자라는 것이다. 또한 FET는 BJT와 달리 unipolar 소자로 전자 또는 정공 중 하나에 의해서 전류의 흐름이 형성된다는 것이다. FET는 BJT와 비교해 비교적 작은 증폭 이득값을 갖고 있으나 안정하여 집적 회로에 많이 사용된다.

또 다른 형태의 FET로 많이 사용되는 MOSFET(Metal Oxide Semiconductor FET)이 있다. MOSFET의 각 터미널은 JFET과 마찬가지로 게이트, 드레인, 소스를 나타낸다.

JFET와 구조상 다른 점은 MOSFET의 경우, 게이트가 실리콘 다이옥사이드($Si\,O_2$)층으로부터 절연되어 있다는 것이다. MOSFET은 그 구조에 따라 두 가지 형태가 있는데, 하나는 depletion 형태와 enhancement 형태가 있다. 두 형태의 차이는 드레인과 소스를 구성하는 반도체(n형 또는 p형)가 게이트 부분에서 서로 연결되어 있으면 depletion 형태이고, substrate에 의해 나뉘어져 있으면 enhancement 형태이다. 따라서 위의 MOSFET의 심볼은 끊어진 형태를 나타내므로 enhancement 형태의 MOSFET을 나타낸다. depletion 형태의 MOSFET 심볼은 선이 끊어지지 않고 연결되어 있다.

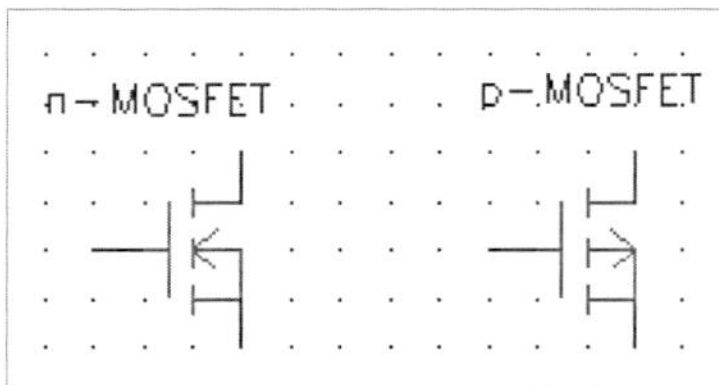

[그림 10.2] MOSFET

각 JFET 또는 Depletion 형태의 MOSFET마다 가지는 고유의 값이 있는데 이 값들은 게이트가 단락되었을 때 드레인에서 소스로 흐르는 전류인 I_{DSS}와 드레인 전류가 영이 되는 전압인 핀치 오프 전압 V_P가 있다. 이 두 값이 주어지면 특성곡선 및 작동점을 쉽게 찾을 수 있다. Enhancement 형태의 MOSFET는 위의 경우와 다소 다르다. Enhancement MOSFET을 특징짓는 변수는 드레인 전류 $I_{D(on)}$와 그 점에서의 전압 $V_{GS(on)}$ 그리고 드레인 전류가 흐르기 시작하는 전압인 $V_{GS(th)}$가 있다.

PSpice 예제 10.1 JFET의 특성 곡선

PSpice에서 n채널 JFET J2N3819는 핀치 오프 전압이 default로 설정되어 $V_P = 3\,V$이므로 $V_{GS(off)} = -3\,V$이다. 만약 핀치오프 전압을 바꾸고 싶으면 먼저 J2N3819를 마우스로 집어 활성화시킨 다음, Edit 메뉴에서 Model을 클릭한 뒤 Edit Instance Model[Text]를 클릭하고 변수 V을 바꾸면 된다.

JFET의 특성 곡선을 그리기 위해서는 DC Sweep 기능을 사용하는데 x축은 VDD로 하고 y축은 드레인 전류 I_D로 나타내고자 한다. 게이트와 소스사이의 전압 V_{GS}는 $-V_{GG}$이므로 V_{GG}와 V_{DD}의 값을 변화시키면서 I_D를 나타내보자. DC Sweep의 변수는 그림 10.3과 같이 설정한다.

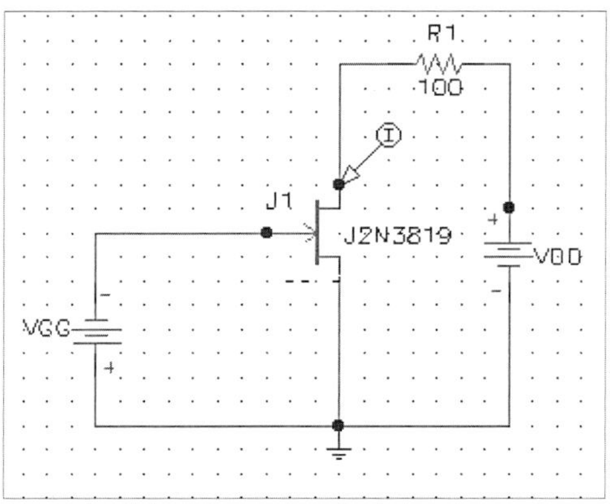

[그림 10.3] JFET의 회로

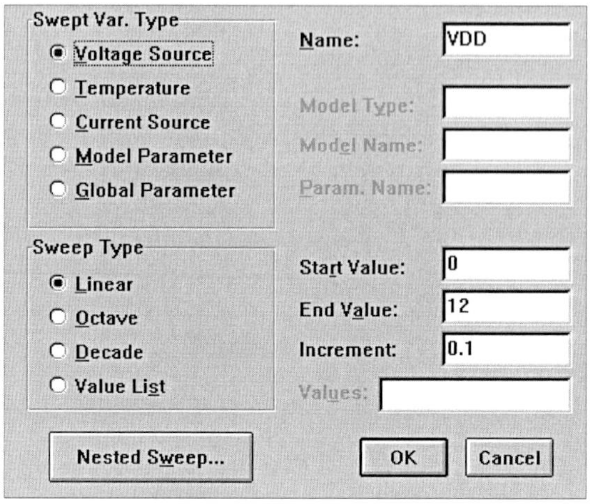

[그림 10.4] DC Sweep

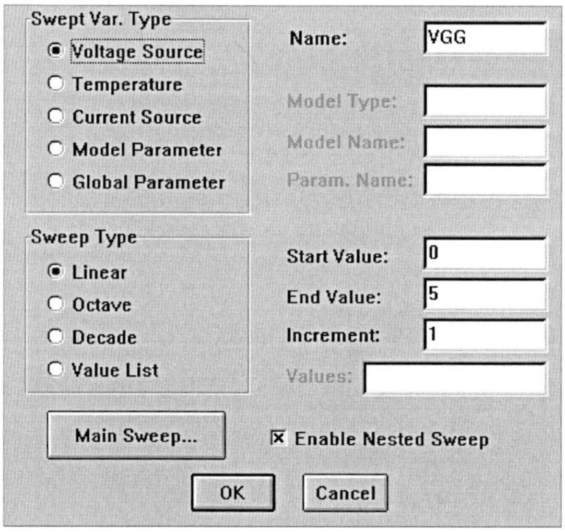

[그림 10.5] Nested DC Sweep

드레인 전류는 $V_{GS}=0\,V$일 때 최대 전류값인 12mA를 나타내고 V_{GS}에 역전압을 걸어줌에 따라 줄어들어 핀치오프 전압인 $-3\,V$에서는 영인 것을 알 수 있다.

따라서 출력된 응답 곡선을 보면 $I_{DSS} \simeq 12mA$이고 $V_P = -3\,V$임을 알 수 있다.

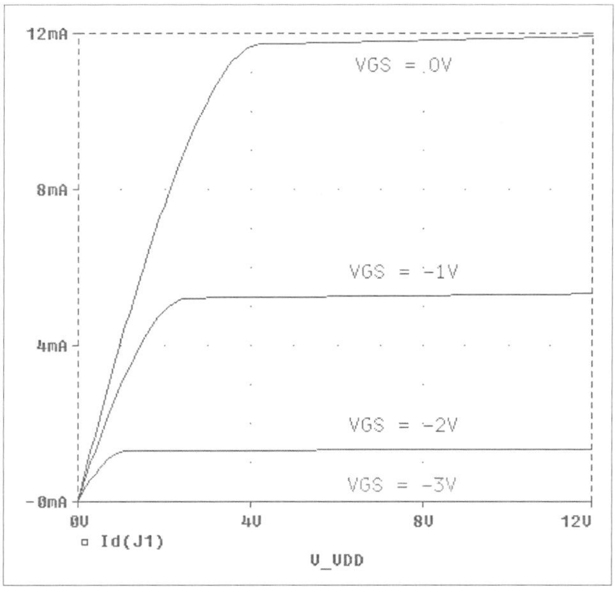

[그림 10.6] JFET의 특성 곡선

p채널일 경우에는 바이어스 전원 전압 V_{DD}와 V_{GG}의 방향을 n채널의 경우와 반대로 놓으므로 특성곡선의 파형은 y축을 중심으로 비슷하게 왼쪽으로 파형이 나타난다.

PSpice 예제 10.2 JFET의 전달 특성 곡선

작동점을 구하기 위해서는 드레인 전류 I_D와 게이트 - 소스 전압 V_{GS}의 관계 그래프를 그려야 한다. 이 그래프를 그리기 위해서는 DC Sweep 기능을 사용하여 V_{GS}가 $-3\,V$에서 $0\,V$까지 변할 때 I_D의 값을 그래프로 나타내도록 하여야 한다.

주 의 그림 10.7 회로에서는 V_{GG}의 전위가 V_{GS}와 같은 전위로 설정된 것은 전달 특성 곡선을 그리기 위한 것이다. 실제 V_{GG}의 값은 아래 블록에서 알 수 있듯이 - 3V에서 $0\,V$이다. 따라서 V_{GG}는 $-V_{GS}$로 반대 전압을 갖도록 연결한다.

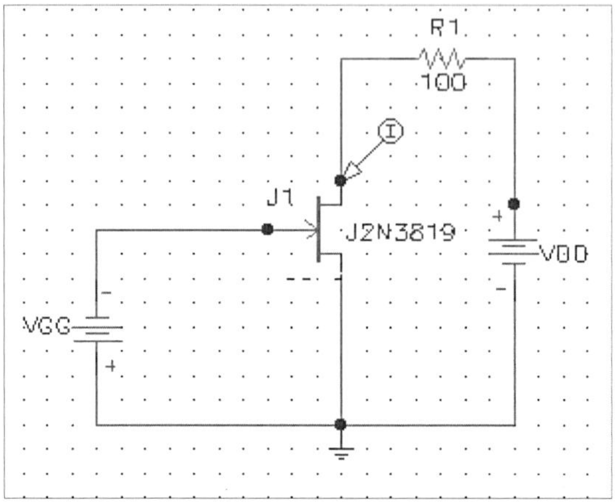

[그림 10.7] JFET 회로

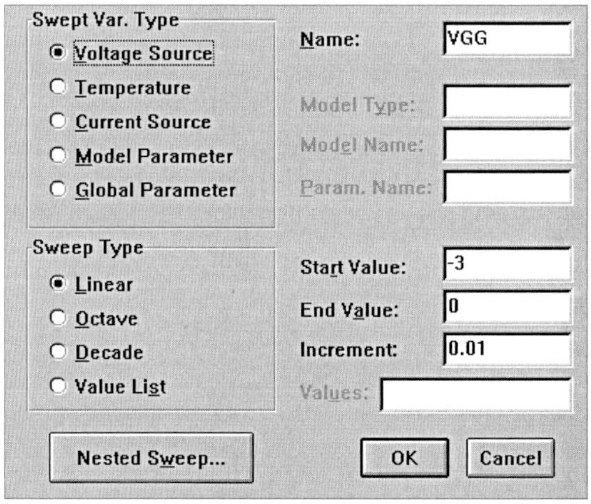

[그림 10.8] DC Sweep

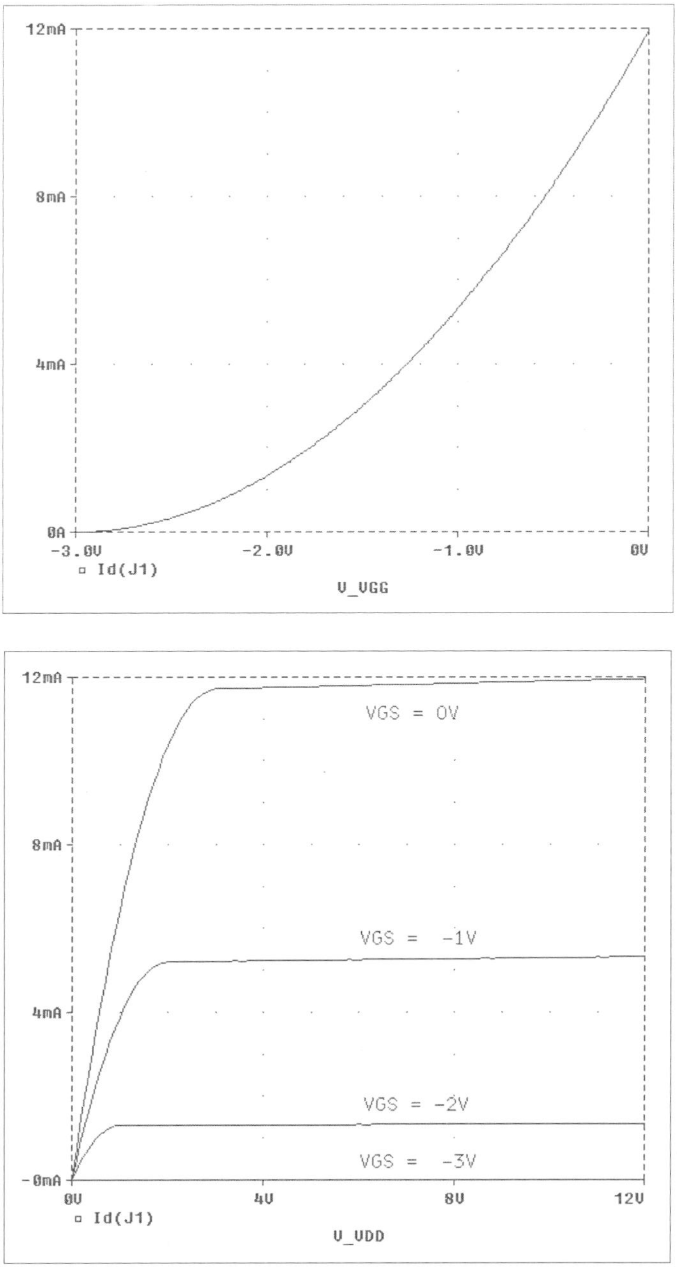

[그림 10.9] JFET 전달 특성 곡선

마찬가지로 p채널일 경우에는 y축을 중심으로 오른쪽으로 균형적으로 나타난다.

10.2 FET 로드선 및 작동점

10.2.1 자기 바이어스 회로(Self bias)

JFET에서 작동점은 드레인 전류 I_D와 게이트 소스 사이의 전압인 V_{GS}를 나타낸다. JFET의 특성상 I_{DSS}와 V_P의 값이 주어지면 두 점을 잇는 특성 곡선을 그릴 수 있는데 중간에 다른 한 점을 구하면 더 정확하게 그릴 수 있게 된다. 다른 한 점을 구하기 위해 Shockley의 공식을 사용한다.

$$I_D = I_{DSS}\left(1 - \frac{V_{GS}}{V_P}\right)^2 \tag{10.1}$$

위 식에서 보면 V_{GS}만 변수이므로 I_D와 V_{GS}의 관계는 포물선 함수로 나타낼 수 있다. 만약 $V_{GS} = \frac{V_P}{2}$로 선택하면 $I_D = 0.25 I_{DSS}$가 된다. 특성 곡선이 그려지면 회로부터 작동점을 구할 수 있다. 그림 10.10에서 작동점과 만나는 선을 그리기 위해 Probe 윈도우에서 Tools → Label → Line을 선택하여 그렸다.

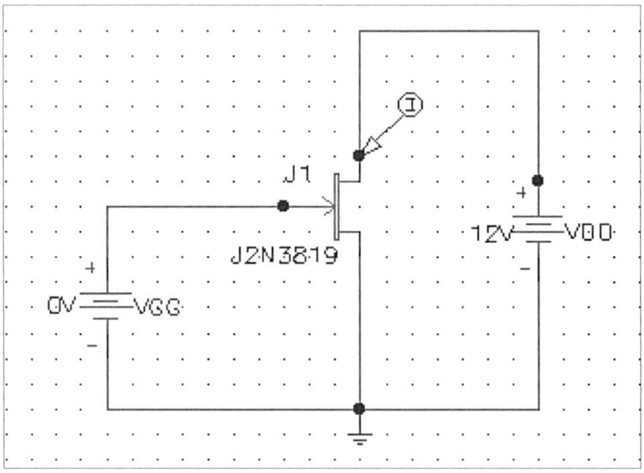

[그림 10.10] JFET 회로

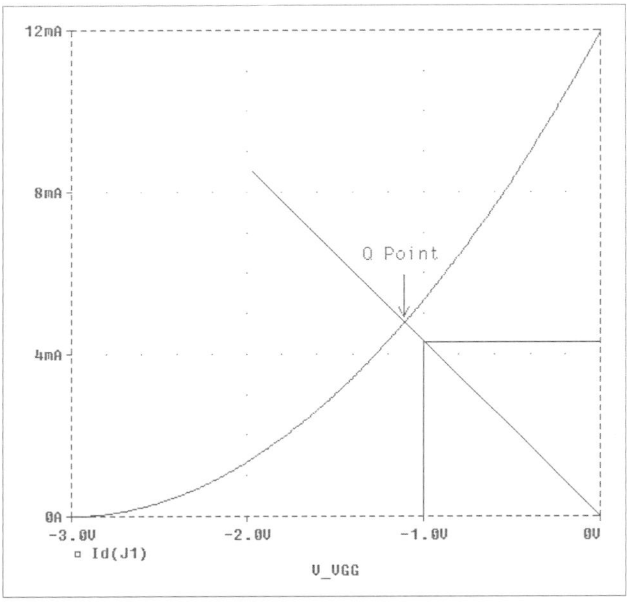

[그림 10.11] JFET의 작동점

10.2.2 전압 분배 바이어스 회로(Voltage divider bias)

그림 10.12에 나타난 전압 분배 바이어스 회로를 고려해보자.

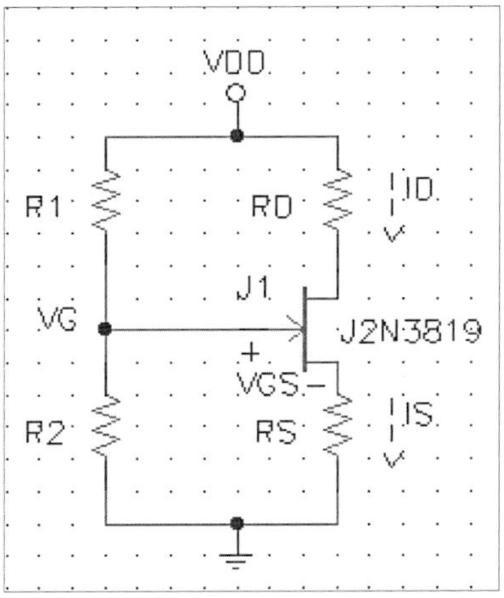

[그림 10.12] 전압분배 회로의 JFET 구성

게이트의 전압은 전압 분배에 의해 다음과 같다.

$$V_G = \frac{R_2}{R_1 + R_2} V_{DD} \tag{10.2}$$

드레인 전류 I_D는 소스에 흐르는 전류와 같고 $I_G \cong 0A$이므로 아래 루프 방정식을 구하면

$$V_G = V_{GS} + R_S I_D \tag{10.3}$$

따라서 식 (10.3)으로부터 작동점을 구하기 위한 두 점은 다음과 같다.

$$I_D = 0 \quad \rightarrow \quad V_{GS} = V_G$$
$$V_{GS} = 0 \quad \rightarrow \quad I_D = \frac{V_G}{R_S}$$

그림 10.13은 두 점을 이은 작동점을 나타낸다.

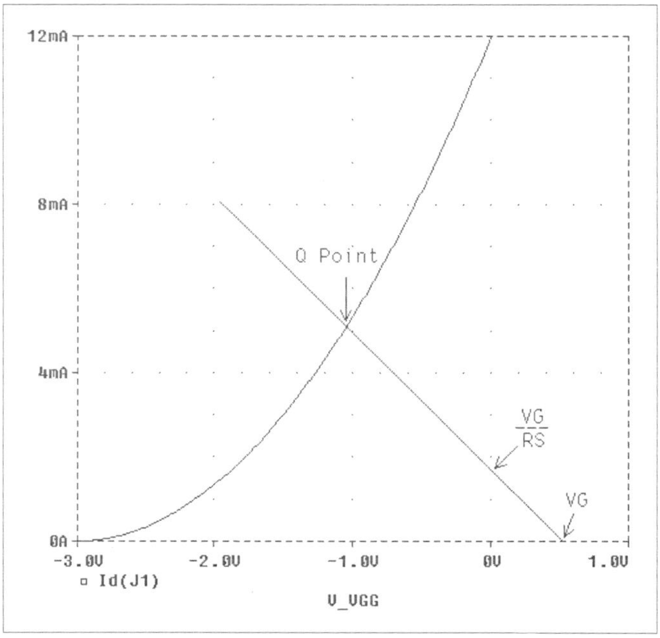

[그림 10.13] 작동점 설정

JFET에서 작동점을 찾는 방법을 정리하면 다음과 같다.

- 주어진 I_{DSS}와 V_P값으로부터 두 점을 각 축 I_D와 V_{GS}에 그린다.
- $V_{GS} = \dfrac{V_P}{2}$ 일 때 드레인 전류는 $I_D = \dfrac{I_{DSS}}{4}$ 이므로 한 점을 더 그린다.
- 세 점을 연결하여 포물선을 그린다.
- 로드선 방정식을 구한다. $I_D = I_S$.
- 루프 방정식으로부터 $V_{GS} = 0$일 때의 I_D값과 $I_D = 0$일 때의 V_{GS}의 값을 구한다.
- 위의 두 점을 서로 연결하는 직선을 그린다.
- 앞에서 그린 특성 곡선과 로드선이 만나는 점이 바로 작동점이다.

좀더 정확하게 값을 구하기 위해서는 연립방정식을 풀면 된다. 식 (10.1)과 식 (10.3)을 연립하면 다음과 같은 이차 방정식을 얻는다.

$$V_{GS}^2 - (2V_P + \frac{I_{DSS}V_G V_P^2}{R_S})V_{GS} + V_P^2 = 0$$

10.3 소스 공통 JFET 증폭 회로

10.3.1 대신호 분석

다음은 전압 분배 바이어스가 있는 JFET 증폭 회로이다.
대신호 분석시 커패시터는 열고 직류전원은 쇼트시키므로 그림 10.14의 회로와 같게 된다. 게이트에 걸리는 전압은 다음과 같다.

$$V_G = \frac{R_2}{R_1 + R_2} V_{DD} \tag{10.4}$$

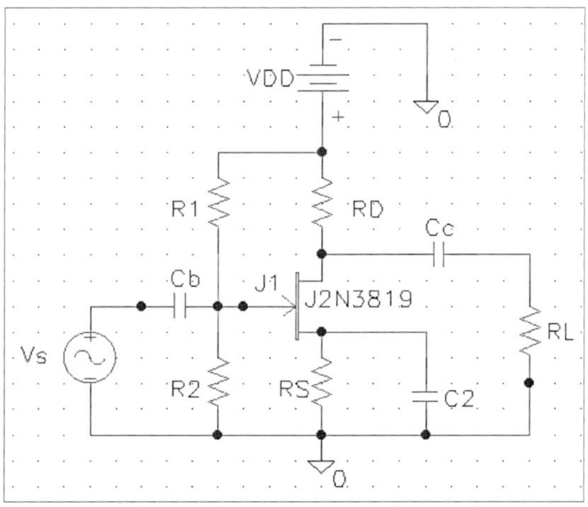

[그림 10.14] JFET 증폭 회로

게이트와 소스가 이루는 루프 방정식을 구하면

$$V_G = V_{GS} + R_S I_D \tag{10.5}$$

따라서 작동점을 구하기 위해 식을 로드선 방정식을 다시 쓰면 식 (10.6)과 같다.

$$V_{GS} = V_G - R_S I_D \tag{10.6}$$

로드선 상의 두 점, 즉 각 축의 절편값을 구하면 다음과 같다.

$$I_D = 0 \quad \rightarrow \quad V_{GS} = V_G$$

$$V_{GS} = 0 \quad \rightarrow \quad I_D = \frac{V_G}{R_S}$$

각 축의 절편인 두 점을 이으면 특성곡선과 만나게 되는데 이 점이 작동점 $Q(I_D, V_{GS})$ 이 된다.

10.3.2 n채널 JFET의 소신호 분석

n채널 JFET의 소신호 모델을 그리면 아래와 같다. 게이트와 소스사이는 연결되어 있지 않고 드레인과 소스사이에는 게이트 - 소스 사이의 전압의 값에 의존하는 v_{gs} 전류전원이 연결되어 있고 병렬로 저항 r_d가 또한 연결되어 있다. 저항 r_d는 다음과 같이 계산한다.

$$r_d = \frac{\Delta V_{DS}}{\Delta I_D}|_{V_{GS}=\text{상수}} \tag{10.7}$$

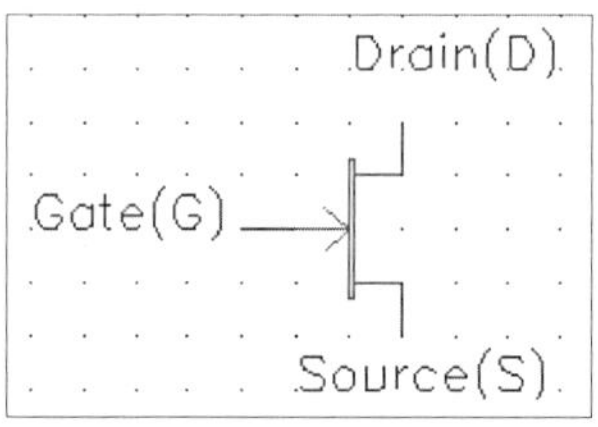

[그림 10.15] n채널 JFET

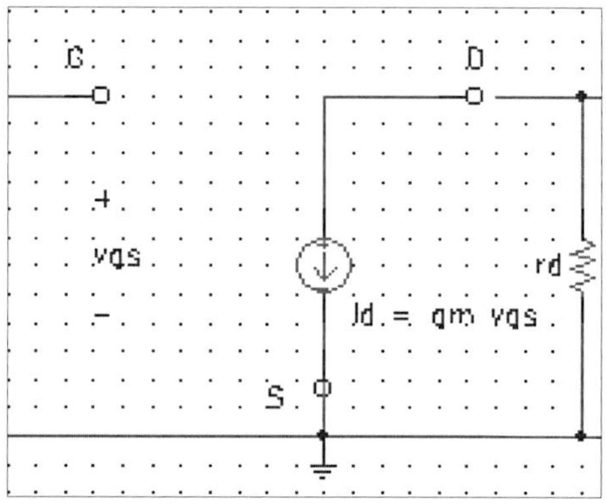

[그림 10.16] n채널 JFET의 소신호 모델

그림 10.16의 회로의 소신호를 그리면 그림 10.17과 같다.

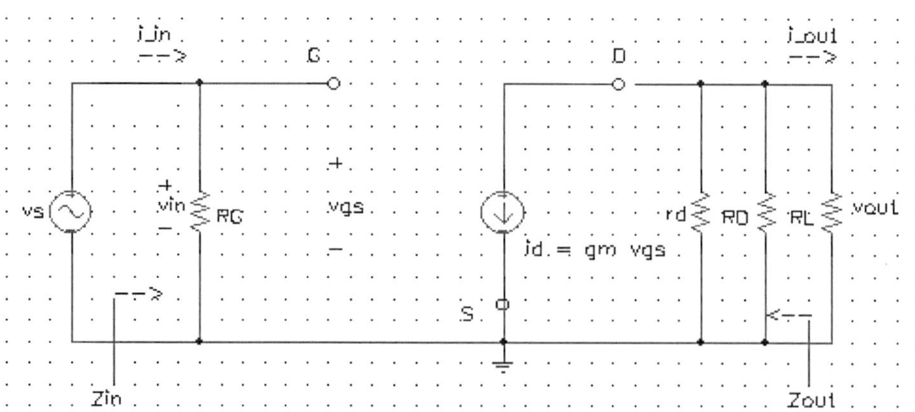

[그림 10.17] JFET 회로의 소신호 모델

I_{DSS}와 V_P가 주어지면 트랜스 컨덕턴스 g_{m0}은 다음과 같이 구할 수 있다.

$$g_{m0} = \frac{2I_{DSS}}{|V_P|} \tag{10.8}$$

트랜스 컨덕턴스 g_m은 다음과 같이 구할 수 있다.

$$g_m = g_{m0}\left(1 - \frac{V_{GSQ}}{V_P}\right) \tag{10.9}$$

❶ 입력 임피던스, Z_i

입력 전압 v_{in}에서 바라본 입력 임피던스 Z_i는 저항 R_G인 것을 알 수 있다.

$$Z_i = R_G = R_1 // R_2 \tag{10.10}$$

❷ 출력 임피던스, Z_o

드레인과 소스 사이에는 출력 저항 r_d가 연결되어 있다. 출력 임피던스는 부하 저항 R_L에서 바라본 임피던스이다. 출력 저항값을 구하기 위해 입력 전압원 $v_s = 0$로 놓으면 게이트는 접지가 되고 $v_{gs} = 0$임을 알 수 있다. 따라서 출력 임피던스 Z_o은 r_d과 R_D 의 병렬로 나타낼 수 있다.

$$Z_{\text{out}} = r_d \| R_D \tag{10.11}$$

❸ 전압 이득, Av

먼저 부하저항 R_L에 걸리는 출력전압을 구하면

$$v_{out} = -g_m v_{gs} (r_d \| R_D \| R_L) \tag{10.12}$$

입력 전압은

$$v_{in} = v_{gs} \tag{10.13}$$

전압 증폭 이득값은

$$A_v = \frac{v_{out}}{v_{in}} = \frac{-g_m v_{gs} (r_d \| R_D \| R_L)}{v_{gs}} = -g_m (r_d \| R_D \| R_L) \tag{10.14}$$

일반적으로 $r_d \gg R_D$이므로 전압 증폭 이득값은 다음과 같이 간단해 진다.

$$A_v = -g_m (R_D \| R_L) \tag{10.15}$$

❹ 전류 이득, Ai

부하저항 R_L에 흐르는 출력 전류 i_{out}는 전류 분배에 의해 다음과 같다.

$$i_{out} = -g_m v_{gs} \frac{(r_d \| R_D)}{(r_d \| R_D) + R_L} \tag{10.16}$$

i_{in}는 다음과 같다.

$$i_{in} = \frac{v_{gs}}{R_G} \tag{10.17}$$

따라서 전류 증폭 이득값은 다음과 같다.

$$A_i = -\frac{(r_d \| R_D)}{(r_d \| R_D) + R_L} g_m R_G \tag{10.18}$$

일반적으로 $r_d \gg R_D$ 이므로 전류이득 증폭값은

$$A_i \approx -\frac{R_D}{R_D + R_L} g_m R_G \tag{10.19}$$

PSpice 예제 ▌10.3 소스 공통 JFET의 증폭 회로

아래 그림은 JFET을 사용한 증폭 회로이다. 소신호 전압이 ±10mV, 1KHz의 사인파로 주어졌을 때 출력되는 파형을 나타내보자.

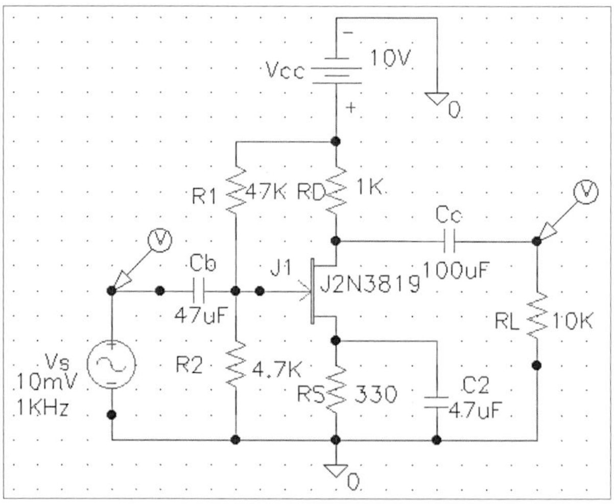

[그림 10.18] JFET 증폭 회로

먼저 $I_{DSS} = 12mA$, $V_P = -3V$인 JFET을 사용하려면

Model에서 Beta 값을 계산하여 입력하여야 한다.

$$B = \frac{I_{DSS}}{|V_P|^2} = \frac{12mA}{9} = 1.333m \tag{10.20}$$

J2N3819를 활성화한 다음 Edit → Model → Edit Instance Model[Text]를 순차적으로 클릭하여 Beta = 1.333m를 입력한다.

대신호 분석을 통해 작동점을 구해보자.

$$V_G = \frac{4.7}{51.7} 10\,V = 0.91\,V$$

아래 루프 방정식을 구하면

$$V_G = V_{GS} + R_S I_D$$

따라서 작동점을 구하기 위한 두 점은 다음과 같다.

$$I_D = 0 \quad \rightarrow \quad V_{GS} = V_G = 0.91\,V$$

$$V_{GS} = 0 \quad \rightarrow \quad I_D = \frac{V_G}{R_S} = \frac{0.91}{330} = 2.75mA$$

두 점을 이으면 특성곡선과 만나게 되는데 대략적인 작동점은 $Q(I_D, V_{GS}) = Q(5.5\text{mA}, -1\text{V})$가 된다.

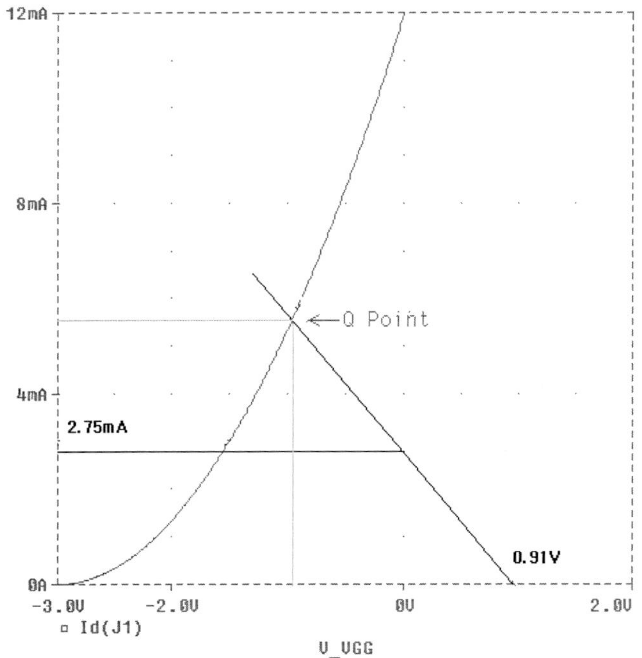

[그림 10.19] JFET 증폭기의 작동점

입력 파형과 출력전압 파형은 그림에 잘 나타나 있다. 출력압인 드레인 전압 파형은 반전되어 나타난다. 다음과 같이 소신호 증폭 이득값을 계산한다.

$$g_{m0} = \frac{2I_{DSS}}{|V_P|} = 2 \times \frac{12mA}{3} = 8mS$$

$$g_m = g_{m0}\left(1 - \frac{V_{GSQ}}{V_P}\right) = 8mS\left(1 - \frac{-1.0}{-3}\right) = 5.4mS$$

전압 증폭 이득값은

$$A_V = -g_m R_D \| R_L = (-5.4mS)(1K\Omega \| 10K\Omega) = -4.9V$$

출력된 전압의 피크값은

$$v_{o_{pp}} = A_V v_i = (4.9)(\pm 10mV) = \pm 49mV$$

으로 반전되어 나타나므로 그림 10.20과 일치함을 알 수 있다.

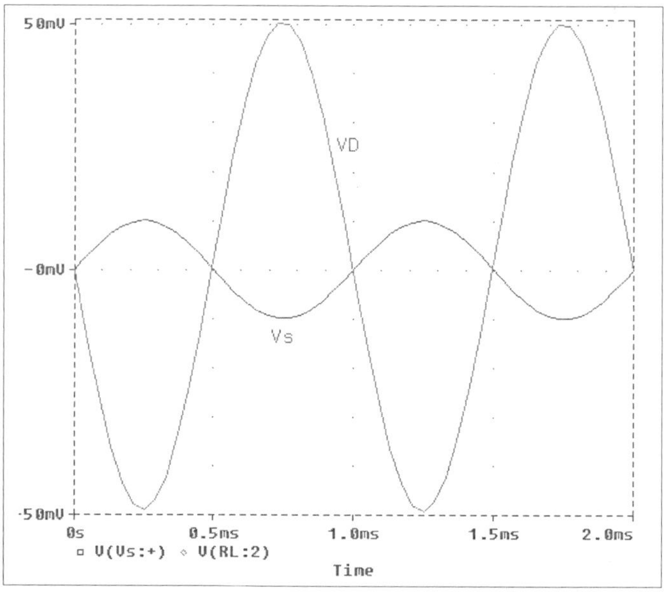

[그림 10.20] 증폭된 출력 파형

그림 10.21에서 보듯이 입력 전류와 출력 전류값이 수 uA로 매우 작음을 알 수 있다.

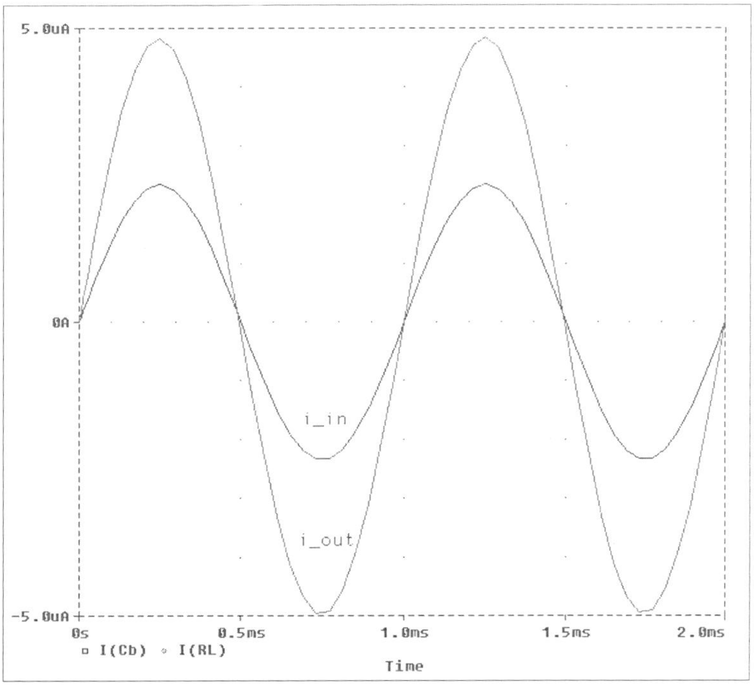

[그림 10.21] 출력 전류 파형

10.4 드레인 공통 JFET 증폭 회로

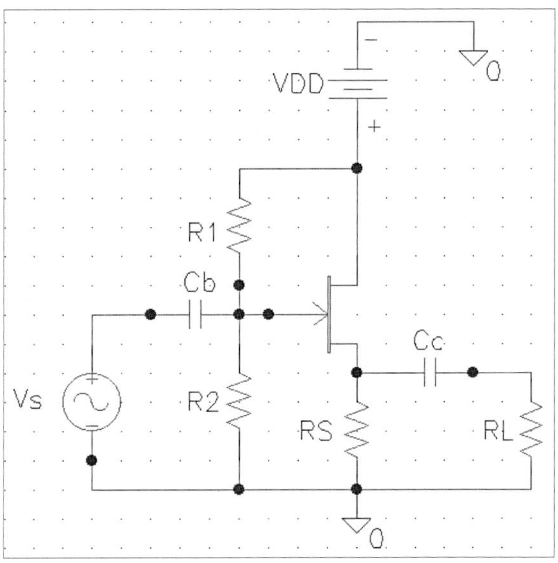

[그림 10.22] 드레인 공통 회로

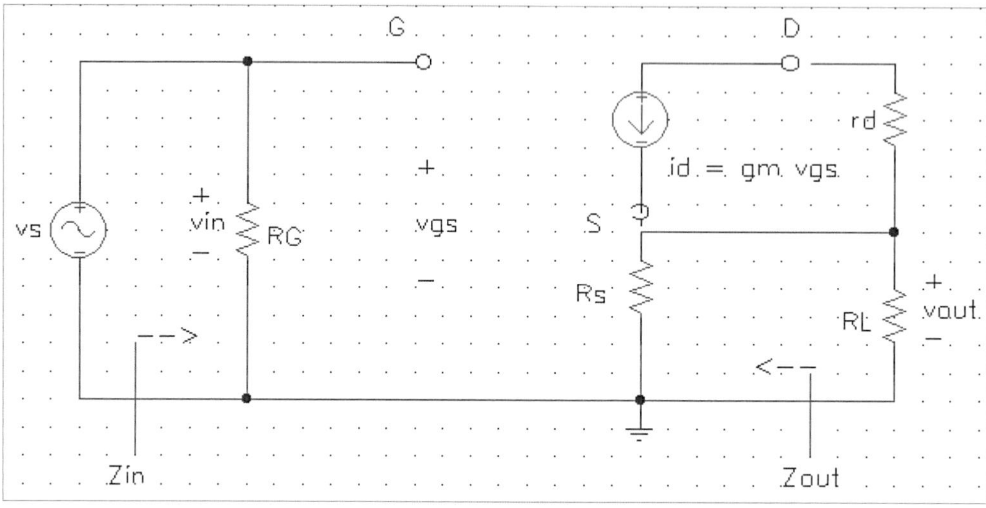

[그림 10.23] 드레인 공통 회로의 소신호 모델

❶ 입력 임피던스, Z_i

입력 전압 v_{in}에서 바라본 입력 임피던스 Z_i는 저항 R_G인 것을 알 수 있다.

$$Z_{\mathrm{i}} = R_G \tag{10.21}$$

❷ 출력 임피던스, Z_o

출력 저항값을 구하기 위해 입력 전압원 $v_s = 0$로 놓으면 게이트는 접지가 되지만 $v_{gs} = -v_o$임을 알 수 있다. 따라서 실험 전압 v_t를 설정한 뒤 풀면 다음과 같다.

$$i_t + g_m v_{gs} = \frac{v_t}{r_d} + \frac{v_t}{R_s} \tag{10.22}$$

$v_t = v_o$이고 $v_{gs} = -v_o$이므로 대입하면

$$i_t = g_m v_t + \frac{v_t}{r_d} + \frac{v_t}{R_s} \tag{10.23}$$

따라서 출력 임피던스 Z_o은 다음과 같이 나타낼 수 있다.

$$Z_{\mathrm{o}} = \frac{1}{g_m + \frac{1}{r_d} + \frac{1}{R_s}} \tag{10.24}$$

❸ 전압 이득, Av

먼저 부하저항 R_L에 걸리는 출력전압을 구하면

$$v_{out} = g_m v_{gs} (r_d \| R_s \| R_L) \tag{10.25}$$

입력 전압은

$$v_{\in} = v_{gs} + v_o \tag{10.26}$$

식 (10.25)로부터 v_{gs}를 대입하면

$$\begin{aligned} v_{\text{in}} &= \frac{v_o}{g_m(r_d \| R_s \| R_L)} + v_o \\ &= v_o\left(1 + \frac{1}{g_m(r_d \| R_s \| R_L)}\right) \end{aligned} \tag{10.27}$$

전압 증폭 이득값은

$$A_v = \frac{\mathrm{v_o}}{v_{\text{in}}} = \frac{\mathrm{g_m(r_d \| R_s)}}{\mathrm{1 + g_m(r_d \| R_s)}} \tag{10.28}$$

일반적으로 $r_d \gg R_D$이므로 전압 증폭 이득값은 다음과 같이 간단해 진다.

$$A_v = \frac{g_m(R_s \| R_L)}{1 + g_m(R_s \| R_L)} \tag{10.29}$$

❹ 전류이득 A_i

출력 전류는

$$i_o = -\frac{r_d}{R_s + r_d} g_m v_{gs} \tag{10.30}$$

입력 전류는

$$i_{\text{in}} = \frac{v_{gs}}{R_G} \tag{10.31}$$

전류 증폭 이득값은

$$A_i = \frac{i_o}{i_{\text{in}}} = -\frac{r_d}{R_S + r_d} g_m R_G \tag{10.32}$$

$r_d \gg R_S$이므로

$$A_i \approx -g_m R_G \tag{10.33}$$

일반적으로 저항 R_G는 매우 큰 값으로 설정되므로

$$A_i \approx \infty \tag{10.34}$$

따라서 전류 증폭 이득과 입력 임피던스는 무한대로 가정한다.

PSpice 예제 10.4 드레인 공통 JFET의 증폭 회로

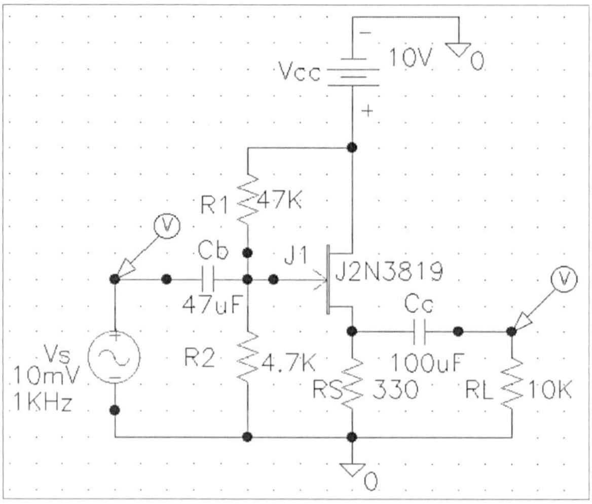

[그림 10.24] 드레인 공통 회로

PSpice의 메뉴에서 Analysis의 Examine Output을 클릭하여 다음과 같은 JFET에 대한 정보를 얻을 수 있다.

```
**** JFETS


NAME          J_J1
MODEL         J2N3819-X
ID            5.65E-03
VGS          -9.55E-01
VDS           8.14E+00
GM            5.54E-03
GDS           1.25E-05
CGS           1.89E-12
CGD           6.93E-13
```

[그림 10.25] JFET의 변수값

전압 증폭 이득값 A_v는 식 (10.29)로부터 부하 저항을 포함시켜 다음과 같으나 $R_L \gg R_s$ 이므로 결과적으로 식 (10.29)와 같다.

$$A_v \approx \frac{g_m R_s}{1 + g_m R_s}$$

$g_m = 5.49mS$이므로 출력 전압은 대략 다음과 같음을 그림 10.26에서 확인할 수 있다.

$$v_o = A_V v_{\text{in}} = \frac{g_m R_s}{1+g_m R_s} v_{\text{in}}$$

$$= \frac{5.54\times 0.33}{1+5.54\times 0.33}\times 10m\,V = \frac{1.782}{2.782}\times 10m\,V = 6.4m\,V$$

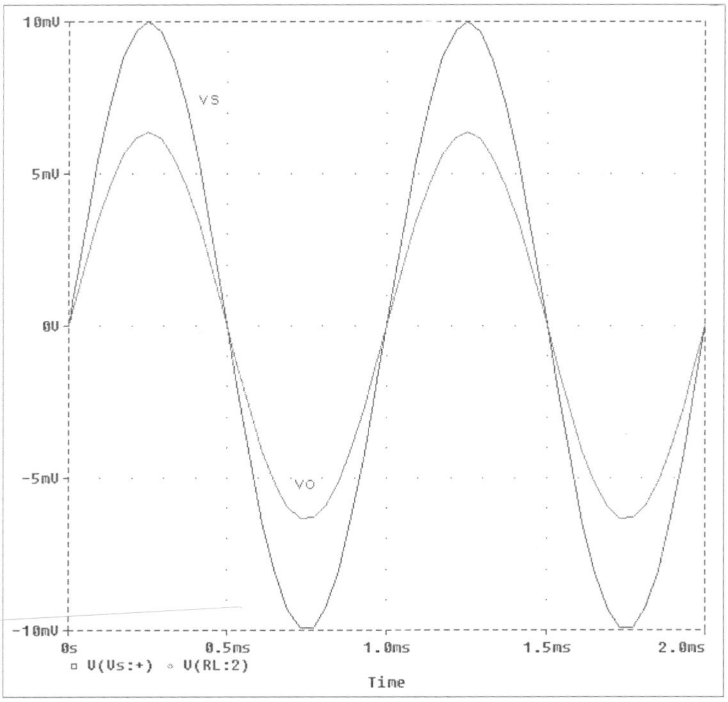

[그림 10.26] 출력 전압

10.5 MOSFET 증폭 회로

Depletion 형태의 MOSFET의 회로도 JFET의 회로와 마찬가지로 분석하면 된다. 하지만 Enhancement 형태의 MOSFET은 특성 곡선을 그리는 방식이 다르다. Enhancement MOSFET의 경우에는 주어지는 특정값이 $I_{D(on)}$, $V_{GS(on)}$, $V_{GS(th)}$이므로 마찬가지로 두 점이 되어 곡선을 그릴 수 있겠지만 정확하게 그리려면 몇 개의 점들을 더 선택해야 한다. 이 경우에 다음의 공식을 사용하여 구한다.

$$I_D = k(V_{GS} - V_{SG(th)})^2 \tag{10.30}$$

여기서 k의 값을 먼저 구해야 하는데 이 값은 다음과 같이 구한다.

$$k = \frac{I_{D(on)}}{(V_{GS(on)} - V_{SG(th)})^2} \tag{10.31}$$

$I_{D(on)}$, $V_{GS(on)}$, $V_{GS(th)}$ 트랜지스터의 고유값이므로 주어지게 된다. 구한 변수 k를 식에 대입하면 드레인 전류를 구할 수 있다.

실험 12 JFET 특성곡선 및 증폭 회로

1. PSpice 예제

❶ 그림 10.3에서 JFET의 $V_P = -5\,V$로 설정하고 특성 곡선을 그리시오.

❷ 그림 10.18에서 JFET의 $V_P = -5\,V$로 설정하고 출력 파형을 그리시오.

2. JFET 트랜지스터로 실험할 경우에는 먼저 트랜지스터의 게이트와 소스 그리고 드레인 단자를 먼저 확인해야 한다. 실험에 주어진 트랜지스터의 게이트, 소스, 드레인 단자를 확인하고 그리시오.

3. JFET 특성 곡선의 그리기
   그림 10.3의 회로를 구성하고 I_{DSS}와 V_P를 구해보자. 그래프로 나타내시오.

	VGS=0V	−1V	−2V	−3V	−4V	−5V	−6V	−7V
전압, VDS(V)								
전류, ID(mA)								

4. 그림 10.18의 회로를 구성하시오. 입력 전압을 DC 회로 분석을 통해 작동점을 계산하고 위의 그래프에 표시하시오.

5. 그림 10.18의 JFET 증폭 회로에서 소신호 입력을 $v_i = 1\,V$로 하고 출력 파형의 계산값과 측정값을 구하고 오차를 계산하시오. 출력 파형을 입력 파형과 함께 그래프에 나타내시오.

	계 산 값	측 정 값	오 차
최대출력전압			
최소출력전압			
전압이득 Av			

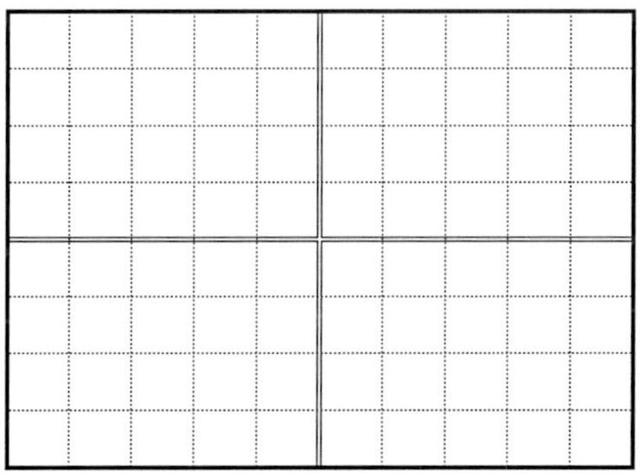

6. 모터 구동 드라이버용인 Power 트랜지스터로 MOSFET를 많이 사용한다. 어떠한 것이 있는지 조사해 보고 특성을 설명하시오.

날 짜	
검 인	

PART 11

다단 트랜지스터 증폭 회로

목적 : 다단 증폭 회로를 이해하고 분석한다.
다양한 종류의 다단 증폭 회로를 응용한다.

11.1 소개

앞장에서 우리는 에미터 공통 회로와 컬렉터 공통 회로를 통해 출력되는 파형을 실험하였다. **다단 증폭기**란 이러한 증폭 회로를 여러 개 사용하여 직렬로 연결하므로 출력 전압이 곱으로 증폭되는 회로를 말한다. 한 증폭 회로의 출력을 다음 증폭 회로의 입력으로 연결하므로 계속적으로 증폭된 효과를 얻을 수 있다. 다음 증폭 회로와 연결은 직접 선으로 하면 간편하지만 이러한 경우에 처음 증폭회로에서 전원이나 온도의 영향으로 인한 변화가 결과적으로 나타나는 출력에 직접적인 영향을 미치게 된다. 따라서 DC 신호에 대하여는 개회로처럼 작동하고 AC 신호에 대하여는 쇼트 회로처럼 작동하는 커패시터를 사용하여 대신호는 통과하지 못하게 하고 소신호만 통과하게 하므로 바이어스 전압의 변환을 없앨 수 있다.

11.2 2단 BJT 증폭 회로 (Cascade 연결)

증폭 회로를 직렬로 계속 연결하는 방식을 Cascade 연결 방식이라 하는데 이는 대표적인 다단 증폭 회로이다. 아래 그림 11.1에서는 에미터 공통 회로가 직렬로 연결되어 있다. 첫 번째 에미터 공통 회로에서 증폭된 전압이나 전류는 두 번째 에미터 공통 회로의 입력으로 주어지므로 다시 증폭된다. 이때 첫 번째 회로와 두 번째 회로의 전압 증폭이

$$A_{V_1} = -g_{m_1} R_{LL_1} \text{ 이고 } A_{V_2} = -g_{m_2} R_{LL_2}$$

여기서 R_{LL_1}은 두 번째 단의 입력 임피던스를 포함한다. $R_{LL_1} = (r_{o_1} // R_{c_1} // Z_{in_2})$이다. 전체적인 전압 이득값은 다음과 같이 곱한 형태로 나타난다.

$$A_V = A_{V_1} \cdot A_{V_2} \tag{11.1}$$

PSpice 예제 11.1 BJT Cascade 다단 증폭 회로

그림 11.1은 같은 두 에미터 공통 회로를 연결한 2단 증폭 회로이다. 첫 번째 증폭 회로의 출력이 두 번째 증폭 회로의 입력으로 주어지므로 두 번째 출력은 두 배로 증폭된다.
그림 11.2에서 보면 입력 전압과 출력 전압이 나타나 있는데 같은 위상으로 증폭되어 나타남을 알 수 있다. 그림 11.3은 각 단의 컬렉터 출력을 나타낸 것으로 커패시터를 지나지 않아 DC값이 나타난다. 입력으로 베이스에 걸리는 전압을 나타내며 매우 작다. 첫 번째 증폭회로와 두 번째 증폭 회로의 출력이 각각 비교되어 나타나는데 위상이 반대임을 알 수 있다.

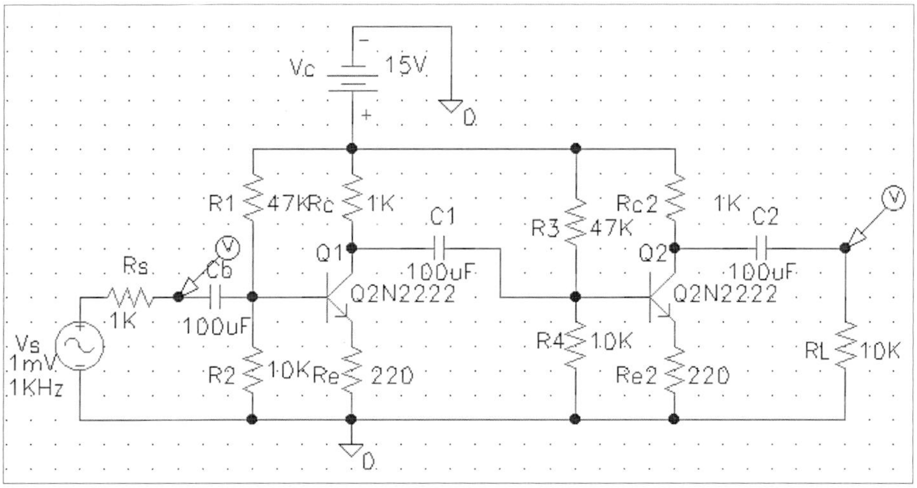

[그림 11.1] BJT 2단 증폭 회로

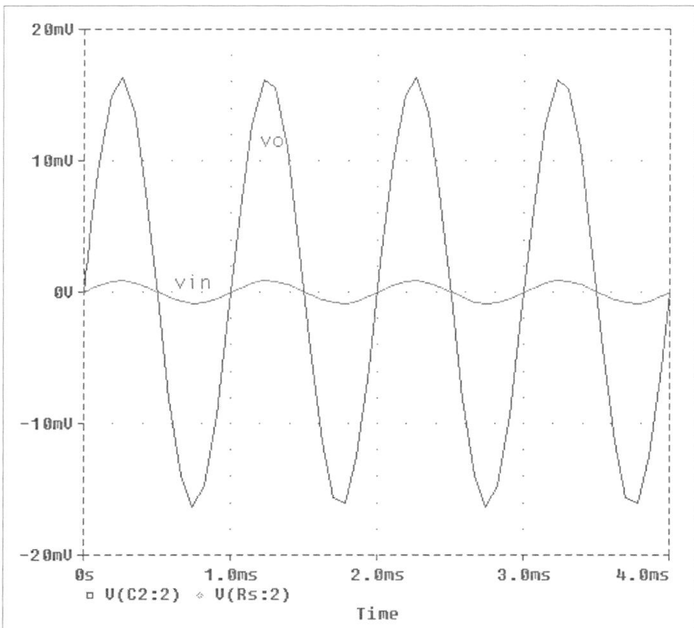

[그림 11.2] 소신호 전압 증폭

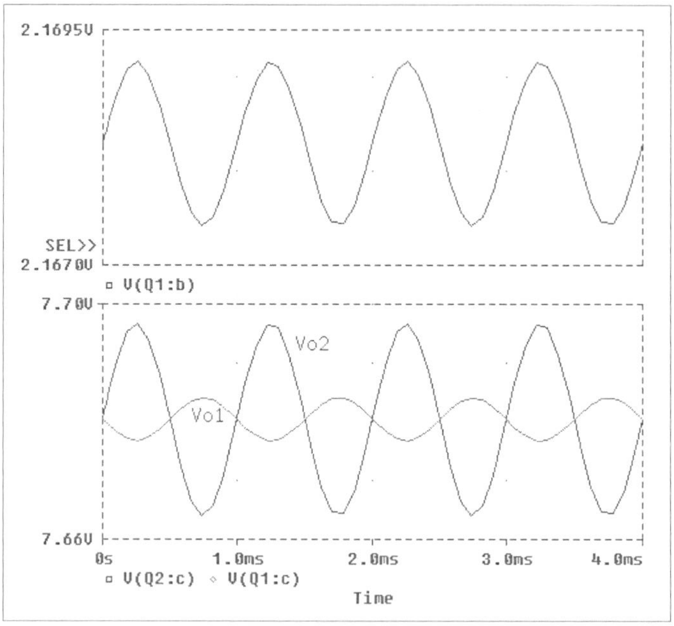

[그림 11.3] 전압 증폭

11.3 Cascode 연결

에미터 공통 회로와 베이스 공통 회로가 직렬로 연결된 다단 회로를 Cascade 연결 회로라 부른다.

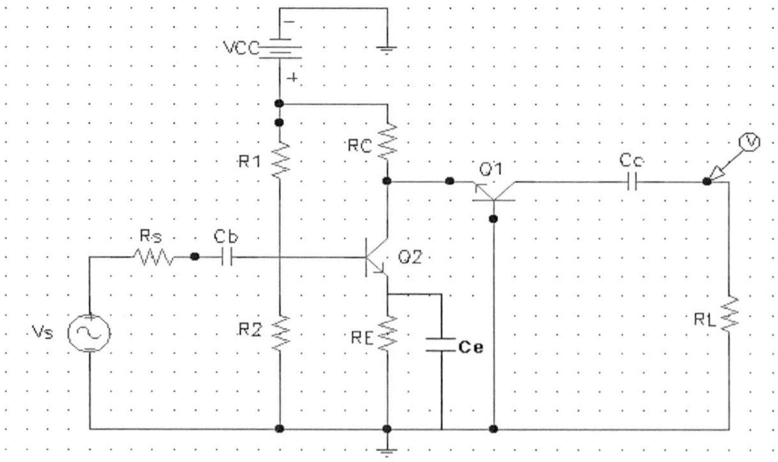

[그림 11.4] Cascade 회로

아래 그림 11.5는 소신호 모델을 나타낸다.

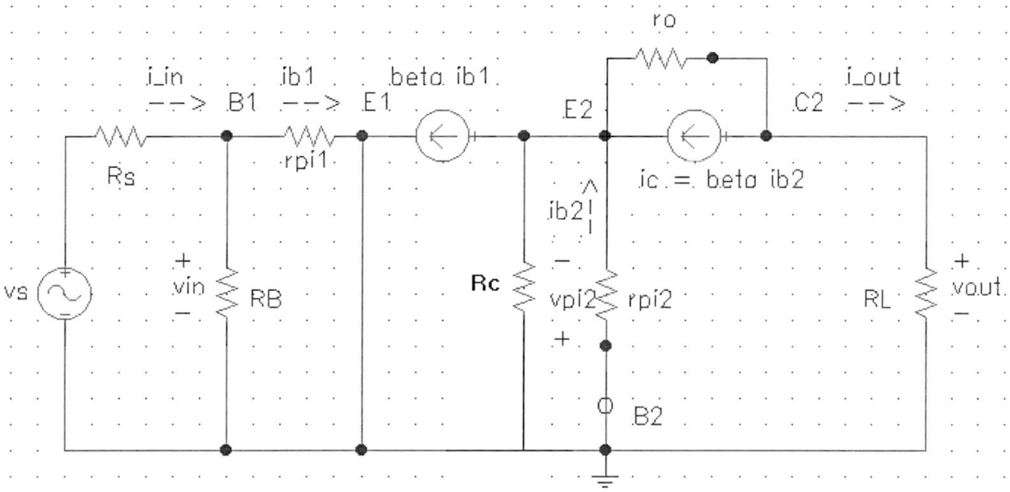

[그림 11.5] Cascade 회로의 소신호

❶ 입력 임피던스, Z_i

입력 전압 v_{in}에서 바라본 입력 임피던스 Z_i는 식 (11.2)와 같다.

$$Z_{\text{i}} = r_{\pi_1} \| R_B \tag{11.2}$$

❷ 출력 임피던스, Z_o

출력 임피던스는 부하 저항 R_L에서 바라본 임피던스이다. 하지만 의존 전류원이 있으므로 구하기가 쉽지 않다. 이 경우에는 소신호 출력저항 r_o를 에미터와 컬렉터사이에 연결한다. 저항 r_o에 흐르는 전류의 값은 $i_{b_1} = 0$이므로

$$i_{r_o} = -(1+\beta) i_{b_2} \tag{11.3}$$

출력 임피던스를 구하기 위해 오픈 전압 v_{oc}를 구하면

$$v_{oc} = -(1+\beta) i_{b_2} r_o - r_{\pi_2} i_{b_2} \tag{11.4}$$

$$= -[(1+\beta) r_o + r_{\pi_2}] i_{b_2}$$

$R_C \gg r_{\pi_2}$일 경우에 부하저항에서 쇼트 전류 i_{sc}는

$$i_{sc} = -i_{b_2} \tag{11.5}$$

따라서 출력 임피던스 Z_o은 다음과 같이 나타낼 수 있다.

$$Z_{\text{o}} = \frac{v_{oc}}{i_{sc}} = (1+\beta) r_o + r_{\pi_2} \tag{11.6}$$

❸ 전압 이득, Av

먼저 부하 저항 R_L이 걸리는 출력 전압을 구하면

$$v_o = -\beta i_{b_2} R_L \tag{11.7}$$

입력 전압은

$$v_{in} = v_{\pi_1} = r_{\pi_1} i_{b_1} \tag{11.8}$$

E2에서 KCL을 적용하면

$$i_{b_2} + \beta i_{b_2} = \beta i_{b_1} \tag{11.9}$$

i_{b_1}은

$$i_{b_1} = \frac{1+\beta}{\beta} i_{b_2} \tag{11.10}$$

전압 증폭 이득값은

$$A_v = \frac{v_o}{v_{\text{in}}} = \frac{-\beta i_{b_2} R_L}{\frac{(\beta+1)}{\beta} r_{\pi_1} i_{b_2}} = \frac{-\beta^2 R_L}{(\beta+1) r_{\pi_1}} \approx -g_m R_L \tag{11.11}$$

❹ 전류 이득, Ai

부하 저항 R_L에 흐르는 출력 전류 i_o는 전류 분배에 의해 다음과 같다.

$$i_o = -\beta i_{b_2} \tag{11.12}$$

i_{in}는 다음과 같다.

$$i_{in} = \frac{R_B}{R_B + r_{\pi_1}} i_{b_1} = \frac{R_B}{R_B + r_{\pi_1}} \frac{\beta+1}{\beta} i_{b_2} \tag{11.13}$$

i_b를 대입한 뒤에 $R_B \gg r_{\pi_1}$이면 전류 증폭 이득값은 다음과 같다.

$$\begin{aligned} A_i &= -\frac{\beta i_{b_2}}{\frac{R_B}{R_B + r_{\pi_1}} \frac{\beta+1}{\beta} i_{b_2}} \\ &\approx -\beta \end{aligned} \tag{11.14}$$

11.4 Darington Pair

다링톤 트랜지스터 쌍은 그림 11.6처럼 두 개의 트랜지스터가 서로 연결되어 있다. 첫 번째 트랜지스터에서 증폭된 에미터 전류가 다음 트랜지스터의 베이스로 입력되므로 다시 증폭하게 되어 출력되는 컬렉터 전류의 값 I_C는 입력되는 베이스 전류 I_B에 대략 β^2을 곱한

만큼 증폭되어 나타난다.

다링톤 트랜지스터는 컬렉터 공통 - 에미터 공통 다단 회로의 한 형태로 매우 큰 전류 이득값을 갖고 있다.

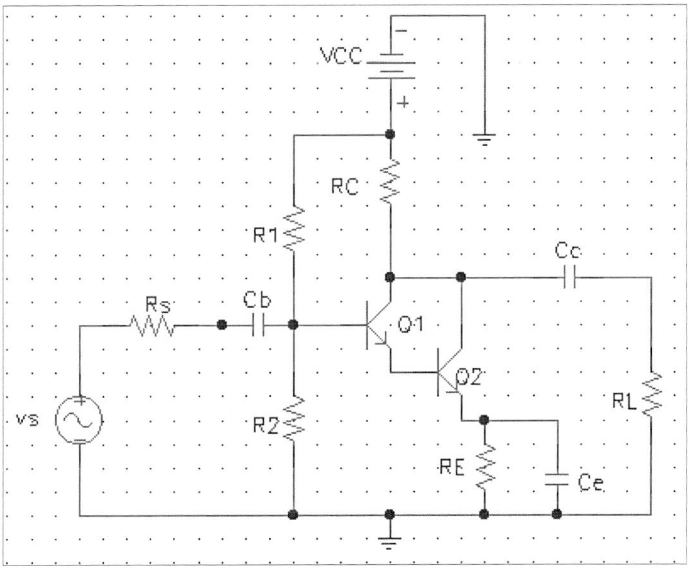

[그림 11.6] 다링톤 쌍의 증폭 회로

◎ DC 분석

베이스에 걸리는 전압 V_{BB}는 전압 분배법칙에 의해

$$V_{BB} = \frac{R_2}{R_1 + R_2} \cdot V_s \tag{11.15}$$

$$R_B = \frac{R_1 R_2}{R_1 + R_2} \tag{11.16}$$

KVL을 적용하면

$$\begin{aligned} V_{BB} &= R_B I_{B_1} + 0.7 + 0.7 + R_E I_{E_2} \\ &= R_B I_{B_1} + 1.4 + R_E(\beta_2 + 1) I_{B_2} \\ &= R_B I_{B_1} + 1.4 + R_E(\beta_2 + 1)(\beta_1 + 1) I_{B_1} \end{aligned} \tag{11.17}$$

$$I_{B_1} = \frac{V_{BB} - 1.4}{R_B + R_E(\beta_1 + 1)(\beta_2 + 1)} \tag{11.18}$$

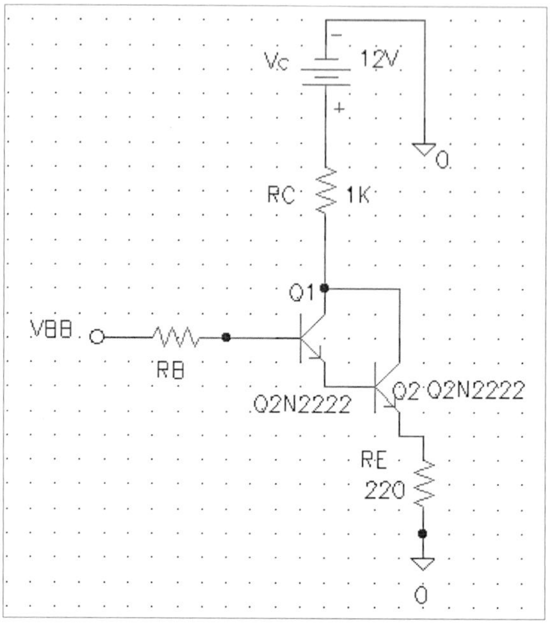

[그림 11.7] Thevenin 등가 회로

만약 두 트랜지스터의 전류 증폭 이득값 β가 같다면

$$I_{B_1} \approx \frac{V_{BB} - 1.4}{R_B + R_E \beta_1^2} \tag{11.19}$$

$$I_{C_2} \cong I_{E_2} \approx \beta^2 I_{B_1} \tag{11.20}$$

결과적으로 컬렉터 전류는 베이스 전류의 β^2배이다.

◎ AC 분석

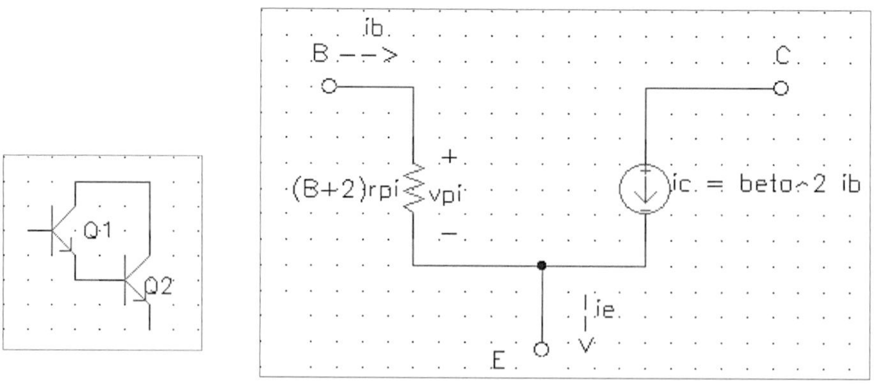

[그림 11.8] 다링톤 쌍의 근사화 모델

두 트랜지스터가 같다고 가정하면 소신호 회로는 다음과 같다.

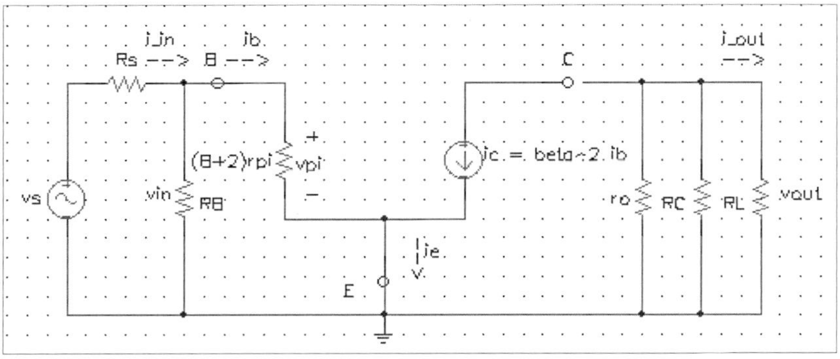

[그림 11.9] 다링톤 쌍의 소신호

❶ **입력 임피던스,** Z_i

입력 전압 i_{in}에서 바라본 입력 임피던스 Z_i는 R_B와 $(\beta+2)r_\pi$가 병렬이므로 다음과 같음을 알 수 있다.

$$Z_i = R_B \| (\beta + 2) r_\pi \tag{11.21}$$

❷ **출력 임피던스,** Z_o

출력 임피던스는 부하 저항 R_L에서 바라본 임피던스이다. 따라서 출력 임피던스 Z_o은 r_o과 R_C, R_L의 병렬로 나타낼 수 있다.

$$Z_{out} = r_o \| R_C \| R_L = R_{LL} \tag{11.22}$$

❸ **전압 이득,** A_v

먼저 부하저항 R_L에 걸리는 출력전압을 구하면

$$v_o = -\beta^2 i_b (r_o \| R_C \| R_L) \tag{11.23}$$

입력 전압은

$$v_{in} = (\beta + 2) r_\pi i_b \tag{11.24}$$

전압 증폭 이득값은

$$A_v = \frac{v_o}{v_{in}} = \frac{-\beta^2 i_b (r_d \| R_C \| R_L)}{(\beta+2) r_\pi i_b} = \frac{-\beta^2 (r_d \| R_C \| R_L)}{(\beta+2) r_\pi} \tag{11.25}$$

일반적으로 $r_o \gg R_C$이므로 전압 증폭 이득값은 다음과 같다. 전압 증폭이득은 에미터 공통 회로의 경우와 거의 같음을 알 수 있다.

$$A_v \approx -g_m (R_C \| R_L) \tag{11.26}$$

❹ **전류 이득,** A_i

부하저항 R_L에 흐르는 출력 전류 i_o는 전류 분배에 의해 다음과 같다.

$$i_o = -\beta^2 i_b \frac{(r_o \| R_C)}{(r_o \| R_C) + R_L} \tag{11.27}$$

i_{in}는 다음과 같다.

$$i_b = \frac{R_B}{R_B + (\beta + 2)r_\pi} i_{in} \tag{11.28}$$

i_b를 대입해서 전류 증폭 이득값은 다음과 같다.

$$\begin{aligned} A_i &= -\frac{\beta^2 (r_o \| R_C) R_B}{((r_o \| R_C) + R_L)(R_B + (\beta + 2)r_\pi)} \\ &\approx -\frac{\beta^2 R_C R_B}{(R_C + R_L)(R_B + (\beta + 2)r_\pi)} \end{aligned} \tag{11.29}$$

전류 이득값은 매우 크므로 다링톤 쌍은 전류를 증폭하는데 유용하게 사용될 수 있다.

PSpice 예제 11.2 Darlington 증폭 회로

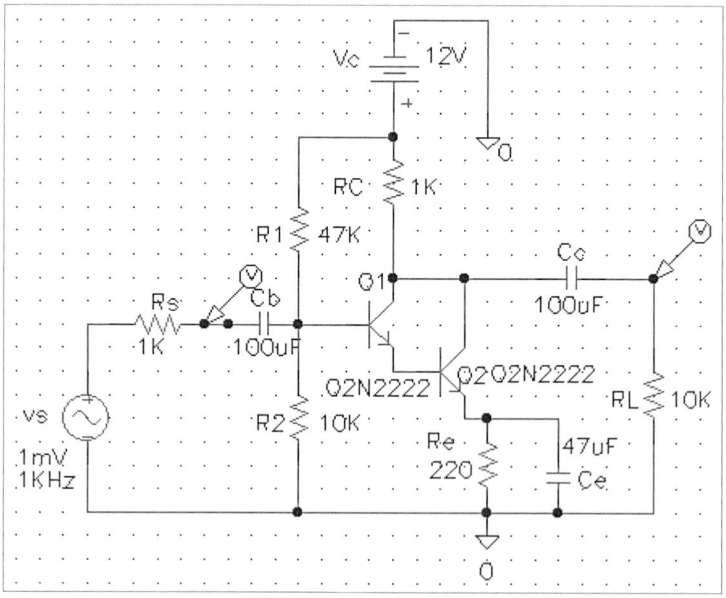

[그림 11.10] 다링톤 증폭 회로

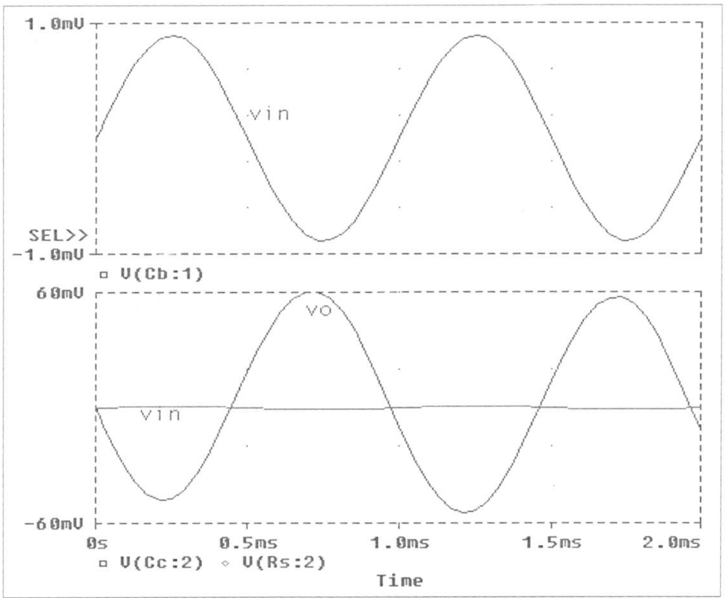

[그림 11.11] 다링톤 쌍의 출력 전압 증폭

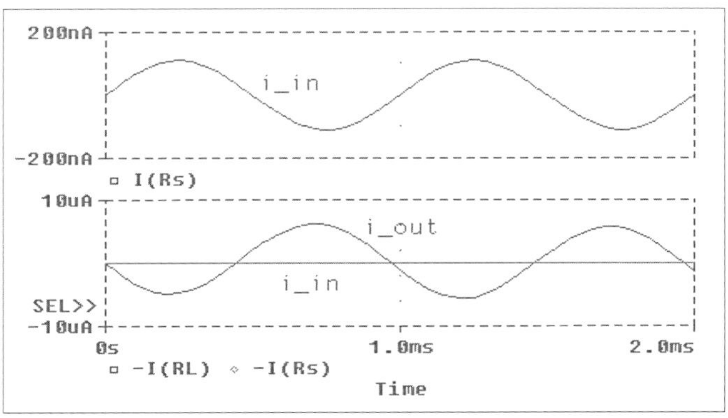

[그림 11.12] 전류 증폭

11.5 JFET 다단 증폭 회로

JFET의 소스 공통 회로의 Cascade 연결은 첫 번째 증폭 회로에서 증폭된 출력 전압값이 두 번째 증폭 회로의 입력으로 주어짐에 따라 두 번째 증폭 회로의 출력 전압값은 다음과 같이 전압 증폭 이득값을 곱한 것으로 나타난다.

$$A_v = A_{v_1} \cdot A_{v_2} = (-g_{m_1}(R_{D_1} \| Z_{\text{in}_1}))(-g_{m_2}R_{D_2}) \tag{11.30}$$

PSpice 예제 11.3 JEFT의 다단 증폭 회로(Cascade 연결)

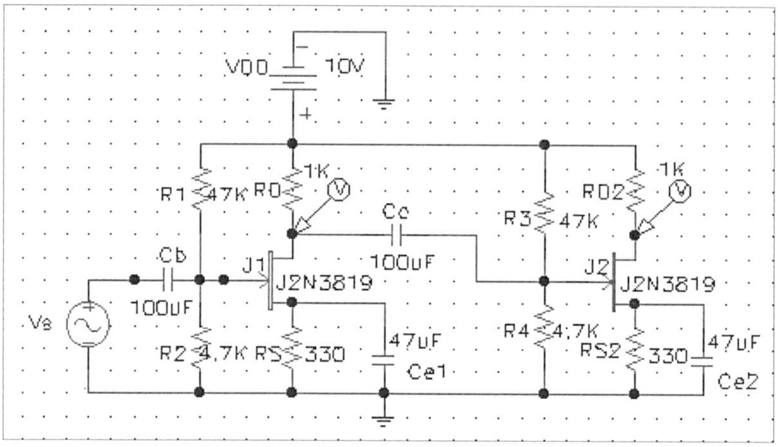

[그림 11.13] JFET 2단 증폭 회로

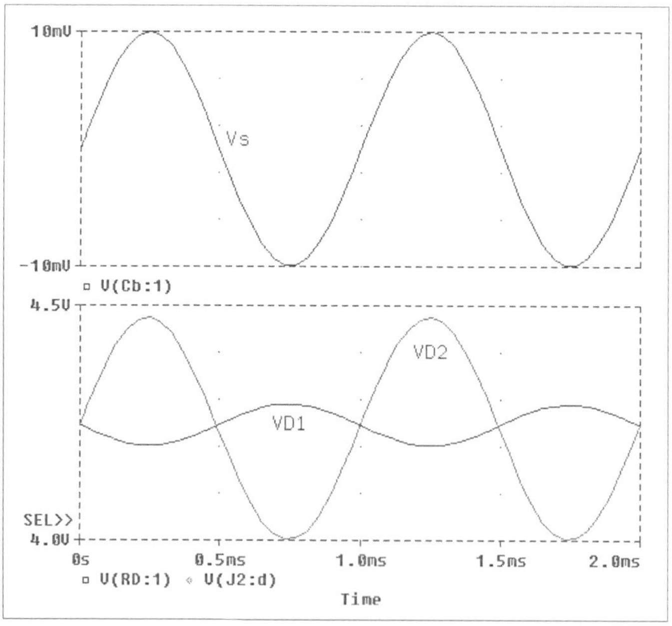

[그림 11.14] JFET 출력 전압

실험 13 다단 증폭 회로

1. PSpice 예제

❶ 그림 11.1의 회로에서 소신호 입력을 2mV로 하고 각 증폭단의 출력을 그리시오.

❷ 그림 11.13의 회로에서 소신호 입력을 100mV로 하고 각 증폭단의 출력을 그리시오.

2. 그림 11.13의 JFET 다단 증폭 회로에서 소신호 입력을 $v_i = 1\,V$로 하고 첫 번째 소스 공통 회로의 출력 파형의 계산값과 측정값을 구하고 오차를 계산하시오. 출력 파형을 입력 파형과 함께 그래프에 나타내시오.

	계 산 값	측 정 값	오 차
최대출력전압			
최소출력전압			
전압이득 Av			

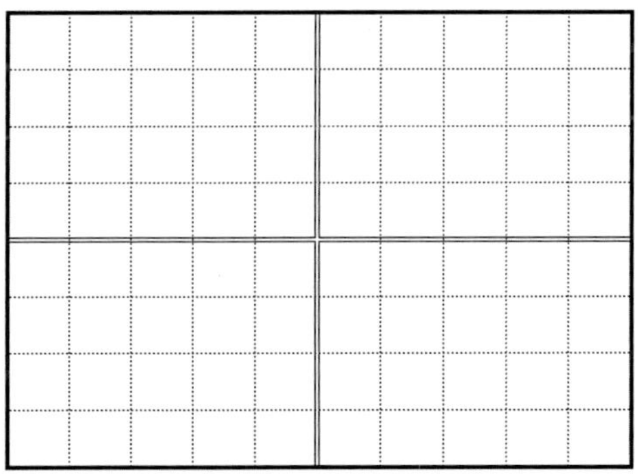

3. 그림 11.13의 JFET 다단 증폭 회로에서 소신호 입력을 $v_i = 1\,V$로 하고 두 번째 소스 공통 회로의 출력 파형의 계산값과 측정값을 구하고 오차를 계산하시오. 출력 파형을 입력 파형과 함께 그래프에 나타내시오.

	계 산 값	측 정 값	오 차
최대출력전압			
최소출력전압			
전압이득 Av			

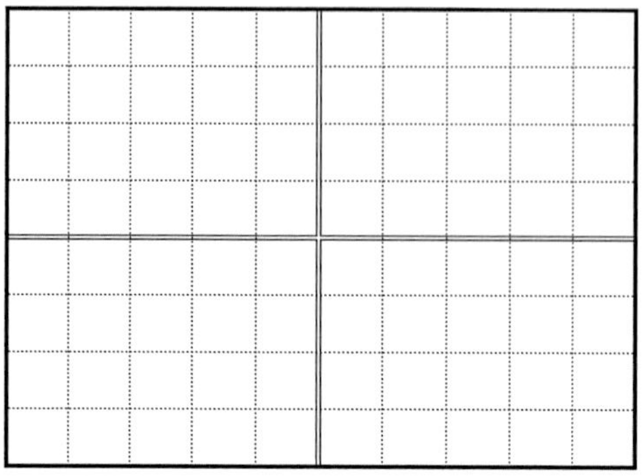

4. 위의 두 파형을 비교해 보시오. 무슨 관계가 있는가?

5. 다단 증폭기의 예는 오디오에서 찾을 수 있다. 오디오에 사용되는 증폭 회로에 대한 자료를 조사하여 정리해 보시오

날 짜	
검 인	

PART 12

차등 증폭기

목적 : 차등 증폭기를 공부한다.
차등 모드와 공통 모드를 이해한다.

12.1 소개

차등 증폭기는 두 개의 트랜지스터가 한 쌍이 되어 각 트랜지스터에 적용된 입력 전압의 차이에 의해 출력이 나타나는 회로이다. 그림 12.1에서 보면 각 트랜지스터의 에미터 단자가 공통으로 연결되어 있어 '에미터 쌍 차등 증폭기(Emitter coupled pairdifferential amplifier)' 라고도 한다. 컬렉터는 전원인 V_{CC} 에 연결되어 있는데 저항 R_C 는 같은 값으로 설정한다. 각 베이스단자에는 소신호가 적용되며 이 소신호의 차이가 증폭되어 나타난다. 일반적으로 같은 트랜지스터를 사용하며 OP Amp 안에서 신호 증폭을 하기 위해 구성하는 기본적인 회로이므로 매우 중요하다.

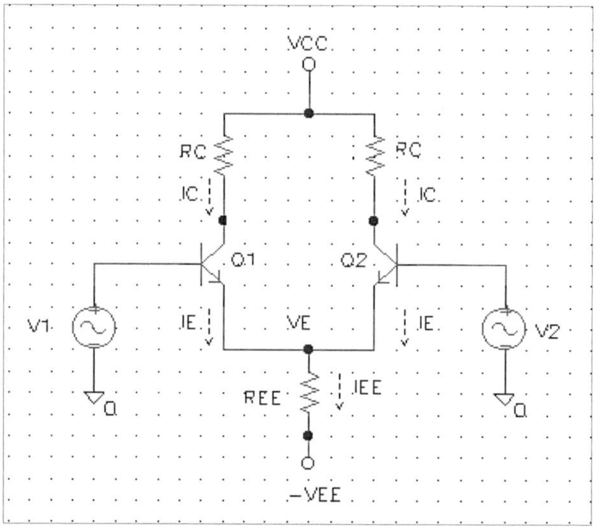

[그림 12.1] 차등 증폭기

12.2 대신호 분석

두 트랜지스터가 같다고 가정하고 그림 12.1의 대신호를 분석하여 보자. KVL을 적용하면 다음과 같다.

$$V_{CC} = I_C R_C + V_{CE} + V_E \tag{12.1}$$

입력은 소신호이므로 접지로 간주하여 KVL을 적용한다.

$V_E = -0.7\,V$이므로 에미터에 흐르는 전류를 계산하면 다음과 같다.

$$I_{EE} = \frac{V_E - V_{EE}}{R_{EE}} = \frac{-0.7 - V_{EE}}{R_{EE}} \tag{12.2}$$

$I_C \approx I_E$라 가정하면 $I_C = \dfrac{I_{EE}}{2}$이므로

$$V_{C_1} = V_{C_2} = V_{CC} - R_C I_C = V_{CC} - R_C \frac{I_{EE}}{2} \tag{12.3}$$

12.3 소신호 분석

12.3.1 차등 모드

차등 모드를 분석하기 위해서는 중첩의 원리를 사용하여 먼저 한쪽 트랜지스터에 입력 전압 v_{in_1}을 공급하고 다른 한쪽은 접지에 연결($v_{in_2} = 0$)시킨다. 마찬가지로 다른 쪽에 전압 v_{in_2}을 인가하고 한 쪽을 접지에 연결($v_{in_1} = 0$)하여 같은 결과를 얻는다. 그 다음에 양쪽에 입력을 넣을 경우의 출력되는 전압을 더하면 된다. 중첩의 원리를 통해 구한 출력 전압의 차이 $v_{od} = v_{o_1} - v_{o_2}$가 차등 증폭기의 출력이 된다. 차등 모드의 소신호를 분석할 경우에는 에미터 공통 저항 R_{EE}가 매우 크고 양쪽 회로가 같아 평형을 이루므로 저항 R_{EE}에 전류가 흐르지 않는 다고 가정한다. 이러한 이유로 저항 R_{EE}는 전류전원으로 대체되기도 한다. 따라서 트랜지스터가 같으므로 두 회로는 균형을 이루어 트랜지스터 1의 베이스 전류 $i_{b_1} + \beta i_{b_1}$은 R_{EE} 로 흐르지 않고 그대로 트랜지스터 2로 흐르게 된다. 따라서 r_{π_2}에 흐르는 전류는 i_{b_1}이 되므로 $i_{b_2} = -i_{b_1}$이 된다.

v_{in_2}는 접지에 연결되어 있어 영이고 v_{in_1}에 대한 영향을 고려하면 KVL을 적용하여 식을 세우면 다음과 같다.

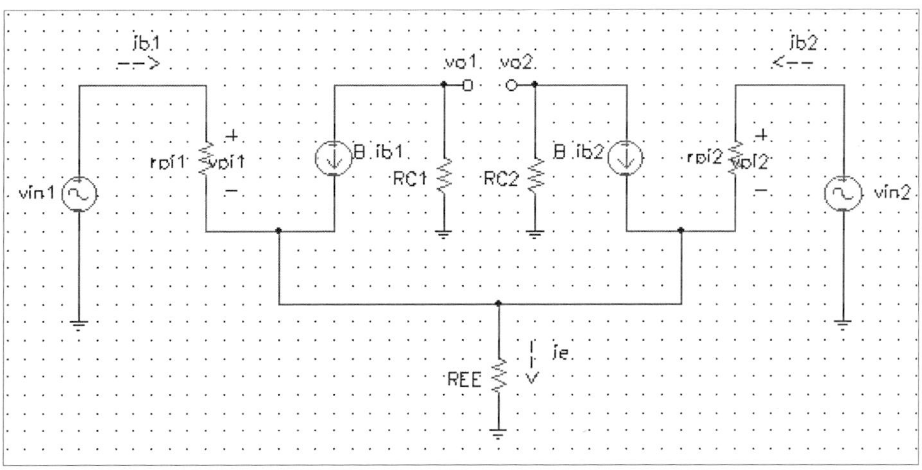

[그림 12.2] 차등 증폭기의 소신호 회로

$$v_{in_1} = i_{b_1} r_{\pi_1} + i_{b_1} r_{\pi_2} = i_{b_1}(r_{\pi_1} + r_{\pi_2}) \tag{12.4}$$

이때의 출력은

$$v_{o_1} = -R_{C_1} \beta i_{b_1} \tag{12.5}$$

전원 v_{in_1}일 때 출력 v_{O_1}의 전압 이득은 다음과 같다.

$$A_{V_{11}} = \frac{v_{O_1}}{v_{\text{in}_1}} = -\frac{R_{C_1}\beta}{r_{\pi_1} + r_{\pi_2}} \tag{12.6}$$

트랜지스터가 같고 $I_{C_1} = I_{C_2}$이므로 $r_{\pi_1} = r_{\pi_2} = r_\pi$이므로

$$A_{V_{11}} = -\frac{R_C\beta}{2r_\pi} = -\frac{g_m R_C}{2} \tag{12.7}$$

또한 $I_C \approx I_E$이므로, $r_e = \frac{V_T}{I_E} \approx \frac{V_T}{I_C} = \frac{1}{g_m}$이다.

$$A_{V_{11}} = -\frac{R_C}{2r_e} \tag{12.8}$$

따라서 출력되는 전압은 다음과 같다.

$$v_{O_{11}} = A_{V_{11}} v_{\text{in}_1} = -\frac{R_C}{2r_e} v_{\text{in}_1} \tag{12.9}$$

출력 v_{o_2}는 $v_{o_2} = -\beta i_{b_2} = \beta i_{b_1}$이 된다.

이때 마찬가지로 전원 v_{in_1}에 대한 출력 v_{o_2}는 아래와 같다.

$$v_{O_{21}} = A_{V_{21}} v_{in_1} = \frac{R_C}{2r_e} v_{\text{in}_1} \tag{12.10}$$

같은 방식으로 입력 전원 v_{in_2}에 대한 다른 방향의 모드일 경우 출력전압을 구하면

$$v_{O_{22}} = A_{V_{22}} v_{in_2} = -\frac{R_C}{2r_e} v_{in_2} \tag{12.11}$$

$$v_{O_{12}} = A_{V_{12}} v_{in_2} = \frac{R_C}{2r_e} v_{in_2} \tag{12.12}$$

따라서 입력으로 v_{in_1}과 v_{in_2}가 주어지게 되면 출력은 중첩의 원리에 의해 더한다.

$$v_{O_1} = v_{O_{11}} + v_{O_{12}} = A_{V_{11}} v_{\text{in}_1} + A_{V_{12}} v_{\text{in}_2} \tag{12.13}$$

$$v_{O_2} = v_{O_{21}} + v_{O_{22}} = A_{V_{21}} v_{\text{in}_1} + A_{V_{22}} v_{\text{in}_2} \tag{12.14}$$

따로 따로 구한 출력 전압의 차이는 다음과 같다.

$$v_{od} = v_{O_1} - v_{O_2}$$

$$= (A_{V_{11}} - A_{V_{21}})v_{in_1} + (A_{V_{12}} - A_{V_{22}})v_{in_2} \tag{12.15}$$

$$= \frac{-R_C}{r_e}v_{in_1} + \frac{R_C}{r_e}v_{in_2}$$

$$=-\frac{R_C}{r_e}(v_{in_1} - v_{in_2})$$

$v_{id} = v_{in_1} - v_{in_2}$라 하면 v_{od}는 다음과 같다.

$$v_{od} =-\frac{R_C}{r_e}v_{id} \tag{12.16}$$

여기서 차등 모드 증폭 이득은

$$A_{dm} = \frac{v_{od}}{v_{id}} =-\frac{R_C}{r_e} =-g_m R_C \tag{12.17}$$

만약 $v_{in_1} = v_{in}$, $v_{in_2} = 0$이면

$$v_{od} = A_{dm}v_{in} \tag{12.18}$$

만약 입력되는 전압의 크기가 v_{in}으로 같고 위상이 같으면

$$v_{od} = A_{dm}(v_{in} - v_{in}) = 0 \tag{12.18}$$

크기는 같은데 위상이 반대이면 다음과 같고 입력 전압의 위상과 반대가 된다.

$$v_{od} =-A_{dm}(v_{in} + v_{in}) =-2A_{dm}v_{in} \tag{12.19}$$

PSpice 예제 12.1 차등 증폭기의 출력

아래의 차등 증폭기를 고려해 보자.

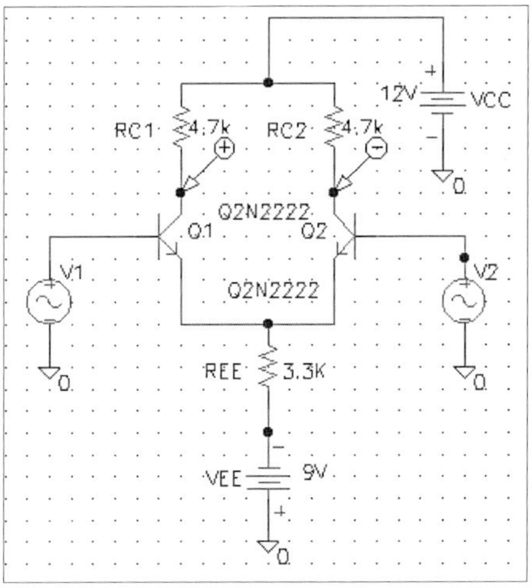

[그림 12.3] 차등 증폭 회로

먼저 대신호를 분석하기 위해 저항 R_{EE}에 흐르는 전류를 계산하면

$$I_{EE} = \frac{V_{EE} - 0.7}{R_{EE}} = \frac{9 - 0.7}{3.3K\Omega} = 2.515mA$$

$I_C \approx I_E$라 가정하면

$$V_{C_1} = 12 - 4.7K\Omega \frac{2.515mA}{2} = 6.09\,V$$

$$V_{CE} = V_{C_1} - V_{E_1} = 6.09 + 0.7 = 6.79\,V$$

- **Case 1 : 차등 모드**

V1 : VAMPL = 1m, FREQ = 1K, PHASE = 0, TD = 0, DF = 0

V2 : VAMPL = 0, FREQ = 0, PHASE = 0, TD = 0, DF = 0

- **소신호 분석**

$$r_e = \frac{V_T}{I_E} = \frac{26m\,V}{1.26mA} = 20.63\Omega$$

$$A_{V_1} = -\frac{R_C}{2r_e} = -\frac{4.7K\Omega}{2 \cdot 20.63\Omega} = -114$$

따라서 출력되는 소신호 전압은

$$v_{o_1} = A_{V_1} v_{\text{in}_1} = -114 \cdot 1m\,V = -0.114\,V$$

전체 전압은

$$V_{Opeak} = V_{C_1} + v_{o_1} = 6.09 + 0.114 = 6.204\,V$$

$$v_d = v_{o_1} - v_{o_2} = A_V v_{\text{in}} = -2 * 114 \cdot 1m\,V = -0.228\,V$$

- **Case 2 : 차등 모드**

V1 : VAMPL = 1m, FREQ = 1K, PHASE = 0, TD = 0, DF = 0

V2 : VAMPL = - 1m, FREQ = 1K, PHASE = 0, TD = 0, DF = 0

$$v_{od} = 2A_V v_{id} = -2 * 2 * 114 \cdot 1m\,V = -0.456\,V$$

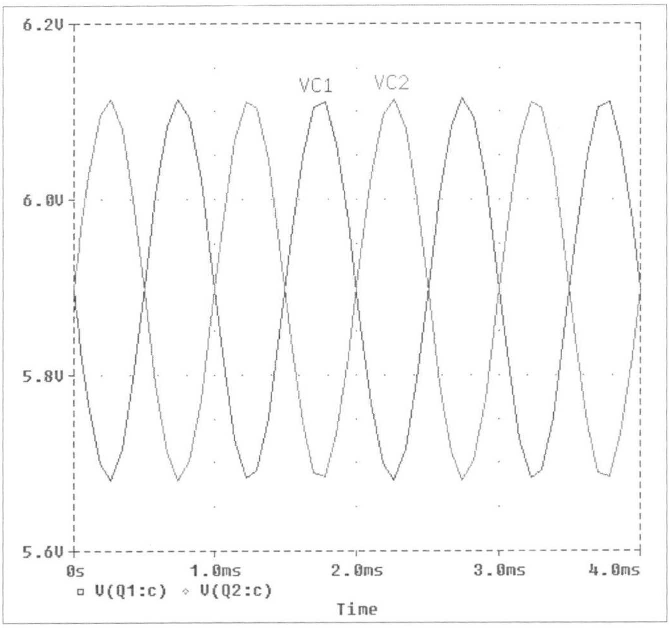

[그림 12.4] 컬렉터 전압

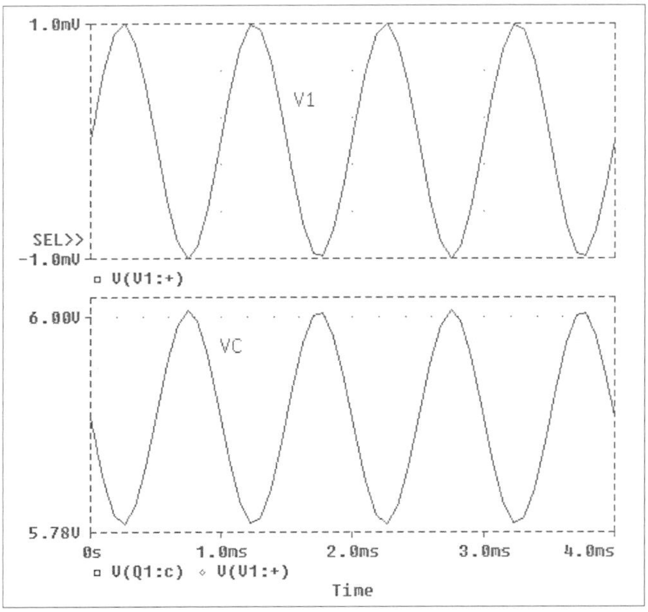

[그림 12.5] 입력과 출력 전압의 비교

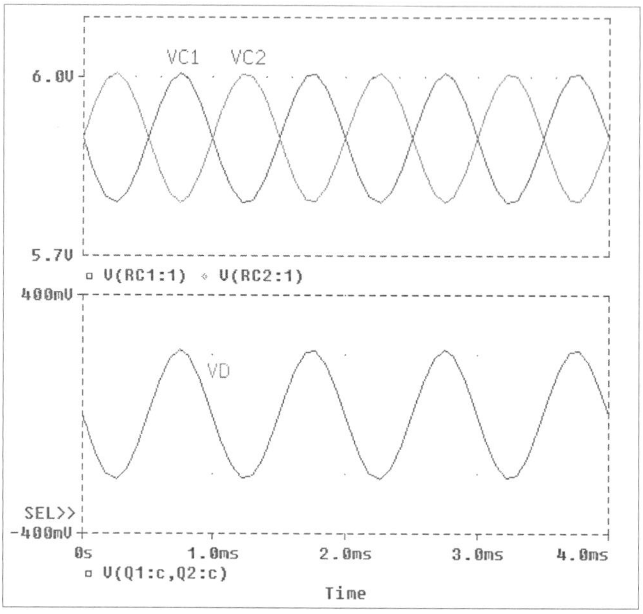

[그림 12.6] Case 1

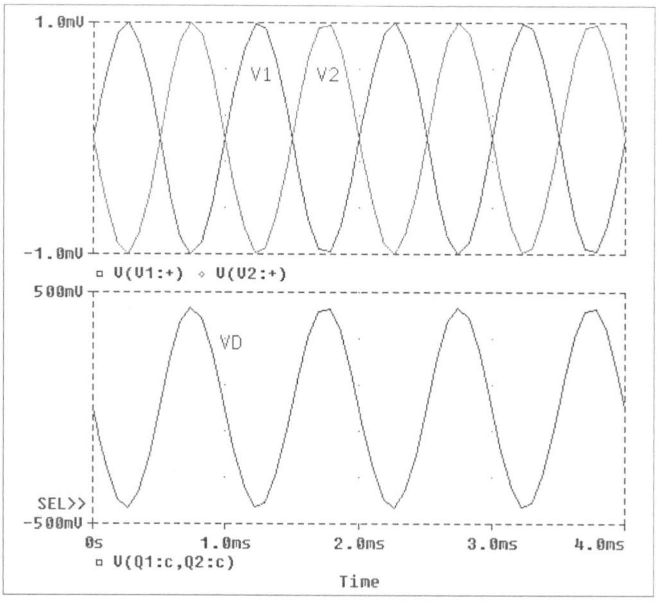

[그림 12.7] Case 2

12.3.2 공통 모드

공통 모드에서는 두 트랜지스터의 입력을 같게 설정한다. 차등 모드와 다른 점은 한쪽의

입력 전압이 그대로 다른 쪽에도 연결되어 있다는 것이다. 양쪽에 전압 V_{in}을 인가하면

$$v_{in_1} = i_{b_1} r_{\pi_1} + R_{EE}[(1+\beta_1)i_{b_1} + (1+\beta_2)i_{b_2}] \quad (12.20)$$

$$= i_{b_1}[r_{\pi_1} + 2R_{EE}(1+\beta)]$$

$$v_{o_1} = -R_{C_1}\beta i_{b_1} \quad (12.21)$$

전압 이득은

$$A_C = \frac{v_{O_1}}{v_{in_1}} = -\frac{R_{C_1}\beta}{r_{\pi_1} + 2R_{EE}(1+\beta)} \approx -\frac{g_m R_C}{1+2g_m R_{EE}} \quad (12.22)$$

V1 : VAMPL = 1m, FREQ = 1K, PHASE = 0, TD = 0, DF = 0

V2 : VAMPL = 1m, FREQ = 1K, PHASE = 0, TD = 0, DF = 0

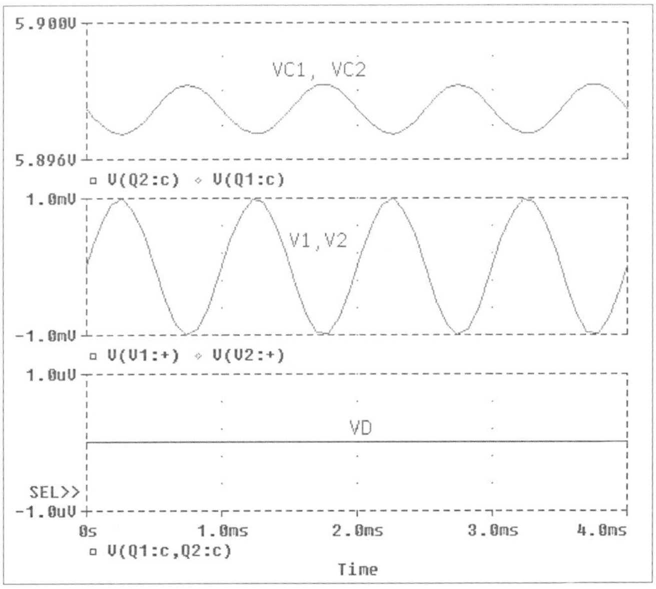

[그림 12.8] 공통 모드 출력

12.3.3 공통 모드 제거율(CMRR : Common Mode Rejection Ratio)

CMRR은 OP Amp의 공통 모드 신호를 제거하는 성능을 나타내는 척도이고 다음과 같이 정의한다.

$$CMRR = \frac{\text{차등전압증폭이득값}}{\text{공통전압증폭이득값}} = \frac{A_D}{A_C} \tag{12.23}$$

$$= \frac{-g_m R_C}{\dfrac{-g_m R_C}{1+2g_m R_{EE}}} = 1 + 2g_m R_{EE}$$

결과적으로 출력 전압은 식 (12.24)와 같이 나타난다.

$$v_o = A_D v_d + A_C v_c \tag{12.24}$$

여기서 $v_d = v_{in_1} - v_{in_2}$이고 $v_c = \frac{1}{2}(v_{in_1} + v_{in_2})$이다.

12.3.4 정리

❶ 단 입력

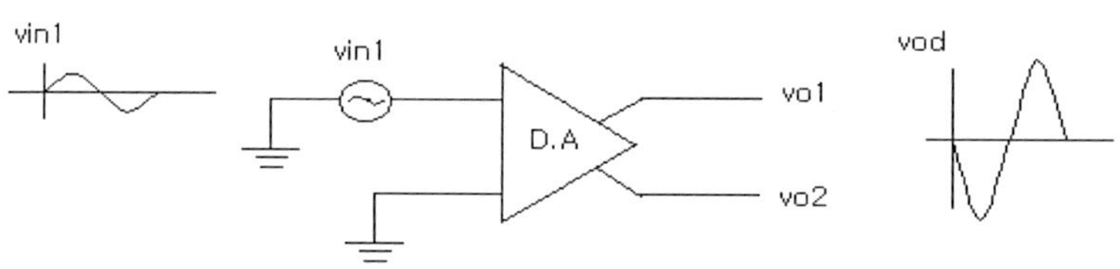

[그림 12.9] 단 입력의 차등 증폭기

❷ 차등 입력

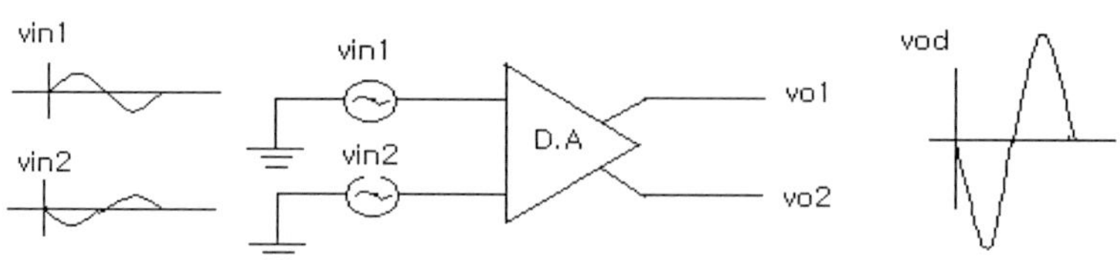

[그림 12.10] 차등 입력의 차등 증폭기

❸ 공통 모드 입력

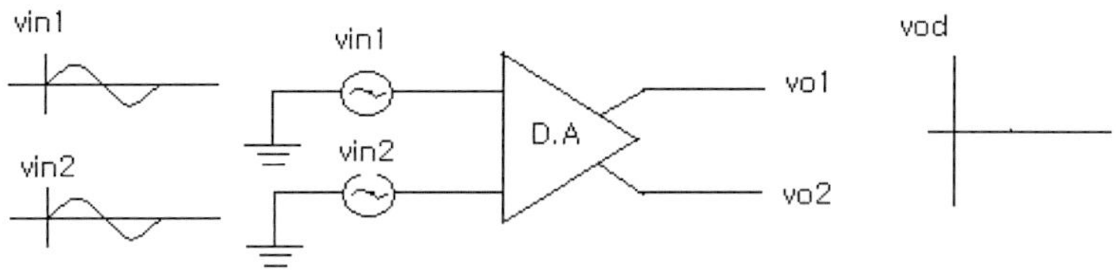

[그림 12.11] 같은 입력의 차등 증폭기

12.4 전류 전원 회로(Current Source)

12.4.1 전류 거울 회로(Current Mirror)

전류 거울 회로는 이름 그 자체에서 알 수 있듯이 일정한 전류를 공급하는 회로이다. 한 쪽에 흐르는 전류가 거울처럼 다른 쪽에도 흐른다하여 전류 거울 회로라 한다.

먼저 KCL을 적용하면

$$I_{ref} - I_{C_1} - 2I_B = 0 \tag{12.25}$$

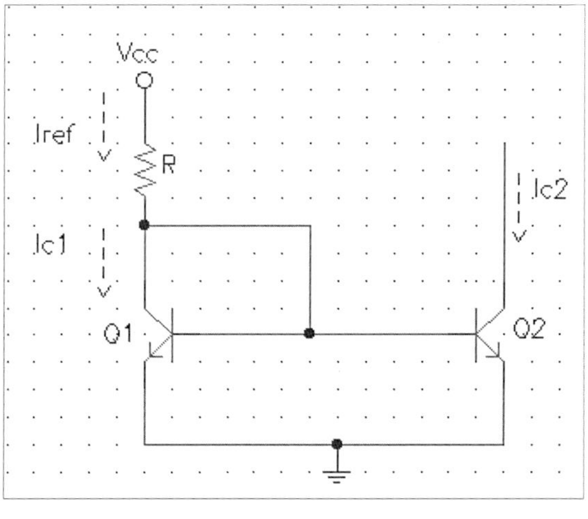

[그림 12.12] 전류 거울 회로

$I_B = \dfrac{I_C}{\beta}$ 이므로 대입하면 다음과 같다.

$$I_{ref} - I_{C_1} - 2\frac{I_{C_1}}{\beta} = 0 \tag{12.26}$$

트랜지스터 1의 컬렉터에 흐르는 전류는 트랜지스터 2의 컬렉터에 흐르는 전류와 같게 되어 전류 거울 회로라 한다.

$$I_{C_1} = \frac{I_{ref}}{1+\frac{2}{\beta}} = I_{C_2} \qquad (12.27)$$

PSpice 예제 ▌12.2　전류 전원 회로가 있는 차등 증폭기의 출력

그림 12.13에서 전류전원 회로를 전류 거울 회로(Current Mirror)라 하는데 그 이유는 같은 트랜지스터이므로 컬렉터에 흐르는 전류가 같게 되어 I_{ref} 를 정하면 I_{C_2}는 다음 식에 의해 I_{C_1}과 같게 정해진다.

$$I_{ref} = \frac{V_{CC} - 0.7 + V_{EE}}{R} = \frac{15 - 0.7 + 15}{8.3K} = 3.53mA$$

$$I_{C_1} = \frac{3.53}{1 + \frac{2}{160}} = 3.486mA$$

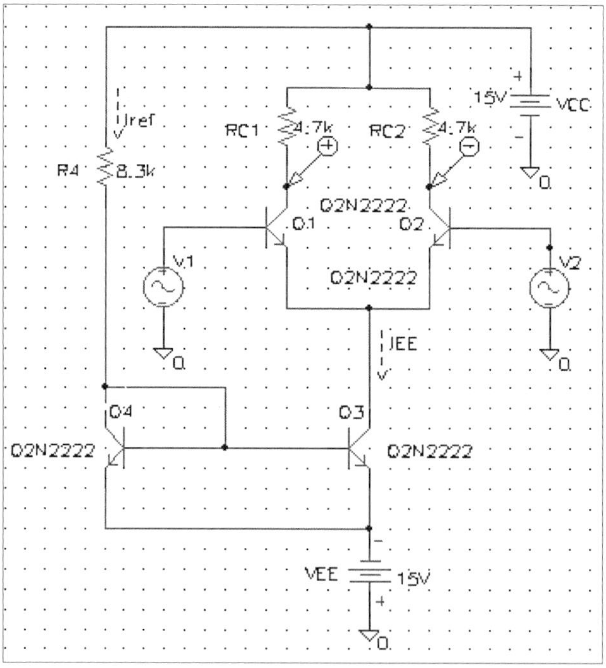

[그림 12.13]　전류 거울 회로가 있는 차등 증폭 회로

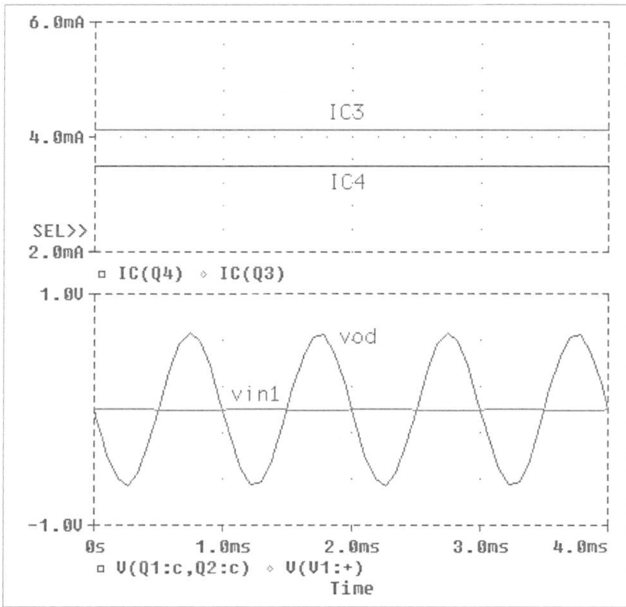

[그림 12.14] 컬렉터 전류와 출력 전압

12.4.2 Widlar 전류원 회로

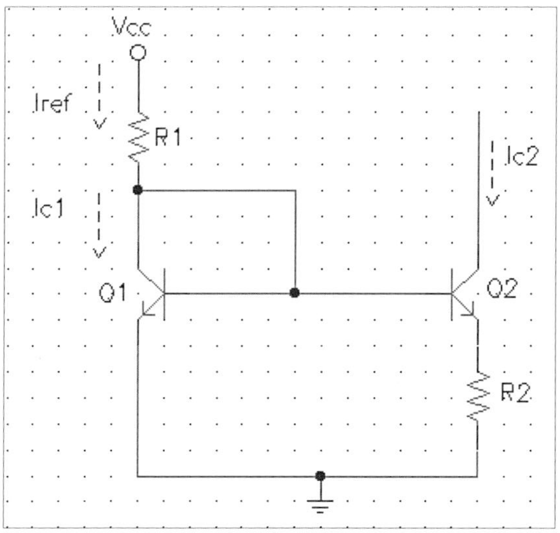

[그림 12.15] Widlar 전류원 회로

저항 R_1에 KVL을 적용하면

$$V_{cc} = I_{ref} R_1 + V_{BE}$$

$I_{ref} \cong I_{C_1}$ 이므로

$$I_{C_1} = \frac{V_{cc} - V_{BE}}{R_1}$$

두 트랜지스터에 KVL을 적용하면

$$-V_{BE_1} + V_{BE_2} + I_{C_2} R_2 = 0$$

다이오드 전압을 적용하면

$$-V_T \ln \frac{I_{C_1}}{I_{S_1}} + V_T \ln \frac{I_{C_2}}{I_{S_2}} + I_{C_2} R_2 = 0$$

정리하면

$$V_T \ln \frac{I_{C_1}}{I_{C_2}} = I_{C_2} R_2$$

전류 I_{C_2}의 값을 계산하기 위해서는 시행착오 과정을 거친다.

실험 14 차등 증폭 회로

1. PSpice 예제

❶ 그림 12.3의 BJT 차등 증폭 회로에서 소신호 입력을 $v_1 = 10\sin wt\, mV$, $v_2 = 0\,V$ 그리고 주파수는 1KHz로 하고 출력 파형을 구하시오.

❷ 그림 12.3의 BJT 차등 증폭 회로에서 소신호 입력을 $v_1 = 0\,V$, $v_2 = 10\sin wt\, mV$ 그리고 주파수는 1KHz로 하고 출력 파형을 구하시오.

❸ 그림 12.3의 BJT 차등 증폭 회로에서 소신호 입력을 $v_1 = 10\sin wt\ mV$, $v_2 = 10\sin wt\, mV$ 그리고 주파수는 1KHz로 하고 출력 파형을 구하시오.

❹ 그림 12.3의 BJT 차등 증폭 회로에서 소신호 입력을 $v_1 = 10\sin wt\ mV$, $v_2 = 10\cos wt\, mV$ 그리고 주파수는 1KHz로 하고 출력 파형을 구하시오.

2. 그림 12.3의 BJT 차등 증폭 회로에서 소신호 입력을 $v_1 = 10\sin wt\, mV$, $v_2 = 0\,V$ 그리고 주파수는 1KHz로 하고 출력 파형의 계산값과 측정값을 구하고 오차를 계산하시오. 출력 파형을 입력 파형과 함께 그래프에 나타내시오.

	계 산 값	측 정 값	오 차
최대출력전압			
최소출력전압			
전압이득 Av			

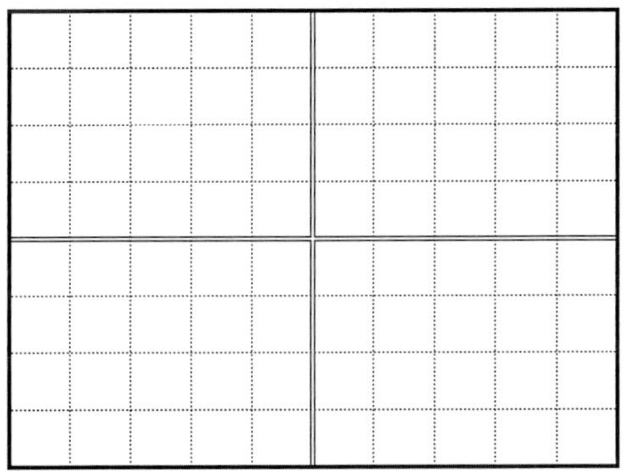

3. 그림 12.3의 BJT 차등 증폭 회로에서 소신호 입력을 $v_1 = 0\,V$, $v_2 = 10\sin wt\ mV$ 그리고 주파수는 1kHz로 하고 두 번째 소스공통 회로의 출력 파형의 계산값과 측정값을 구하고 오차를 계산하시오. 출력 파형을 입력 파형과 함께 그래프에 나타내시오.

	계 산 값	측 정 값	오 차
최대출력전압			
최소출력전압			
전압이득 Av			

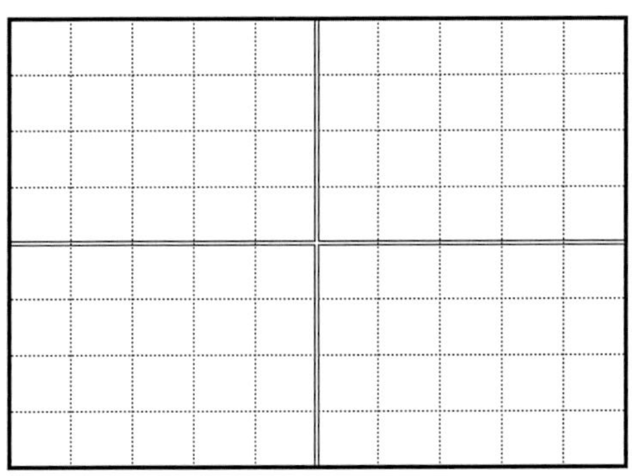

4. 그림 12.3의 BJT 차등 증폭 회로에서 소신호 입력을 $v_1 = 10\sin wt\, mV$, $v_2 = 10\sin wt\ mV$ 그리고 주파수는 1kHz로 하고 두 번째 소스공통 회로의 출력 파형의 계산값과 측정값을 구하고 오차를 계산하시오. 출력 파형을 입력 파형과 함께 그래프에 나타내시오.

	계 산 값	측 정 값	오 차
최대출력전압			
최소출력전압			
전압이득 Av			

5. 그림 12.3의 BJT 차등 증폭 회로에서 소신호 입력을 $v_1 = 10\sin w_1 t\, mV$, $v_2 = 10\sin w_2 t\ \ mV$ 그리고 주파수는 $w_1 = 2\pi 1000$, $w_2 = 2\pi 500$ 으로 하고 두 번째 소스공통 회로의 출력 파형의 계산값과 측정값을 구하고 오차를 계산하시오. 출력 파형을 입력 파형과 함께 그래프에 나타내시오.

	계 산 값	측 정 값	오 차
최대출력전압			
최소출력전압			
전압이득 Av			

6. CMRR을 계산하고 측정값과 비교하시오.

	계 산 값	측 정 값	오 차
CMRR			

7. 좋은 증폭기는 어떤 증폭기인가?

날 짜	
검 인	

PART 13

파워 증폭기

목적 : B, AB, C, D형의 증폭기를 공부하고 이해한다.

13.1 소개

우리가 접하고 있는 센서신호나 안테나로부터의 신호는 수 밀리볼트 또는 마이크로 볼트 단위로 매우 작아서 스피커나 다른 소자에서 직접 사용하기 어렵다. 이러한 신호들은 충분한 파워를 갖도록 증폭되어야 하는데 파워 증폭기가 그 역할을 한다. 파워 증폭기는 부하에 충분한 파워를 공급하는 역할을 한다. 역할에 따라 A형, B형, AB형, C형, D형 등이 있는데 이들을 구분하는 기준은 입력 파형을 어떤 형태로 출력하여 사용하느냐 하는 것이다. A형 증폭기는 앞에서 배운 에미터 공통 회로처럼 DC 바이어스 값에서 한 주기(360°)의 입력 신호 전체를 출력으로 증폭하는 증폭기를 말한다. B형 증폭기는 제로 DC 바이어스에서 입력의 반주기의 출력을 사용하는 증폭기를 말하고 AB형은 B형의 변형으로 B형에서 나타나는 crossover distortion을 다이오드를 사용해서 해결하여 DC 바이어스 값에서 180°에서 360°의 신호를 출력하는 증폭 회로이다. C형과 D형은 입력 신호의 반주기(180°)보다 작은 신호를 출력 신호로 사용하는 증폭회로이다. C형은 특별히 탱크 회로와 같이 사용하므로 튠(tune)되어진 주파수에서 특히 D형은 아날로그 소신호를 디지털로 바꿀 수 있으므로 디지털 신호와 함께 사용된다. A형 증폭기는 앞의 8장 및 9장에서 미리 다루었으므로 생략하기로 한다.

13.2 B급 푸시-풀 파워 증폭기

그림 13.1은 B급 푸시 - 풀 증폭기를 나타낸다. 부하 저항은 소형 스피커로 저항을 8Ω으로 간주하였다. 대신호를 분석해 보면 두 트랜지스터의 베이스단자가 접지에 연결되어 있으므로 트랜지스터는 Cut-off 모드라 할 수 있다. 따라서 출력되는 대신호는 0V이다. 따라서 B급 증폭기의 출력은 소신호가 그대로 출력된다. 소신호 입력이 양수이면 위의 트랜지스터가 on 되어 $v_o = v_s - 0.7$의 출력이 되고 음수이면 $v_o = -v_s + 0.7$이 출력된다.

크기가 5V인 사인파를 입력으로 주었을 때 나타나는 출력은 마찬가지로 사인파이다. 그림 13.2에서 출력 파형은 5V보다 작은 사인파로 나타나는데 반주기 부분, 즉 한 트랜지스터가 커지고 다른 트랜지스터가 켜지는 시간에 deadband가 나타남을 볼 수 있다. 이는 입력 신호에 대해 출력 신호를 나타내면 더 자세하게 볼 수 있다. 반주기 부분에서 deadband가 생기는데 이는 트랜지스터의 베이스 - 에미터 전압에 의해 트랜지스터가 on되기 위한 것이다.

Analysis - Setup - DC Sweep

Voltage Source, Linear, Name : Vs, Start Value -5, End Value 5, Increment 0.1

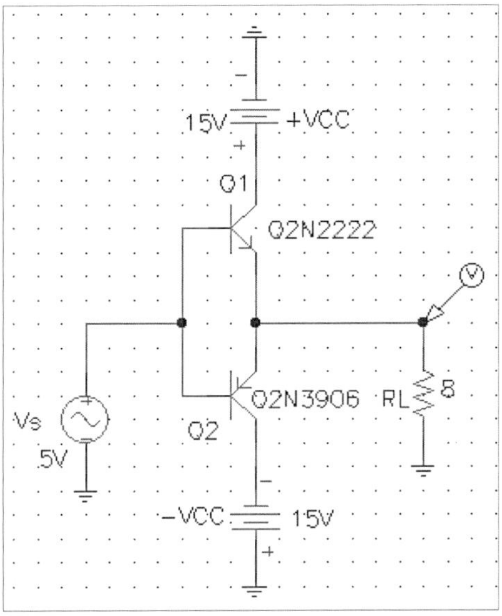

[그림 13.1] B급 푸시-풀 증폭기

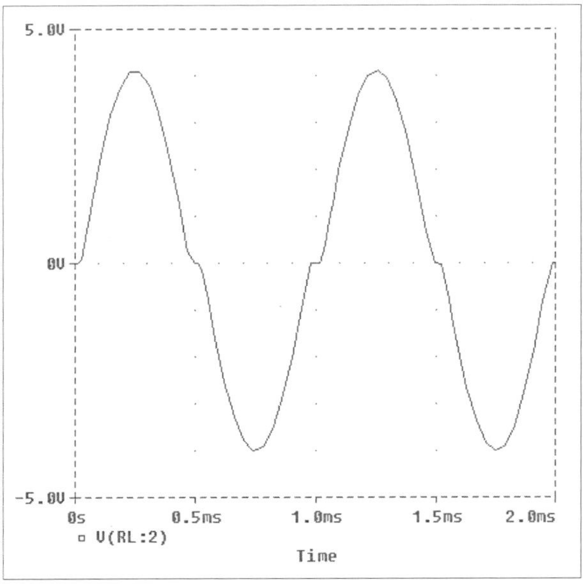

[그림 13.2] 출력 전압

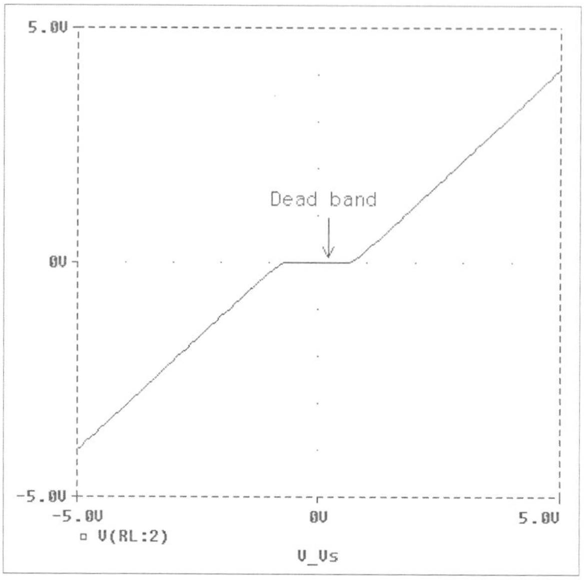

[그림 13.3] B급 푸시-풀 증폭기의 응답

13.3 AB급 푸시 – 풀 증폭기

AB급 푸시 - 풀 증폭기는 B급과는 달리 DC offset을 중심으로 소신호가 증폭되도록 한다. DC offset의 값은 적용하는 직류전원 전압(Vcc)의 반인 값 $\frac{V_{cc}}{2}$에서 DC 출력을 갖고 이 직류 offset을 중심으로 입력 소신호 신호가 나타난다. 아래 그림에서 출력되는 DC 값은 $\frac{V_{cc}}{2}=\frac{20}{2}=10V$이고 소신호의 크기는 대략 ±5V이다.

위 회로의 대신호 분석을 하기 위해 KVL을 적용하면

$$20 = R_1 I + 1.4 + R_2 I$$

전류 I에 대해 풀면

$$I = \frac{20-1.4}{200} = 0.093A$$

각 트랜지스터의 베이스 전압은

$$V_{B_1} = 20 - 0.093 \cdot 100 = 10.7\,V$$

$$V_{B_2} = V_{B_1} - 1.4 = 10.7 - 1.4 = 9.3\,V$$

에미터 전압, 즉 출력 전압은 다음과 같다.

$$V_{E_2} = V_{B_2} + 0.7 = 10\,V$$

다음 결과를 살펴보면 crossover distortion에 의한 deadband가 없어진 것을 알 수 있다.

또한 출력은 10V를 중심으로 소신호가 증폭된 것을 알 수 있다.

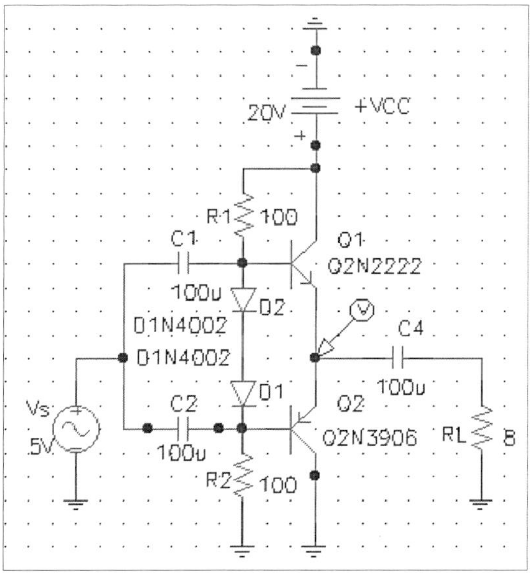

[그림 13.4] AB급 푸시-풀 증폭기

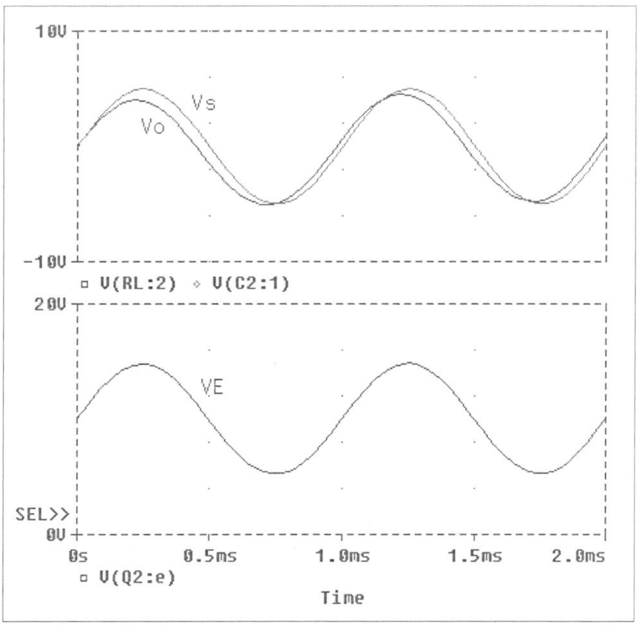

[그림 13.5] AB급 증폭기의 출력 응답

13.4 C급 증폭기

C급 증폭기는 다음과 같다.

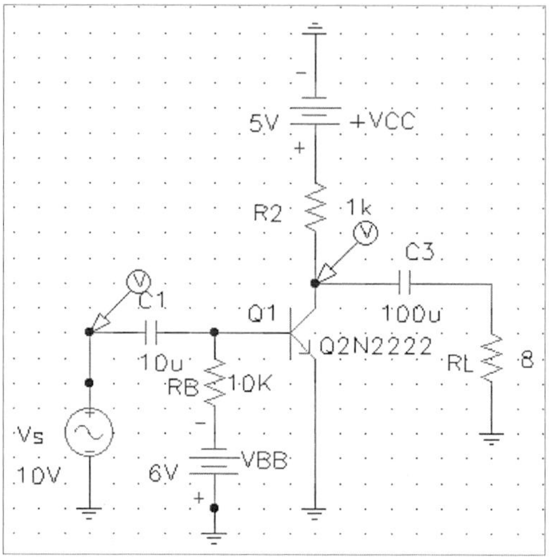

[그림 13.6] C급 증폭기

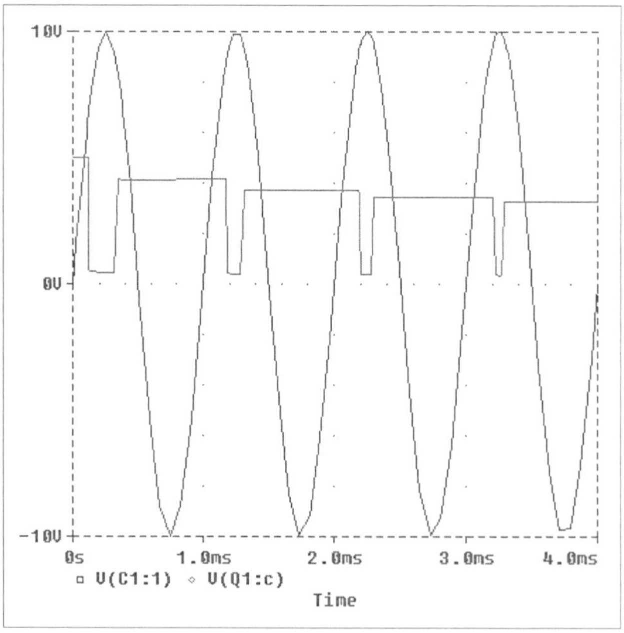

[그림 13.7] C급 증폭기의 출력

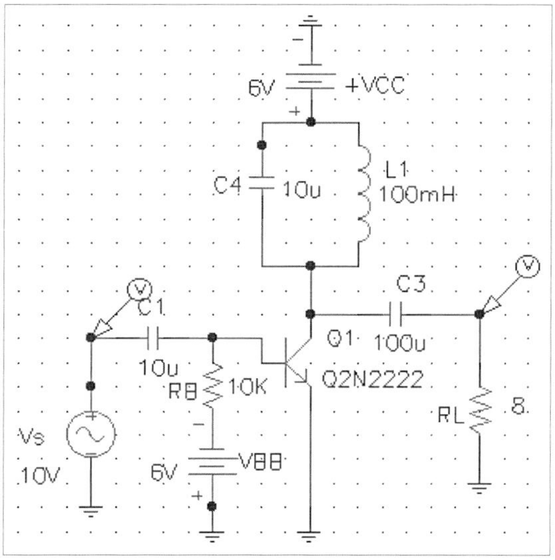

[그림 13.8] C급 증폭기의 예

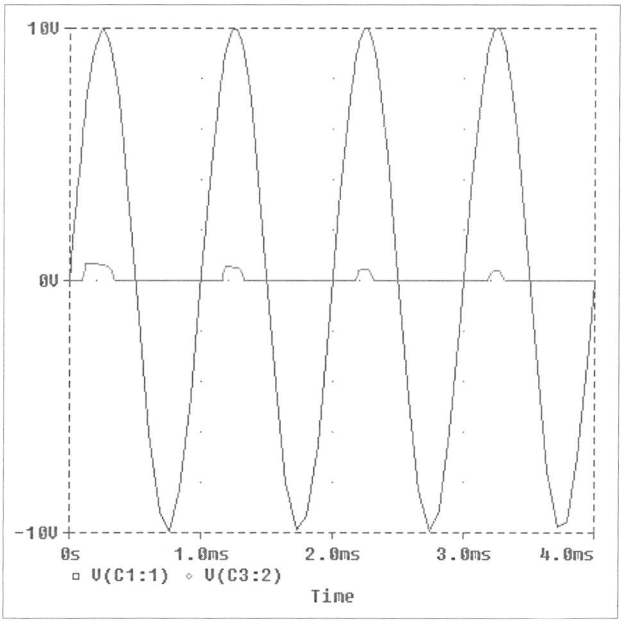

[그림 13.9] 출력

PART 14

OP Amp의 원리

목적 : OP Amp의 특성과 원리를 이해한다.
비교기의 원리를 이해하고 응용한다.

14.1 OP Amp의 특성

OP Amp는 입력 신호를 증폭하는 소자로 내부에 다단으로 트랜지스터가 구성되어 있다. IC 741은 대표적인 OP Amp로 그림에서처럼 8핀으로 구성되어 있다. OP Amp는 아날로그 신호처리에 실제로 많이 쓰이는 소자이다. 아날로그 신호를 비교하는 비교기, 신호를 저장하는 버퍼기, 입력 신호와 반대사인의 신호를 증폭하는 인버터 증폭 회로, 신호를 증폭하지만 입력 신호와 같은 사인의 출력을 제공하는 반인버터 증폭 회로, 입력 신호를 적분하는 적분기, 입력 신호를 미분하는 미분기, 입력 신호들을 더하는 가산기, 입력 신호의 차이를 증폭하는 차등증폭기 등이 있다.

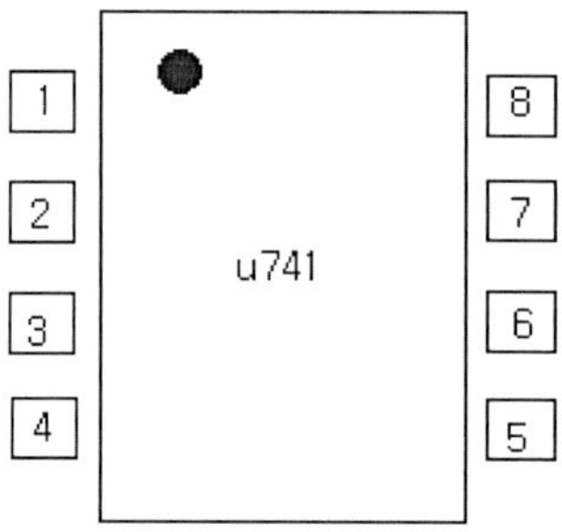

[그림 14.1] 741 OP Amp의 외형

❶ OFFSET NULL : 출력을 바르게 설정하기 위해 보통 ❶과 ❺사이에 가변저항을 연결하여 출력을 조절한다.
❷ INVERTING INPUT : 출력이 반전되도록 하는 입력하는 단자
❸ NON-INVERTING INPUT : 출력이 반전되지 않도록 입력하는 단자
❹ V-(VEE) : DC 전압전원으로 보통 －15V를 사용한다.
❺ OFFSET NULL : ❶과 같다.
❻ OUTPUT : 출력단자
❼ V+(VCC) : DC 전압전원으로 보통 +15V를 사용한다.
❽ NO CONNECTION : 연결하지 않는다.

14.2 OP Amp 741 DC 분석

OP Amp 741 회로를 분석해 보자. 3부분으로 나누어 각각 전류와 전압을 구해보자.

14.2.1 Part 1

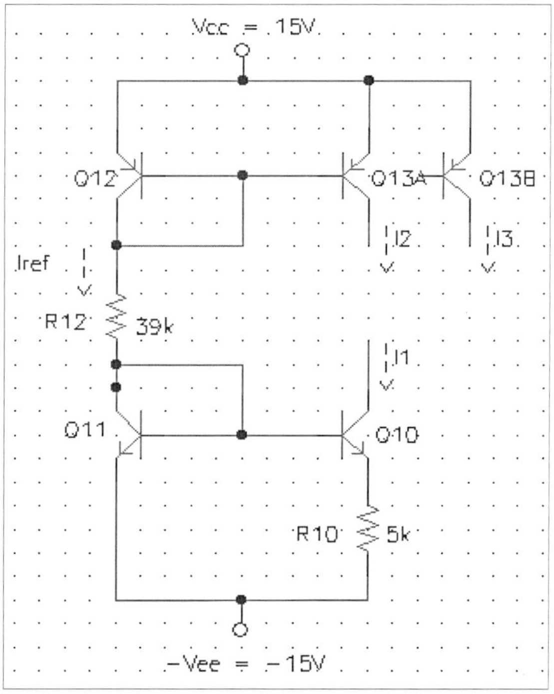

$$V_{cc} = V_{BE} + I_{ref} \cdot 39K\Omega + V_{BE} - V_{ee}$$

$$I_{ref} = \frac{V_{cc} + V_{ee} - 2V_{BE}}{39K\Omega} = 0.73mA$$

Widlar 전류원 회로로부터

$$V_T \ln \frac{I_{ref}}{I_1} = 5K\Omega \cdot I_1$$

$$I_1 = 19uA$$

트랜지스터 Q_{13} 으로부터

$$I_2 = \frac{3}{4} I_{ref} = 550uA$$

$$I_3 = \frac{1}{4} I_{ref} = 180uA$$

14.2.2 Part 2

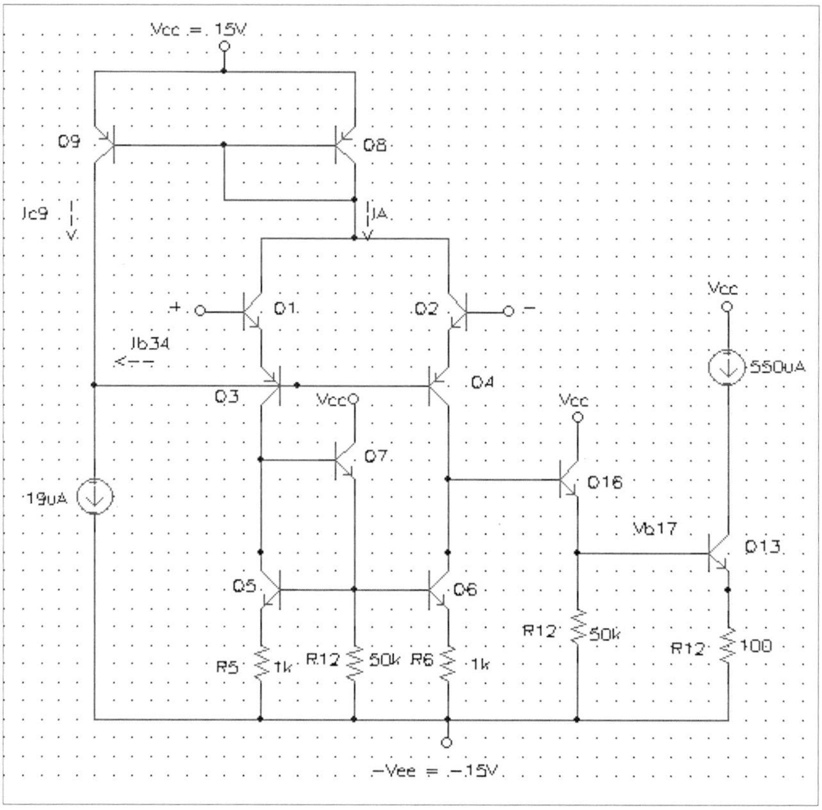

$$I_A = I_B + I_{C9}$$
$$= I_{B9} + I_{B8} + I_{C9}$$
$$= I_{C9}\left(1 + \frac{2}{\beta_p}\right)$$

트랜지스터 $Q_1 Q_2$의 베이스 전류를 무시하면

$$I_{E3} = I_{E4} = \frac{I_A}{2} = \frac{I_{C9}}{2}\left(1 + \frac{2}{\beta_p}\right)$$

따라서

$$19uA = I_{C9} + I_{B34}$$
$$= I_{C9} + \frac{I_{C9}}{2}\left[\frac{I_{E3}}{1+\beta_p} + \frac{I_{E4}}{1+\beta_p}\right]$$

$$= I_{C9}\left(1+\frac{1+\frac{2}{\beta_p}}{1+\beta_p}\right)$$

$$I_A = \frac{19uA}{\left(1+\frac{1+\frac{2}{\beta_p}}{1+\beta_p}\right)}\left(1+\frac{2}{\beta_p}\right)$$

$$\approx 19uA\left(1+\frac{1}{\beta_p}\right)$$

β_p가 충분히 크다면

$$I_A = 19uA$$

$$I_{C_1} = I_{C_2} = 9.5uA$$

트랜지스터 Q_7에 대해서

$$V_B = V_{BE} + 1K\Omega \cdot I_{C_5} - 15$$

$$= 0.7 + 1K\Omega \cdot 9.5uA - 15$$

$$= -14.3$$

$$I_{C_7} = \frac{0.7}{50K\Omega} = 1.4uA$$

트랜지스터 Q_{17}에 대해서

$$V_{B_{17}} = 0.7 + 550uA \cdot 100\Omega - 15$$

$$= -14.245V$$

$\beta = 250$을 가정하고 Q_{17}의 베이스 전류를 계산하면

$$I_{B_{17}} = \frac{550uA}{250} = 2.2uA$$

Q_{16}의 컬렉터 전류는

$$I_{C_{16}} = I_{B_{17}} + \frac{V_{B_{17}}}{50K\Omega}$$

$$= 2.2uA + \frac{14.245V}{50K\Omega}$$

$$= 0.287mA$$

14.2.3 Part 3

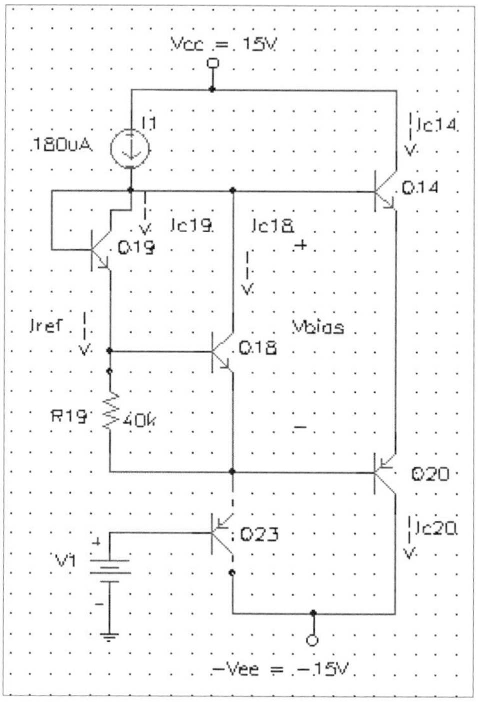

$$V_{bias} = 0.7 + 0.7 = 1.4\,V$$

$$I_{C_{19}} = \frac{1.4 - 0.7}{40K\Omega} = \frac{0.7}{40K\Omega} = 17.5uA$$

$$I_{C_{18}} = 180uA - 17.5uA = 162.5uA$$

$$V_{BE_{19}} + V_{BE_{18}} = V_{BE_{14}} + V_{BE_{20}}$$

$$V_T \ln\frac{I_{C_{19}}}{I_{S_{19}}} + V_T \ln\frac{I_{C_{18}}}{I_{S_{18}}} = V_T \ln\frac{I_{C_{14}}}{I_{S_{14}}} + V_T \ln\frac{I_{C_{20}}}{I_{S_{20}}}$$

$$V_T \ln\frac{I_{C_{19}} \cdot I_{C_{18}}}{I_{S_{19}} \cdot I_{S_{18}}} = V_T \ln\frac{I_{C_{14}}^{\ 2}}{I_{S_{14}} \cdot I_{S_{20}}}$$

$$I_{C_{14}}^{\ 2} = \frac{I_{C_{19}} \cdot I_{C_{18}}}{I_{S_{19}} \cdot I_{S_{18}}} I_{S_{14}} \cdot I_{S_{20}}$$

$$I_{C_{14}} = \sqrt{I_{C_{19}} \cdot I_{C_{18}}} \sqrt{\frac{I_{S_{14}} \cdot I_{S_{20}}}{I_{S_{18}} \cdot I_{s_{19}}}}$$

만약 $I_{S_{14}} = I_{S_{18}} = I_{S_{20}} = I_{S_{19}}$ 라면

$$\begin{aligned} I_{C_{14}} &= \sqrt{I_{C_{19}} \cdot I_{C_{18}}} \\ &= \sqrt{17.5uA \cdot 162.5uA} \\ &= 14.17uA \\ &= I_{C_{20}} \end{aligned}$$

14.3 이상적인 OP Amp 분석

OP Amp uA741의 심볼은 다음과 같다. v_1과 v_2는 입력 단자이고 v_o은 출력 단자 V_{cc}와 V_{ee}는 전압원이다.

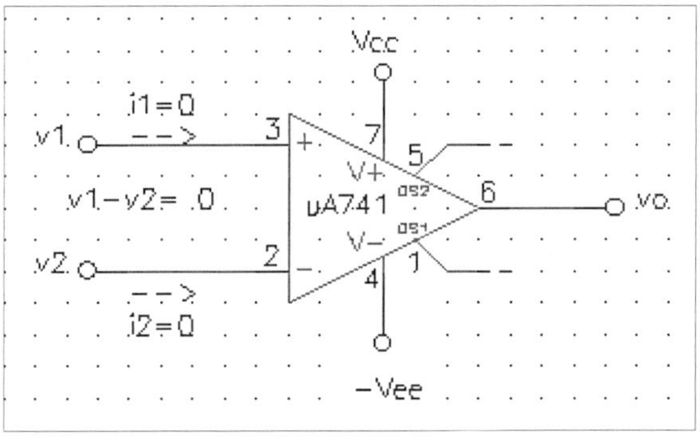

[그림 14.2] 이상적인 OP Amp의 모델

이상적인 OP Amp를 분석할 경우에는 다음의 세 가지 조건을 고려해야 한다.

❶ Inverting input node 전류는 영이다. $i_1 = 0$

❷ Non-inverting input node 전류는 영이다. $i_2 = 0$

❸ Inverting node와 non-inverting node 사이의 전압의 차이는 영이다. $v_1 - v_2 = 0$

14.4 LM324 OP Amp 소자

실제로 우리가 디지털 회로를 구성할 때 일반적인 전압원으로 5V가 많이 사용된다. 이때 741 소자는 전원으로 ±15V를 걸어주어야 하는 문제점이 있다. 이런 문제점은 LM324 IC 소자를 사용하면 해결된다.

LM324는 8핀으로 된 741 OP Amp와는 달리 LM324는 한 팩키지당 ,네 개의 OP-AMP가 들어 있는 소자이다. 또한 741의 경우 Vcc로 +15V와 - 15V가 필요하지만 LM324의 경우에는 +5V만 있으면 된다. LM324는 다음과 같은 14핀 DIP 구조를 가진다.

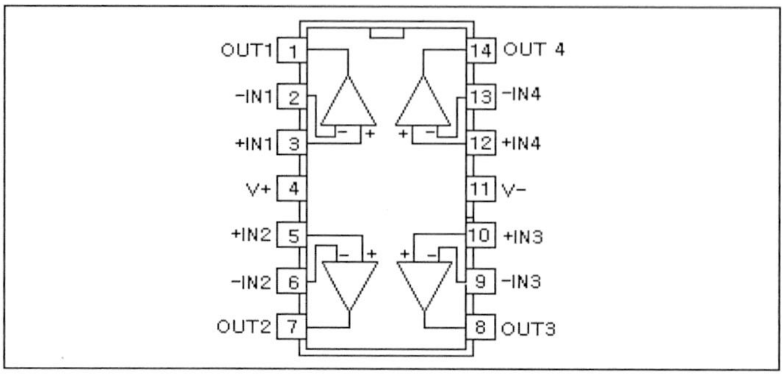

[그림 14.3] LM324 소자의 구조

14.5 비교기

14.5.1 영전압 검출기

비교기의 대표적인 예가 영전압 검출기이다. 입력에 한 단자를 접지와 연결시키고 다른 단자에 입력 파형을 연결하면 출력되는 파형은 입력 전압이 영일 때 일정한 전압값, 즉 개회로 이득값을 출력하여 영점을 검출하게 된다. 출력 부분의 저항값은 출력되는 전압값을 조절한다.

그림 14.4에서 보면 입력으로 +터미날에 사인파가 들어가고 - 터미날이 접지가 연결될 경우에 0점과 교차하는 점에서 파형이 비반전되어 전체적으로는 펄스파가 나타나는 것을 알 수 있다. 입력 파형이 양수이면 양수 V_{max} 로 출력되고 음수이면 음수 $-V_{max}$ 로 출력되는 것을 알 수 있다. 그림 14.5에서는 V_{max} 값이 5V보다 다소 작은 값으로 출력됨을 알 수 있다.

그림 14.4의 회로에서 단자 2번과 3번을 바꾸어 연결하면 다음 그림 14.7과 같은 파형을 얻는다. 출력되는 파형은 입력과 반대로 나타나는 것을 볼 수 있다. 입력이 양수이면 출력은 $-V_{max}$ 이고 입력이 음수이면 출력은 V_{max} 인 것을 알 수 있다.

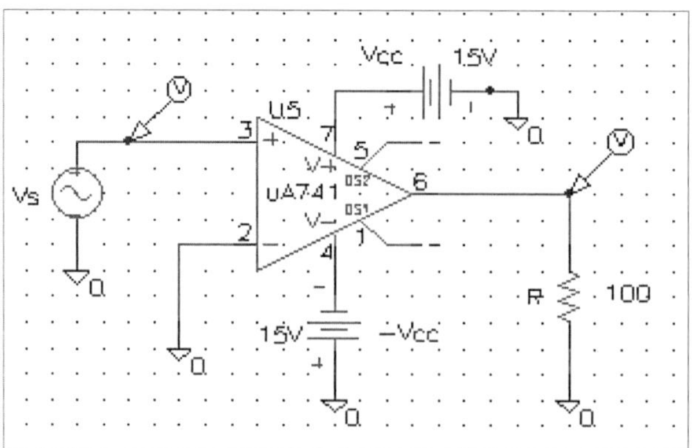

[그림 14.4] 영전압 검출기 회로

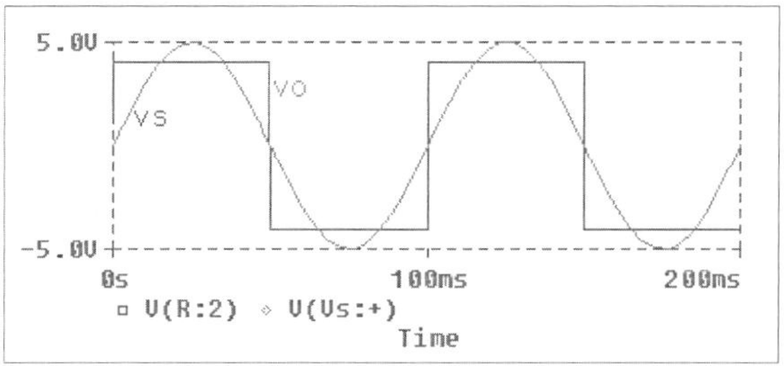

[그림 14.5] 영전압 검출 응답

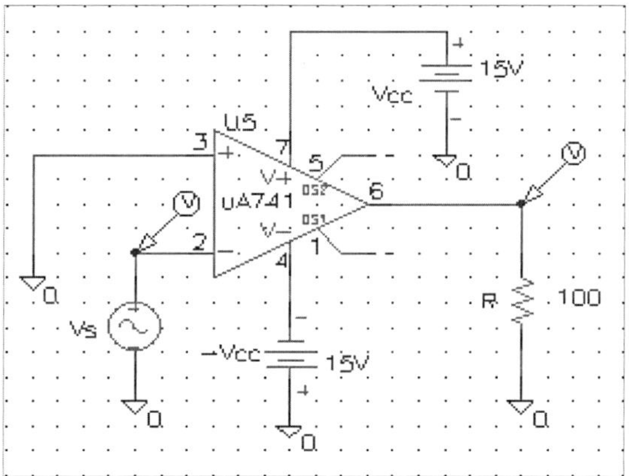

[그림 14.6] 영전압 검출 회로

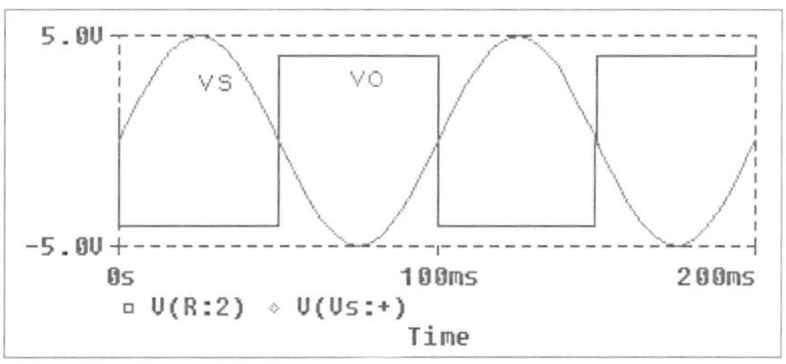

[그림 14.7] 출력 응답

14.5.2 기준 전압 검출기

기준 전압 검출기는 영전압 검출기에서 접지와 비교한 것과는 달리 기준 입력을 비교하여 출력하는 회로이다. 기준 전압으로 V_r을 설정하면 입력 파형 v_s가 V_r과 비교하여 클 경우에 출력되고 작으면 출력되지 않는다. 그림 14.8에서는 $V_r = 2V$로 되어 있어 입력 전압이 2V보다 클 경우에는 $V_{\max}$가 출력되고 2V보다 작을 경우에는 $-V_{\max}$가 출력된다.

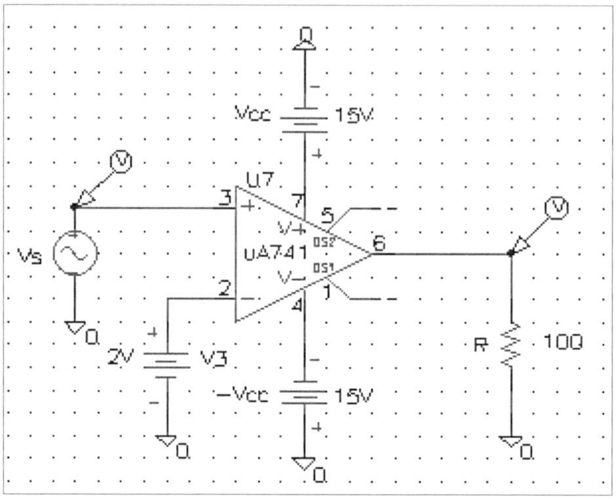

[그림 14.8] 기준 전압 검출기

입력 파형이 2V가 되는 점에서 $\pm V_{max}$값이 출력되는 것을 그림 14.9에서 볼 수 있다.

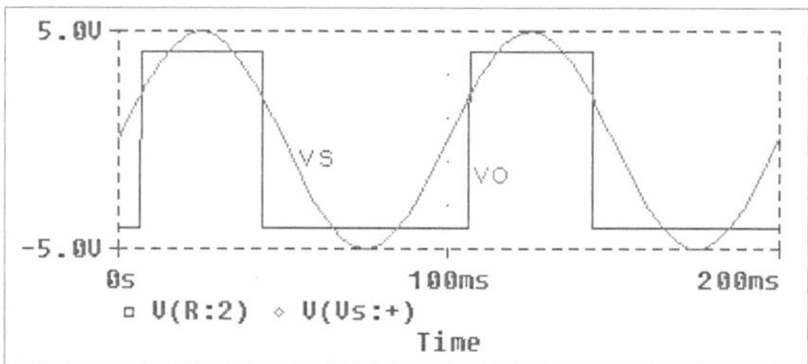

[그림 14.9] 기준 전압 검출 회로

그림 14.10에서처럼 입력 단자 2번과 3번을 바꾸면 파형이 반대로 출력된다. 입력이 V_r보다 클 때에 앞의 예와 반대 방향으로 출력된다. 그림 14.11에서 입력이 2V보다 클 경우에는 $-V_{max}$가 출력되고 2V보다 작을 경우에는 V_{max}가 출력된다.

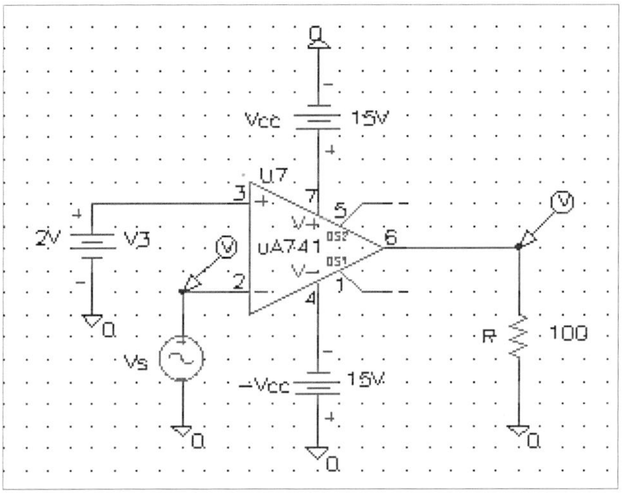

[그림 14.10] 기준 전압 검출 회로

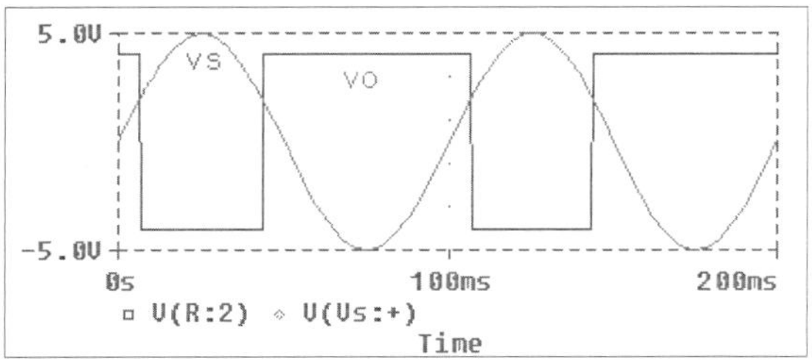

[그림 14.11] 기준 전압 검출기의 출력 응답

14.5.3 비교기

그림 14.12는 한 입력 파형이 주어졌을 때 세 개의 비교기를 사용하여 각 출력을 나타내는 회로이다. 이러한 회로는 아날로그 신호를 디지털로 변환하는 AD 컨버터 회로로 많이 사용된다.

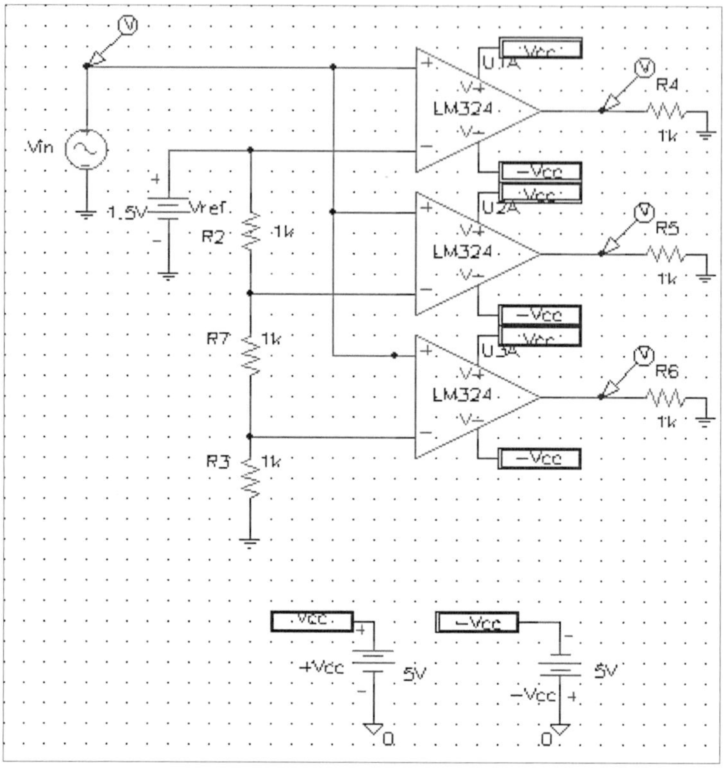

[그림 14.12] 비교기의 예

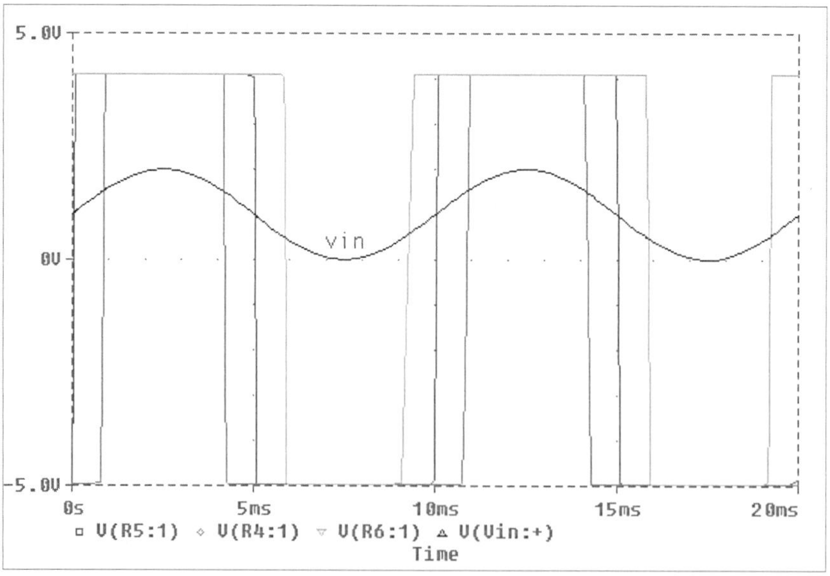

[그림 14.13] 비교기의 출력 파형

14.6 반전 증폭 회로

인버터 회로는 출력 전압의 음의 귀환에 의해 입력의 전압의 파형이 반대되어 출력되므로 인버터 회로라 한다. 증폭되는 비율은 입력 단자의 저항값 R_i와 귀환 저항 R_f의 비에 의해 결정된다. 그림 14.14에서 KCL을 적용하면 다음과 같다.

$$\frac{v_a - v_s}{R_i} + \frac{v_a - v_o}{R_f} = 0 \tag{14.1}$$

$v_a = 0$이므로 출력되는 전압은 다음과 같다.

$$v_o = -\frac{R_f}{R_i} v_s \tag{14.2}$$

$R_f = R_i$면 $v_o = -v_s$로 출력 전압은 입력 전압과 크기가 같고 반전되어 나타나는 것을 볼 수 있다.

따라서 음의 귀환이 있는 인버터 회로에서는 폐루프 이득값이 개루프 이득값 V_{max}에 영향 받지 않고 저항값에 영향을 받는다.

그림 14.15에서 보면

$$v_o = -\frac{20}{10} v_s = -2v_s$$

그림 14.15에서 출력 전압이 2배로 증폭되어 나타난 것을 알 수 있다.

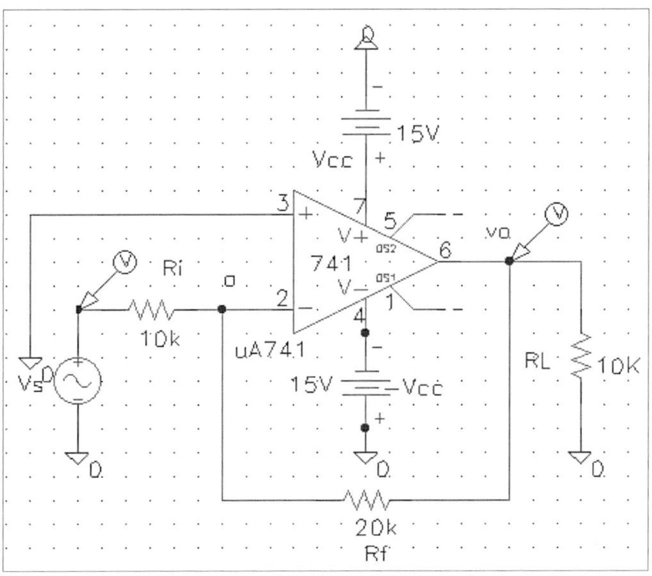

[그림 14.14] 인버터 증폭 회로

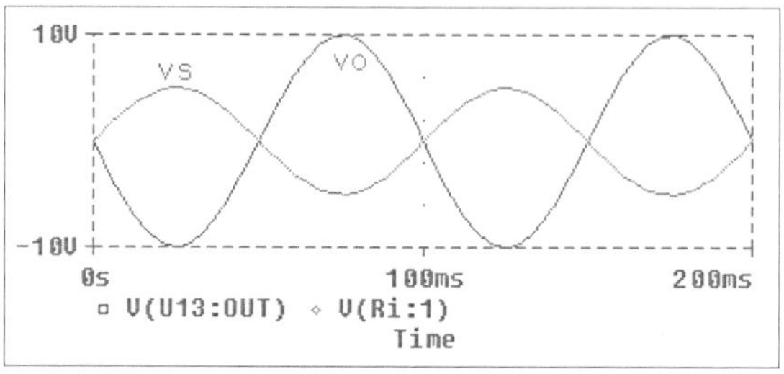

[그림 14.15] 인버터 회로 출력 응답

14.7 비반전 증폭 회로

비반전 증폭 회로는 반전 회로에서 입력이 바뀐 형태이다. 그림 14.16에 나타난 회로는 입력의 파형과 출력의 파형이 같은 위상으로 나타난다. 출력 파형의 크기는 저항값에 의해 결정된다.

2번 노드에서 KCL을 적용하면

$$\frac{v_a}{R_i}+\frac{v_a-v_o}{R_f}=0 \tag{14.3}$$

정리하면

$$v_o=\frac{R_i+R_f}{R_i}v_s=(1+\frac{R_f}{R_i})v_s \tag{14.4}$$

출력되는 전압은 입력과 같은 위상을 갈고 항상 입력과 같거나 크게 나타난다. 만약 귀환 저항 $R_f=0\Omega$이면 출력은 입력과 같으므로 전압 추종기 또는 버퍼 회로가 된다.

$$v_o=v_s$$

그림 14.16에서 출력은

$$v_o=\frac{(10+10)}{10}v_s=2v_s$$

로 그림 14.17에서 두 배로 증폭되어 나타남을 알 수 있다.

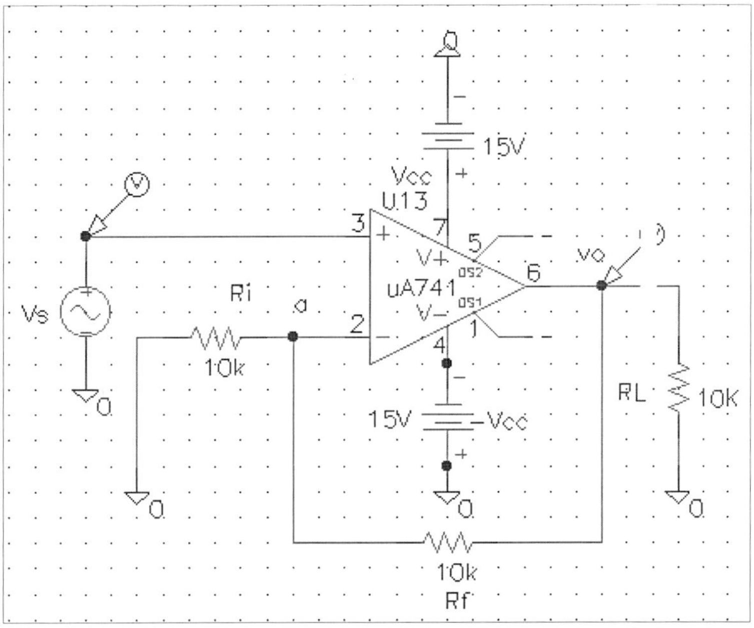

[그림 14.16] 비반전 증폭 회로

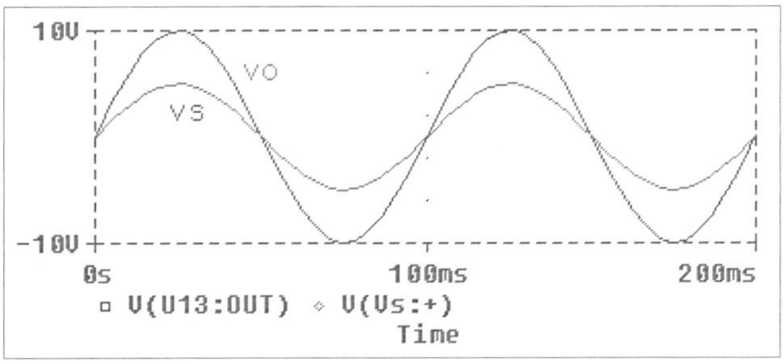

[그림 14.17] non-inverter 회로의 출력 응답

14.8 다단 OP Amp 증폭 회로

그림 14.18은 비반전 회로와 반전 회로가 서로 직렬로 연결되어 있는 단단 증폭 회로를 나타낸다. 첫 번째 증폭 회로에서 출력은 다음과 같다.

$$v_{o_1} = \frac{R_{f_1} + R_{i_1}}{R_{i_1}} v_{\text{in}} \tag{14.5}$$

두 번째 증폭 회로의 입력은 v_{o_1}이므로 출력은 다음과 같다.

$$v_{o_2} = -\frac{R_{f_2}}{R_{i_2}} v_{o_1} \tag{14.6}$$

$$= -\frac{R_{f_2}}{R_{i_2}}\left(\frac{R_{f_1}+R_{i_1}}{R_{i_1}}\right)v_{\text{in}}$$

$$= A_2 A_1 v_{\text{in}}$$

직렬로 연결된 다단 증폭기의 출력은 이득값의 곱으로 출력되어 나타난다.

$$v_{o_2} = -\frac{10K\Omega}{10K\Omega}\left(\frac{10K\Omega+10K\Omega}{10K\Omega}\right)5\,V_{pp}$$

$$= -1 \cdot 25\,V_{pp}$$

$$= -10\,V_{pp}$$

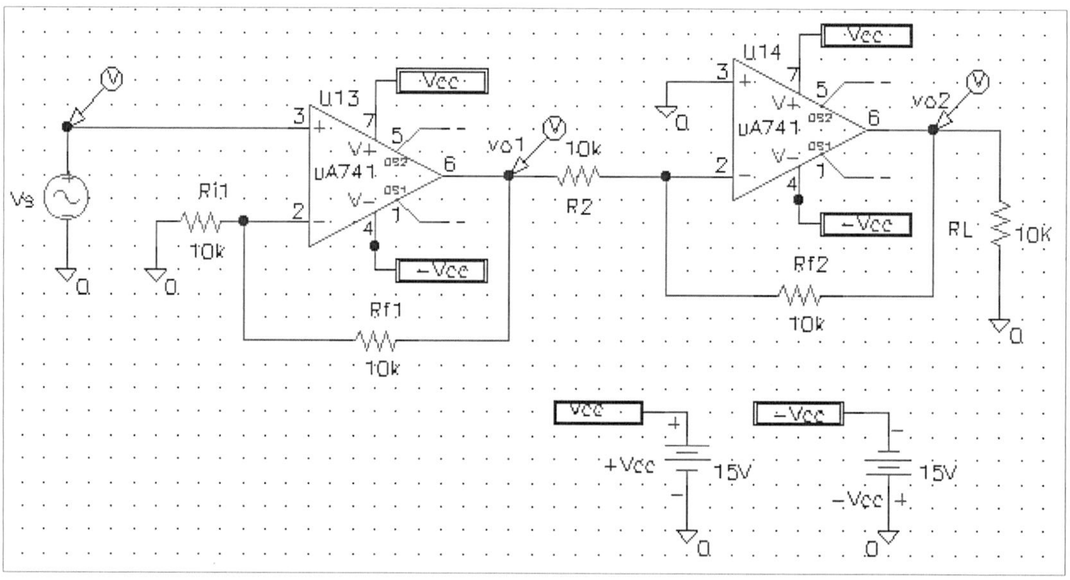

[그림 14.18] 다단 OP Amp 증폭기

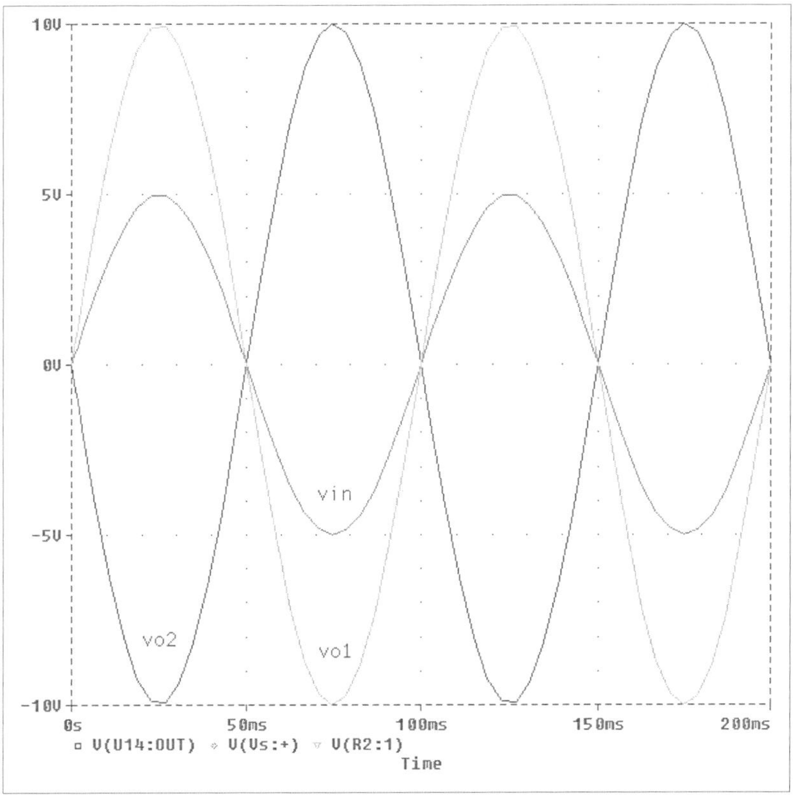

[그림 14.19] 다단 증폭기의 출력 응답

14.9 제너 바운딩 회로

제너 바운딩 회로는 출력되는 전압을 제어 항복 전압으로 설정하는 회로이다. 그림 14.20에서 보면 입력 파형이 양수이면 제너 1은 역바이어스이고 제너 2는 순바이어스가 되므로 출력은

$$vo = -Vz - 0.7 \tag{14.7}$$

이 되고 입력 파형이 음수일 경우에는 제너 1은 순바이어스이고 제너 2는 역바이어스가 되므로 출력은 식 (14.8)과 같다.

$$vo = Vz + o.7 \tag{14.8}$$

그림 14.20에서 제너다이오드 전압은 $V_z = -4.7V$ 이므로 그림 14.21에서처럼 출력은 $\pm 4V$로 나타난다.

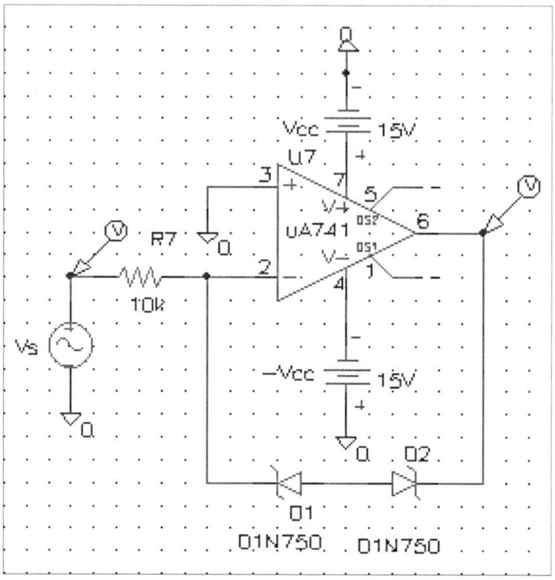

[그림 14.20] 제너 바운딩 회로

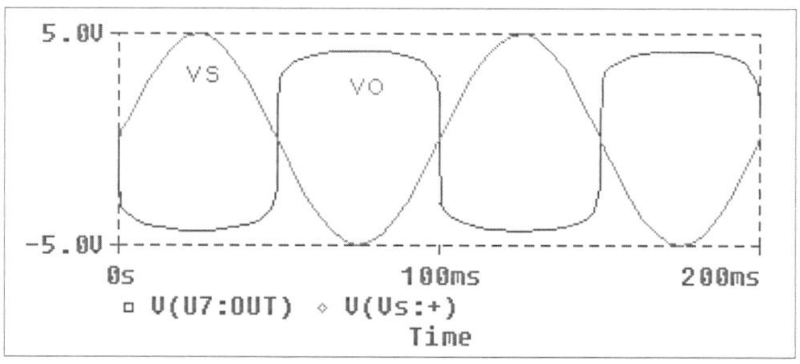

[그림 14.21] 제너 바운딩 회로의 출력 응답

14.10 슬루율(Slew rate)

OP Amp의 성능을 점검하는 척도의 하나는 슬루율이다. OP Amp에 입력 신호가 주어졌을 때 출력되어 나오는 신호가 어느 범위 안에서 왜곡되지 않는가 하는 것이다. OP Amp 안에서는 많은 트랜지스터들이 연결되어 있으므로 실제로 출력되는 신호는 입력 신호보다 다소 지연되어 나타난다. 또한 출력 신호가 입력으로 귀환되어지면 시간의 자연이 생기게 되는데, 이때 출력 신호와 입력 신호와의 차이를 지연시간에 관한 관계식으로 나타낸 것이 슬루율이다. 따라서 슬루율이 작다는 것은 출력이 입력 신호를 따라가는데 걸리는 시간이 길다는 것이고 반대로 슬루율이 크다는 말은 출력 신호가 매우 빠르게 입력 신호를 따라간다는 것이다.

그림 14.22은 전압 추종기(voltage follower)를 나타낸다.

$$v_o = v_{\text{in}}$$

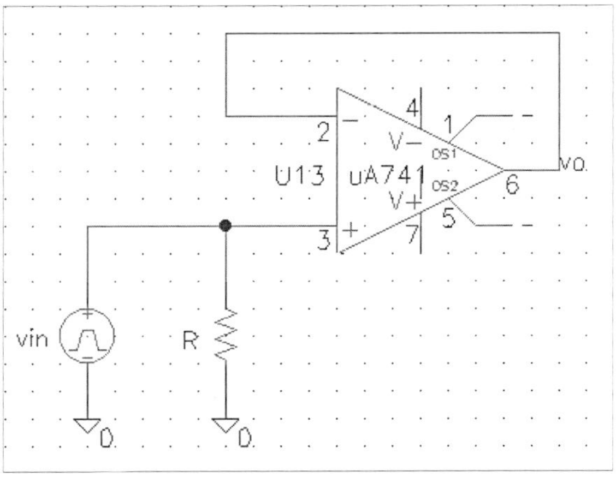

[그림 14.22] 전압 추종 회로

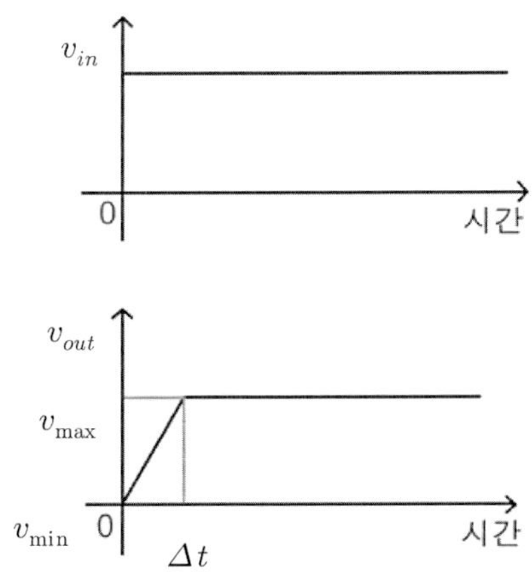

[그림 14.23] 슬루율

슬루율은 다음과 같이 정의된다.

$$SR = \frac{V_{\max} - V_{\min}}{\Delta t} = \frac{\Delta V_o}{\Delta t}(V/us) \quad (14.9)$$

입력으로 사인파를 주었을 때 나타나는 출력이 다음과 같은 사인파라고 가정하자.

$$v_o = K\sin 2\pi f \quad (14.10)$$

출력을 미분하면

$$\frac{dv_o}{dt} = K2\pi f \cos 2\pi f \tag{14.11}$$

위 식에서 크기를 고려하면

$$\left|\frac{dv_o}{dt}\right| = K2\pi f \leqq SR \tag{14.12}$$

따라서 출력 신호에 왜곡이 발생하지 않기 위해서는 입력 신호의 주파수가 다음 관계식을 만족해야 한다.

$$f \leqq \frac{SR}{K2\pi} \tag{14.13}$$

실제 응용에서 빠른 응답을 얻고자 하면, 즉 슬루율이 큰 OP Amp를 사용하고자 하면 LM318을 사용하면 된다. LM318의 대략적인 슬루율은 70V/us이다.

그림 14.24는 OP Amp의 슬루율을 계산하기 위한 전압 추종 회로이다.

$$Slew\ \ Rate = \frac{5\,V}{11.321us} = 0.4416\,V/us$$

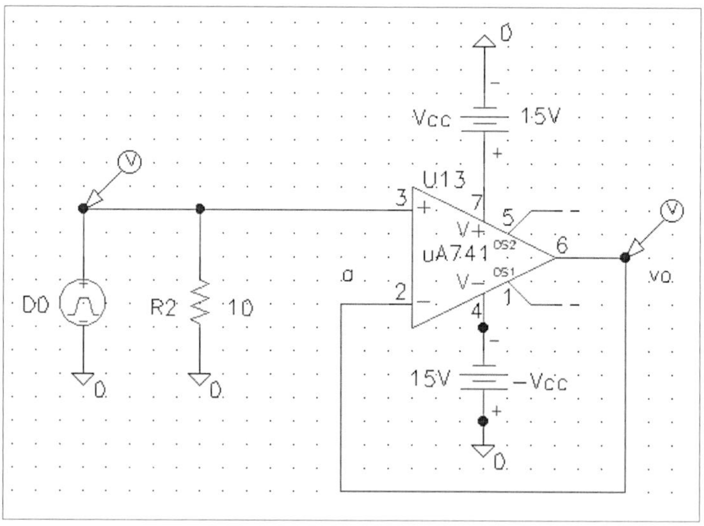

[그림 14.24] 전압 추종 회로

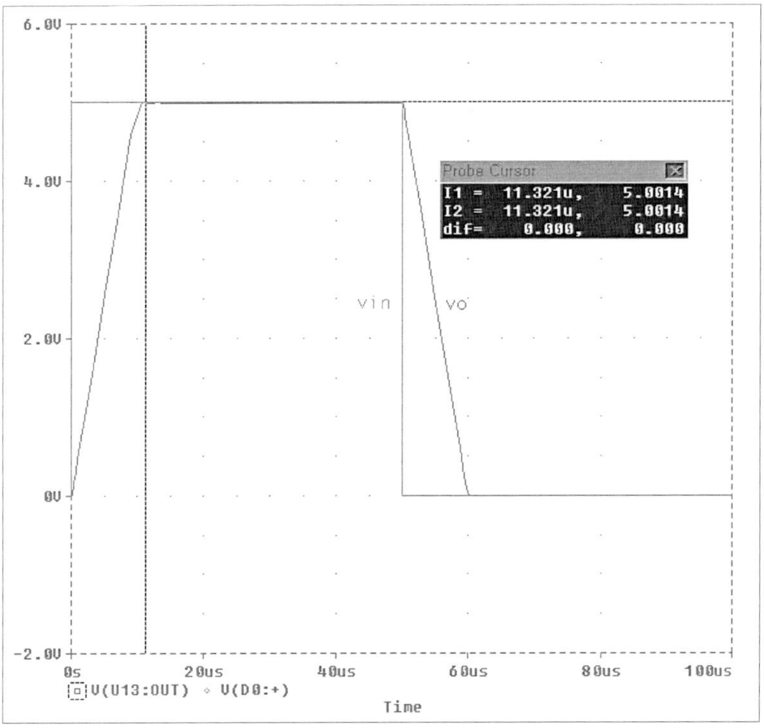

[그림 14.25] 전압 추종 회로 응답

실험 10 OP Amp 증폭 회로

1. PSpice 예제
   ❶ 그림 14.4의 비교 회로에서 소신호 입력을 $v_s = 5\sin wt\ V$, 그리고 주파수는 1KHz로 하고 출력 파형을 구하시오.
   ❷ 그림 14.8의 비교 회로에서 소신호 입력을 $v_s = 5\sin wt\ V$, $v_2 = 2\,V$, 그리고 주파수는 1kHz로 하고 출력 파형을 구하시오.
   ❸ 그림 14.14의 인버터 증폭 회로에서 소신호 입력을 $v_s = 5\sin wt\ V$, 그리고 주파수는 1KHz로 하고 출력 파형을 구하시오.
   ❹ 그림 14.18의 제너 바운딩 회로에서 소신호 입력을 $v_s = 5\sin wt\ V$, 그리고 주파수는 1KHz로 하고 출력 파형을 구하시오.

2. 그림 14.4의 비교 회로에서 소신호 입력을 $v_s = 5\sin wt\ V$, 그리고 주파수는 1KHz로 하고 출력 파형의 계산값과 측정값을 구하고 오차를 계산하시오. 출력 파형을 입력 파형과 함께 그래프에 나타내시오.

	계 산 값	측 정 값	오 차
최대출력전압			
최소출력전압			
전압이득 Av			

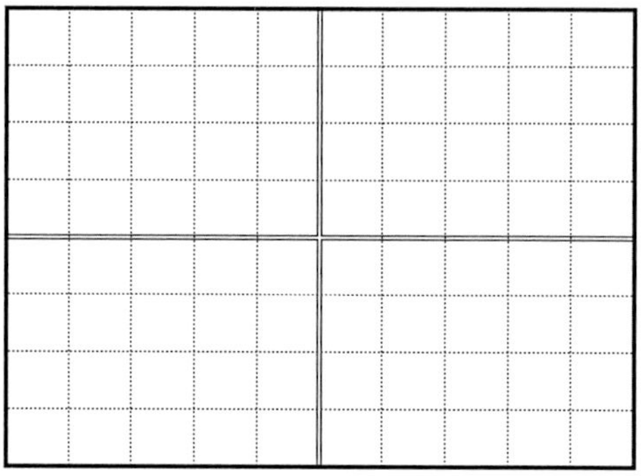

3. 그림 14.6의 비교 회로에서 소신호 입력을 $v_s = 5\sin wt\ mV$, 그리고 주파수는 1kHz로 하고 두 번째 소스공통 회로의 출력 파형의 계산값과 측정값을 구하고 오차를 계산하시오. 출력 파형을 입력 파형과 함께 그래프에 나타내시오.

	계 산 값	측 정 값	오 차
최대출력전압			
최소출력전압			
전압이득 Av			

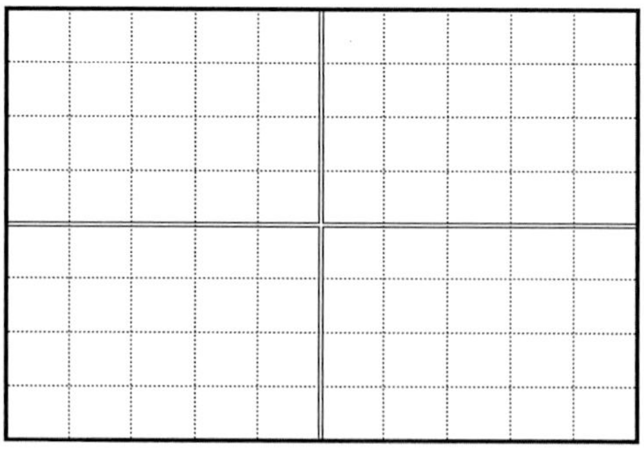

4. 그림 14.8의 비교 회로에서 소신호 입력을 $v_1 = 5\sin wt\ V$, $v_2 = 2\,V$ 그리고 주파수는 1kHz로 하고 두 번째 소스공통 회로의 출력 파형의 계산값과 측정값을 구하고 오차를 계산하시오. 출력 파형을 입력 파형과 함께 그래프에 나타내시오.

	계 산 값	측 정 값	오 차
최대출력전압			
최소출력전압			
전압이득 Av			

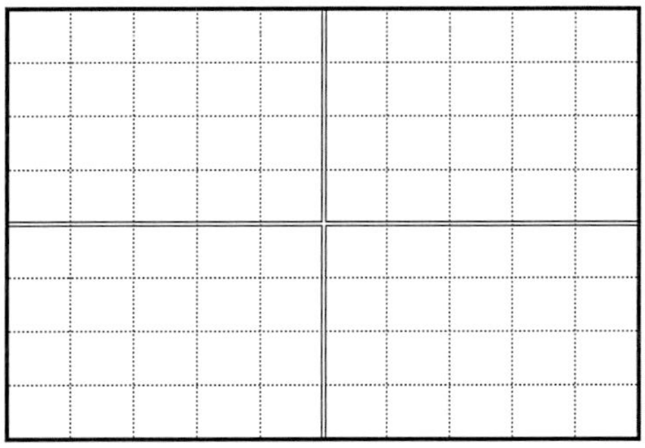

5. 그림 14.10의 비교 회로에서 소신호 입력을 $v_1 = 2\,V, v_s = 5\sin wt\ \ V$ 그리고 주파수는 1kHz로 하고 두 번째 소스공통 회로의 출력 파형의 계산값과 측정값을 구하고 오차를 계산하시오. 출력 파형을 입력 파형과 함께 그래프에 나타내시오.

	계 산 값	측 정 값	오 차
최대출력전압			
최소출력전압			
전압이득 Av			

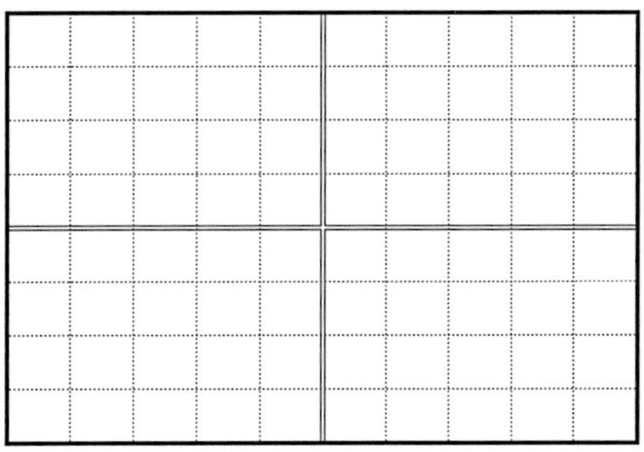

6. 그림 14.14의 인버터 증폭 회로에서 소신호 입력을 $v_s = 5\sin wt\,V,\ v_2 = 0\,V$ 그리고 주파수는 1kHz로 하고 두 번째 소스공통 회로의 출력 파형의 계산값과 측정값을 구하고 오차를 계산하시오. 출력 파형을 입력 파형과 함께 그래프에 나타내시오.

	계 산 값	측 정 값	오 차
최대출력전압			
최소출력전압			
전압이득 Av			

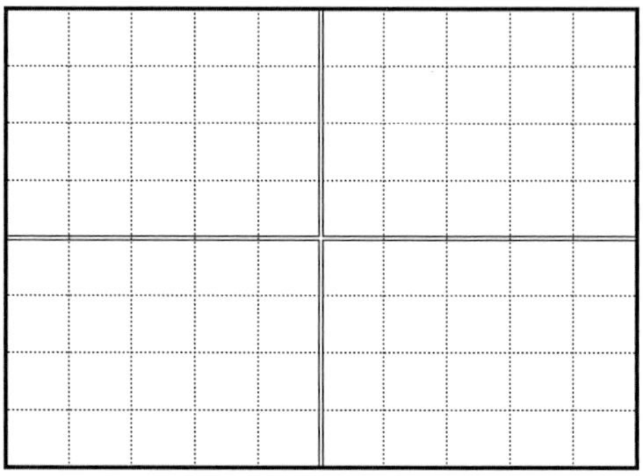

7. 그림 14.16의 반 인버터 증폭 회로에서 소신호 입력을 $v_1 = 5\sin wt\,V$, $v_2 = 0\,V$ 그리고 주파수는 1kHz로 하고 두 번째 소스공통 회로의 출력 파형의 계산값과 측정값을 구하고 오차를 계산하시오. 출력 파형을 입력 파형과 함께 그래프에 나타내시오.

	계 산 값	측 정 값	오 차
최대출력전압			
최소출력전압			
전압이득 Av			

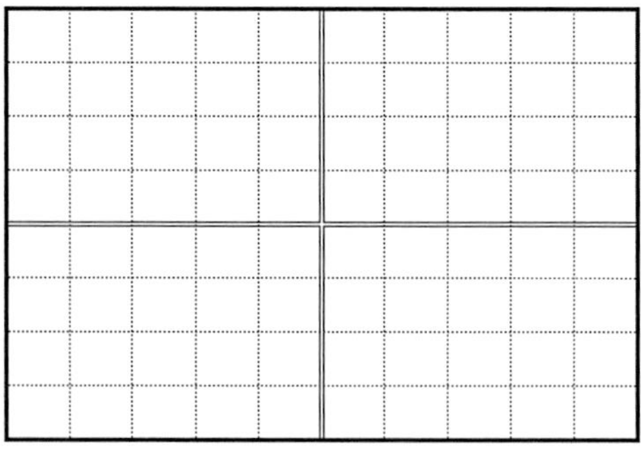

8. 그림 14.20의 제너 바운딩 회로에서 소신호 입력을 $v_1 = 5\sin wt\,V$, $v_2 = 0\,V$ 그리고 주파수는 1kHz로 하고 두 번째 소스공통 회로의 출력 파형의 계산값과 측정값을 구하고 오차를 계산하시오. 출력 파형을 입력 파형과 함께 그래프에 나타내시오.

	계 산 값	측 정 값	오 차
최대출력전압			
최소출력전압			
전압이득 Av			

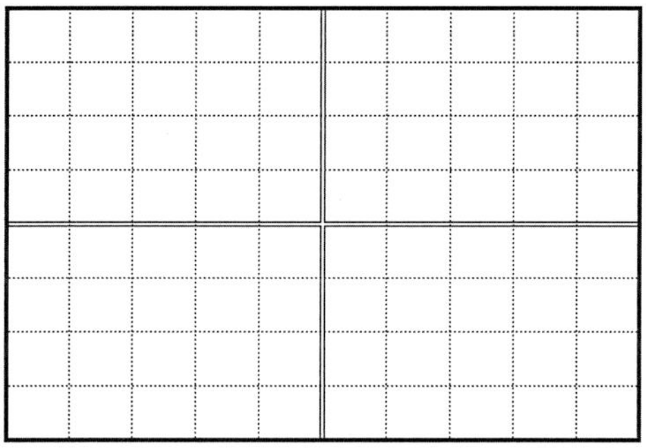

날 짜	
검 인	

PART 15

OP Amp 응용 회로

15.1 가산기

15.2 감산기

15.3 적분기

15.4 미분기

15.5 슈미트 트리거

15.6 전압에 의해 조절되는 전류원 회로

15.1 가산기

OP Amp를 응용한 가산기는 인버터 회로를 사용한다. 그림 15.1에 나타난 가산기에서 출력되는 전압은 입력되는 파형을 모두 더한다. 먼저 노드 a에서 KCL을 적용하면 다음과 같다.

$$\frac{v_a - v_{s1}}{R_1} + \frac{v_a - v_{s2}}{R_2} + \frac{v_a - v_o}{R_f} = 0 \tag{15.1}$$

$v_a = 0$으로 가상접지가 되므로 식 (15.1)은 다음과 같다.

$$-\frac{v_{s1}}{R_1} - \frac{v_{s2}}{R_2} - \frac{v_o}{R_f} = 0 \tag{15.2}$$

출력 전압 v_o으로 정리하면

$$v_o = -R_f\left(\frac{v_{s1}}{R_1} + \frac{v_{s2}}{R_2}\right) \tag{15.3}$$

만약 $R_f = R_1 = R_2$이면 출력 전압은 입력 전압의 합으로 나타난다.

$$v_o = -(v_{s1} + v_{s2}) \tag{15.4}$$

아래 가산기의 출력 응답을 살펴보면 입력 파형과 위상이 반대이고 두 입력 신호가 더해진 것을 알 수 있다.

$$v_o = -10\left(\frac{1}{10} + \frac{1}{10}\right)5\,V = -10\,V$$

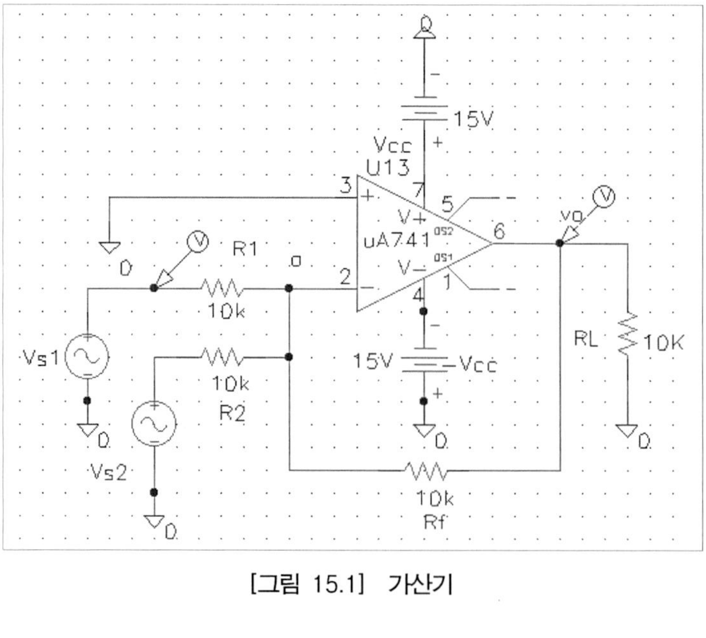

[그림 15.1] 가산기

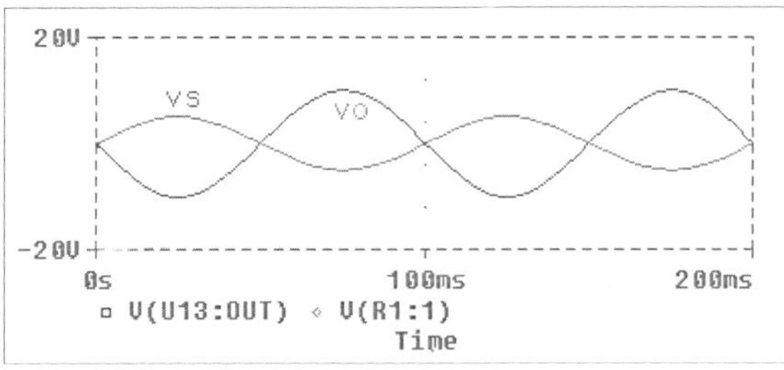

[그림 15.2] 가산기의 출력

15.2 감산기

감산기는 입력 신호의 차이를 출력하는 회로이다.

그림 15.3에서 노드 a (터미날 2)에서 KCL을 적용하면

$$\frac{v_{s1} - v_a}{R_1} = \frac{v_a - v_o}{R_2} \tag{15.5}$$

노드 b (터미날 3)에서 KCL을 적용하면

$$\frac{v_{s2} - v_b}{R_3} = \frac{v_b}{R_4} \tag{15.6}$$

$v_a - v_b = 0$이므로 식 (15.6)으로부터

$$v_a = \frac{R_4}{R_3 + R_4} v_{s2} \tag{15.7}$$

식 (15.7)을 식 (15.5)에 대입하면 출력 전압은

$$\begin{aligned} v_o &= \left(1 + \frac{R_2}{R_1}\right) v_a - \frac{R_2}{R_1} v_1 \\ &= \left(1 + \frac{R_2}{R_1}\right) \frac{R_4}{R_3 + R_4} v_2 - \frac{R_2}{R_1} v_1 \end{aligned} \tag{15.8}$$

만약 저항을 $R_1 = R_2$, $R_3 = R_4$로 선택하면 출력은 입력의 차이로 나타난다.

$$v_o = v_{s2} - v_{s1} \tag{15.9}$$

그림 15.3에서는 $R_1 = R_3 = 10K\Omega$, $R_2 = R_4 = 20K\Omega$일 때의 출력을 나타낸다.

출력은

$$v_o = (1+2)\frac{2}{3} v_{s2} - 2v_{s1} = 2(v_{s2} - v_{s1})$$

출력된 출력 파형을 보면 입력 $v_{s1} = 2v_{s2}$이므로

$$v_o = 2(v_{s2} - 2v_{s2}) = -2v_{s2}$$

입력 v_{s2}보다 두 배이고 반전되어 나타남을 볼 수 있다.

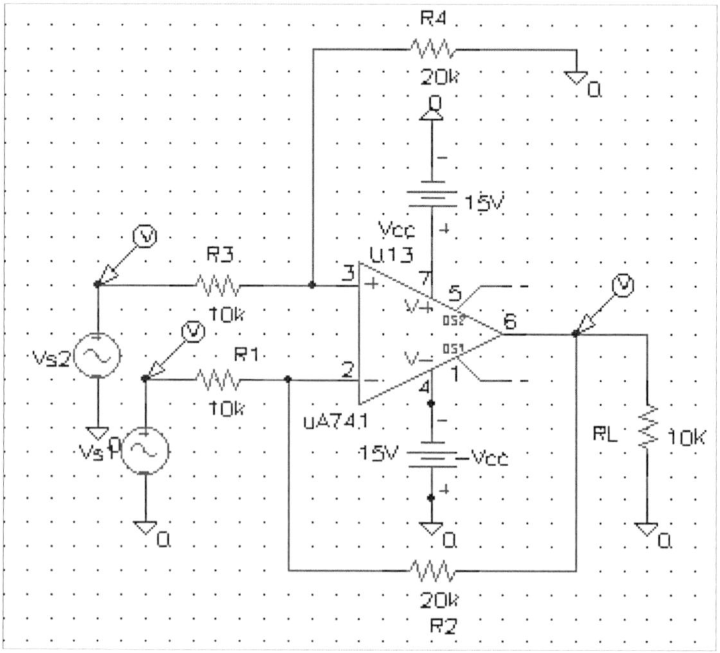

[그림 15.3] 감산기

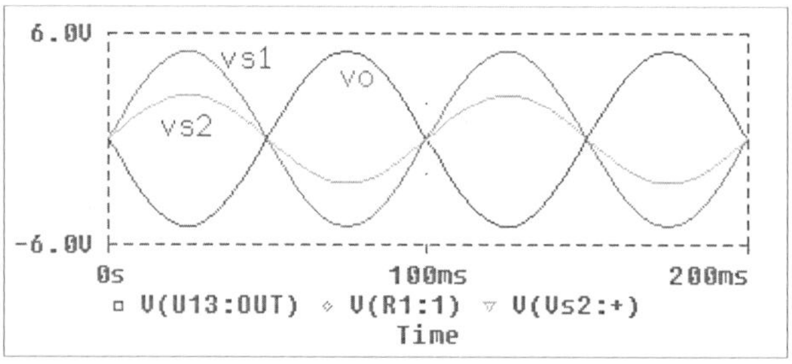

[그림 15.4] 감산기의 출력

15.3 적분기

적분기는 입력 전압 v_s를 적분하여 출력한다. 그림 15.5에서 터미널 2에 흐르는 전류는 0이므로 저항 R_1에 흐르는 전류 i는 그대로 커패시터로 흐르게 된다. 노드 a는 가상접지이므로 전류 $i(t)$는 다음과 같다.

$$i(t) = \frac{v_s(t) - v_a}{R} = \frac{v_s(t)}{R} \tag{15.10}$$

그림 15.5에서 출력 v_o은 커패시터의 전압과 같으므로

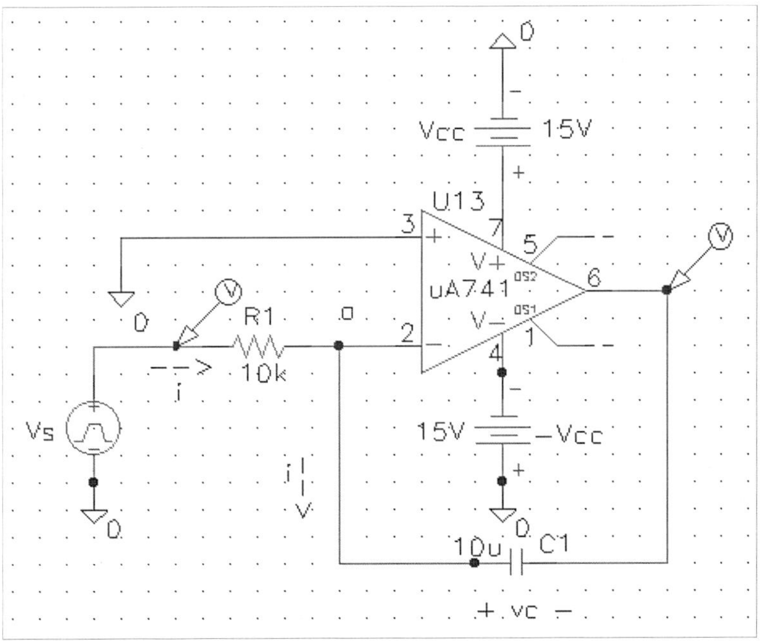

[그림 15.5] 적분기

$$\begin{aligned} v_o &= -v_c + v_a = -v_c \\ &= -\frac{1}{C}\int_{\infty}^{t} i_c(t)dt \\ &= -\frac{1}{C}\int_{\infty}^{t} \frac{v_s}{R}dt \\ &= -\frac{1}{RC}\int_{0}^{t} v_s dt + v_o(0) \end{aligned} \tag{15.11}$$

그림 15.6의 회로에서 응답을 살펴보면 입력이 펄스파일 때 출력은 사선으로 나타나는 것을 알 수 있다. 또한 식 (15.11)에서 보면 음수이므로 기울기가 음수로 나타난다.

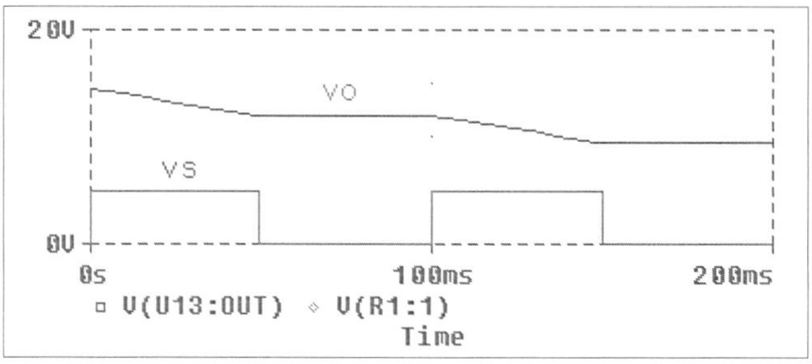

[그림 15.6] 적분기의 출력 파형

15.4 미분기

미분기는 입력신호의 미분값을 출력한다. 적분기와 반대로 커패시터와 저항의 위치가 바뀌어 놓인 회로이다.

커패시터에 흐르는 전류 $i(t)$는 그대로 저항으로 흐르게 되어 전류는 다음과 같다.

$$i(t) = \frac{v_a - v_o(t)}{R} = -\frac{v_o(t)}{R} \tag{15.12}$$

커래시터에 흐르는 전류와 전압과는 다음과 같은 관계가 있다.

$$i_c(t) = C\frac{dv_c(t)}{dt} \tag{15.13}$$

$i = i_c$이고 $v_c = v_s$이므로 식 (15.12)와 식 (15.13)을 등식으로 놓으면

$$-\frac{v_o(t)}{R} = C\frac{dv_s(t)}{dt} \tag{15.14}$$

정리하면 출력 전압은 입력 전압을 미분한 형태로 나타난다.

$$v_o(t) = -RC\frac{dv_s(t)}{dt} \tag{15.15}$$

그림 15.7은 미분기의 출력을 나타내는데 입력으로 삼각형파를 주었더니 출력은 반전된 펄스파가 생성된 것을 알 수 있다.

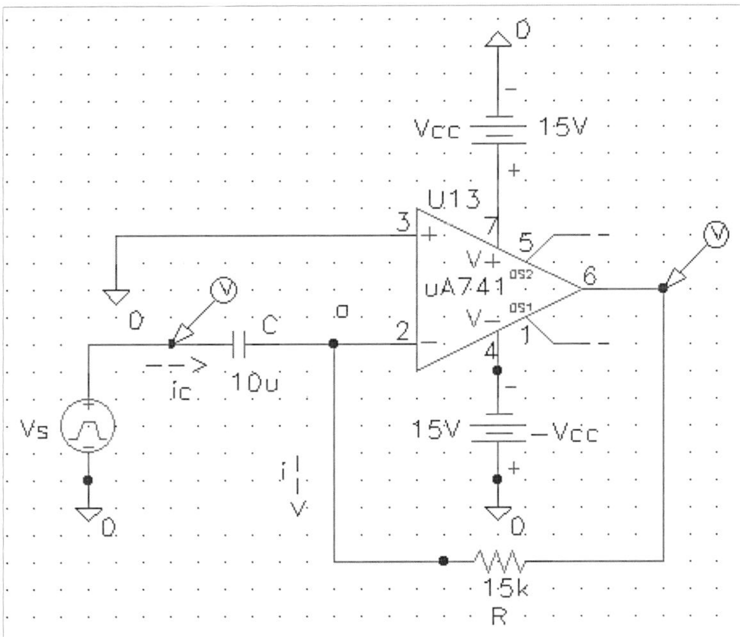

[그림 15.7] 미분기

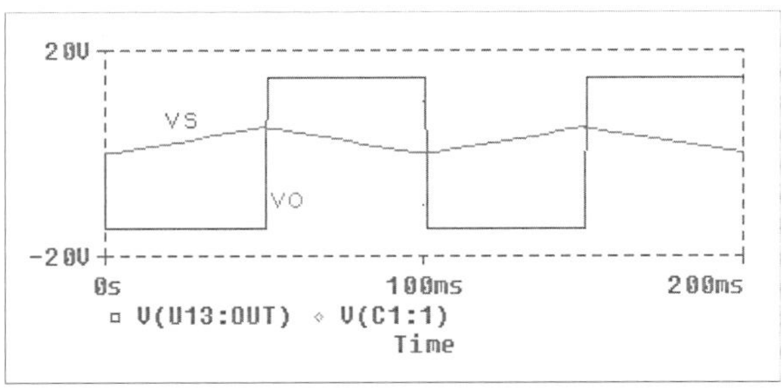

[그림 15.8] 미분기의 출력 파형

15.5 슈미트 트리거

적외선 센서를 사용하여 장애물이 있을 경우에는 스위치를 닫는 회로를 꾸며보자. 적외선 센서와 저항 그리고 슈미트 트리거가 필요하다. 다음 회로 그림 15.9는 적외선 센서에서 장애물이 없으면 계속적으로 트랜지스터가 켜져 슈미트 트리거는 Low인 0V가 되고 장애물이 생기게 되면 트랜지스터가 꺼짐으로 인해 High인 5V가 된다. 슈미트 트리거 회로는 센서의 출력을 디지털 회로에서 사용하기 위해 on-off 또는 high - low의 두 가지 상태만을 출력하도록 동작하는 회로이다. 또한 일반적인 센서의 아날로그 출력은 노이지가 포함되어 있어 이를 무시하고 깨끗한 디지털 출력을 만들어 내기 위해 사용한다.

출력되는 전압의 크기를 조절하려면 저항 R_3의 값을 조절하면 된다. 저항 R_3의 값을 크게 하면 출력되는 전압의 크기도 마찬가지로 커지게 된다.

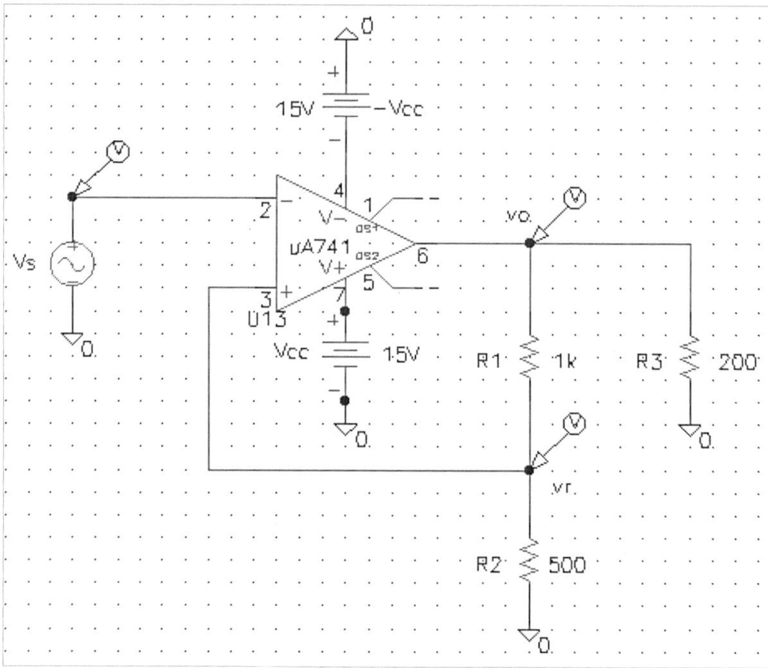

[그림 15.9] 슈미트 트리거

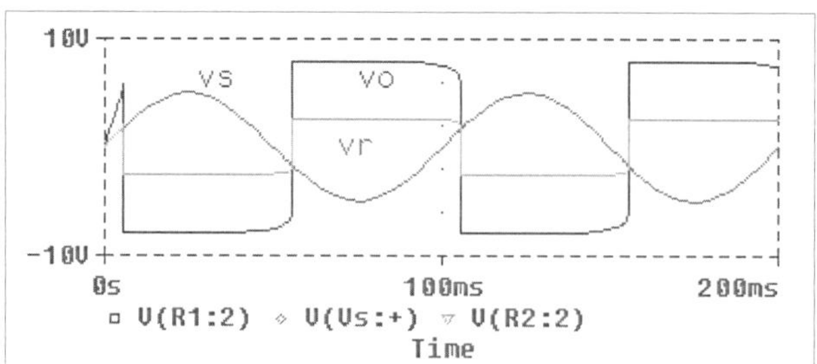

[그림 15.10] 슈미트 트리거를 거친 출력 파형

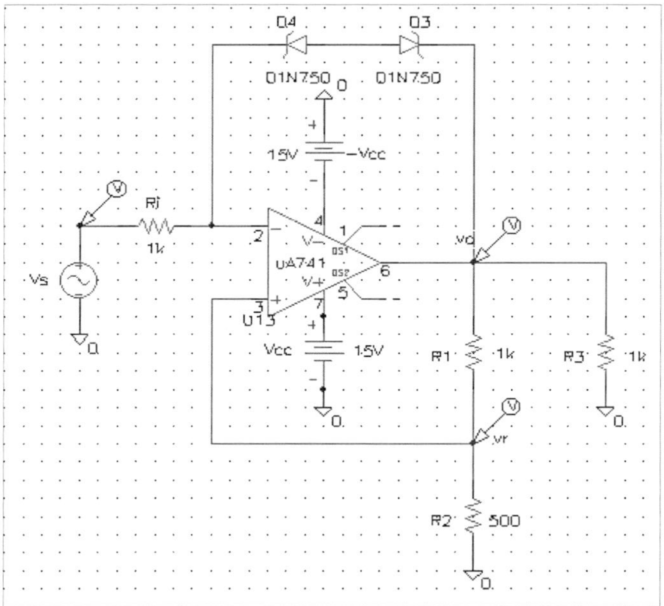

[그림 15.11] 제너 바운딩이 있는 슈미트 트리거 회로

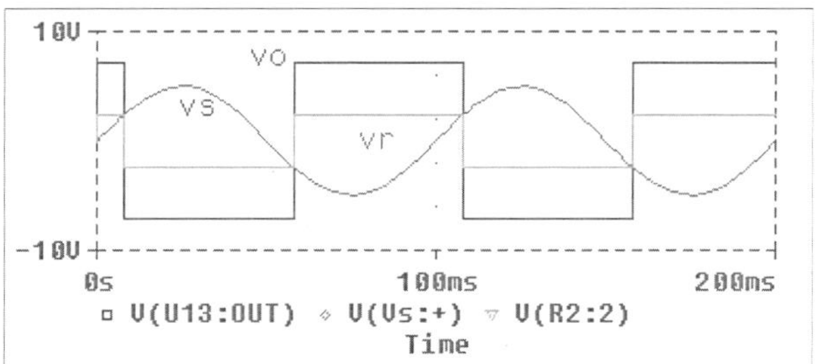

[그림 15.12] 출력 파형

15.6 전압에 의해 조절되는 전류원 회로

그림 15.13의 노드 a에서 KCL을 적용하면

$$\frac{v_a}{R_1} + \frac{v_a - v_c}{R_2} = 0 \tag{15.16}$$

정리하면

$$v_c = \frac{R_1 + R_2}{R_1} v_a \tag{15.17}$$

그림 15.13에서 노드 b에서 KCL을 적용하면

$$\frac{v_{\text{in}} - v_b}{R_1} = i_o + \frac{v_b - v_c}{R_2} \tag{15.18}$$

식 (15.18)의 양변에 $R_1 R_2$를 곱하면

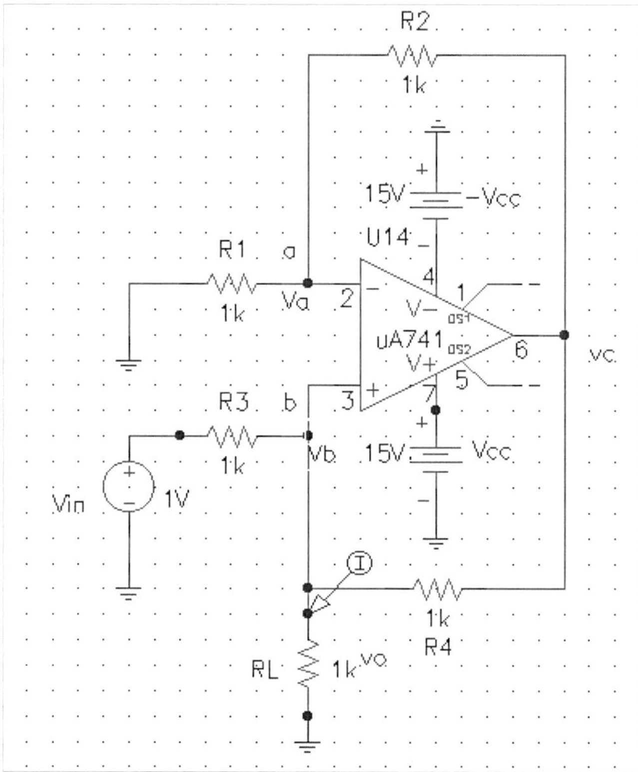

[그림 15.13] 전압조절 전류 회로

$$R_2(v_{\text{in}} - v_b) = R_1(v_b - v_c) + R_1 R_2 i_o \tag{15.19}$$

$v_a = v_b$이므로

$$R_2(v_{\text{in}} - v_a) = R_1\left(v_a - \frac{R_1 + R_2}{R_1} v_a\right) + R_1 R_2 \frac{v_a}{R_L} \tag{15.20}$$

정리하면

$$R_2 v_{\text{in}} = v_a\left(R_2 + \frac{R_1 R_2}{R_L} + R_1 - (R_1 + R_2)\right) = v_a \frac{R_1 R_2}{R_L} \tag{15.21}$$

v_a로 정리하면

$$v_a = \frac{R_L}{R_1} v_{\text{in}} \tag{15.22}$$

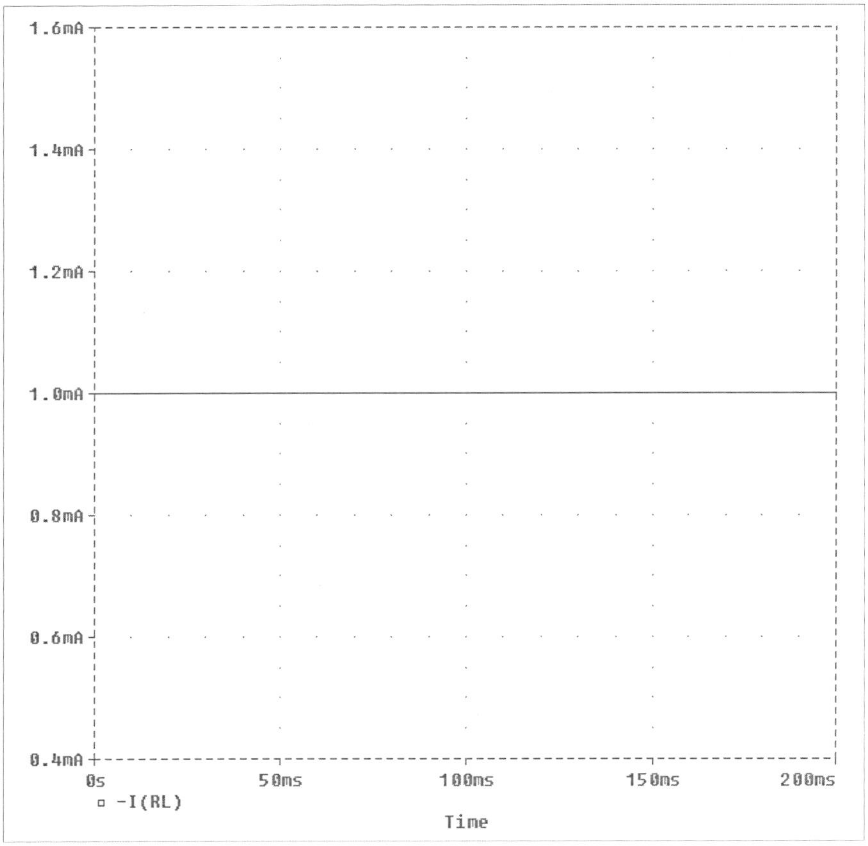

[그림 15.14] 출력전류 파형

$v_a = i_o R_L$이므로

$$i_o = \frac{v_{\text{in}}}{R_1} \tag{15.23}$$

따라서 출력 전류 i_o은 입력전압 v_{in}과 저항 R_1에 의해 조절됨을 알 수 있다.

출력 전류는 다음과 같다.

$$i_o = \frac{1V}{1K\Omega} = 1mA$$

실험 10 전압과 전류의 측정

1. PSpice 예제
   ❶ 그림 15.5의 적분 회로에서 소신호 입력의 크기가 5v이고 주파수는 1KHz인 펄스파일 때에 출력 파형을 구하시오.
   ❷ 그림 15.7의 미분 회로에서 소신호 입력의 크기가 5V이고 주파수는 1kHz인 삼각파일 때에 출력 파형을 구하시오.
   ❸ 그림 15.9의 슈미트 트리거 회로에서 소신호 입력을 $v_s = 5\sin wt\, mV$, 그리고 주파수는 1KHz로 하고 출력 파형을 구하시오.
   ❹ 그림 15.11의 제너 바운딩 회로에서 소신호 입력을 $v_s = 5\sin wt\, mV$, 그리고 주파수는 1KHz로 하고 출력 파형을 구하시오.

2. 그림 15.5의 적분 회로에서 소신호 입력의 크기가 5V이고 주파수는 1KHz인 펄스파로 하고 출력 파형의 계산값과 측정값을 구하고 오차를 계산하시오. 출력 파형을 입력 파형과 함께 그래프에 나타내시오.

	계 산 값	측 정 값	오 차
최대출력전압			
최소출력전압			
기울기			

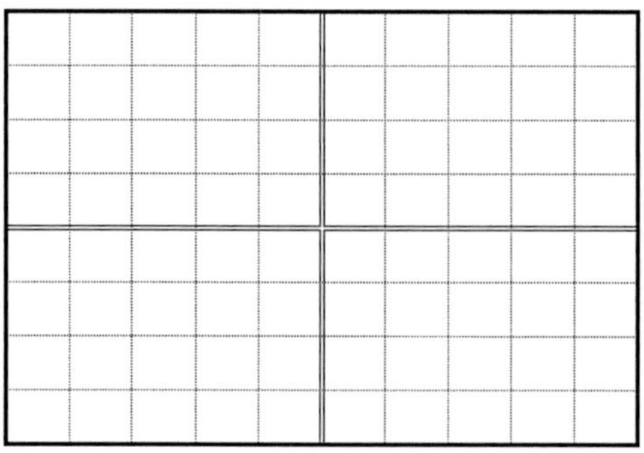

3. 그림 15.7의 미분 회로에서 소신호 입력의 크기가 5V이고 주파수는 1kHz인 삼각 파일 때에 출력 파형을 입력 파형과 함께 그래프에 나타내시오.

	계 산 값	측 정 값	오 차
최대출력전압			
최소출력전압			
기울기			

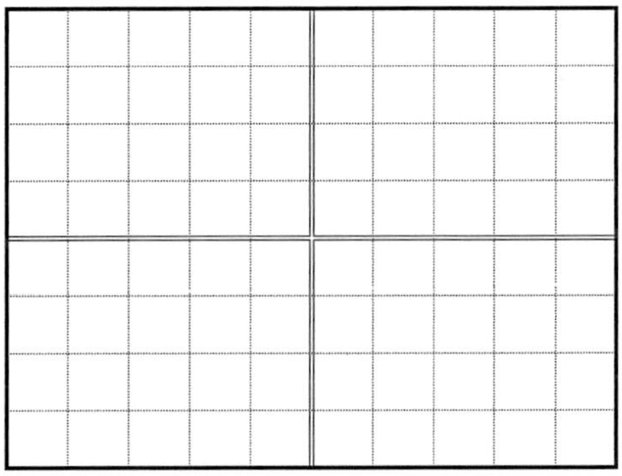

4. 그림 15.9의 슈미트 트리거 회로에서 소신호 입력을 $v_s = 5\sin wt\ V$ 그리고 주파수는 1kHz일 때에 출력 파형을 입력 파형과 함께 그래프에 나타내시오.

	계 산 값	측 정 값	오 차
최대출력전압			
최소출력전압			
전압이득 Av			

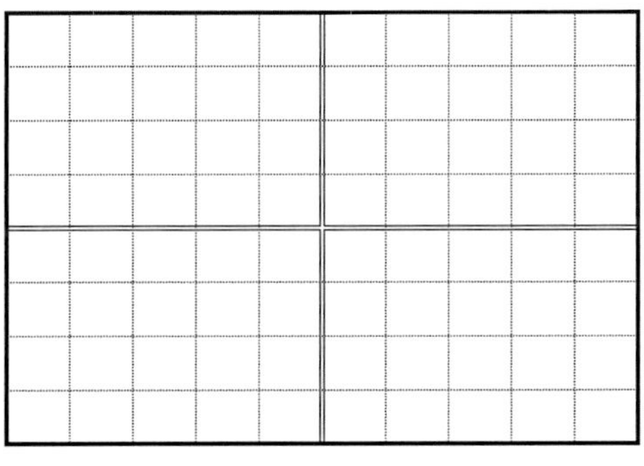

5. 그림 15.11의 제너 바운딩 회로에서 소신호 입력을 $v_s = 5\sin wt\ V$ 그리고 주파수는 1kHz일 때에 출력 파형을 입력 파형과 함께 그래프에 나타내시오.

	계 산 값	측 정 값	오 차
최대출력전압			
최소출력전압			
전압이득 Av			

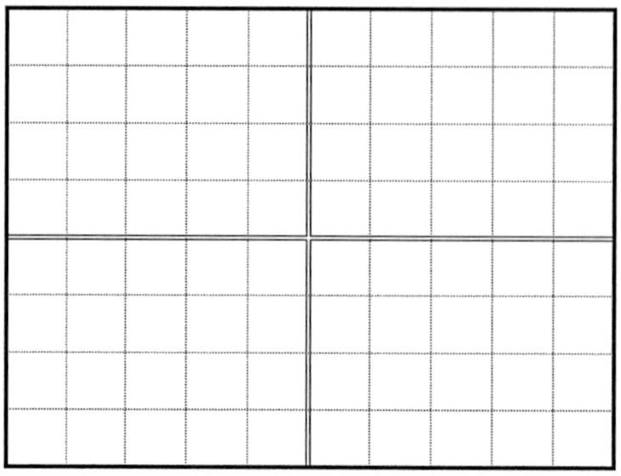

날 짜	
검 인	

PART 16

OP Amp 응용 회로 2

16.1 Instrumentation 증폭기

16.2 ADC (Analog to Digital Converter)

16.3 DAC (Digital to Analog Converter)

16.1 Instrumentation 증폭기

Instrumentation 증폭기는 입력의 차이를 증폭하는 회로로서 센서의 변화를 감지해 증폭하는 응용에 많이 사용된다. 모두 세 개의 OP Amp를 사용한다. 두 개의 OP Amp는 비반전 증폭기의 구조로 사용되어 다음의 감산기의 OP Amp로 입력된다. 입력 단자 v_1과 v_2에는 센서에서의 변화된 전압이 연결되는데 일반적으로 그 값이 매우 작으므로 증폭기를 다시 거친다. 가변 저항 R_p는 증폭 이득값을 조절한다.

먼저 각 비반전 증폭기의 출력을 구하면 다음과 같다.

$$\frac{v_2 - v_1}{R_p} = \frac{v_1 - v_{o1}}{R_1} \tag{16.1}$$

v_{o_1}에 대해 정리하면

$$v_{o1} = v_1 + \frac{R_1}{R_p}(v_1 - v_2) \tag{16.2}$$

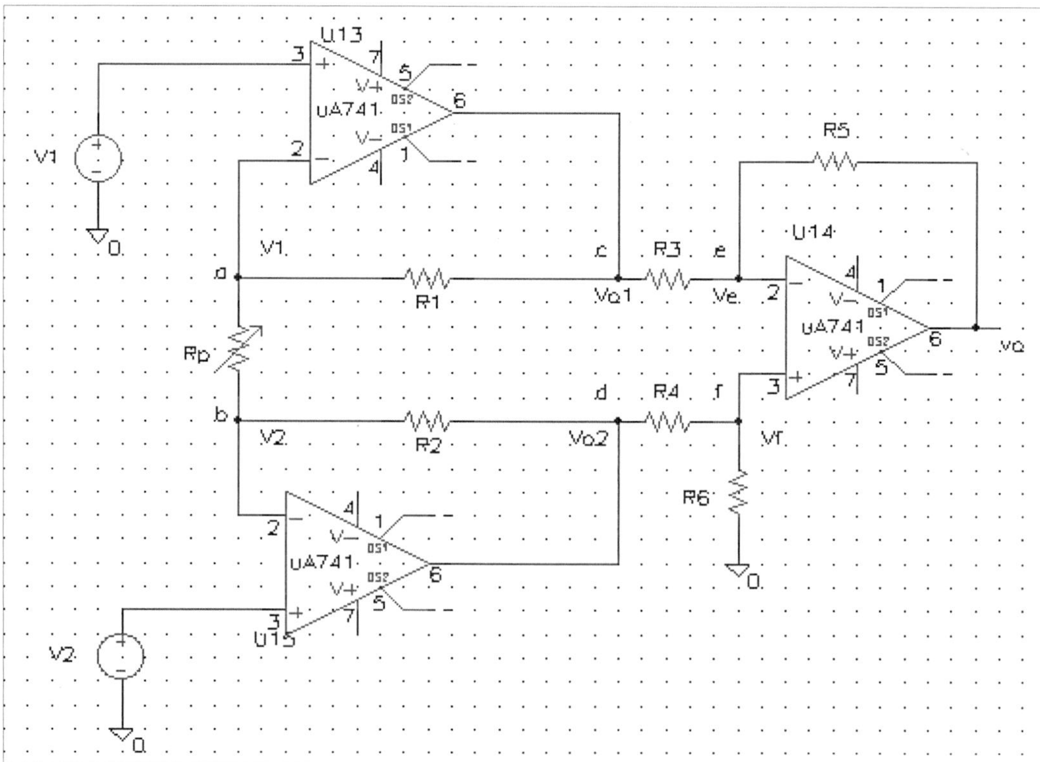

[그림 16.1] Instrument 증폭기

두 번째 비반전 증폭기의 출력은 다음과 같다.

$$\frac{v_1 - v_2}{R_p} = \frac{v_2 - v_{o2}}{R_2} \tag{16.3}$$

v_{o2}에 대해 정리하면

$$v_{o2} = v_2 + \frac{R_2}{R_p}(v_2 - v_1) \tag{16.4}$$

세 번째 회로는 감산기이므로 출력은 다음과 같다.

$$v_o = \left(1 + \frac{R_5}{R_3}\right)\frac{R_6}{R_4 + R_6}v_{o2} - \frac{R_5}{R_3}v_{o1} \tag{16.5}$$

식 (16.2)와 식 (16.4)를 대입하고 정리하면

$$\begin{aligned} v_o = &\left[\left(1 + \frac{R_5}{R_3}\right)\left(\frac{R_6}{R_4 + R_6}\right)\left(1 + \frac{R_2}{R_p}\right) + \frac{R_5 R_1}{R_3 R_p}\right]v_{o2} \\ &- \left[\left(\frac{1 + R_5}{R_3}\right)\left(\frac{R_6}{R_4 + R_6}\right)\frac{R_2}{R_p} + \frac{R_5}{R_3}\left(1 + \frac{R_1}{R_p}\right)\right]v_{o1} \end{aligned} \tag{16.6}$$

식 (16.6)에서 만약 $R_3 = R_4 = R_5 = R_6$이면

$$v_o = v_{o2} - v_{o1} \tag{16.7}$$

식 (16.2)와 식 (16.4)를 식 (16.7)에 대입하면 다음과 같다.

$$\begin{aligned} v_o &= v_2 + \frac{R_2}{R_p}(v_2 - v_1) - v_1 - \frac{R_1}{R_p}(v_1 - v_2) \\ &= \left(1 + \frac{R_1 + R_2}{R_p}\right)(v_2 - v_1) \end{aligned} \tag{16.8}$$

만약 $R_1 = R_2 = R$이면 다음과 같이 입력 전압의 차이가 증폭되어 나타난다.

저항 R이 설정되어 있을 때 가변 저항 R_p를 조절하므로 증폭정도를 조절할 수 있다.

$$v_o = \left(1 + \frac{2R}{R_p}\right)(v_{o2} - v_{o1}) \tag{16.9}$$

이 증폭기는 입력 전압의 차이에 의해 출력 전압이 나타남으로 센서의 변화를 감지하는 회로로 유용하게 사용될 수 있다. 예를 들어 입력 v_1에는 센서를 연결하고 입력 전압 v_2에는 기준 전압을 연결하면 센서의 변화에 의해 전압값이 달라짐으로 센서의 변화가 출력으로 검출된다.

PSpice 예제 ▌16.1 Instrument 증폭기

그림 16.2에서 입력으로는 $v_1 = 30mV$, 그리고 $v_2 = 50mV$ 의 직류가 주어지고 출력되는 파형을 살펴보고자 한다. 그림 16.2에서 출력 파형의 값을 계산하면 입력 파형의 차이인 20mV의 3배인 60mV가 출력된다.

$$v_o = \left(1 + \frac{1}{0.5}\right)(v_{o2} - v_{o1}) = 3(50 - 30) = 60mV$$

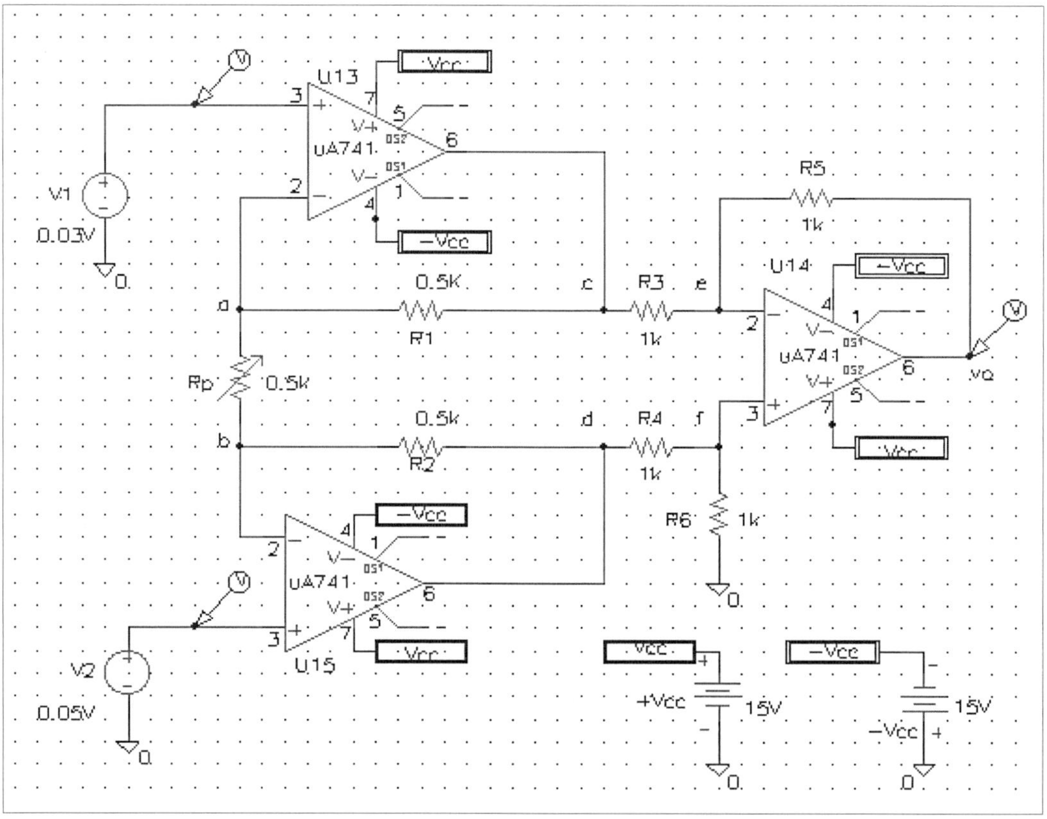

[그림 16.2] Instrumentation 증폭기 회로의 예

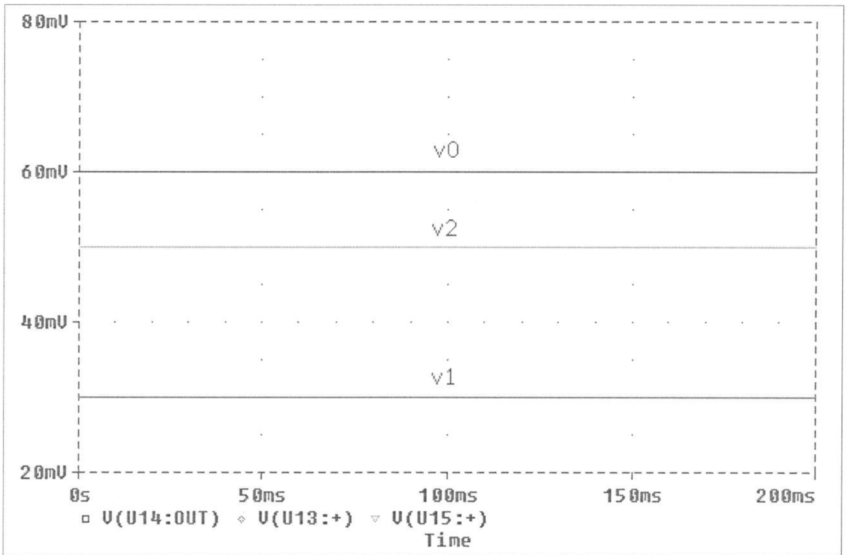

[그림 16.3] 출력 파형

16.2 ADC (Analog to Digital Converter)

그림 16.4는 3비트 ADC를 나타낸다. 전류 i 는

$$i = \frac{V_{ref}}{R_1 + R_2 + R_3} \tag{16.9}$$

만약 $R_1 = R_2 = R_3 = R$로 같으면

$$i = \frac{V_{ref}}{3R} \tag{16.10}$$

전류 i_2는

$$i_2 = \frac{v_2 - v_1}{R_2} = \frac{V_{ref} - v_1}{R_2} \tag{16.11}$$

전류 i 와 i_2는 같으므로

$$i_2 = \frac{V_{ref} - v_1}{R} = \frac{V_{ref}}{3R} \tag{16.12}$$

위의 등식을 풀면

$$v_1 = \frac{2}{3} V_{ref} \tag{16.13}$$

마찬가지로

$$i_1 = \frac{v_1 - v_0}{R} = \frac{V_{ref}}{3R} \tag{16.14}$$

$$v_0 = \frac{1}{3} V_{ref} \tag{16.15}$$

그림 16.4 회로에서는 입력 파형이 0V에서 4V까지 크기의 사인파이다. $V_{ref} = 3\,V$와 $R = 1K\Omega$의 각 값을 대입하면 $v_0 = 1\,V$, $v_1 = 2\,V$, $v_2 = 3\,V$가 된다.

16.3 DAC (Digital to Analog Converter)

그림 16.6은 3비트 DAC 회로를 나타낸다. 노드 a에서 KCL을 적용하면 다음과 같다.

$$i_f = i_0 + i_1 + i_2 \tag{16.17}$$

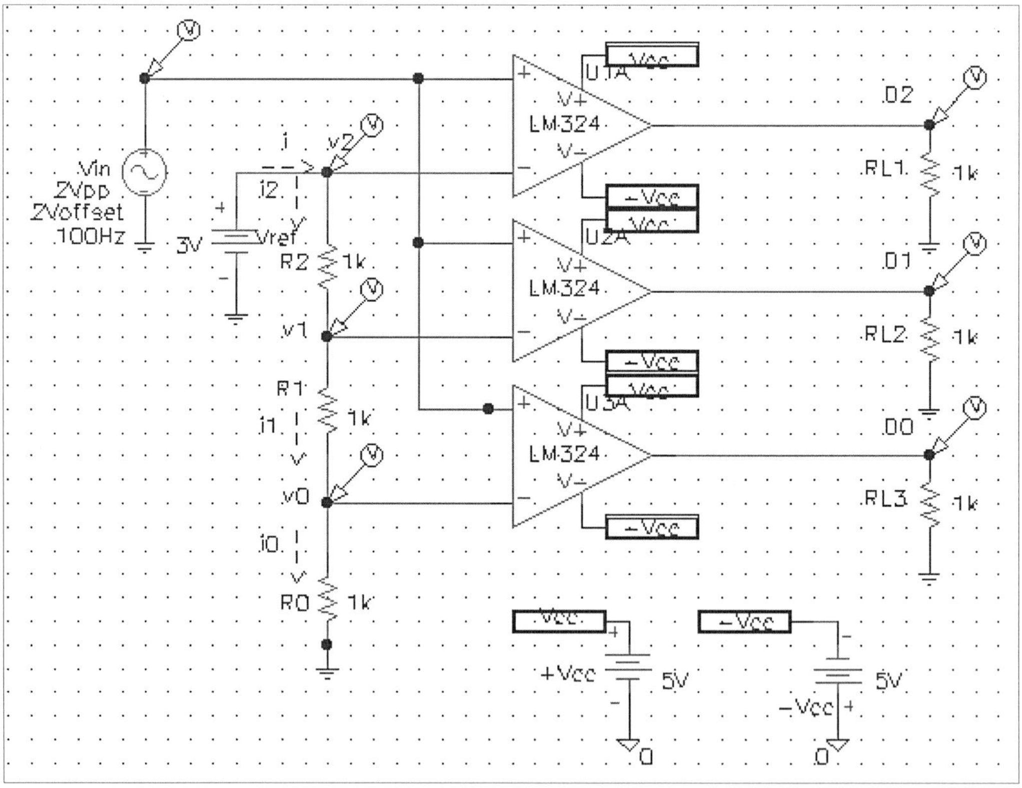

[그림 16.4] ADC 회로

$$\frac{v_a - v_o}{R_f} = \frac{V_{D0} - v_a}{4R} + \frac{V_{D1} - v_a}{2R} + \frac{V_{D2} - v_a}{R} \tag{16.18}$$

$v_a = 0$ 이므로

$$v_o = -\frac{R_f}{R}\left(\frac{V_{D0}}{4} + \frac{V_{D1}}{2} + V_{D2}\right) \tag{16.19}$$

아래 그림에서 각 값들을 대입하면

$$v_o = -\frac{5K\Omega}{10K\Omega}\left(\frac{V_{D0}}{4} + \frac{V_{D1}}{2} + V_{D2}\right)$$

$$= -\frac{1}{2}\left(\frac{V_{D0}}{4} + \frac{V_{D1}}{2} + V_{D2}\right)$$

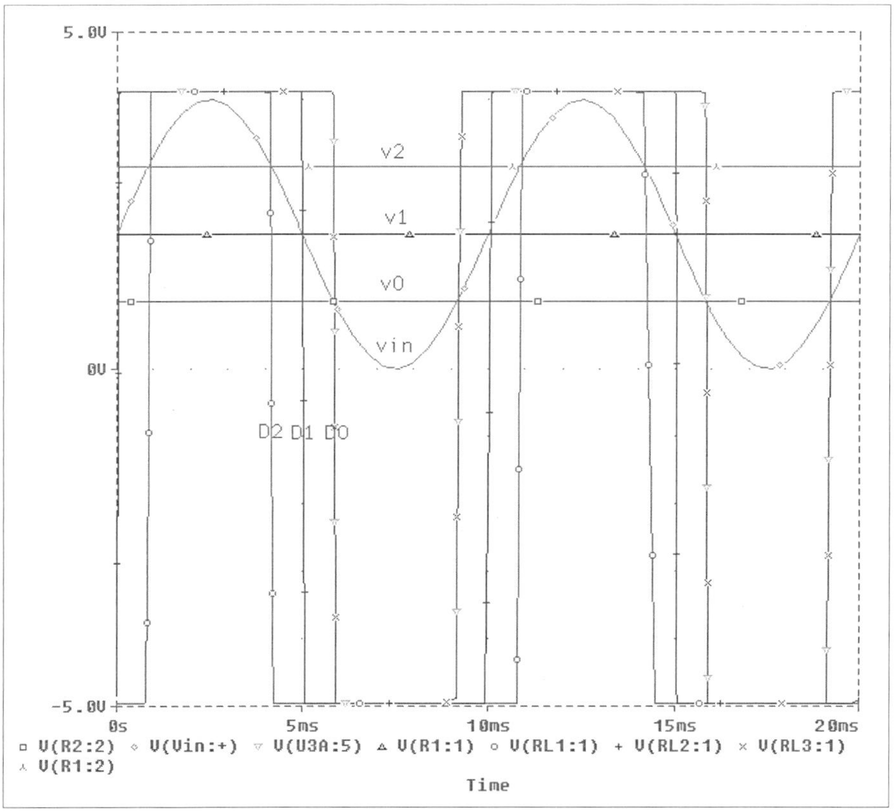

[그림 16.5] 아날로그 입력과 디지털 출력

	D2(V)	D1(V)	D0(V)	vo(V)
0	0	0	0	0
1	0	0	5	−0.625
2	0	5	0	−1.25
3	0	5	5	−1.875
4	5	0	0	−2.5
5	5	0	5	−3.125
6	5	5	0	−3.75
7	5	5	5	−4.375

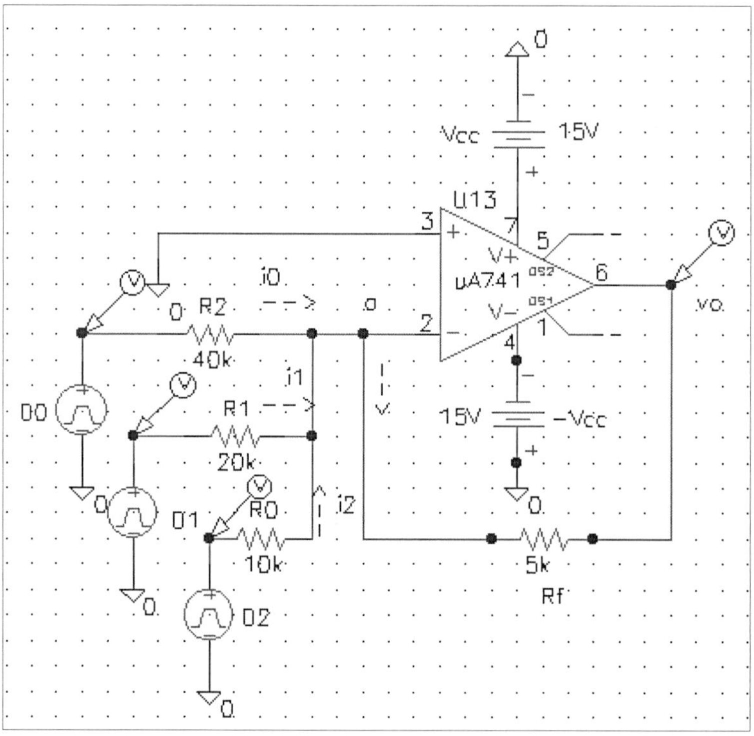

[그림 16.6] DAC 회로

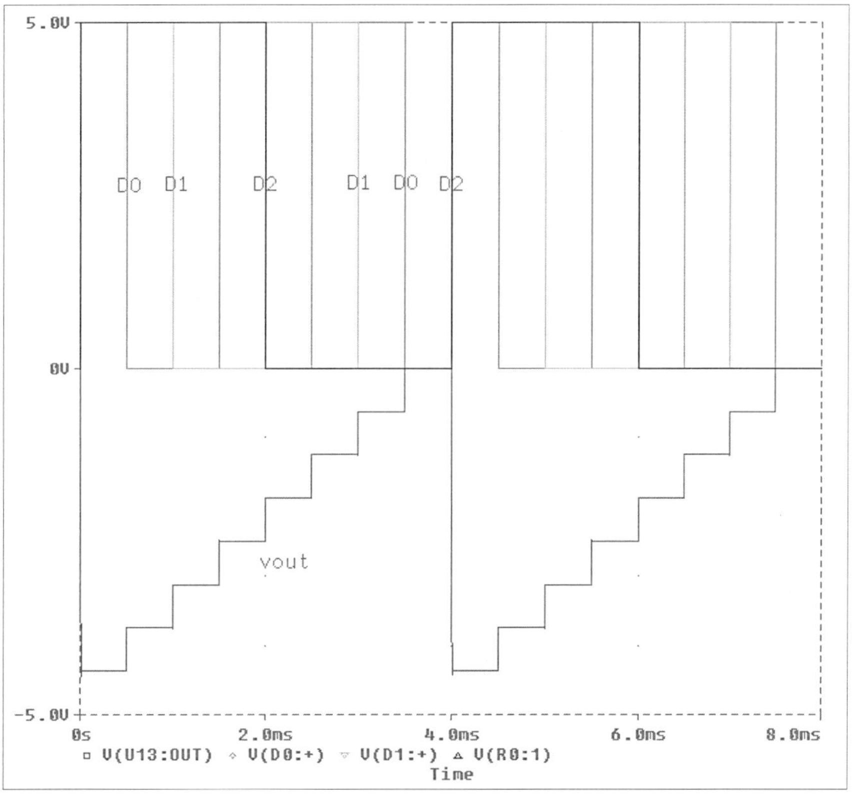

[그림 16.7] 디지털 입력과 아날로그 출력

PART 17

주파수 응답

목적 : 주파수 응답의 정의를 이해한다.
회로의 주파수 응답을 이해한다.

17.1 소개

이전 실험에서 OP Amp는 사인파로 입력 신호를 주었을 때 입력 파형의 크기가 증폭되어 같은 주파수의 사인파 신호가 출력된 것을 실험했다. 인버팅 OP Amp의 경우에는 출력이 입력 파형과 반전된 형태로 증폭되었지만 주파수와 위상은 같았다. 이는 단지 저항에 의해 회로가 구성되었으므로 위상에는 영향을 미치지 않았다. 회로 시스템에서 사인파를 입력으로 취할 경우에 나타나는 출력은 마찬가지로 사인파가 된다. 하지만 출력되어져서 나오는 사인파는 입력과 주파수는 같지만 크기와 위상값이 변화되어진다. 만약 LTI 시스템에 사인파 입력 크기가 A이고 주파수가 w, 그리고 위상이 α인 입력 파형 $v_i(t)$가 주어졌다고 하자.

$$v_i(t) = A\cos(wt + \alpha)$$

신호 $v_i(t)$를 회로 시스템의 입력으로 주어지게 되면 다음과 같은 출력을 얻는다.

$$v_i(t) = A\cos(wt + \alpha) \rightarrow \boxed{\text{회로 시스템}} \rightarrow v_o(t) = B\cos(wt + \beta)$$

여기서 출력 $v_o(t)$은 같은 코사인파로 주파수는 w로 같지만 크기가 B로 바뀌고 위상이 β로 바뀌었다. w는 주파수이다.

위의 사인파 입력은 Euler 공식에 의해 아래의 복소수 지수 함수 입력으로 나타낼 수 있다.

$$v_i(t) = \frac{A}{2}[e^{j(wt+\alpha)} + e^{-j(wt+\alpha)}]$$

이 때의 출력은

$$v_o(t) = \frac{B}{2}[e^{j(wt+\beta)} + e^{-j(wt+\beta)}]$$

로 나타난다. 따라서 **주파수 응답**이란 입력으로 사인파 함수 또는 복소수 지수 함수를 주었을 때 출력되어져서 나타나는 응답을 말한다. 시스템이 선형일 경우에 나타나는 주파수 응답의 특징은 입력 주파수 w는 변하지 않고 출력의 크기와 위상값만 변하게 된다. 따라서 주파수 응답은 사인파 입력이 출력에 어떻게 영향을 미치는 가를 주파수 영역에서 알아보는 것이다. 주파수 응답은 원하는 주파수에서 어떤 특정한 일을 수행하는 필터를 설계하고자 할 때 많은 도움이 된다. 그렇다면 이러한 크기와 위상에서의 변화는 어디에서 오는 것일까?

17.2 RC 회로의 주파수 응답

주파수는 시간과 관계가 있으므로 시간에 따라 값이 변하는 커패시터와 인덕터를 포함하는 회로는 입력 신호의 주파수 성분에 따라 출력되는 신호의 크기와 위상이 달라진다. 커패시터의 라플라스 변환 형태는 $\frac{1}{sC}$이고 인덕터의 변환 형태는 sL이다. 간단한 RC 회로를 고려해 보자.

17.2.1 저주파 통과 RC 회로

저주파 통과 회로는 주파수가 낮은 신호만을 통과시키고 고주파 신호는 걸러내는 회로를 말한다. 저항 R과 커패시터 C의 값에 의해 통과 주파수가 결정된다.

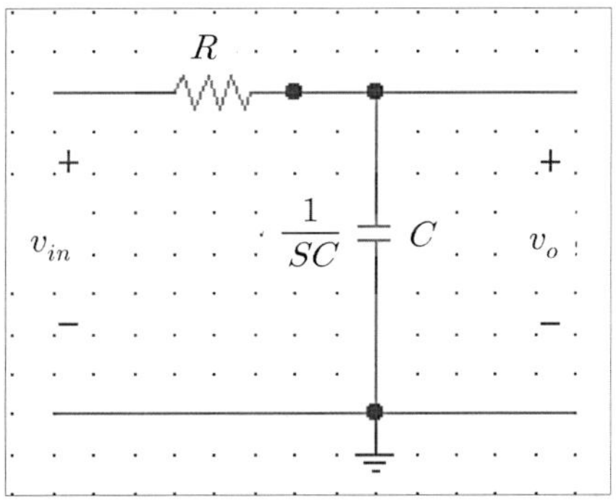

[그림 17.1] 저주파 통과 회로

라플라스 변화를 통해 출력 전압 $V_o(s)$을 구하면 다음과 같다.

$$\begin{aligned} V_o(s) &= \frac{\frac{1}{sC}}{R+\frac{1}{sC}} V_{in}(s) \\ &= \frac{1}{RCs+1} V_{in}(s) \\ &= \frac{\frac{1}{RC}}{s+\frac{1}{RC}} V_{in}(s) \end{aligned} \tag{17.1}$$

여기서 Cut-off 주파수는

$$w_c = \frac{1}{RC},\ f_c = \frac{1}{2\pi RC}(Hz) \tag{17.2}$$

PSpice 예제 17.1 저주파 통과 RC 필터

저항이 $R = 1K\Omega$이고 $C = 1uF$일 경우에 저주파 통과 필터 회로의 주파수 응답을 고려해 보자. 입력 전원으로 크기가 1이고 주파수가 60Hz인 사인파가 주어진다.

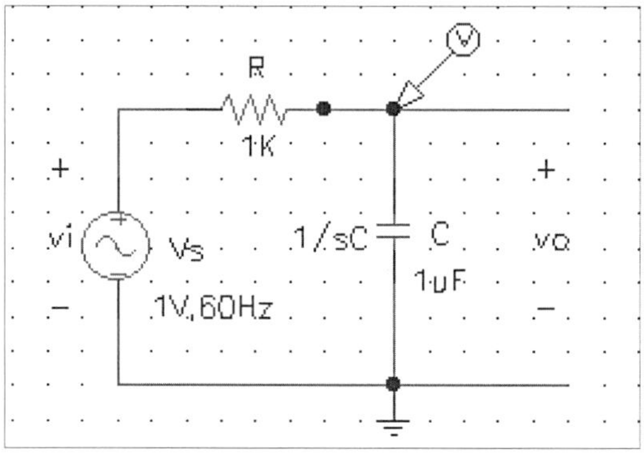

[그림 17.2] 저주파 통과 회로

회로의 주파수 응답을 알아보기 위해서는 AC Sweep을 사용한다. PSpice의 메뉴창에서 Analysis → Set up → AC Sweep

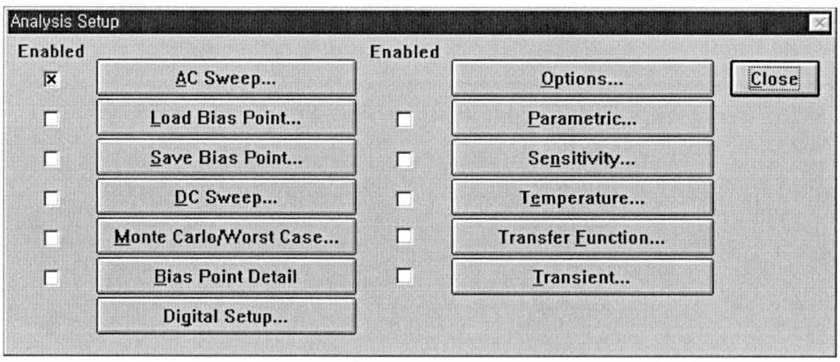

[그림 17.3] AC Sweep의 선택

AC Sweep 창안에서는 주파수의 단위를 Decade로 하고 시작 주파수 Start Freq와 끝나는 주파수 End Freq를 설정한다. 한 Decade 안에 몇 개의 데이터 샘플을 나타내는 것이 Pts/Decade이다.

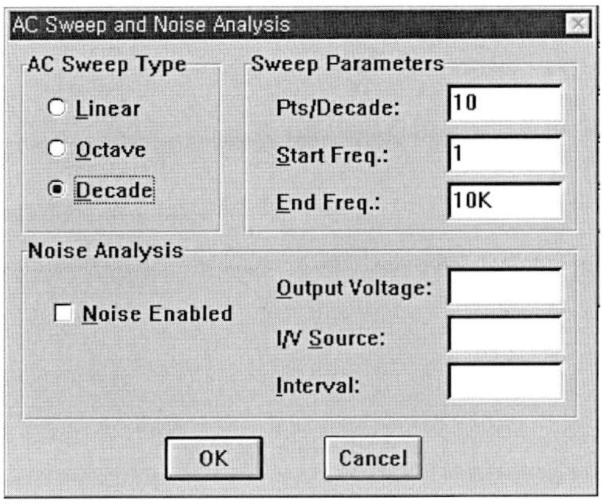

[그림 17.4] AC Sweep 창

OK 버튼을 누르고 창을 닫은 후에 실행하면 그림 17.5와 같은 주파수 응답이 출력된다.

Analysis → Simulate

그래프에 화살표나 글자를 써넣기 위해서는 출력 파형이 나타난 그림 17.5의 Probe 창에서

Tools → Label → Text 또는 Arrow

를 클릭한 뒤에 입력하면 된다.

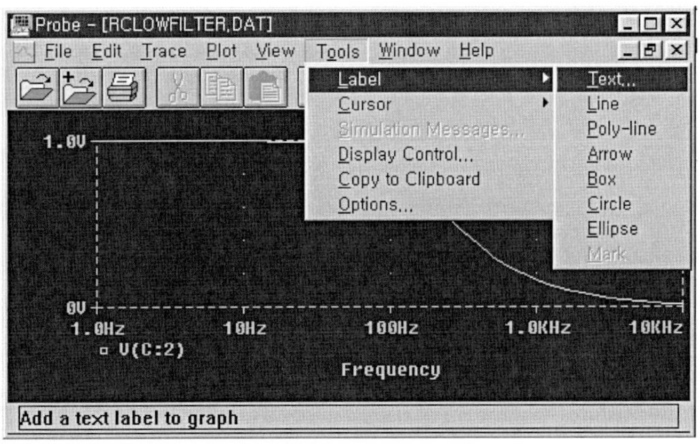

[그림 17.5] Probe 창

Cut-off 주파수는 주파수 응답의 크기를 1로 가정할 경우 0.707의 값에 해당하는 주파수를 말한다. 크기가 데시벨(dB)로 주어지면 $20\log_{10}0.707 = -3dB$에서의 주파수를 말한다. 그림 17.6에서 - 3dB(0.707)점에서의 Cut-off 주파수를 계산한 값과 비교해 보자.

$$f_c = \frac{1}{2\pi 10^3 \cdot 10^{-6}} = 159.23(Hz)$$

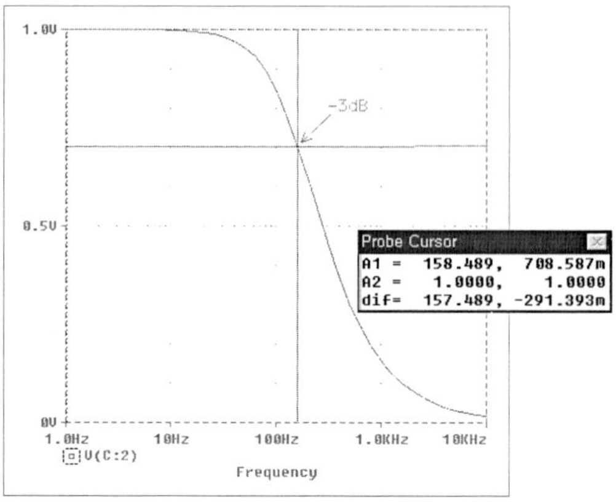

[그림 17.6] 저주파 통과 회로의 주파수 응답

17.2.2 고주파 통과 RC 회로

고주파 통과 회로는 저주파 통과 회로와 저항과 커패시터의 위치가 반대로 놓여 있음을 알 수 있다.

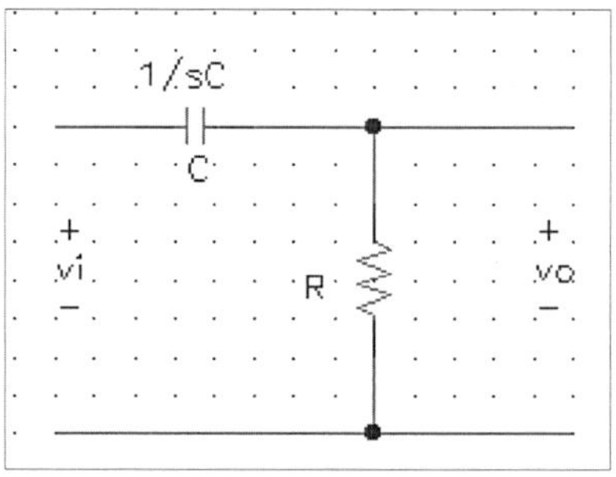

[그림 17.7] 고주파 통과 회로

라플라스 변환으로 출력 전압을 구하면

$$V_o(s) = \frac{R}{R + \frac{1}{sC}} V_i(s) \tag{17.3}$$

$$= \frac{RCs}{RCs + 1} V_i(s)$$

$$= \frac{s}{s + \frac{1}{RC}} V_i(s)$$

여기서 Cut-off 주파수는

$$w_c = \frac{1}{RC}, f_c = \frac{1}{2\pi RC}(Hz) \tag{17.4}$$

PSpice 예제 17.2 고주파 통과 RC 필터

저항 $R = 1K\Omega$이고 커패시터 $C = 1uF$, 그리고 전압원의 크기가 1이고 주파수가 60Hz일 때 출력을 고려해 보자.

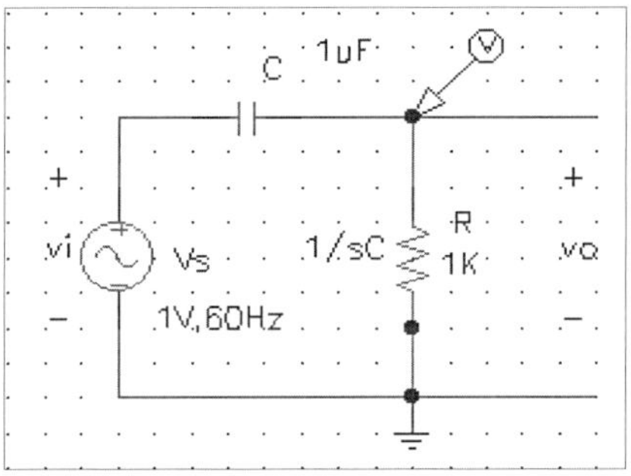

[그림 17.8] 고주파 통과 회로

Cut-off 주파수는

$$f_c = \frac{1}{2\pi 10^3 \cdot 10^{-6}} = 159.23(Hz)$$

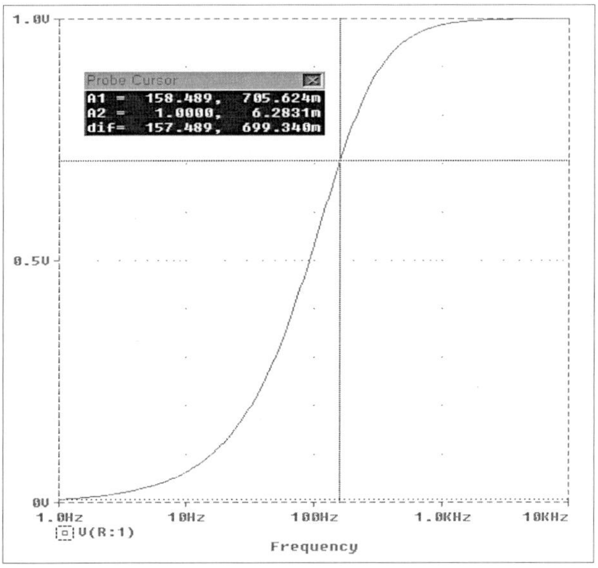

[그림 17.9] 주파수 응답

17.2.3 밴드 통과 RC 회로

밴드 통과 회로는 저주파 통과 회로와 고주파 통과 회로를 cascade 형식으로 연결한 형태를 나타낸다.

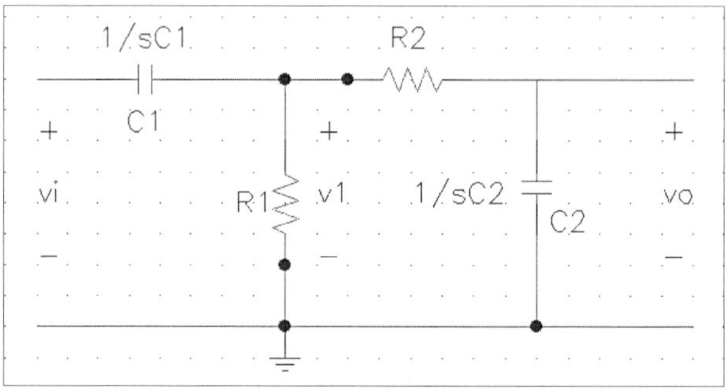

[그림 17.10] 밴드 통과 회로

먼저 $V_1(s)$를 계산하면

$$V_1(s) = \frac{R_1C_1s}{R_1C_1s+1}V_i(s) \tag{17.5}$$

출력 전압을 구하면

$$\begin{aligned} V_o(s) &= \frac{1}{R_2C_2s+1}V_1(s) \\ &= \frac{R_1C_1s}{(R_1C_1s+1)(R_2C_2s+1)}V_i(s) \end{aligned} \tag{17.6}$$

여기서 Cut-off 주파수는

$$w_{c1} = \frac{1}{R_1C_1},\ w_{c2} = \frac{1}{R_2C_2} \tag{17.7}$$

PSpice 예제 17.3 밴드 통과 RC 필터

그림 17.11은 밴드 통과 필터를 나타낸다. 저항 $R_1 = R_2 = 1K\Omega$이고 커패시터 $C_1 = 1uF$, 그리고 $C_2 = 10uF$이다. 밴드통과 필터의 Cut-off 주파수는

$$f_{c1} = \frac{1}{2\pi R_1C_1} = \frac{1}{2\pi 10^3 \cdot 10^{-6}} = 159Hz$$

$$f_{c2} = \frac{1}{2\pi R_2C_2} = \frac{1}{2\pi 10^3 \cdot 10 \cdot 10^{-6}} = 15.9Hz$$

대역폭(Bandwidth)은 다음과 같다.

$$BW = f_{c1} - f_{c2} = 159 - 15.9 = 143.1(Hz)$$

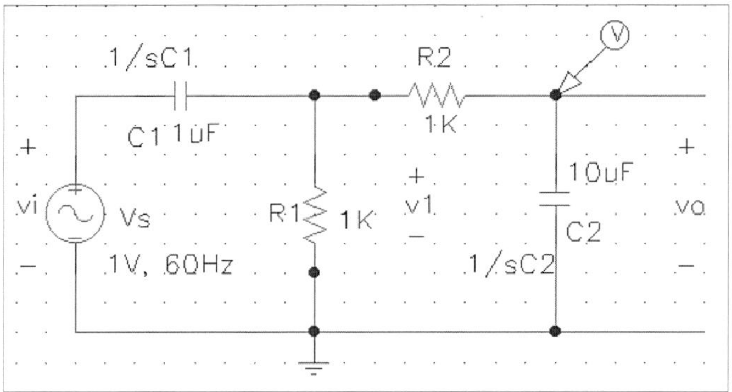

[그림 17.11] 밴드 통과 필터 회로

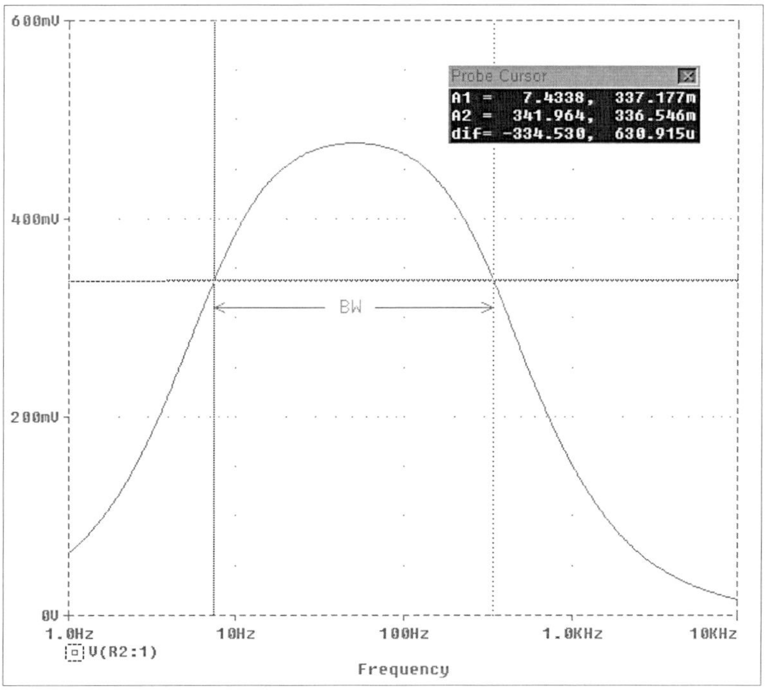

[그림 17.12] 밴드 통과 회로의 주파수 응답

17.2.4 트랜지스터 증폭 회로의 주파수 응답

우리가 트랜지스터 회로에서 소신호 분석을 할 때 커패시터는 쇼트시킨 뒤에 계산을 하였다. 이는 커패시터의 시간에 따른 영향, 즉 주파수 특성을 무시한 것이다. 하지만 실제로 커패시터는 시간에 따라 충전과 방전을 하므로 이는 곧 주파수 특성에 영향을 미친다.

그림 17.13에서 커패시터 C_s와 C_E 그리고 C_C는 저주파 주파수에 대한 특성을 나타낸다.

그림 17.13은 에미터 공통 특성을 나타낸다.

입력 전압 $V_i(s)$는

$$V_i(s) = \frac{R_i}{R_i + R_s + \frac{1}{C_s s}} V_s(s) \tag{17.8}$$

$$= \frac{R_i C_s s}{(R_i + R_s)C_s s + 1} V_s(s)$$

KVL을 적용하면 입력 전압 $V_i(s)$는 다음과 같다.

$$(I_b(s) + \beta I_b(s))\left(R_E // \frac{1}{s\,C_E}\right) + I_b(s) r_\pi = V_i(s) \tag{17.9}$$

I_b로 정리하면

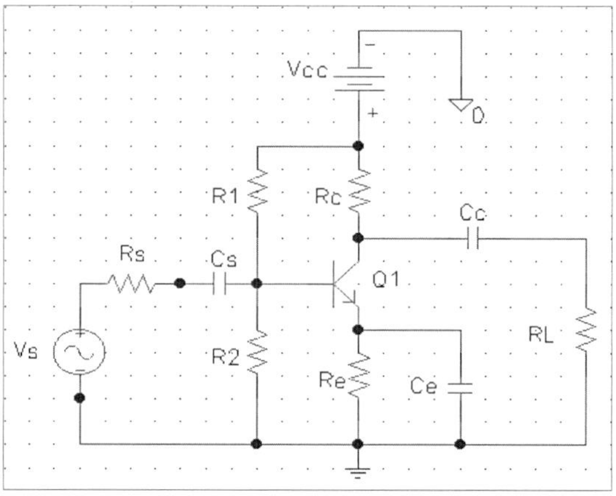

[그림 17.13] 에미터 공통 증폭 회로

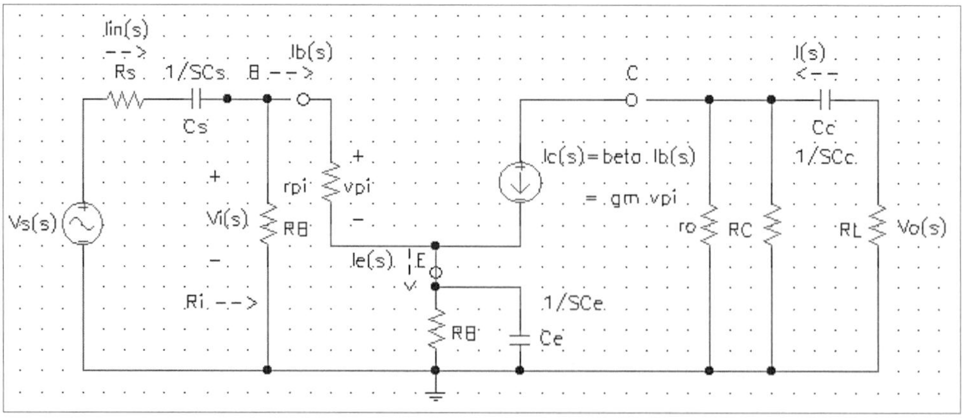

[그림 17.14] 소신호 모델

I_b로 정리하면

$$I_b(s)\left[(1+\beta)\left(R_E // \frac{1}{sC_E}\right)+r_\pi\right]=V_i(s) \tag{17.10}$$

부하 저항 R_L에 흐르는 전류 I를 계산하면

$$I(s)=\frac{R_C}{R_c+\dfrac{1}{sC_c}+R_L}\beta I_b(s) \tag{17.11}$$

출력 전압은

$$\begin{aligned} V_o(s) &= -R_L I(s) \\ &= -\frac{R_C R_L}{R_C+\dfrac{1}{sC_C}+R_L}\beta I_b(s) \end{aligned} \tag{17.12}$$

$I_b(s)$를 대입하면

$$V_o(s)=-\frac{R_C R_L \beta s C_C}{s(R_C+R_L)C_C+1}\frac{1}{(1+\beta)\left(\dfrac{R_E}{R_E C_E s+1}\right)+r_\pi}V_i(s)$$

$$=-\frac{R_C R_L \beta s C_C}{s(R_C+R_L)C_C+1}\frac{R_E C_E s+1}{(1+\beta)R_E+r_\pi(R_E C_E s+1)} \tag{17.13}$$

$$\frac{R_i C_S s}{s(R_i+R_S)C_S+1}V_s(s)$$

각 Cut-off 주파수를 구하면

$$\begin{aligned} f_c &= \frac{1}{2\pi C_C(R_C+R_L)} \\ f_s &= \frac{1}{2\pi C_S(R_i+R_S)} \\ f_e &= \frac{(1+\beta)R_E+r_\pi}{2\pi r_\pi R_E C_E} \end{aligned} \tag{17.14}$$

PSpice 예제 17.4 에미터 증폭 회로

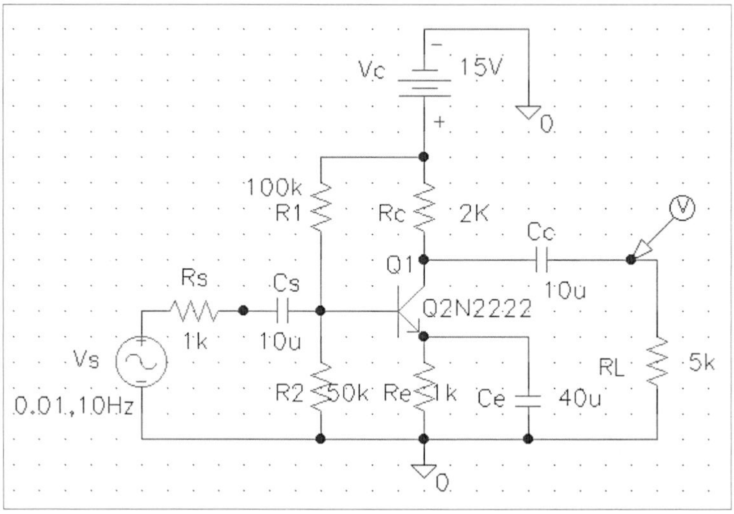

[그림 17.15] 에미터 증폭 회로

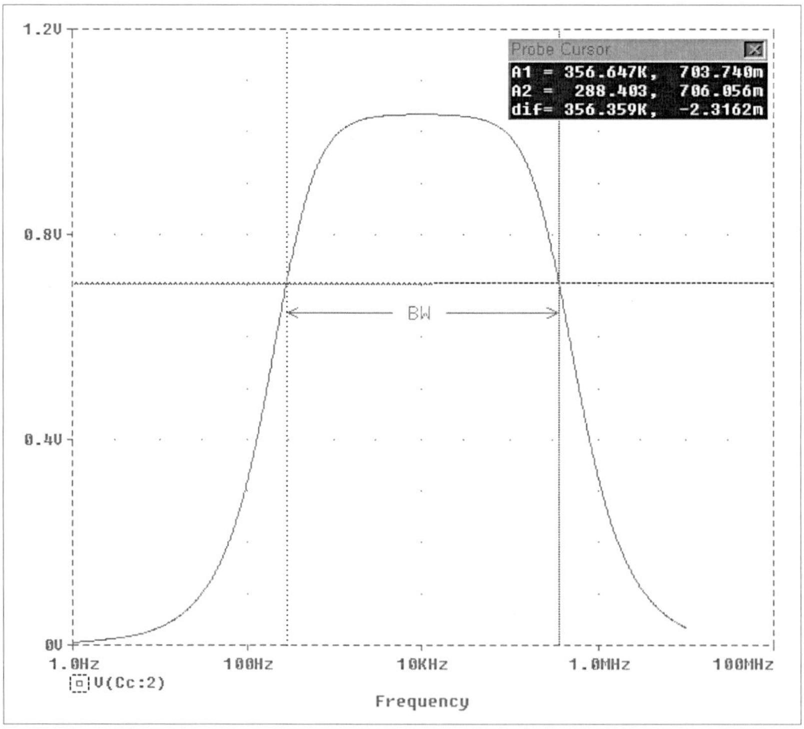

[그림 17.16] 주파수 응답

PART 18 OP Amp를 사용한 필터 설계

목적 : 필터의 정의를 이해한다.
다양한 필터의 특성을 이해하고 응용 회로를 알아본다.

18.1 소개

필터란 원하는 신호는 통과하게 하고 원하지 않는 신호는 통과하지 못하게 하는 회로를 말한다. 필터를 좀 더 자세히 말하면 원하는 주파수의 신호를 통과하게 하고 원하지 않는 주파수의 필터는 통과시키지 않는다. 예를 들어 우리의 소리를 마이크로 전달하려할 때 고주파 성분을 띠는 잡음이 함께 섞이면 삑하는 소리와 함께 전달할 수 없게 된다. 이때 저주파 통과 필터를 사용하면 고주파 성분은 줄어들어 소리가 잘 전달된다. 또 다른 예로 간단한 적외선 센서를 실내에서 사용할 경우를 보자. 형광등의 저주파수가 적외선 고주파에 영향을 미치므로 적외선 센서의 수광부에서는 반드시 고주파 통과 필터를 사용하여 형광등의 저주파 성분을 없애야 한다. 이처럼 필터는 많은 곳에서 다양한 용도에 맞게 사용되고 있다.

필터의 종류는 크게 넷으로 나뉜다.

첫째, 낮은 주파수, 즉 차단 주파수까지의 신호만 통과하게 하는 **저주파 통과 필터**가 있다.

둘째, 차단 주파수보다 큰 주파수의 신호만 통과하게 하는 **고주파 통과 필터**가 있다.

셋째, 특정 주파수의 신호만을 통과하게 하는 **밴드 통과 필터**가 있다.

마지막으로 특정 주파수의 신호만을 통과하지 못하게 하는 **밴드 저지 필터**가 있다. 이러한 필터를 회로로 구성하기 위해서는 저항, 커패시터, 인덕터와 같은 소자와 OP Amp를 조합해서 사용한다.

18.2 저주파 통과 필터

18.2.1 1차 저주파 통과 필터 1

먼저 각 임피던스 소자를 라플라스 형태로 변환한다. 커패시터는 $\frac{1}{sC}$로 바꾼다. 그림 18.1에서 노드 a에서 KCL을 적용하면 라플라스 변환의 관계식은 다음과 같다.

$$\frac{V_s(s)-V_a(s)}{R_i}=\frac{V_a(s)-V_o(s)}{R_f}+\frac{V_a(s)-V_o(s)}{\frac{1}{sC_1}} \tag{18.1}$$

v_a는 가상접지이므로 $V_a(s)=0$이다. 식 (18.1)을 정리하면 다음과 같다.

$$\frac{V_s(s)}{R_i}=-\left(\frac{1}{R_f}+sC_1\right)V_o(s) \tag{18.2}$$

출력 전압 v_o는 다음과 같다.

$$\frac{V_o(s)}{V_s(s)} = -\frac{R_f}{R_i + R_f R_i C_1 s} \tag{18.3}$$

$$= -\frac{R_i / R_f C_1}{s + \dfrac{1}{R_i C_1}}$$

여기서 Cut-off 주파수는

$$w_c = \frac{R_i}{R_f R_i C_1} = \frac{1}{R_f C_1}$$

$$f_c = \frac{1}{2\pi R_f C_1}(Hz) \tag{18.4}$$

그림 18.1에서 각 소자의 값을 대입하면

$$\frac{V_O(s)}{V_i(s)} = -\frac{R_f / R_1}{R_f C_1 s + 1} = -\frac{1}{10K \cdot 0.1uF \cdot s + 1} = -\frac{1}{10^{-3}s + 1}$$

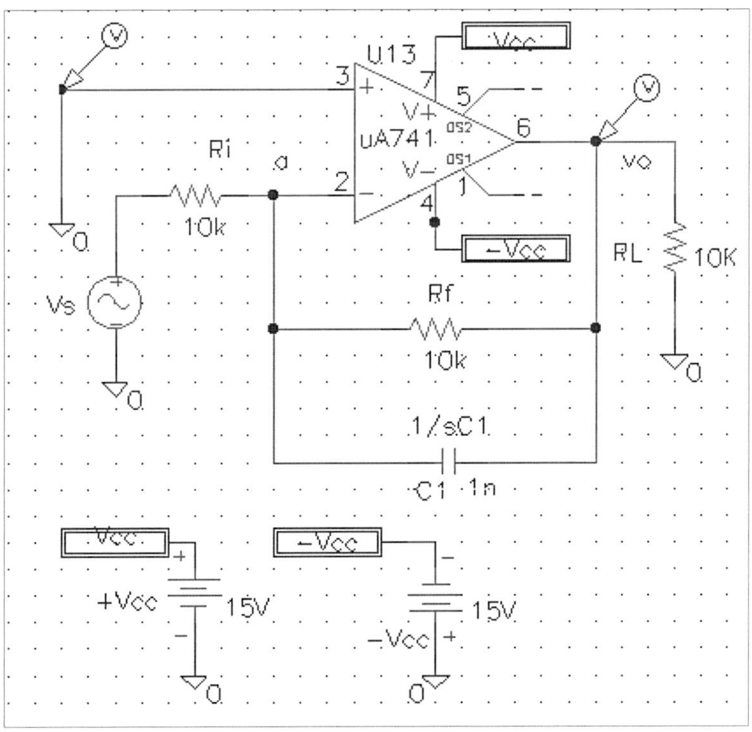

[그림 18.1] 저주파 통과 필터

Cut-off 주파수는

$$f = \frac{1}{2\pi R_f C_1} = \frac{1}{2\pi \cdot 10K \cdot 0.1uF} = 159Hz$$

PSpice에서 주파수 응답을 나타내기 위해서는 AC Sweep 기능을 사용한다. 먼저 주파수 응답을 알아보기 위해서는 Analysis 메뉴에서 Set up을 선택하고 AC Sweep을 선택한다. AC Sweep 메뉴를 클릭하여 다음과 같이 써넣는다.

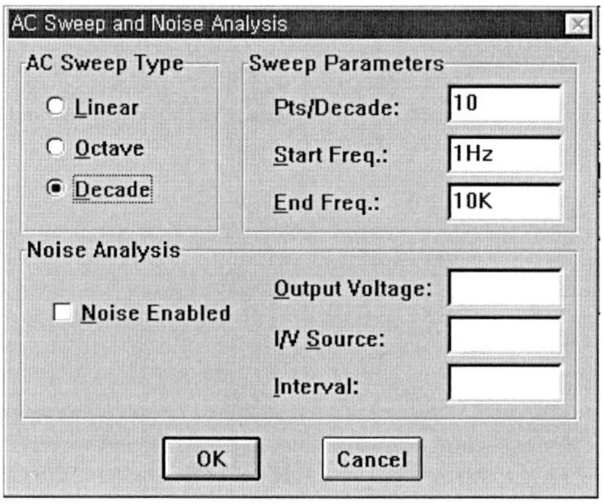

[그림 18.2] AC Sweep

Probe 윈도우에서 Tools를 선택하고 Cursor를 선택한 뒤에 Display를 선택하면 Probe 창에 그려진 그림의 x축과 y축의 값을 마우스를 이동하므로 Probe Cursor라는 작은 창을 통해 알 수 있다.

Cut-off 주파수는 출력 전압이 5 x 0.707 = 3.535V일 때의 주파수이므로 마우스를 움직여 근사한 값을 구하면 주파수는 159.268Hz라는 값을 얻을 수 있다.

18.2.2 1차 저주파 통과 필터 2

또 다른 형태의 저주파 통과 필터는 그림 18.4와 같다.

노드 a에서

$$\frac{V_a(s)}{R_i} + \frac{V_a(s) - V_o(s)}{R_f} = 0 \qquad (18.5)$$

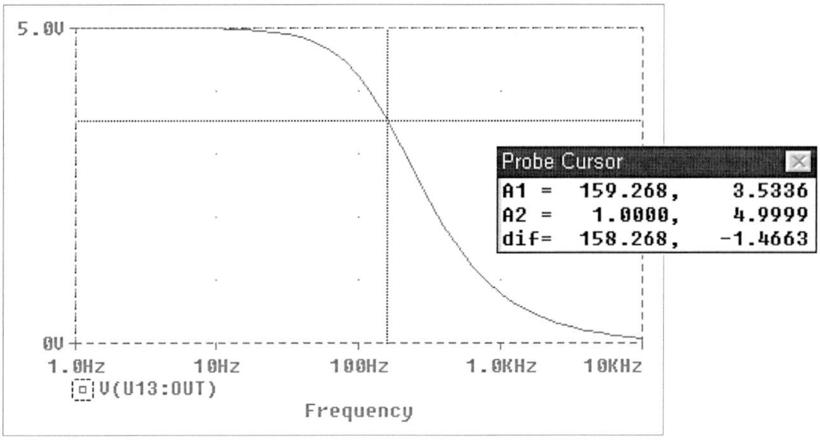

[그림 18.3] 저주파 필터 응답

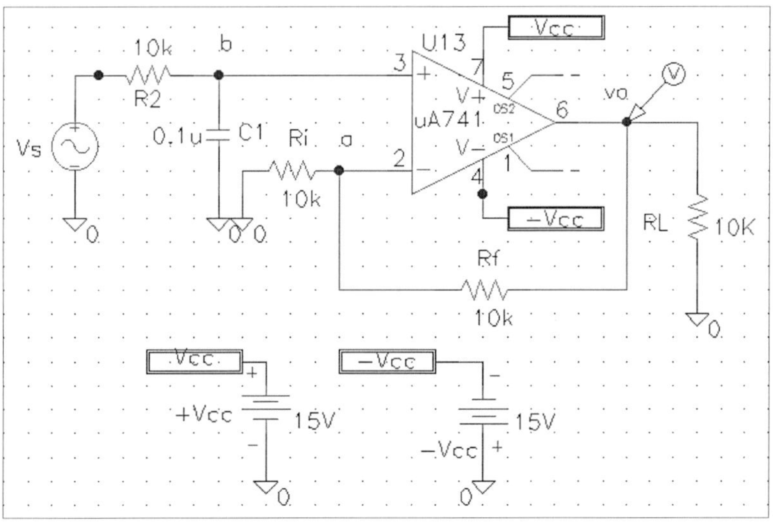

[그림 18.4] 저주파 통과 필터

노드 b에서

$$\frac{V_s(s) - V_b(s)}{R_2} = \frac{V_b(s)}{\frac{1}{sC_1}} \tag{18.6}$$

식 (18.6)에서 $V_b(s)$로 정리하면

$$V_b(s) = \frac{1}{R_2 C_1 s + 1} V_s(s) \tag{18.7}$$

$V_a(s) = V_b(s)$이므로 식 (18.5)로부터

$$V_o(s) = \frac{R_f + R_i}{R_i} V_a(s) \tag{18.8}$$
$$= \frac{R_f + R_i}{R_i} \frac{1}{R_2 C_1 s + 1} V_s(s)$$

여기서 Cut-off 주파수는

$$w_c = \frac{1}{R_2 C_1}$$

$$f_c = \frac{1}{2\pi R_2 C_1}(Hz) \tag{18.9}$$

실제적으로 그림 18.4에서 Cut-off 주파수를 계산하면

$$f = \frac{1}{2\pi R_2 C_1} = \frac{1}{2\pi \cdot 10K\Omega \cdot 0.1uF} = 159.23Hz \tag{18.10}$$

출력 응답을 계산하면

$$V_o(s) = \frac{10 + 10}{10} \frac{1}{10^{-3}s + 1} V_s(s) \tag{18.11}$$

$$= \frac{2}{10^{-3}s + 1} V_s(s)$$

아래 Probe Cursor 창의 수치와 거의 같음을 알 수 있다.

그림 18.1의 저주파 필터와 비교해 보면 그림 18.4의 저주파 필터의 이득이 두 배인 것을 알 수 있다. 이는 인버팅 구조와 반인버팅 구조의 차이에서 나타난 것이다.

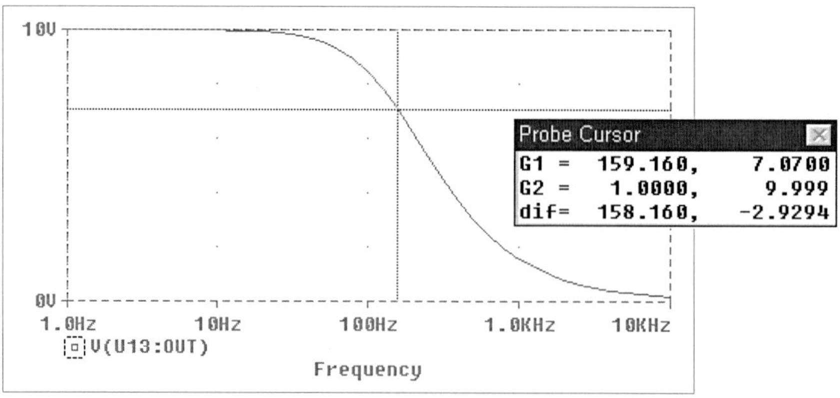

[그림 18.5] 저주파 필터의 응답

18.2.3 저주파 신호 통과 응용

그림 18.6의 회로는 입력으로 두 사인파 함수를 저주파 통과 필터를 통과시켰을 때 나

오는 출력을 점검하는 회로이다. 입력 신호의 주파수는 각각 $f_1 = 1KHz, f_2 = 50Hz$로 저주파 신호 v_{s2}를 통과하게 하고 고주파 신호 v_{s1}를 저지시키고자 한다.

$$v_{s1}(t) = 5\sin(2\pi 10^3 t),\ \ v_{s2}(t) = 5\sin(2\pi 50t)$$

그림 18.6에서 보면 저주파 통과 필터의 Cut-off 주파수는 다음과 같이 설정되었다.

$$f = \frac{1}{2\pi R_2 C_1} = \frac{1}{2\pi \cdot 10K\Omega \cdot 1uF} = 15.923Hz$$

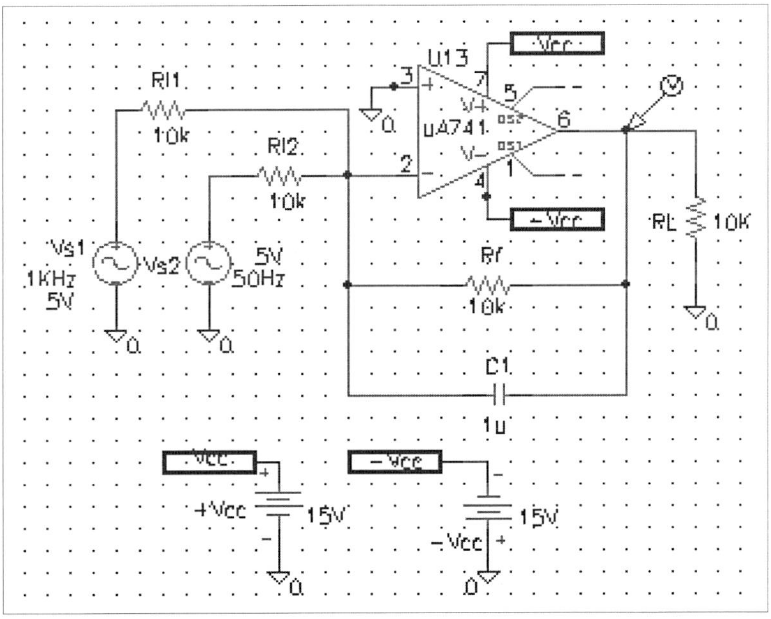

[그림 18.6] 저주파 필터의 응용

저주파 필터를 통과한 신호는 다음과 같다. 출력된 신호의 주파수는 $f_2 = 50Hz$로 고주파 신호는 통과하지 못하고 저주파 신호만 통과한 것을 알 수 있다. 전압증폭비가 1임에도 출력이 입력 전압보다 작게 나오는 이유는 저주파 신호의 주파수가 Cut-off 주파수보다 다소 크게 설정되었기 때문이다. 독자들은 필터의 계수를 조절하므로 정확하게 5V의 크기가 나오도록 필터를 다시 설계하여 보기 바란다.

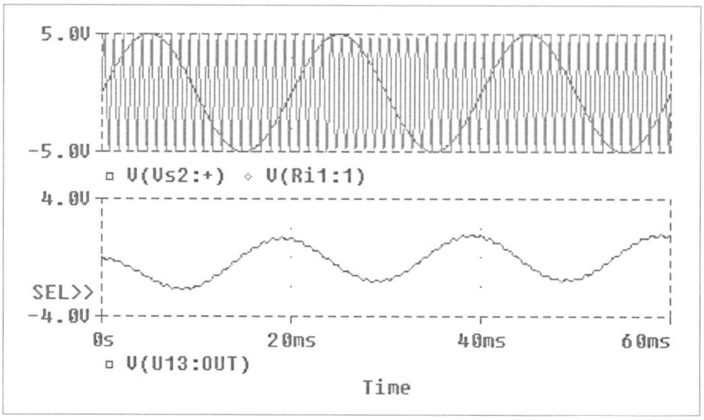

[그림 18.7] 필터된 신호

18.3 고주파 통과 필터

18.3.1 고주파 통과 필터 1

그림 18.8에 나타난 회로는 고주파 통과 필터이다.
노드 a에서 KCL을 적용하면

$$\frac{V_s(s) - V_a(s)}{R_i + \frac{1}{sC_1}} = \frac{V_a(s) - V_o(s)}{R_f} \tag{18.12}$$

노드 a는 가상접지이므로 $V_a(s) = 0$이다. 식 (18.12)를 정리하면 출력은 다음과 같다.

$$V_o(s) = -\frac{R_f C_1 s}{R_i C_1 s + 1} V_s(s) \tag{18.13}$$

여기서 Cut-off 주파수는

$$w_c = \frac{1}{R_i C_1}$$

$$f_c = \frac{1}{2\pi R_i C_1}(Hz) \tag{18.14}$$

그림 18.8에서 각 소자의 값을 대입하면

$$\frac{V_O(s)}{V_i(s)} = -\frac{R_f C_1 s}{R_i C_1 s + 1} = -\frac{s}{10K \cdot 0.1uF \cdot s + 1} = -\frac{s}{10^{-3}s + 1}$$

$$f = \frac{1}{2\pi R_i C_1} = \frac{1}{2\pi \cdot 10K\Omega \cdot 0.1uF} = 159.23Hz$$

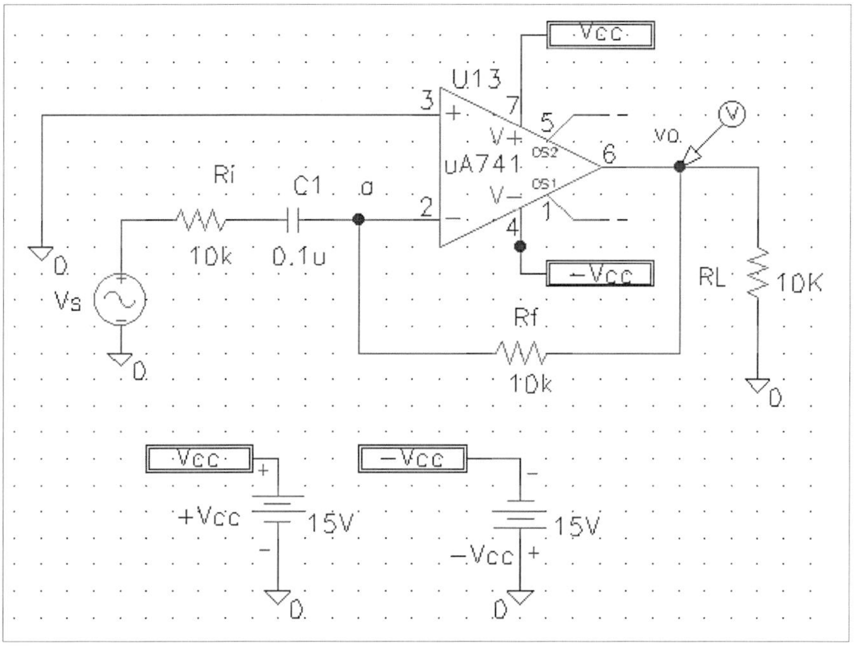

[그림 18.8] 고주파 통과 필터

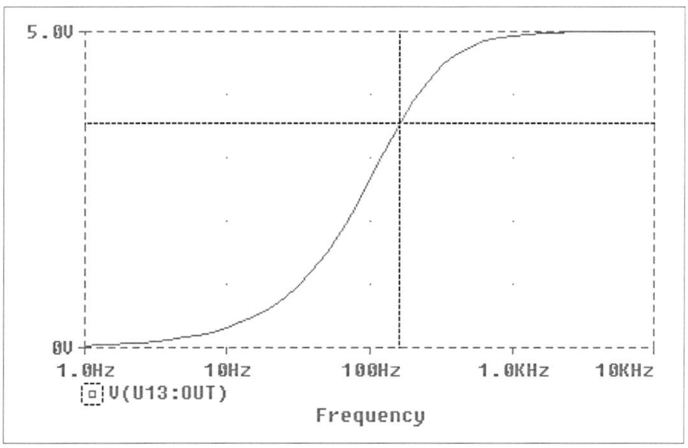

[그림 18.9] 고주파 통과 필터의 응답

18.3.2 고주파 통과 필터 2

또 다른 고주파 통과 필터의 예는 다음 그림 18.10과 같다.

노드 a에서

$$\frac{0-V_a(s)}{R_i}=\frac{V_a(s)-V_o(s)}{R_f} \tag{18.15}$$

노드 b에서

$$\frac{V_s(s) - V_b(s)}{\frac{1}{sC_1}} = \frac{V_b(s)}{R_2} \tag{18.16}$$

식 (18.16)을 정리하면

$$V_b(s) = \frac{R_2 C_1 s}{1 + R_2 C_1 s} V_s(s) \tag{18.17}$$

$V_a(s) = V_b(s)$이므로 식 (18.17)을 식 (18.15)에 대입한 뒤에 정리하면

$$V_o(s) = \frac{R_i + R_f}{R_i} \frac{R_2 C_1 s}{1 + R_2 C_1 s} V_s(s) \tag{18.18}$$

여기서 Cut-off 주파수는

$$w_c = \frac{1}{R_2 C_1}$$

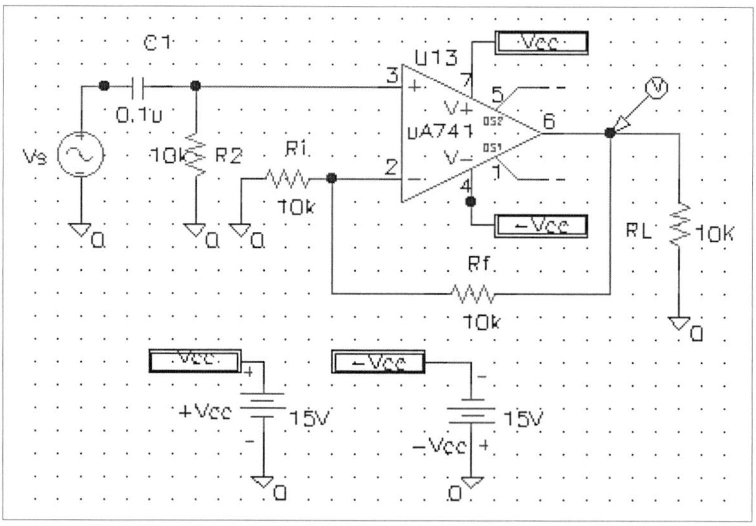

[그림 18.10] 고주파 통과 필터의 예

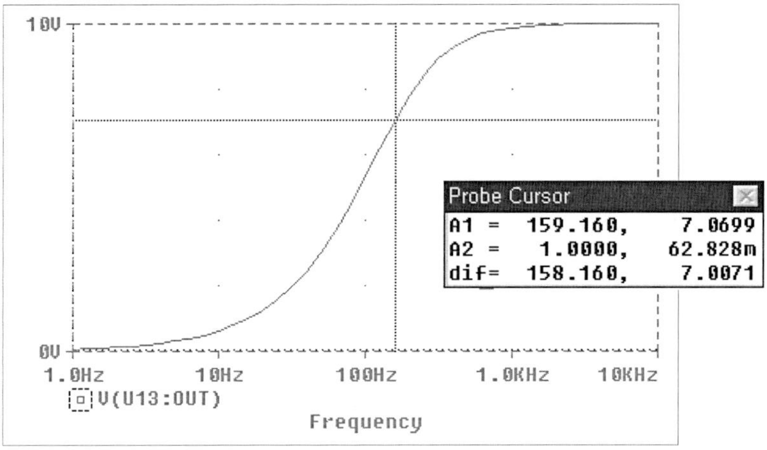

[그림 18.11] 고주파 통과 필터의 응답

$$f_c = \frac{1}{2\pi R_2 C_1}(Hz) \quad (18.19)$$

18.3.3 고주파 통과 필터의 예

그림 18.12 회로는 입력으로 두 사인파 함수를 저주파 통과 필터를 통과시켰을 때 나오는 출력을 점검하는 회로이다. 입력 신호의 주파수는 각각 $f_1 = 1KHz$, $f_2 = 60Hz$로 고주파 신호 v_{s1}를 통과하게 하고 저주파 신호 v_{s2}를 저지시키고자 한다.

$$v_{s1}(t) = 5\sin(2\pi 10^3 t), \ v_{s2}(t) = 5\sin(2\pi 60t)$$

Cut-off 주파수를 달리하며 출력되는 파형을 살펴보자.

❶ $C_1 = 0.1uF$ 일 때의 출력 파형

$$f = \frac{1}{2\pi R_1 C_1} = \frac{1}{2\pi \cdot 10K\Omega \cdot 0.1uF} = 158.23Hz$$

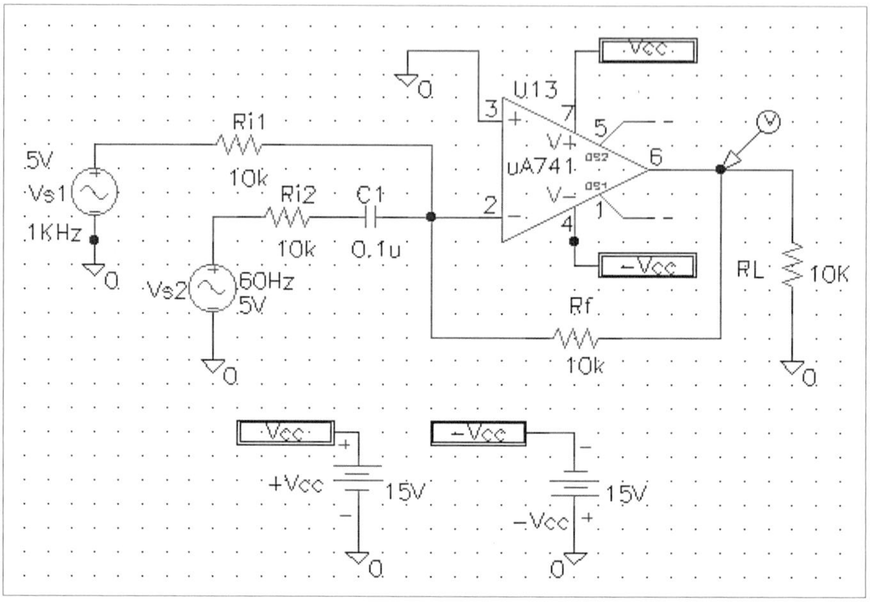

[그림 18.12] 고주파 통과 필터의 응용 예

그림 18.13에서 나타난 것처럼 출력 파형이 저주파 신호를 완전하게 저지하지 못하여 파형의 envelope로 나타나는 것을 볼 수 있다. 따라서 Cut-off 주파수를 크게 늘려 저주파를 통과하지 못하게 해야 한다.

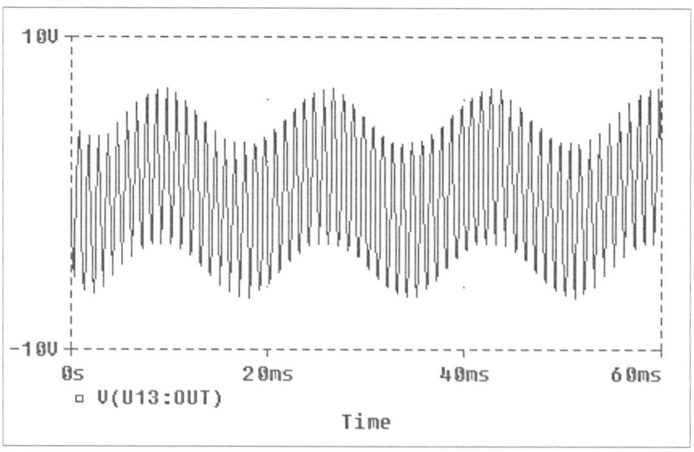

[그림 18.13] 왜곡된 출력 파형

❷ $C_1 = 0.01uF$ 일 때의 출력 파형

$$f = \frac{1}{2\pi R_1 C_1} = \frac{1}{2\pi \cdot 10K\Omega \cdot 0.01uF} = 1.58KHz$$

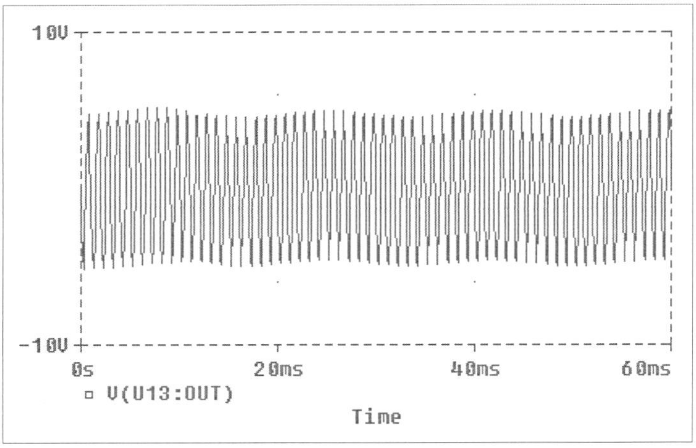

[그림 18.14] 저주파 신호가 저지된 신호

18.4 밴드 통과 필터

18.4.1 밴드 통과 필터

밴드 통과 필터는 저주파 통과 필터와 고주파 통과 필터를 합한 형태이다. 어느 특정 영역의 밴드 주파수의 신호는 통과하게 하고 그 외 영역의 주파수는 통과하지 못하게 한다. 그림 18.15에서 출력 신호를 계산해 보자.

먼저 노드 b에서

$$\frac{V_s(s) - V_b(s)}{R_i} = \frac{V_b(s) - V_a(s)}{\frac{1}{sC_1}} + \frac{V_b(s) - V_o(s)}{\frac{1}{sC_2}} \tag{18.20}$$

노드 a에서

$$\frac{V_b(s) - V_a(s)}{\frac{1}{sC_1}} = \frac{V_a(s) - V_o(s)}{R_f} \tag{18.21}$$

노드 a는 가상접지이므로 $V_s(s) = 0$이다. 따라서 식 (18.21)로부터

$$V_o(s) = -R_f C_1 s V_b(s) \tag{18.22}$$

식 (18.20)으로부터

$$V_s(s) = V_b(s)(1 + R_i C_1 s + R_i C_2 s) - R_i C_2 s V_o(s) \tag{18.23}$$

식 (18.22)에서 $V_b(s)$를 식 (18.23)에 대입하고 정리하면

$$V_o(s) = -\frac{R_f C_1 s}{R_i R_f C_1 C_2 s^2 + R_i (C_1 + C_2) s + 1} \tag{18.24}$$

18.4.2 밴드 영역의 조절

위의 회로에서 R_1, R_f의 값을 조절하므로 낮은 Cut-off 주파수를 조절하고 C_2를 조절하므로 높은 Cut-off 주파수를 바꿀 수 있다. $R_1 = R_f = 100K\Omega$로 하고 $C_2 = 0.001uF$이라 하면 밴드 영역이 커짐을 알 수 있다.

$$f_1 = \frac{1}{2\pi R_1 C_1} = \frac{1}{2\pi \cdot 100K \cdot 0.1u} = \frac{100}{2\pi} = 15.9Hz$$

$$f_2 = \frac{1}{2\pi R_1 C_2} = \frac{1}{2\pi \cdot 100K \cdot 0.001u} = \frac{10000}{2\pi} = 1592.3Hz$$

따라서 대역폭은 $f_2 - f_1 = 1592.3 - 15.9 = 1576.45Hz$

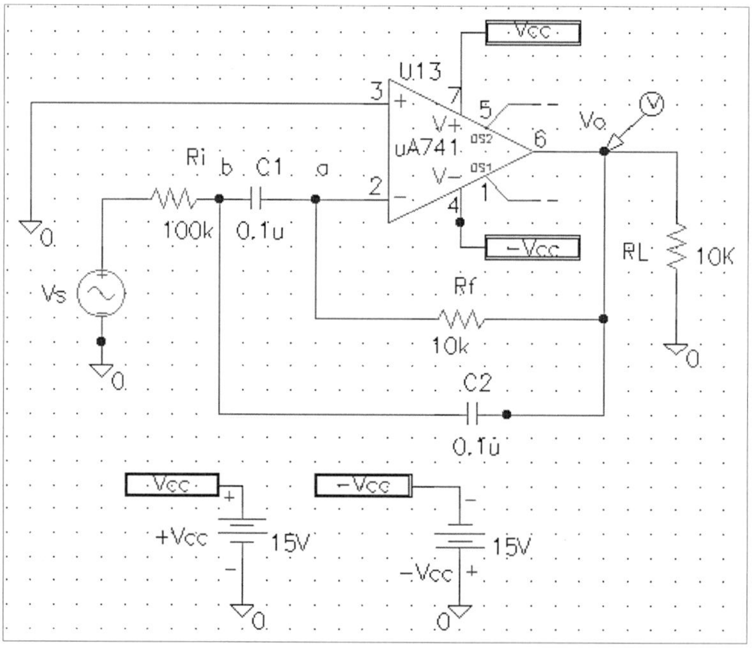

[그림 18.15] 밴드 통과 필터

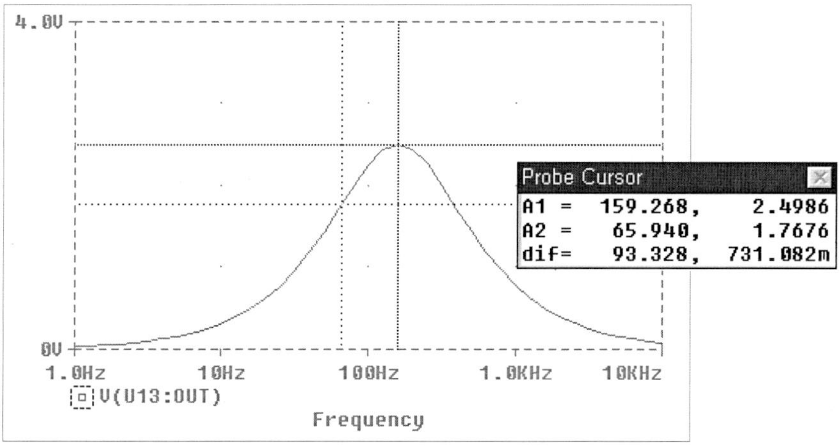

[그림 18.16] 밴드 통과 필터의 응답

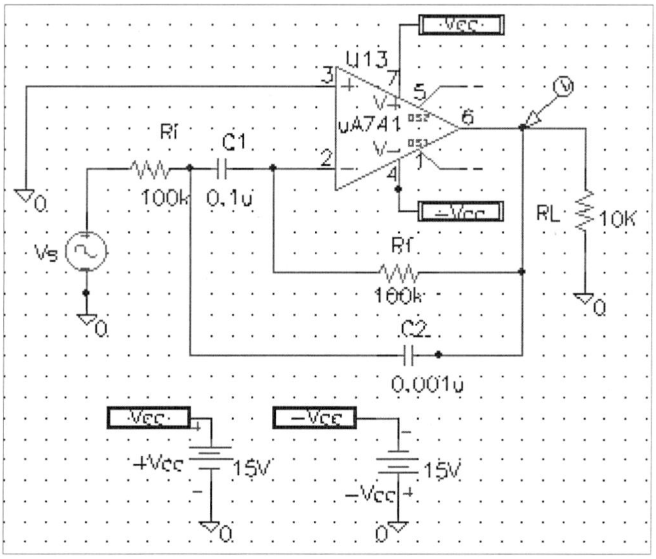

[그림 18.17] 밴드 통과 필터의 응용

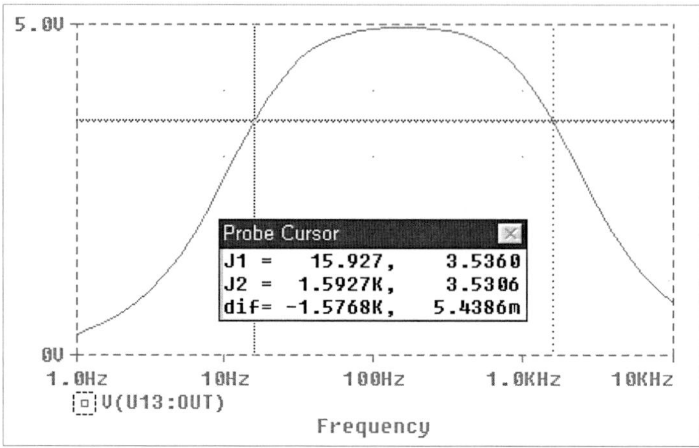

[그림 18.18] 밴드 통과 필터의 파형

18.4.3 다른 형태의 밴드 통과 필터

그림 18.19는 고주파 통과 필터와 저주파 통과 필터를 직렬로 연결한 밴드 통과 필터 회로이다. 먼저 입력 신호를 고주파 필터를 사용해서 거르고 다시 저주파 통과 필터를 사용해서 고주파 성분을 걸러낸다.

$$f_1 = \frac{1}{2\pi R_1 C_1} = \frac{1}{2\pi \cdot 10K \cdot 1u} = \frac{100}{2\pi} = 15.9Hz$$

$$f_2 = \frac{1}{2\pi R_2 C_2} = \frac{1}{2\pi \cdot 10K \cdot 0.01u} = \frac{10000}{2\pi} = 1.59KHz$$

따라서 대역폭은 $f_2 - f_1 = 1592 - 15.9 = 1576.1Hz$

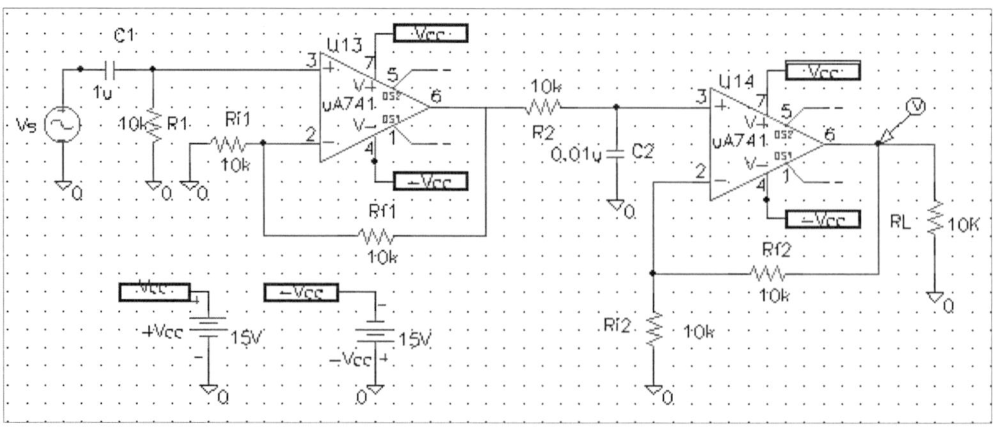

[그림 18.19] 밴드 통과 필터

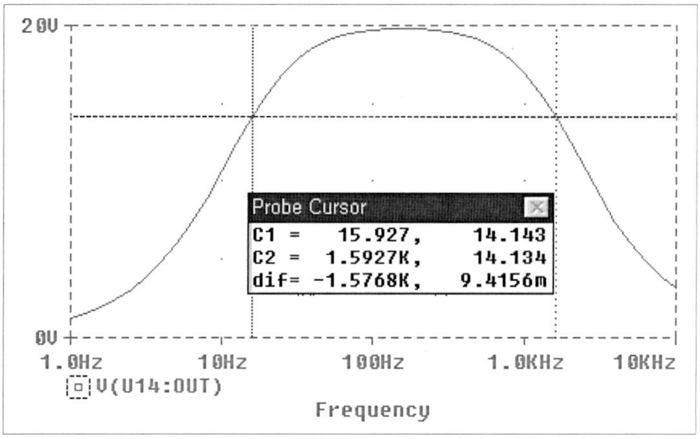

[그림 18.20] 밴드 통과 필터의 출력 파형

PART 19

발진 회로

목적 : 발진 회로의 특성을 이해한다.

19.1 LC 탱크 발진 회로

LC 탱크 회로는 대표적인 발진 회로로서 인덕터와 커패시터가 방전과 충전을 반복하면서 발진을 하게 된다. 그림 19.1의 회로에서 스위치가 닫혀 있을 때 커패시터가 충전된 상태에서 스위치가 열리면 방전과 충전을 반복하면서 진동하게 된다. 내부적인 저항 성분에 의해 신호의 크기가 줄어들게 되어 결국에는 영이 된다.

그림 19.1 회로에서 공진 주파수를 구하여 보자. 공진 시에는 커패시터의 인덕턴스 X_c와 인덕터의 임피던스 X_L가 같아야 한다.

$$X_C = X_L \tag{19.1}$$

이는

$$\frac{1}{2\pi f C} = 2\pi f L \tag{19.2}$$

공진 주파수 f를 구하기 위해

$$1 = 4\pi^2 f^2 LC \tag{19.3}$$

$$f^2 = \frac{1}{4\pi^2 LC} \tag{19.4}$$

그러므로 공진 주파수 f 는 다음과 같다.

$$f = \frac{1}{2\pi\sqrt{LC}} \tag{19.5}$$

다음 예에서 공진 주파수는

$$f = \frac{1}{2\pi\sqrt{10 \cdot 10^{-3} \cdot 10^{-3}}}$$

$$= \frac{1}{2\pi 10^{-3}\sqrt{10}}$$

$$= 50.4 Hz$$

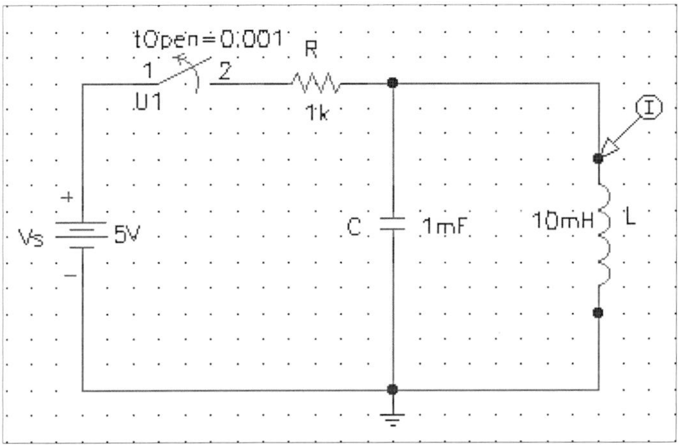

[그림 19.1] LC 발진 회로

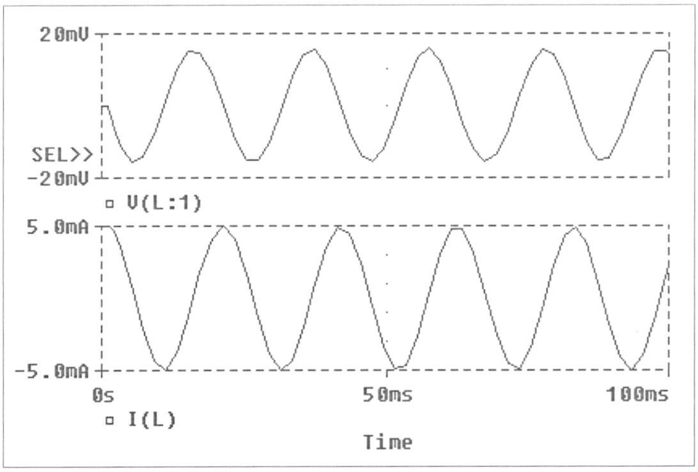

[그림 19.2] 발진 회로의 응답

주파수 성분을 보기 위해 Probe 창의 FFT icon을 클릭한 뒤에 x축을 조절하면 다음과 같이 기본 주파수가 50Hz인 것을 알 수 있다. 시간이 지나면 파형이 점차 없어지게 된다.

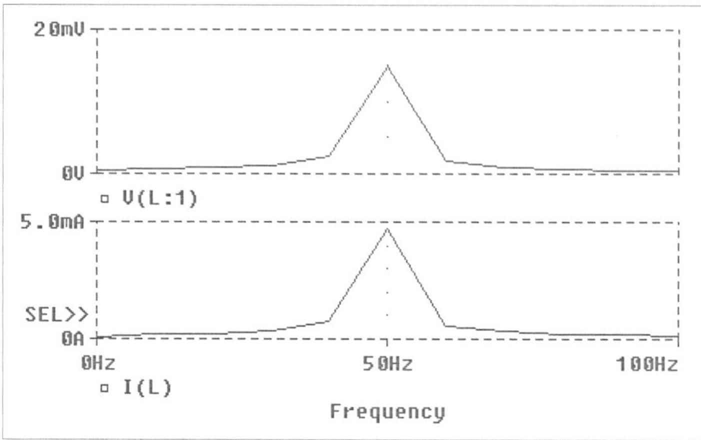

[그림 19.3] 주파수 응답

19.2 직렬 발진 회로

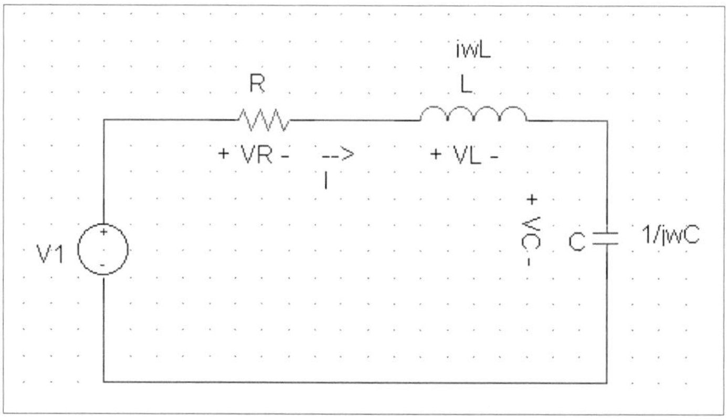

[그림 19.4] 직렬 RLC 회로

직렬 회로에서는 전류가 같으므로 전류 I를 공통으로 하고 각 소자에 걸리는 전압을 구하면 다음과 같다.

$$\bar{I} = I\angle 0^\circ$$

$$\overline{V_R} = R\bar{I} = RI\angle 0^\circ$$

$$\overline{V_L} = jwL\bar{I} = wLI\angle 90^\circ \tag{19.6}$$

$$\overline{V_C} = \frac{1}{jwC}\bar{I} = \frac{I}{wC}\angle -90^\circ$$

$$\overline{V_S} = \overline{V_R} + \overline{V_L} + \overline{V_C}$$

만약 $|V_L| = |V_C|$라면 이때의 주파수는 다음과 같이 구할 수 있다.

$$wLI = \frac{I}{wC} \quad (19.7)$$

$$w^2 = \frac{1}{LC} \quad (19.8)$$

이 때 V_L과 V_C는 상쇄되는데 이 주파수를 공진 주파수라 한다. 결과적으로

$$\overline{V_S} = \overline{V_R} \quad (19.9)$$

이 된다.

19.3 병렬 발진 회로

병렬 회로에서는 전압이 같으므로 전압 V를 공통으로 하고 각 소자에 걸리는 전압을 구하면 다음과 같다.

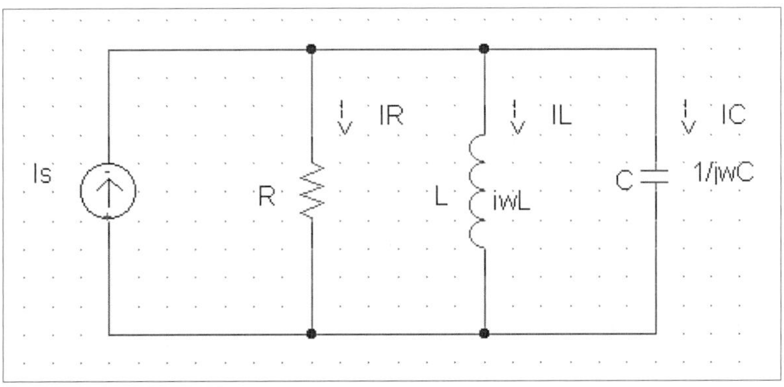

[그림 19.5] 병렬 RLC 회로

$$\overline{V} = V\angle 0°$$

$$\overline{I_R} = \frac{\overline{V}}{R} = \frac{V}{R}\angle 0°$$

$$\overline{I_L} = \frac{\overline{V}}{jwL} = \frac{V}{wL}\angle -90° \quad (19.10)$$

$$\overline{I_C} = jwC\overline{V} = wCV\angle 90°$$

$$\overline{I_S} = \overline{I_R} + \overline{I_L} + \overline{I_C}$$

만약 $|\overline{I_L}| = |\overline{I_C}|$ 라면 이때의 주파수는 다음과 같이 구할 수 있다.

$$\frac{V}{wL} = wCV \tag{19.11}$$

$$w^2 = \frac{1}{LC} \tag{19.12}$$

이때 V_L과 V_C는 상쇄되는데 이 주파수를 공진 주파수라 한다.

$$w = \frac{1}{\sqrt{LC}} \tag{19.13}$$

PART 20

전자 회로 응용

응용 사례 1 다링톤 쌍을 이용한 단선 경예 장치

응용 사례 2 멀티 바이브레이터를 이용한 깜박이 회로

응용 사례 3 Photo coupler를 이용한 회로

응용 사례 4 진폭변조 AM(Amplitude modulation)

응용 사례 5 Envelope detector를 사용한 복조 조회

응용 사례 6 슈미트 트리거 회로

응용 사례 7 자동 점멸 전등 장치

응용 사례 8 PWM 파형 발생기

응용 사례 9 DC 모터 드라이버

응용사례 1 다링톤 쌍을 이용한 단선 경예 장치

단선 경보장치는 회로가 단락되었을 때 부저를 울려 경보해주는 간단한 장치이다. 가정집 창문에 이 단선 경보장치를 설치하면 도둑의 위험으로부터 벗어날 수 있을 것이다. 회로의 구성을 살펴보면 아주 간단하다. 두 개의 트랜지스터가 연결된 다링톤 쌍과 버저 그리고 저항, DC 전압 소스 즉 배터리 등이 필요하다.

다음 회로에서 트랜지스터는 스위칭 작동과 증폭 작용을 동시에 사용한다. 두 개의 트랜지스터는 다링톤 쌍으로 부저를 울리기 위해 필요한 충분한 전류를 공급하기 위해 사용하였다. 그림 20.1의 회로에서 스위치는 $5ms$ 후에 열리게 되어 있다. 스위치가 닫혀 있을 경우에는 트랜지스터의 베이스가 off 되어 컬렉터에 전류가 흐르지 않고 열리게 되는 경우에는 베이스에 전류가 흐르게 되므로 증폭하여 컬렉터 전류를 생성하여 부저를 울리게 된다.

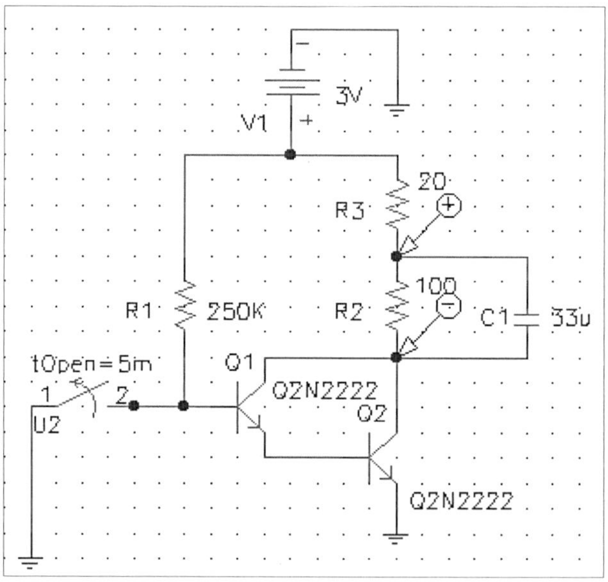

[그림 20.1] 단선 경보 장치

커패시터는 트랜지스터가 스위칭하는 시간을 조절한다. 커패시터 용량이 작으면 스위칭이 빠르고 크면 스위칭이 느리다.

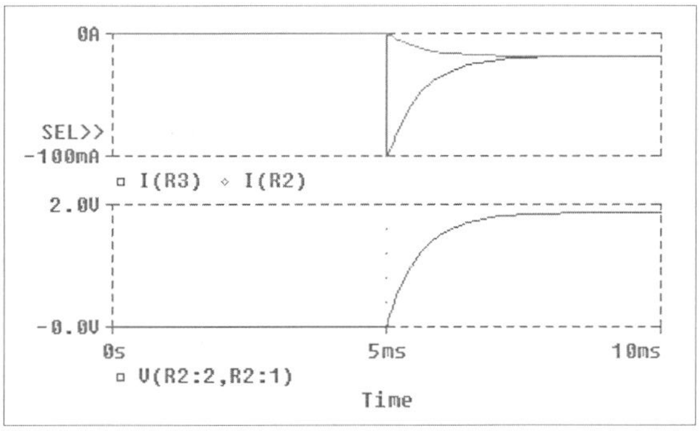

[그림 20.2] 경보 장치의 응답

응용사례 2 멀티 바이브레이터를 이용한 깜박이 회로

그림 20.3의 회로는 트랜지스터의 스위칭 작용을 이용한 멀티 바이브레이터 회로이다. 트랜지스터 1과 2는 커패시터의 저장 용량에 따라 켜지는 시간이 달라진다. 트랜지스터 1이 켜지면 컬렉터에 연결되어 있는 발광 다이오드 D1(LED)에 불이 들어오게 되고 트랜지스터 2가 켜지면 D2에 불이 들어오는데 번갈아 가며 불이 들어옴으로 트랜지스터는 스위칭 작용한다.

그림 20.4에서는 각 LED에 흐르는 전류의 값을 나타내었다. 각 LED가 서로 바꾸어 가며 스위칭되는 것을 알 수 있다. 한 주기는 약 1.43초가 걸리므로 주파수는 0.7Hz인 것을 알 수 있다.

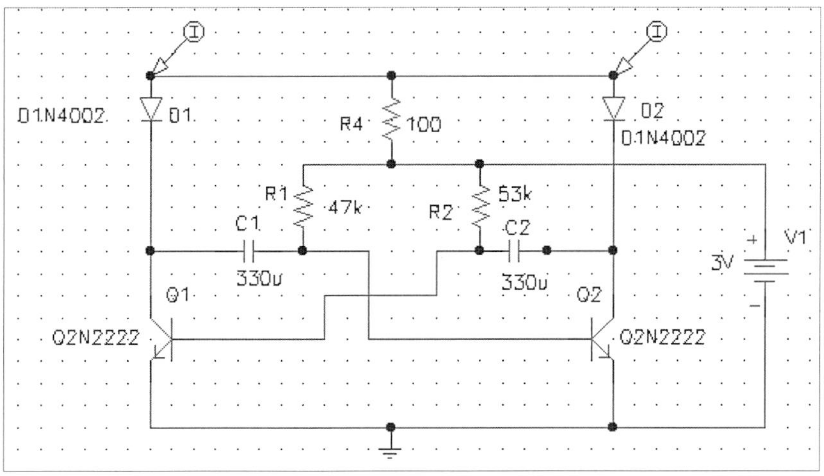

[그림 20.3] 깜박이 회로

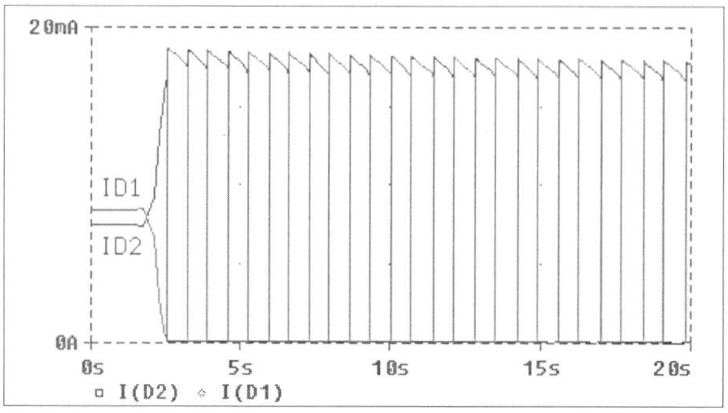

[그림 20.4] 깜박이 회로의 응답

응용사례 3 Photo coupler를 이용한 회로

Photo coupler는 서로 떨어져 있는 쌍으로 되어 있다. 이는 한쪽에서 발생한 잡음을 다른 쪽에 전달하지 않기 위해 완전히 절연한 것과 같은 효과를 얻기 위함이다. 변압기와 마찬가지로 분리된 상태에서 작동하게 된다.

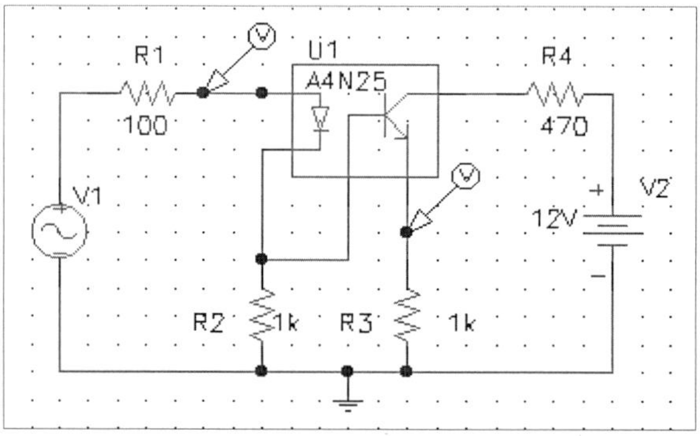

[그림 20.5] Photo coupler를 이용한 회로

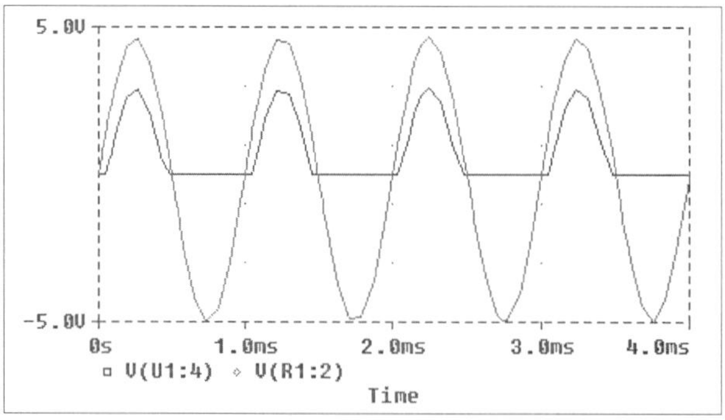

[그림 20.6] Photo coupler 회로의 응답

응용사례 4 진폭변조 AM(Amplitude modulation)

진폭변조란 음성 신호와 같은 낮은 주파수를 멀리 보내기 전에 잡음이 섞이는 것을 방지하기 위해 높은 주파수의 운반 신호에 싣는 과정을 말한다. 예를 들어 우리의 음성 신호를 다음과 같다고 하자.

$$v(t) = V_m \cos(2\pi f_m t)$$

운반 신호는

$$c(t) = A\cos 2\pi f_c t$$

아래에서 음성 신호 Vm은 에미터에 연결되어 있고 운반 신호는 베이스에 연결되어 있다. 운반 신호의 주파수는 음성 신호의 주파수 보다 100배 이상 커야 한다. 또한 전압 이득은 필요하지 않으므로 운반 신호의 크기는 작게 한다.

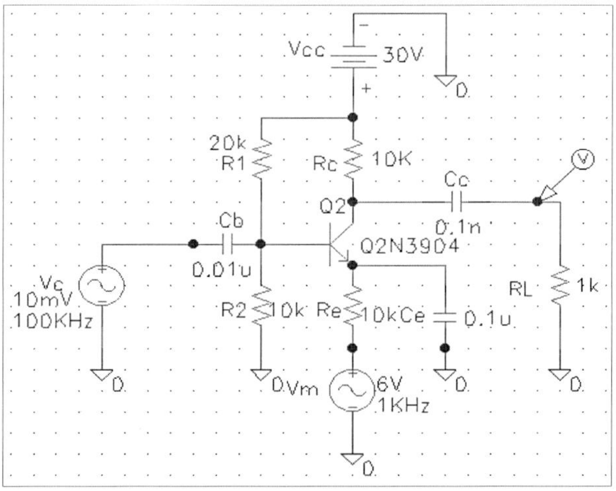

[그림 20.7] 진폭변조 회로

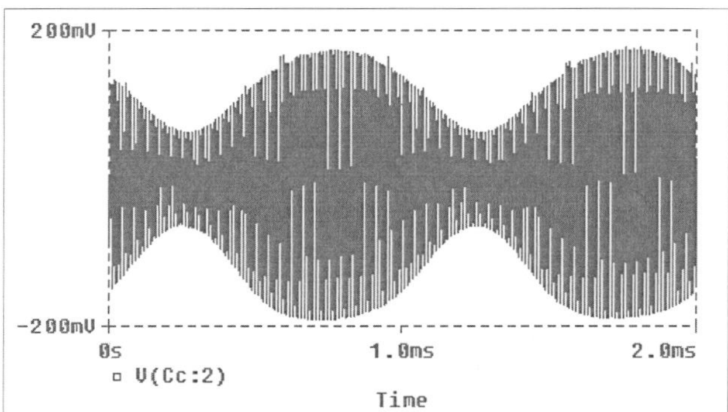

[그림 20.8] 진폭변조 신호

응용사례 5 Envelope detector를 사용한 복조 조회

변조된 신호는 트랜지스터를 통해 증폭되고 커패시터를 통해 직류성분을 없앤 뒤에 다이오드를 사용하여 양의 파형의 신호를 검출한 뒤에 저역 통과 필터를 사용하여 envelope을 검출해 낸다.

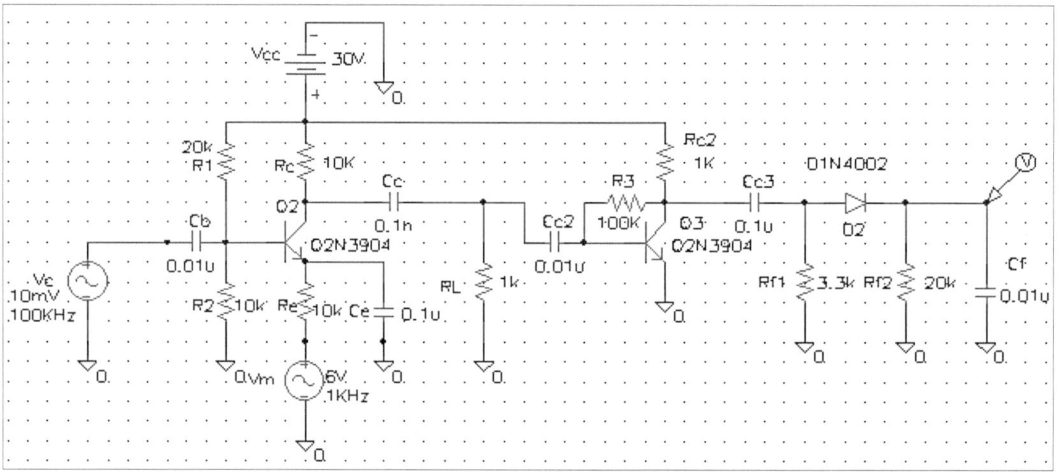

[그림 20.9] 복조 회로

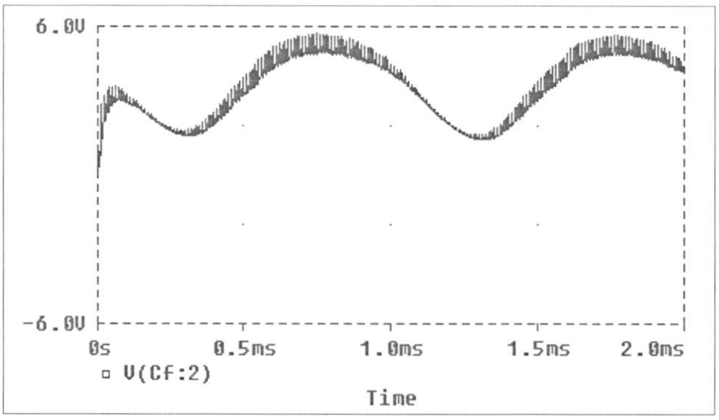

[그림 20.10] 복조된 신호

응용사례 6 슈미트 트리거 회로

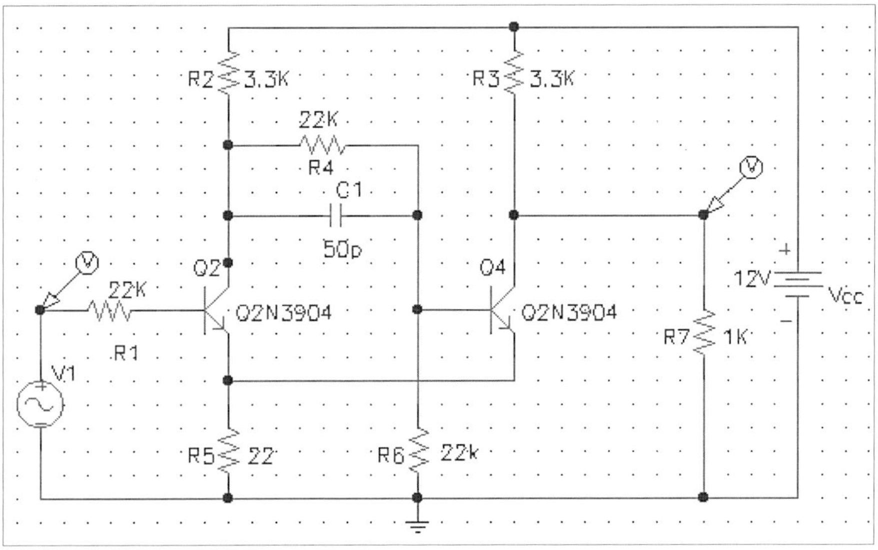

[그림 20.11] 슈미트 트리거 회로

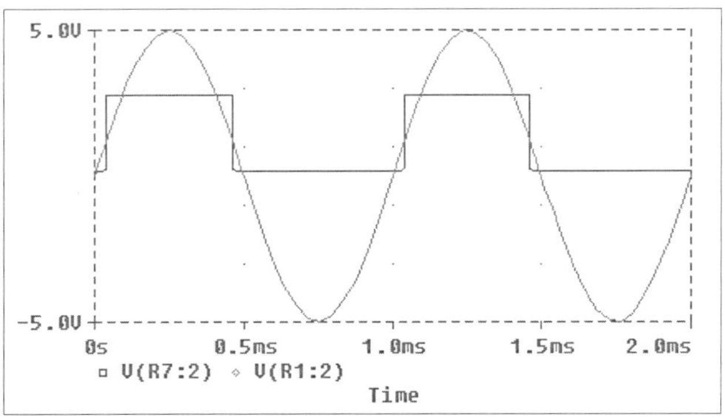

[그림 20.12] 디지털화된 파형

응용사례 7 자동 점멸 전등 장치

그림 20.13의 회로는 Cds라는 빛 감지 센서를 사용하여 램프를 on-off 하는 회로를 나타낸다. 빛이 있을 때는 Cds의 저항값이 360Ω가 되고 빛이 없을 경우에는 23$K\Omega$가 된다.

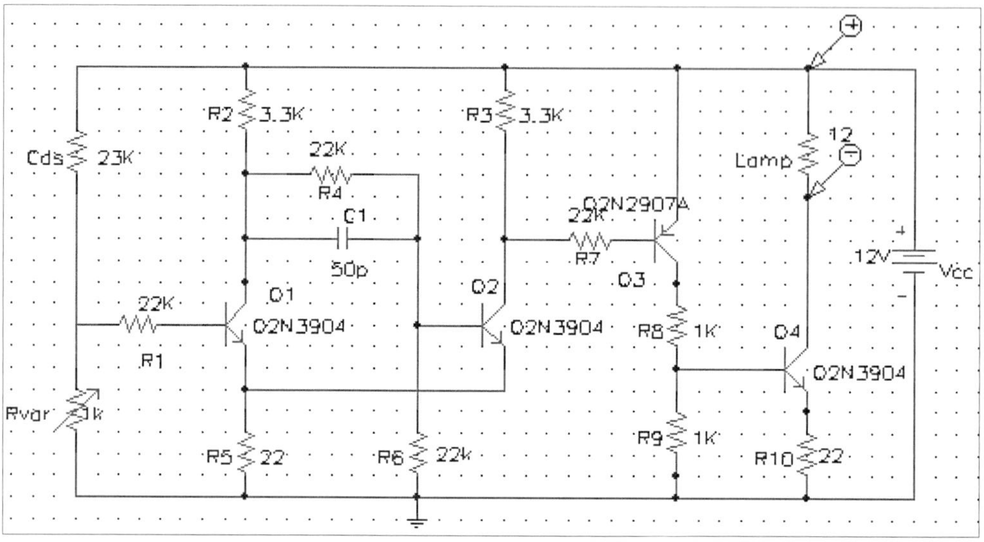

[그림 20.13] 자동 점멸 깜박이 회로

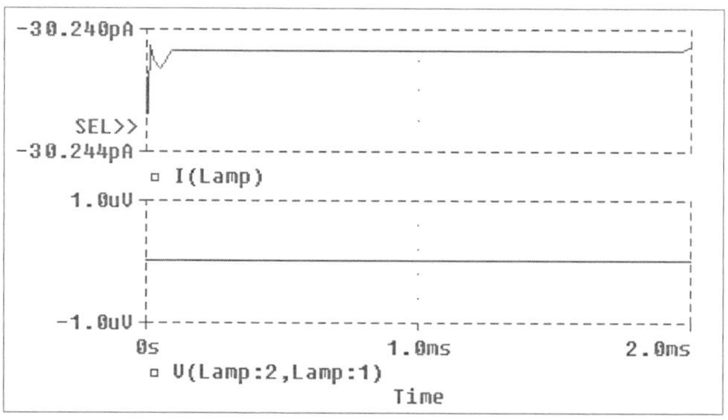

[그림 20.14] 깜박이 회로의 off 응답

빛이 없을 경우에는 Cds 저항값이 23 $K\Omega$이 되면서 Q1은 꺼지게 되고 Q2는 on된다. 또한 Q3와 Q4가 on되며 램프에 불이 들어오게 된다.

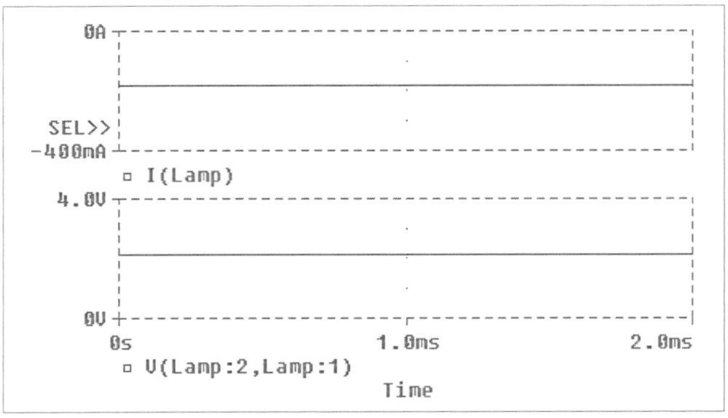

[그림 20.15] 깜박이 회로의 on 응답

응용사례 8 PWM 파형 발생기

PWM(Pulse Width Modulation) 파형은 모터의 속도를 제어하는데 있어서 반드시 필요하다. 모터의 속도의 크기는 펄스의 수에 의해 결정되거나 펄스의 진폭의 크기에 의해 결정된다. PWM 파형을 간단하게 생성하는 방법은 함수 발생기를 사용하면 되겠지만 함수발생기가 없는 경우에는 공급전원으로부터 파형을 만들어 내야 한다. 이 경우에 OP Amp를 사용하면 쉽게 만들 수 있다. 필요한 OP Amp 회로는 슈미트 트리거와 적분기이다. 먼저 슈미트 트리거의 입력으로는 기준전압과 적분기의 출력이 입력된다. 두 개의 입력이 비교되어 슈미트 트리거는 PWM 파형을 생성하게 된다.

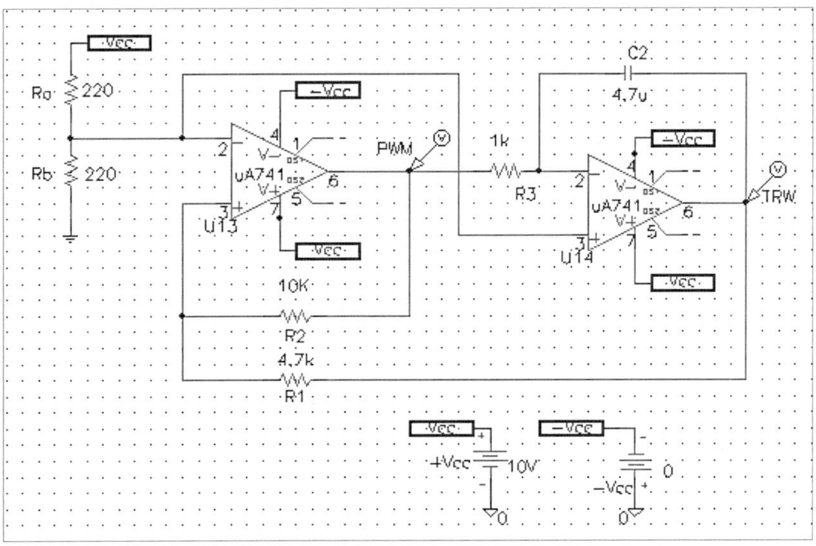

[그림 20.16] PWM 파형 발생기

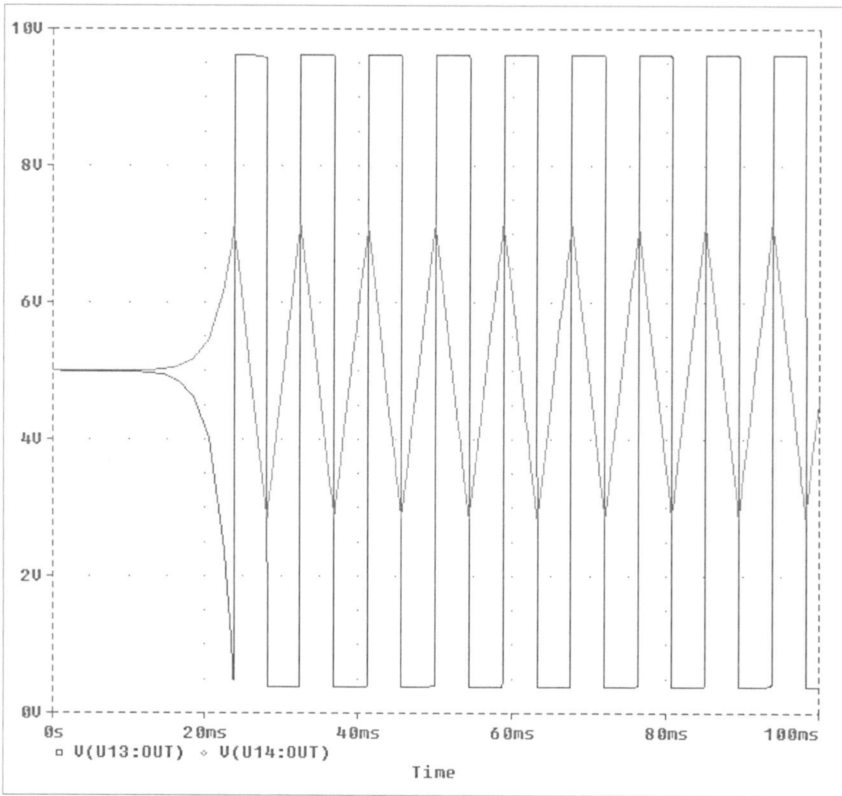

[그림 20.17] PWM 파형

응용사례 9 DC 모터 드라이버

모터 구동으로 많이 쓰이는 제어 방식이 PWM(Pulse Width Modulation)방식이다. 펄스의 모양에 따라 평균값이 결정되는 방식으로 펄스의 간격이 좁으면 평균값이 커지게 되고 펄스 간격이 같으면 평균값이 영이 된다. 이와 같이 펄스의 간격에 의해 모터를 구동하는 방식을 PWM 구동 방식이라 한다. 하지만 일반적으로 PWM 신호는 논리 회로의 출력이므로 신호가 모터를 구동하기에는 충분하게 크지 못하다. 따라서 이 미약한 전류 신호를 증폭해야 하는데 구동기, 즉 모터 드라이버 회로가 충분한 전류값을 만들어 준다. 모터 구동기 회로의 대표적인 방식은 H 브리지 방식이다. 모두 4개의 트랜지스터를 사용하여 2개가 쌍이 되어 켜짐과 꺼짐이 반복되므로 모터의 회전 방향을 정하게 된다.

이러한 구동 회로는 하나의 IC화되어 만들어 졌는데 L293, L298이 대표적인 것이다. L298은 외형에 15개의 핀을 갖고 있으며 내부에 2개의 구동 회로가 내장되어 있으므로 2대의 모터를 구동할 수 있다. 각각 2A의 전류를 생성할 수 있으며 병렬로 연결하면 4A의 전류도 가능하다.

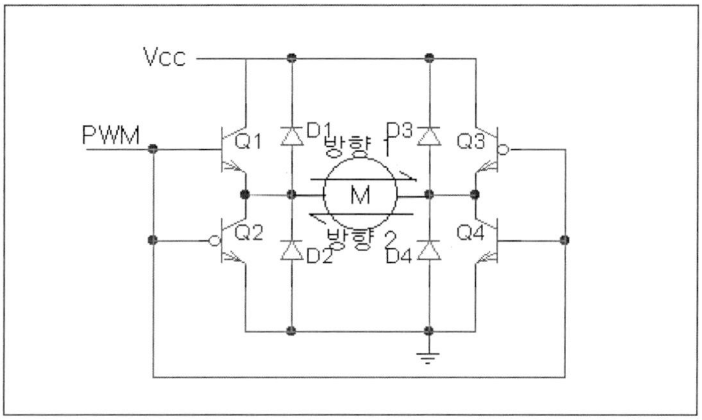

[그림 20.18] 기본적인 모터 드라이버 회로

그림 20.16에서 보면 PWM 신호가 high(H)일 경우에 트랜지스터 Q1과 Q4가 켜짐으로 전류의 방향이 방향 1이 되고 low(L)일 경우에는 트랜지스터 Q2와 Q3가 켜짐으로 전류의 방향이 방향 2가 된다.

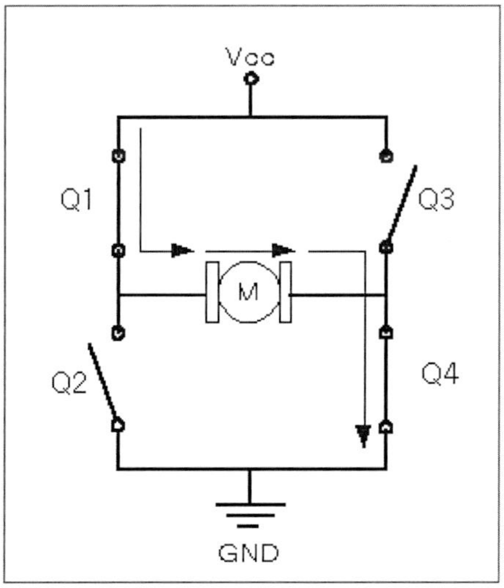

[그림 20.19] 순방향으로 전류의 흐름

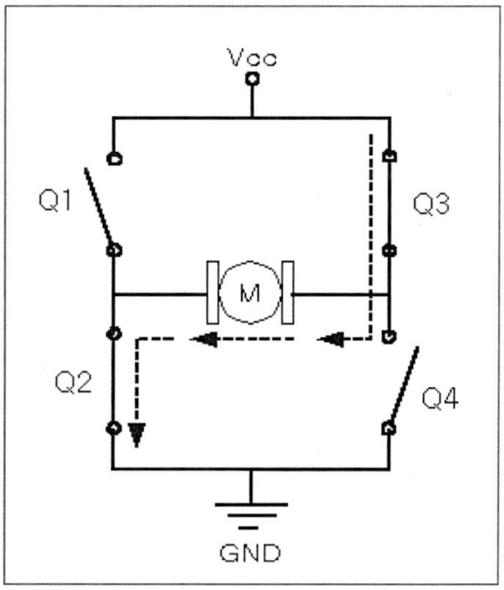

[그림 20.20] 역방향으로 전류의 흐름

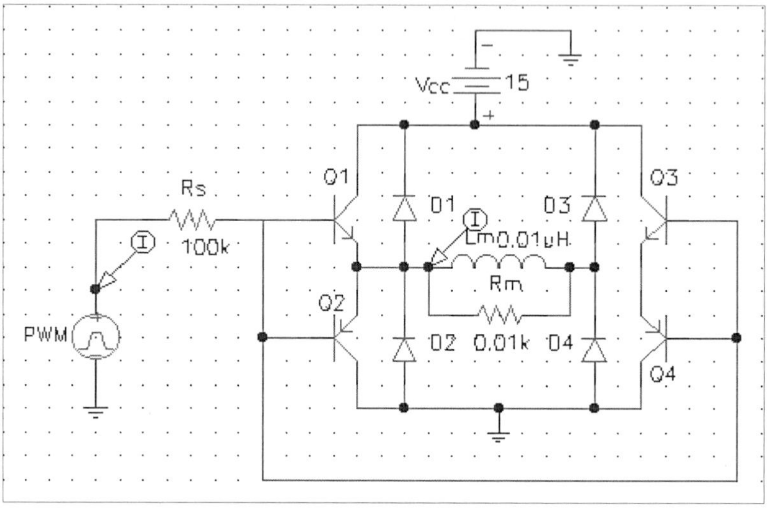

[그림 20.21] 모터 구동기 회로

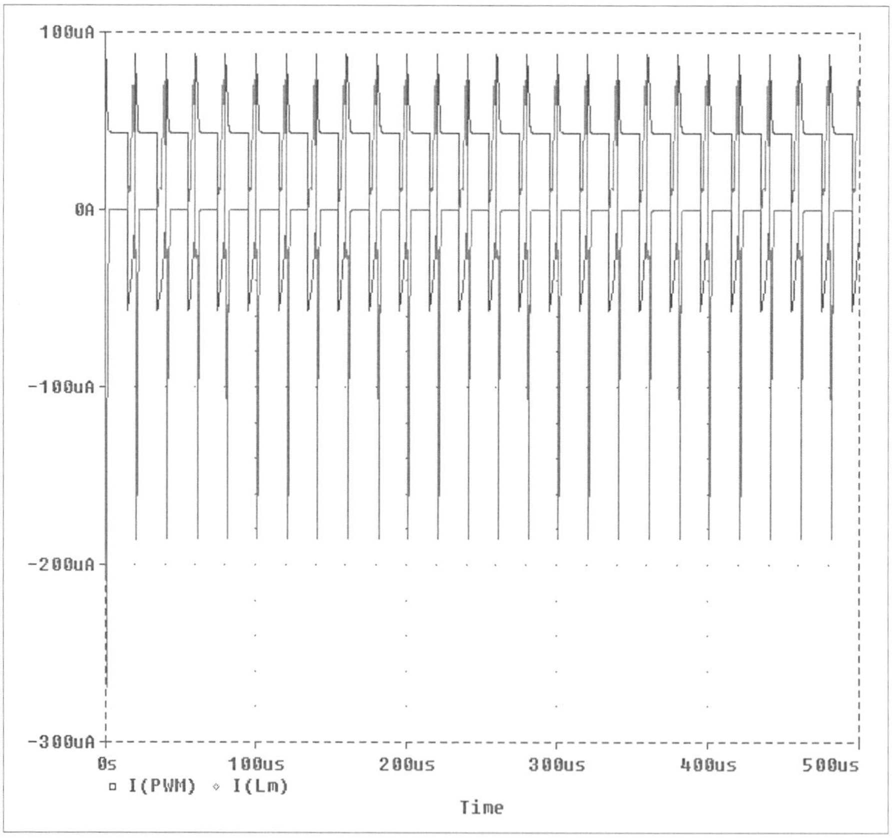

[그림 20.22] 출력 파형

Appendix

부 록 A, B

부록 A 회로 설계 및 분석을 위한 PSpice 프로그램의 사용법

부록 B 오실로스코프

부록 A
회로설계 및 분석을 위한 PSpice 프로그램의 사용법

A.1 소개

이 프로그램은 MicroSim 회사가 일반인들에게 평가용으로 제공하는 프로그램이다. 전문가용보다는 기능이 떨어지지만 교과서의 문제나 일반적인 회로설계에는 큰 부담 없이 사용할 수 있다. 이 프로그램의 특성은 각각의 회로소자를 프로그램으로 나타내는 대신에 그림의 심벌로 직접 나타낸다. 각각의 소자는 여러 개의 library에 심벌로 저장되어 있다. 각 library로부터 윈도우에서 마우스로 소자를 집은 다음, 선으로 연결 시켜 회로를 구성한다. 회로를 구성한 다음에는 윈도우상에서 컴파일 시키므로 결과를 직접 그래픽 상으로 볼 수 있다. 모든 것이 그래픽으로 처리되므로 매우 손쉽게 회로를 시뮬레이션 할 수 있다. 이 프로그램에 대한 대략적인 사용법을 알아보자.

A.2 프로그램의 시작

(1) 우선 프로그램을 실행시키기 위해서는 화면의 프로그램 실행 아이콘 Schematics를 마우스로 두 번 클릭한다. 또는 윈도우에서

시작 → 프로그램 → DesignLab Eval 8 → Schematics

(2) 그러면 다음과 같은 작업 환경 Schematics라는 윈도우가 나타난다. 실제로 이 윈도우에서 회로를 설계하고 시뮬레이션을 하게 된다.

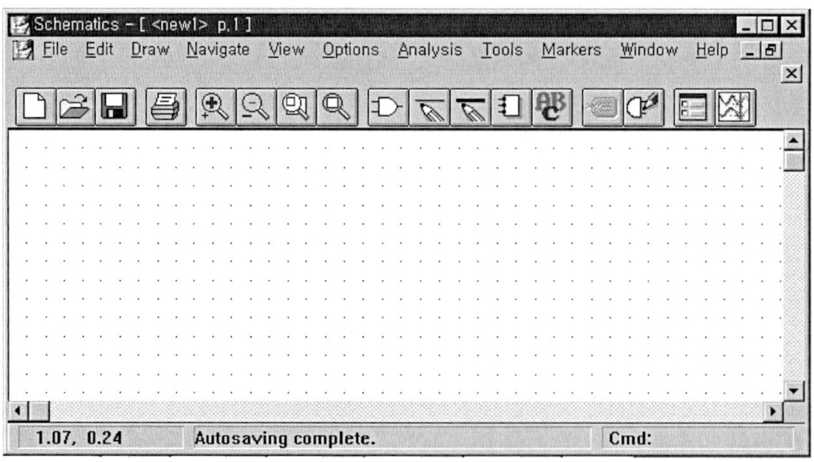

[그림 A.1] 버전 6의 작업창

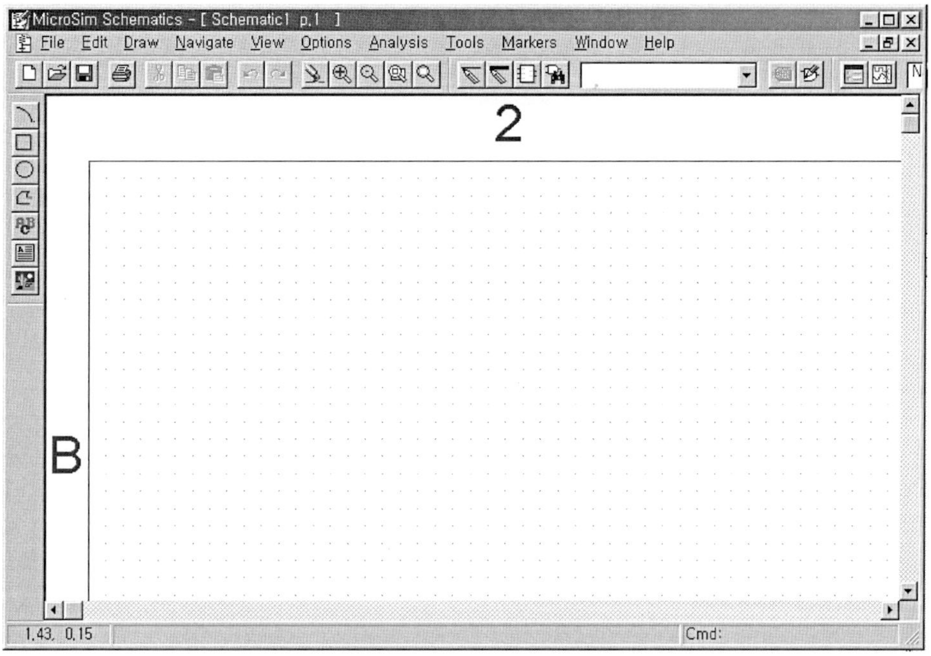

[그림 A.2] 버전 8의 작업창

A.3 프로그램 윈도우의 구성

대략적인 화면의 구성을 살펴보자.

Schematics 윈도우에는 다양한 메뉴들이 있다. 특히 자주 사용하는 메뉴는 그림으로 아이콘을 만들어 놓았기 때문에 메뉴들을 열고 다시 그 안의 서브 메뉴를 선택하는 번거로움을 줄였다. 각각 메뉴의 특성을 살펴보자.

A.3.1 File

기본적인 파일에 관한 메뉴이다. 파일을 저장(Save, Save As)하거나 불러오는 경우(Open, Import) 또는 프린트(Print) 하는 등 파일에 관련된 모든 메뉴들이 있다. 새로운 파일을 부를 경우에는 New를 클릭하고, 기존에 존재하는 파일을 불러올 때는 Open을 클릭한다.

화면의 회로를 프린트하려면 Print를 클릭한다.

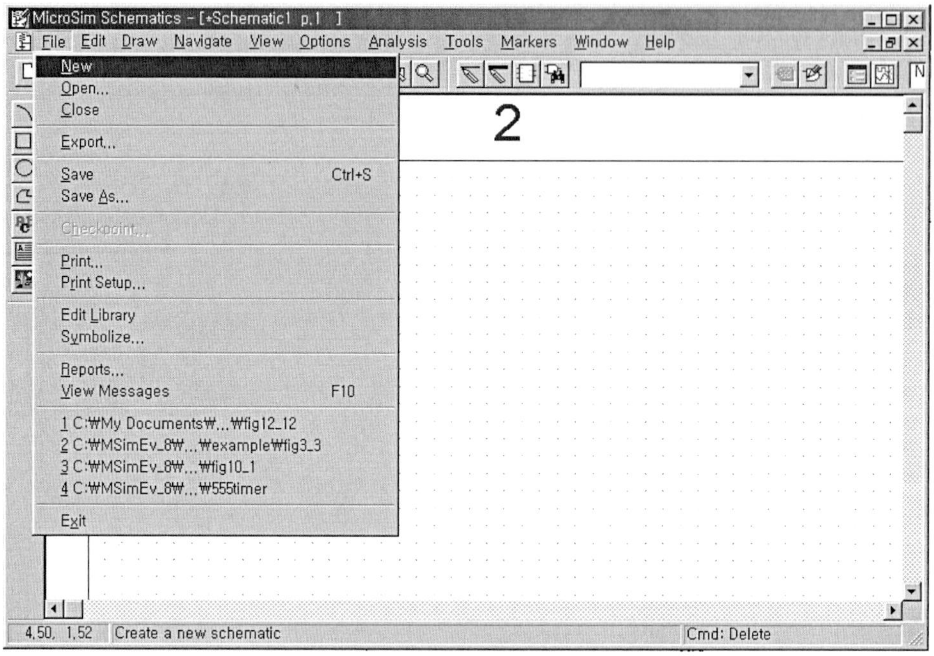

[그림 A.3] File 메뉴

A.3.2 Edit

파일에 그린 소자들을 고치거나 수정할 때 사용한다. 간단한 예로 저항을 삽입할 경우에 저항은 항상 가로로 놓이게 되어있다. 이 경우에 세로로 놓길 원하면 Edit에서 Rotate 명령어를 선택한다. 또는 Flip이란 명령어를 사용해서 뒤집을 수도 있다. 또한 각 소자를 없애거나(Cut, Delete) 복사를(Copy) 하는 등 회로를 수정 작업하는 메뉴이다. 정리하면 다음과 같다.

- Cut 소자를 지운다.
- Copy 소자를 저장한다.
- Paste 저장한 소자를 복사한다.
- Delete 소자를 지운다.
- Select All 모든 소자를 선택한다.
- Attributes 소자의 특성을 바꾼다.
- Rotate 소자를 회전한다.
- Flip 소자를 뒤집는다.

A.3.3 Draw

Draw는 회로를 그리는 가장 기본적인 중요한 메뉴이다. 이 메뉴를 통하여 모든 회로를 그린다. 소자끼리 연결하고 소스를 달고 접지를 연결하고 소자의 값이나 변수를 지정하는 등의 회로를 설계한다. 처음에 회로를 그리기 위해서는 library 파일에서 전자 소자를 가져와야 한다.

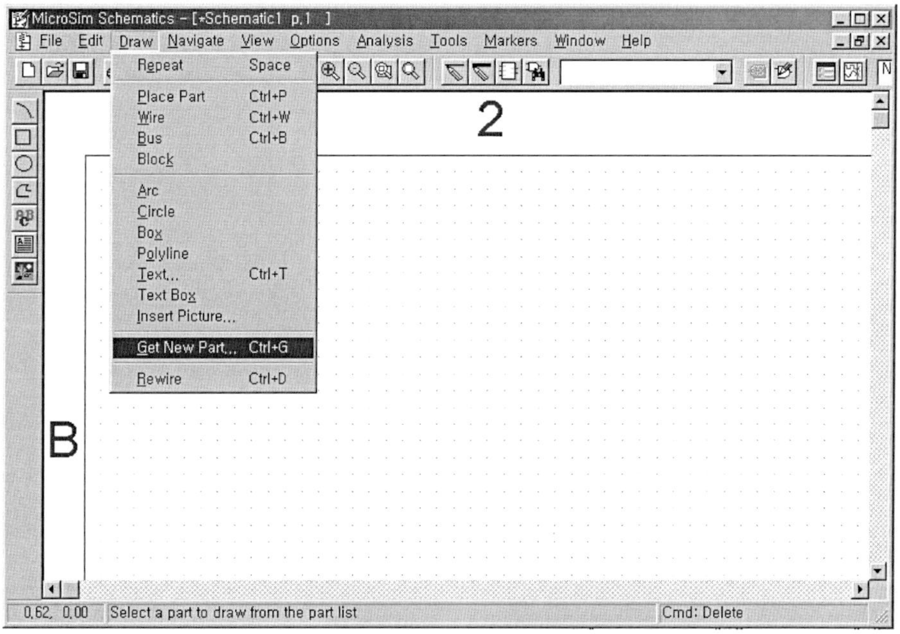

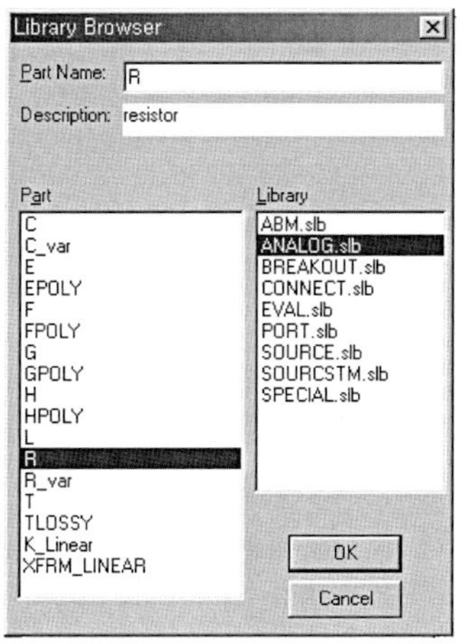

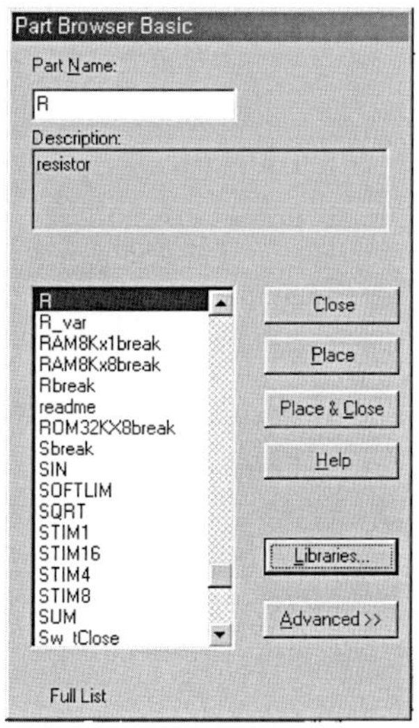

선택한 소자의 그래픽 심볼을 보고 싶으면 Advanced 버튼을 클릭한다.

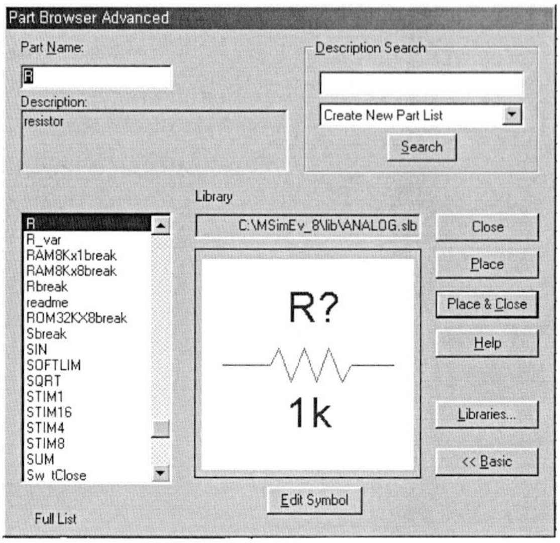

A.3.3.1 회로 그리기

소자들을 작업 창에 놓은 다음에 소자를 연결하거나 위치를 바꾸거나 하는 수정 작업이 필요하게 된다.

- Wire 선을 그린다.
- Bus 굵은 버스선을 그린다.
- Block 블록을 그린다.
- Arc 곡선을 그린다.
- Circle 원을 그린다.
- Box 네모를 그린다.
- Polyline 다각형을 그린다.
- Text 글자를 써넣는다.
- Text Box 글상자를 만든다.

간단한 예로 저항을 삽입할 경우를 보자.

❶ 우선, 메뉴 Draw를 마우스로 연 뒤에 Get New Part를 클릭한다. Add Part라는 작은 윈도우가 화면에 나타나는데 Browse를 클릭한다.

❷ 다양한 library 파일이 나타나는데 그 중에서 analog.slb를 마우스로 클릭하면 다양한 소자들이 나타난다.

❸ 이 때 저항 심벌 R을 집으면 화면에 저항의 심벌이 마우스를 따라다닌다. 마우스 버튼의 왼쪽을 계속 집으면 저항을 계속 삽입할 수 있다. 삽입을 멈추기 원하면 오른

쪽 버튼을 누른다. 이 때 불러들인 저항은 항상 가로로 놓이게 되어있다. 이 경우에 세로로 놓길 원하면 Edit에서 Rotate 명령어를 선택해서 수정할 수 있다.

❹ 한 소자는 두 가지 변수가 함께 나타나는데 소자의 이름과 값이다. 소자의 이름은 프로그램이 알아서 자동적으로 설정한다. 예를 들면 계속적으로 저항을 선택할 경우에 각 저항의 이름이 순차적으로 다르게 나타난다. 사용자가 바꿀 수도 있다.

A.3.3.2 Library 파일

Get New Part 밑에는 각 전자소자들을 저장하고 있는 여덟 개의 library 파일이 있다. 각각의 library 파일에 무엇이 있는지 살펴보자.

abm.slb

이 라이브러리 파일은 사인(SIN), 코사인(COS), 탄젠트(TAN) 등 수학적 함수뿐만 아니라 게인(GAIN)을 설정하거나 더하기(SUM), 빼기(DIFF), 곱하기(MULT) 등의 연산, 미분(DIFFER), 적분(INTEG) 등의 미분 방정식, 고주파(HIPASS), 대역(BANDPASS), 저주파(LOPASS) 필터 등을 내장한 다양한 블록들을 저장하고 있다. 예를 들어 PID 제어기를 구성하여 보자.

공정의 전달 함수가 $\frac{1}{s+2}$라 하고 비례 이득값은 10, 적분 이득값은 2, 그리고 미분 이득값은 1인 PID 제어기를 사용하여 출력응답을 조사해 보자.

입력을 나타내는 CONST, 합을 나타내는 SUM, 빼기를 나타내는 DIFF, 비례 이득값을 나타내는 GAIN, 적분을 나타내는 INTEG, 미분을 나타내는 DIFFER, 그리고 라플라스 형태를 나타내는 LAPLACE를 사용하여 아래와 같이 구성하였다.

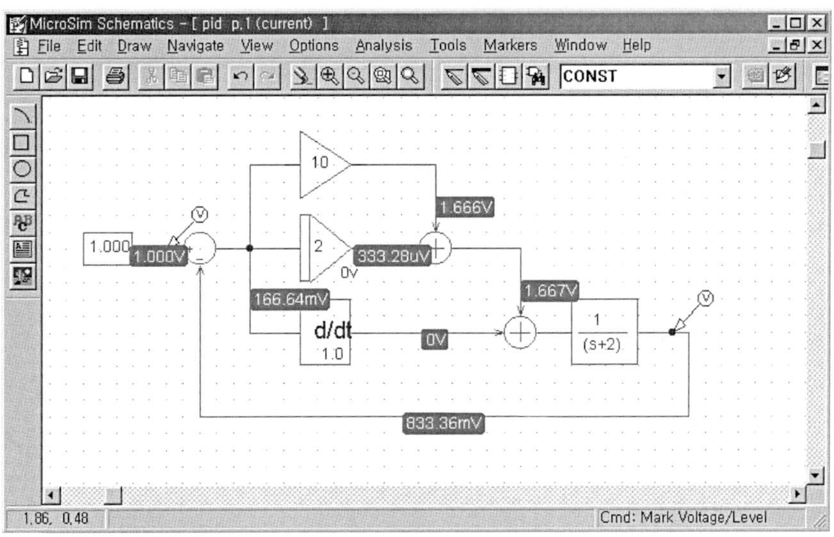

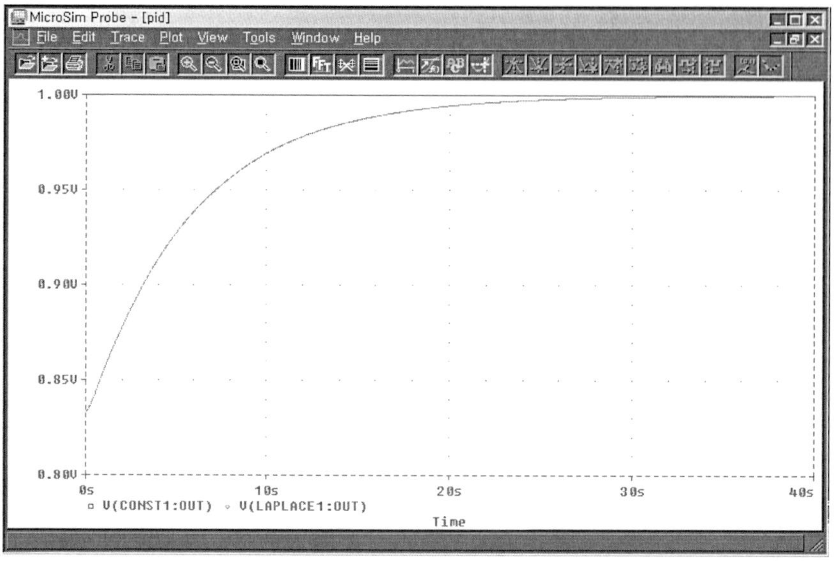

analog.slb

아날로그에 사용되는 소자들이 내장되어 있다. 저항이나 인덕터 또는 커패시터 등이 소자와 Voltage-controlled votage source, Current-controlled current source, Voltage controlled current source, Current-controlled voltage source 등이 내장되어 있다.

breakout.slb

다이오드, 트랜지스터, JFET, MOSFET 등이 breakdown하는 소자들이 내장되어 있다.

connect.slb

다양한 종류의 커넥터가 내장되어 있다.

eval.slb

다양한 종류의 다이오드, 트랜지스터, FET, MOSFET 등과 74xx 시리즈의 IC 소자들이 있다.

port.slb

접지 및 접지에 연결된 소스를 나타낸다.

source.slb

직류전압 및 전류 소스, 교류 전압 및 전류 소스 등 다양한 소스가 있다.

몇 가지 많이 사용하는 전원의 형태를 알아보자.

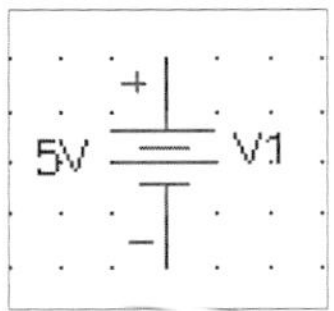

❶ 직류전압 (VDC)

VDC를 선택하면 아래의 심볼이 창에 나타나는데 전압값의 설정은 0V를 클릭하여 나타나는 창에 5를 입력하면 다음과 같이 5V로 설정된다.

❷ 교류전압 (VSIN)

VSIN을 선택하면 다음과 같은 심볼이 나타난다.

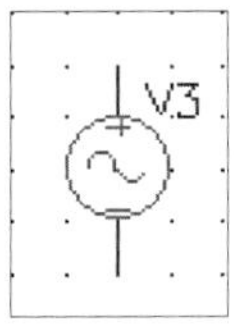

심볼을 클릭하면 다음과 같은 창이 나타난다.

VOFF는 오프셋(offset)값을 나타내며 VAMPL는 사인파의 크기, FREQ는 주파수, TD는 시간지연, DF는 댐핑 팩터 그리고 PHASE는 위상차를 나타낸다. 다음과 같이 각 값들을 선택하였을 경우에 나타나는 파형은 그림과 같다.

- VOFF(offset 값) = 2V
- VAMPL(진폭) = 10V
- FREQ(주파수) = 60Hz
- TD(시간지연) = 10msec
- DF(댐핑) = 10

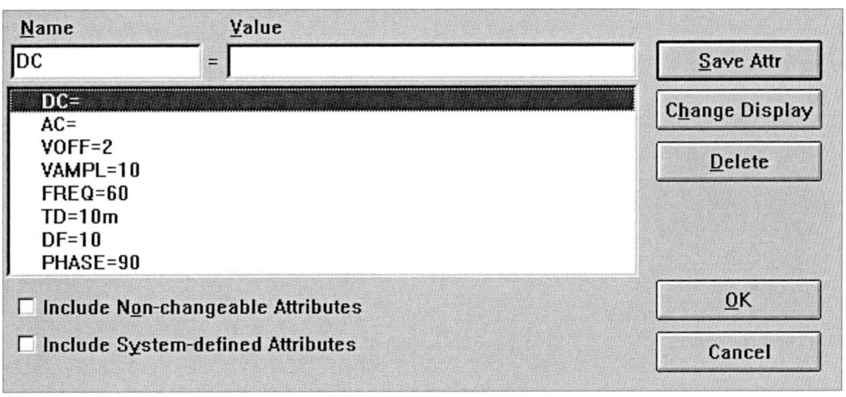

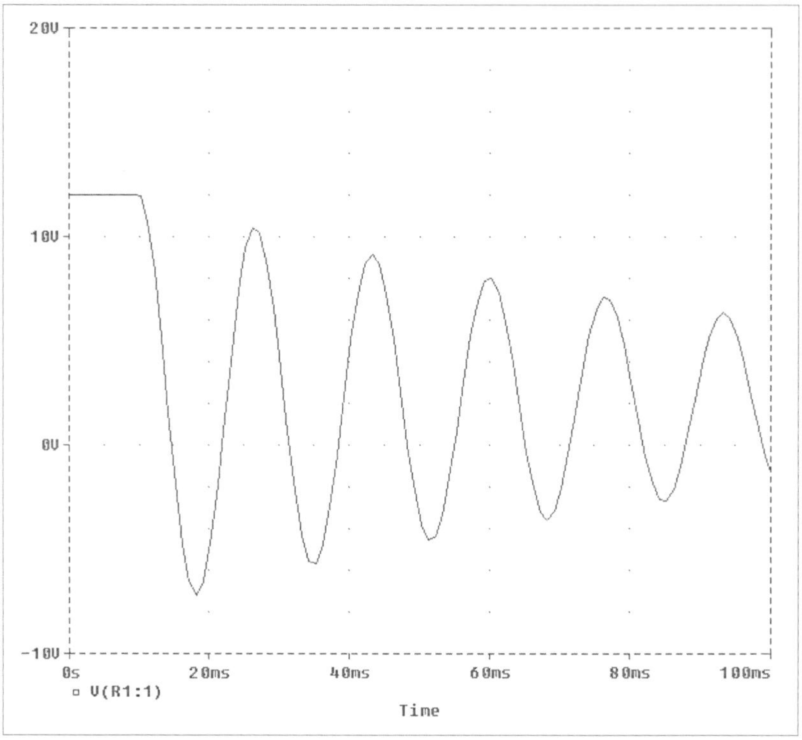

만약 댐핑이 없는 사인파를 만들고자 한다면 DF = 0으로 설정하면 된다.

❸ 펄스파 (VPULSE)

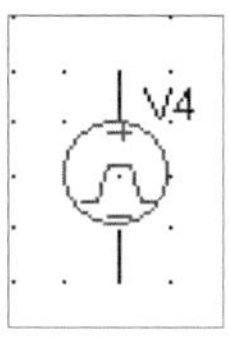

V1은 양수의 크기이고 V2는 음수의 크기 TD는 시간지연, TR은 상승시간, TF는 하강시간, PW는 펄스폭 그리고 PER은 주기를 나타낸다. 다음의 그림에서 V1 = 5, V2 = - 10은 펄스의 진폭을 나타내고 TD = 2m는 2ms의 시간 지연을 말하고 TR = 1m는 상승 시간이 1ms이고 TF = 1m는 강하시간이 1ms임을 나타낸다. PW = 2m는 펄스폭이 2ms이고 PER = 5m는 5ms의 주기를 나타낸다.

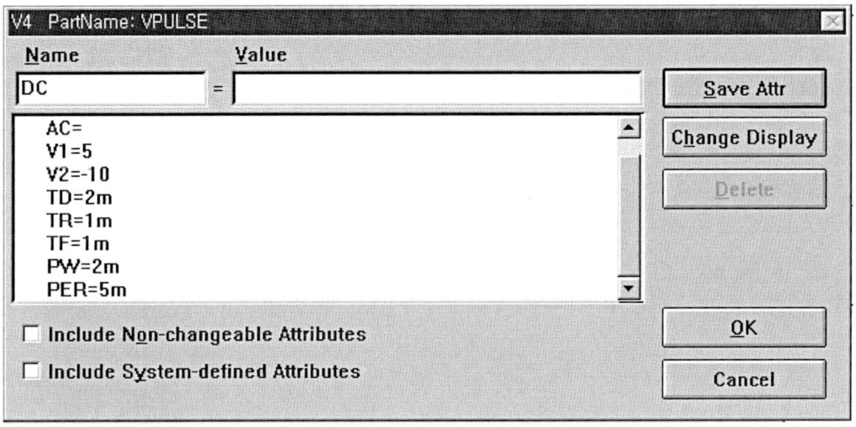

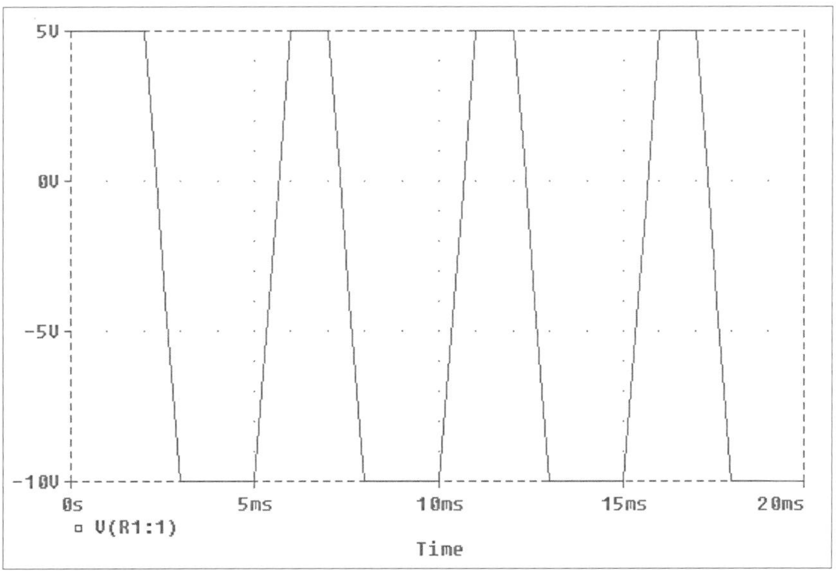

special.slb

특별한 목적의 다양한 심벌들이 내장되어 있다.

A.3.3.3 마우스 사용법

- 전자소자를 다른 곳으로 움직일 경우
  우선 소자를 마우스로 한 번 클릭해서 소자의 색이 빨간 색으로 바뀌게 해서 활성화 되었음을 나타낸다. 그 다음에 다시 한 번 클릭해서 마우스로 원하는 곳으로 이동한다.
- 소자의 이름과 변수값을 바꾸려 하는 경우
  변수값을 바꿀 경우에는 마우스로 바꾸기를 원하는 변수값과 이름을 연속 두 번 클릭한다. 그러면 화면 작은 윈도우가 생기는데 이름이나 값을 바꾸고 OK 버튼을 누르면 된다.

- 선을 연결할 때 소자간의 선을 연결할 때에는 먼저 마우스로 선 그리는 아이콘을 선택해서 활성화한 다음, 마우스로 연결할 곳을 클릭한 다음에 손을 뗀다. 다른 쪽의 연결할 곳으로 마우스를 움직여 주면 선이 그려지고 선이 만나는 곳이 선의 끝이 아니고 중간이면 자동적으로 노드가 생기게 된다. 계속적으로 방향을 바꾸어 가면서 선을 그리려면 마우스의 왼쪽 버튼을 한 번 클릭한 뒤에 움직이면 된다. 선 그리기를 종식하고 싶으면 마우스의 오른쪽 버튼을 누른다.

다음의 회로를 그려보자. Draw 메뉴에서 각각 소자들을 집어 연결하고 변수의 값들을 지정해 보자. 여기서 주의해야 할 것은 접지를 반드시 연결해야 하는 것이다. 만약에 접지를 연결하지 않으면 프로그램을 실행할 때에 에러 메시지가 나오게 된다.

예 제 A1 **아래의 회로를 그려예시오.**

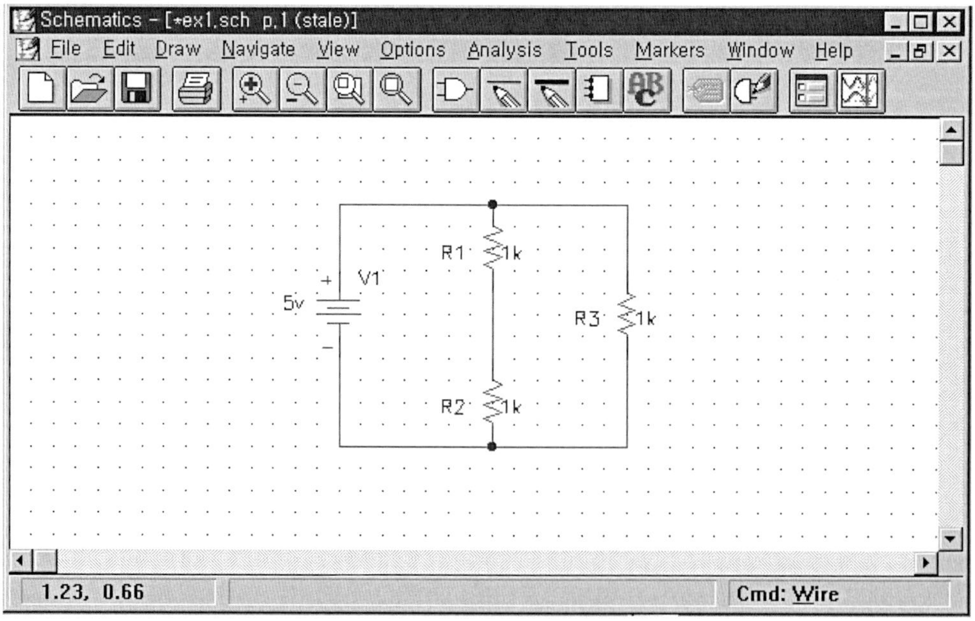

Draw 메뉴에서 각각 소자들을 집어 연결하고 변수의 값들을 지정해 보자.

A.4 프로그램의 실행

회로를 시뮬레이션하기 위해서는 Analysis 메뉴를 사용한다.

❶ Analysis 메뉴로 가서 simulate를 클릭한다. 또는 맨 오른쪽에 있는 그림 아이콘을 클릭한다.

❷ 새로운 PSpice 창이 뜨면서 프로그램이 실행된다. 만약에 에러가 있으면 프로그램이 정지되는데 에러가 발생한 곳을 찾아 수정하려면 Analysis의 Examine Output을 클릭한다. 그러면 PSpice 코드뿐만 아니라 에러가 발생한 곳까지 나타난다.

❸ 만약에 숫자 적인 데이터뿐만 아니라 그래프로 출력을 조사하고 싶으면 Analysis의 Set up을 클릭한다.

❹ Set up의 메뉴에는 다양한 도구들이 있으나 시간에 대한 출력을 보기 원할 때에는 Transient를 마우스로 집어 마크를 한다. 하지만 이때 주의해야 하는 것은 출력응답을 보고 싶은 곳을 마크를 하지 않으면 그래프가 나타나지 않는 다는 것이다. 그러므로 출력을 조사하기 원하는 곳을 나타내야 한다.

❺ Markers 메뉴로 간다. 메뉴에는 원하는 곳의 전압 또는 전류를 마킹하는 메뉴가 있다. 원하는 응답을 집으면 화살표가 나타나는데 회로의 원하는 곳에 가서 클릭하면 마크가 그 곳에 그려진다.

예 제 A2 **예제 A.1의 회로를 실행시켜 예시오.**

우선 아래의 그림처럼 Analysis 메뉴로 가서 Simulate를 클릭한다. 새로운 PSpice 창이 뜨면서 프로그램이 실행된다. 만약에 회로에 에러가 있으면 프로그램이 정지된다.

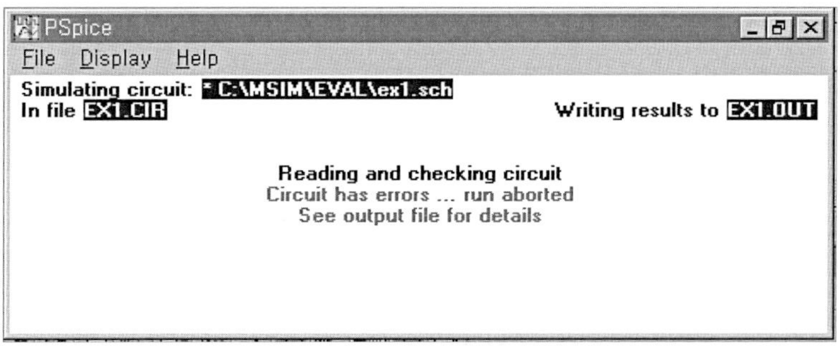

Ex1.out - 메모장

파일(F) 편집(E) 찾기(S) 도움말(H)

```
* From [SCHEMATICS NETLIST] section of msim.ini:
.lib nom.lib

.INC "ex1.net"

**** INCLUDING ex1.net ****
* Schematics Netlist *



R_R1         $N_0002 $N_0001  1k
R_R2         $N_0003 $N_0002  1k
R_R3         $N_0003 $N_0001  1k
V_V1         $N_0001 $N_0003 5v

**** RESUMING EX1.CIR ****
.INC "ex1.als"

**** INCLUDING ex1.als ****
* Schematics Aliases *

.ALIASES
R_R1            R1(1=$N_0002 2=$N_0001 )
R_R2            R2(1=$N_0003 2=$N_0002 )
R_R3            R3(1=$N_0003 2=$N_0001 )
V_V1            V1(+=$N_0001 -=$N_0003 )
.ENDALIASES


**** RESUMING EX1.CIR ****


.probe


.END

ERROR -- Node $N_0002 is floating
ERROR -- Node $N_0001 is floating
ERROR -- Node $N_0003 is floating
```

예 제 A3 에러 수정

에러가 발생한 곳을 찾아 수정하려면 Analysis의 Examine Output을 클릭한다. 그러면 PSpice의 코드뿐만 아니라 에러가 발생한 곳까지 나타낸다.

에러 메시지를 조사하면 노드를 인식하지 못하고 있는데 그 이유를 찾기 위해 소스코드를 살펴본다. Error로 나타난 부분을 살펴보니 Node is floating이란 메시지가 노드설정이 제대로 되지 않았음을 나타낸다. 앞에서 배운 것처럼 회로 소자의 몇몇 소자의 노드는 반드시 접지와 연결이 되어 있어야 하는데 이 경우는 그렇지 않음을 알 수 있다. 어느 소자도 접지 노드에 연결이 되어 있지 않음을 알 수 있다. 아날로그 회로에서 주의해야 할 것은 접지를 반드시 연결해야 하는 것이다. 만약에 접지를 연결하지 않으면 프로그램을 실행할 때에 에러 메시지가 나오게 된다. 예제 1의 회로를 다음 그림과 같이 접지 노드를 연결시켜 수정한다.

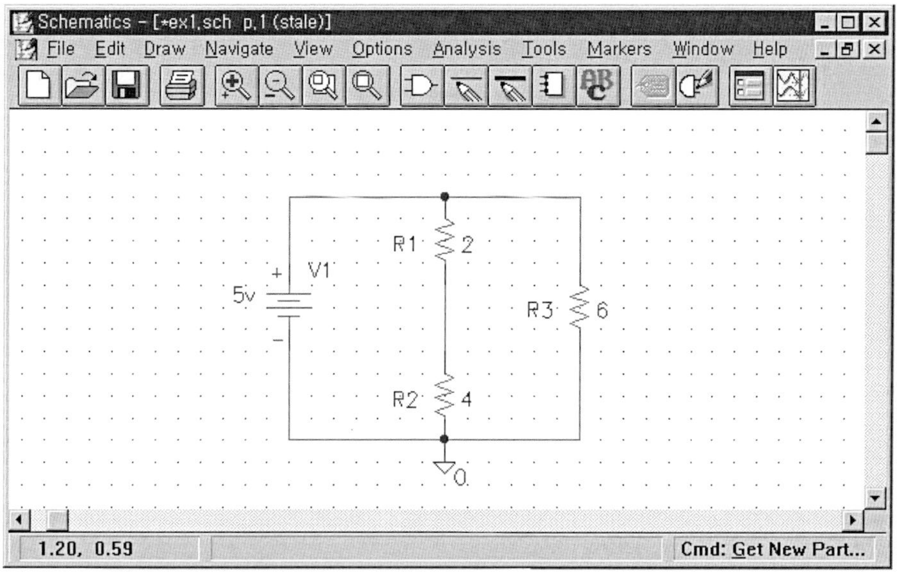

다시 프로그램을 실행하면 에러가 나타나지 않는다. 하지만 출력이 숫자로 표현되기 때문에 이해하기가 쉽지 않다. 그래서 이번에는 원하는 노드의 전압이나 전류 등의 출력을 그래프 상에서 볼 수 있는 경우를 보자.

예 제 A4 출력 응답 예기

예제 3의 회로에서는 전압 소스와 다이오드에 걸리는 전압을 비교하고 싶다. 회로에서 특별히 응답을 보고 싶은 부분인 소스 부분과 다이오드 부분에 다음과 같이 마커를 넣는다. 마커를 넣은 곳의 전압은 화면에 나타나게 된다.
회로에서 특별히 응답을 보고 싶은 부분이 있으면 Markers 메뉴로 가서 다음과 같이 마커를 넣는다.

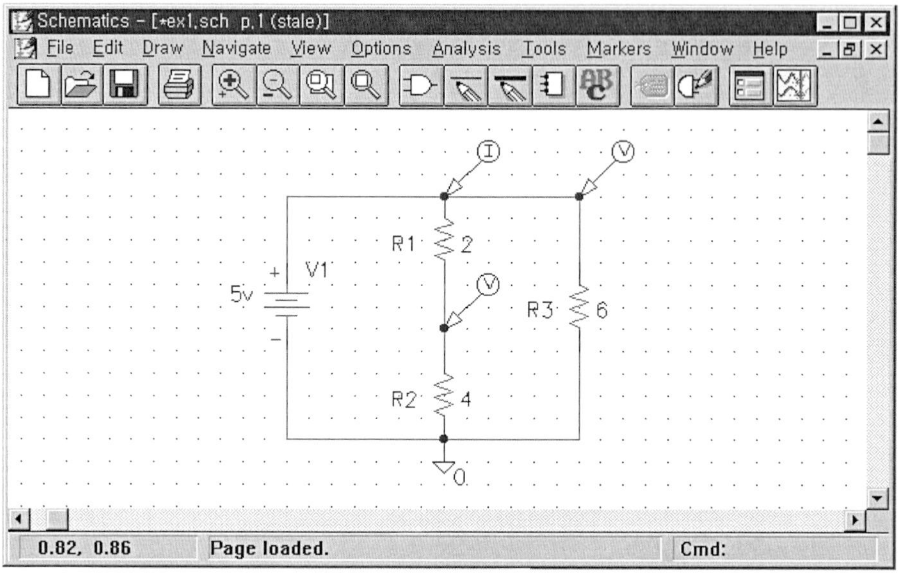

마커를 넣고 실행했을 경우라도 Set up이 제대로 되어 있지 않으면 그래프 상에서 아무것도 볼 수 없게 된다. 우선 시간과의 함수를 나타내기 위한 그래프로 Transient를 선택한다.

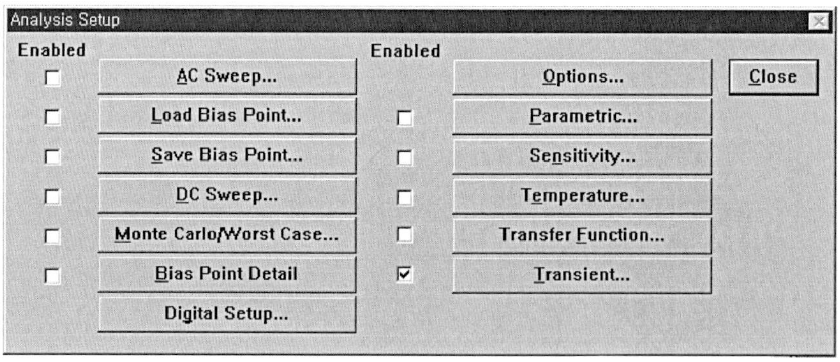

Transient를 설정했는데도 불구하고 그래프에서 출력응답을 보지 못하는 경우가 있는데 이 경우에는 시간의 set up이 잘못된 경우이다. 이처럼 스텝시간은 얼마로 하며 얼마만한 시간을 그래프에 나타낼 것인지 등의 그래프 조작에 관한 정보는 Transient를 클릭한 뒤에 적어 넣으면 된다.

예 제 A5 **다음 회로를 실행시켜 예시오.**

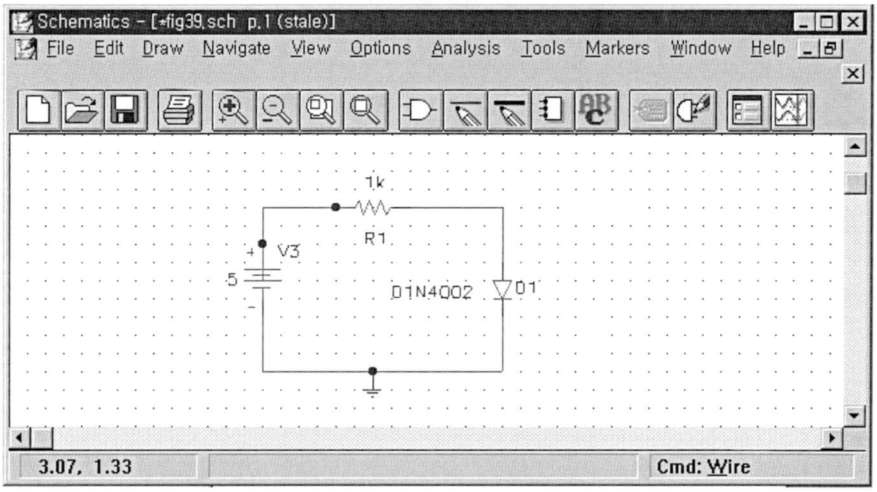

예제 4의 회로에서는 전압 소스와 다이오드에 걸리는 전압을 비교하고 싶다. 회로에서 특별히 응답을 보고 싶은 부분인 소스 부분과 다이오드 부분에 아래처럼 마커를 넣는다. 마커를 집은 곳의 전압이 화면에 나타나게 된다.

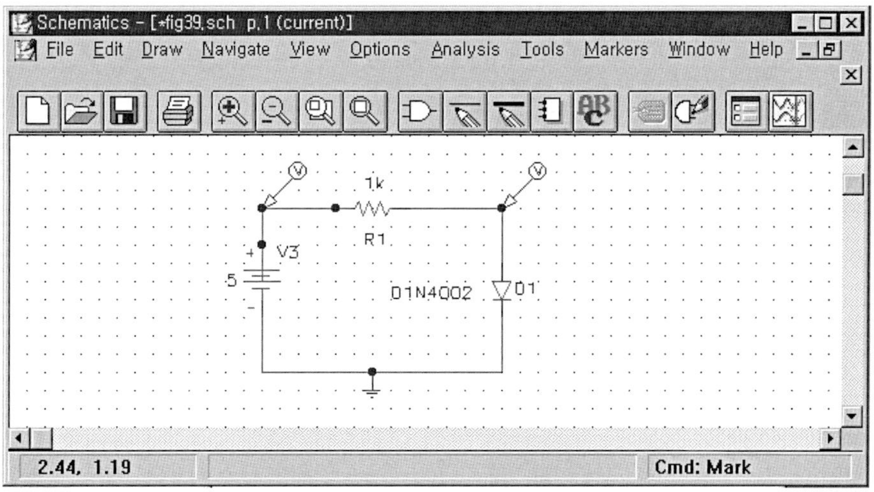

예 제 A6 **다음을 따라하시오.**

1. 작업창의 Draw 창을 클릭하여 Get New Part 메뉴를 선택한다.

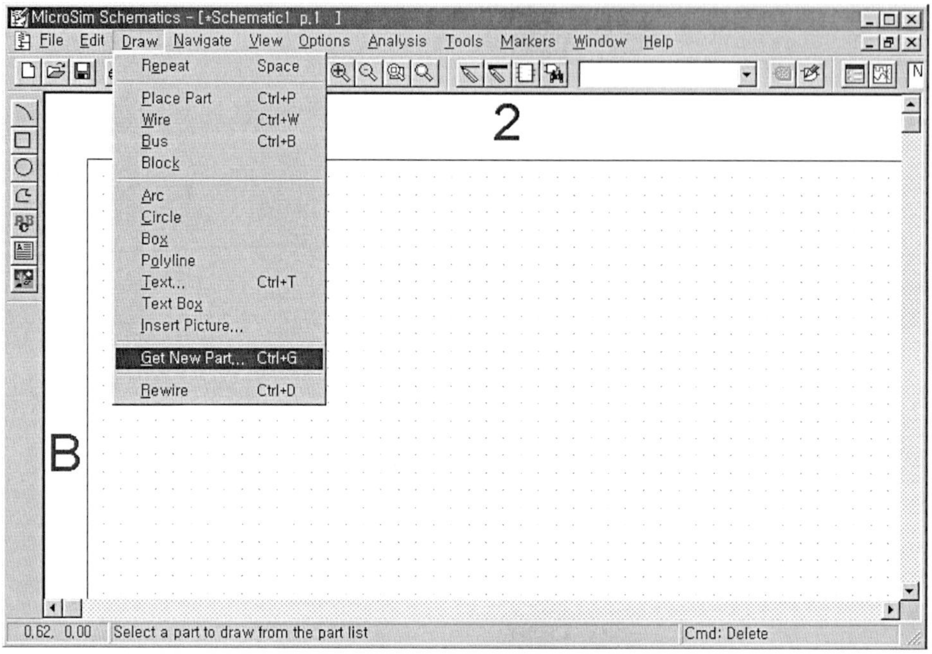

[그림 A.4] 부품 가져오기

2. 다음의 Part Browser Basic 창이 나타난다.
   스크롤 바를 움직여 uA741 OP Amp 소자를 선택한 뒤에 Place 버튼을 집으면 작업창에 소자가 나타난다.

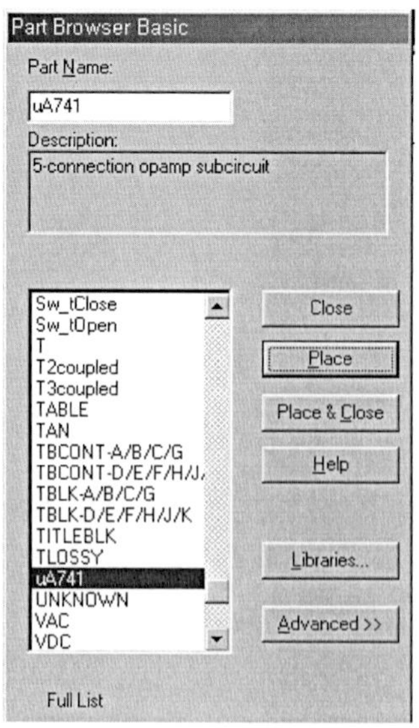

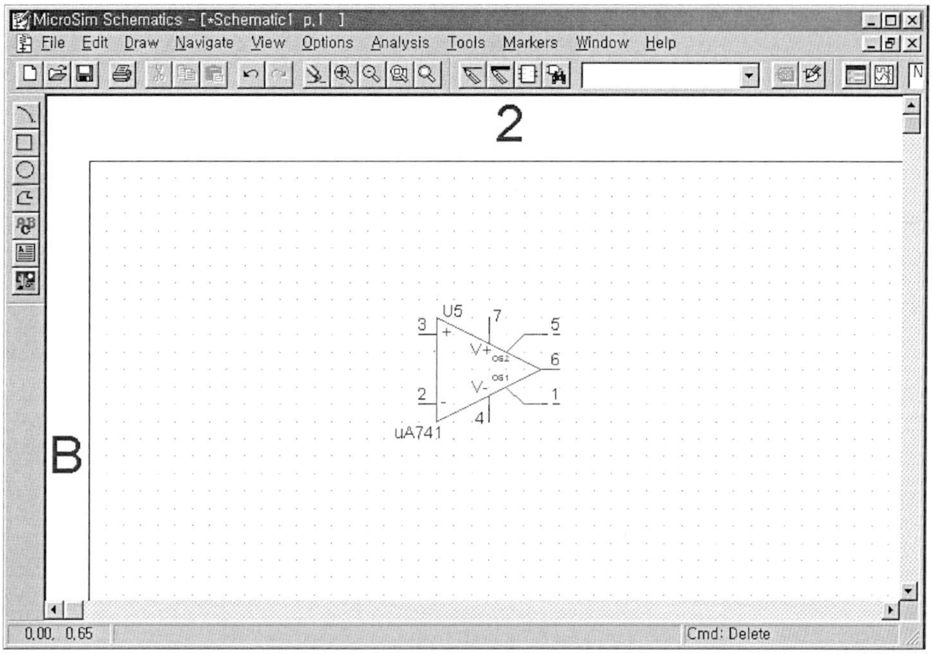

다른 소자나 전원을 사용하려면 다른 Library를 사용한다.

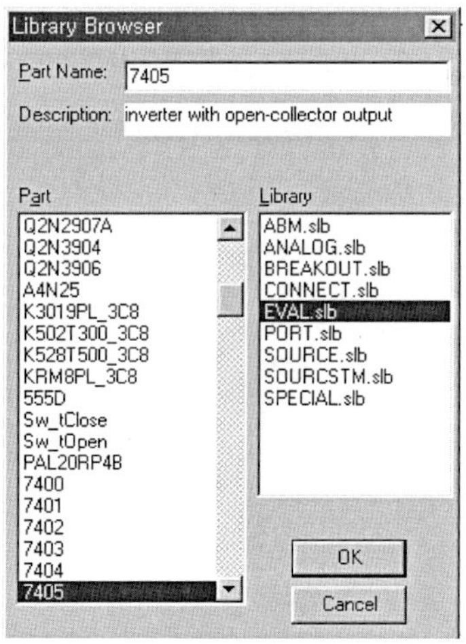

[그림 A.5] 라이브러리 Browser

3. 소자의 수정

때때로 소자가 위치한 형태를 바꿀 필요가 있다. 수평으로 놓이게 하던지 수직으로 놓이게 하던지 수정이 필요하다. Default로는 수직으로 놓이게 되어 있어 이를 수정하기 위해서는 작업창의 Edit 메뉴를 사용한다.

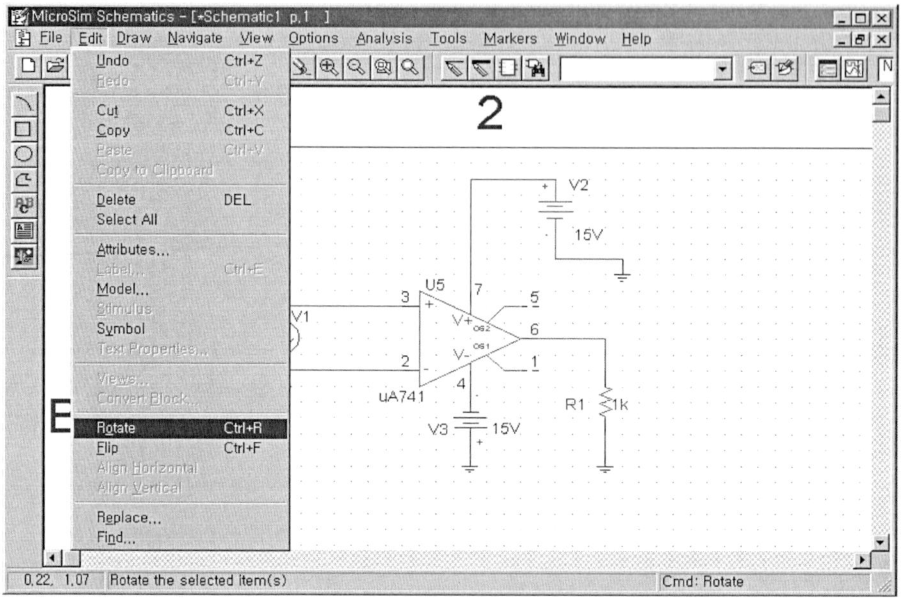

전압원을 사인파로 나타내기 위해 SOURCE 라이브러리에서 VSIN을 가져다가 변수를 설정한다. 크기가 5V이고 주기가 10Hz인 사인파이다.

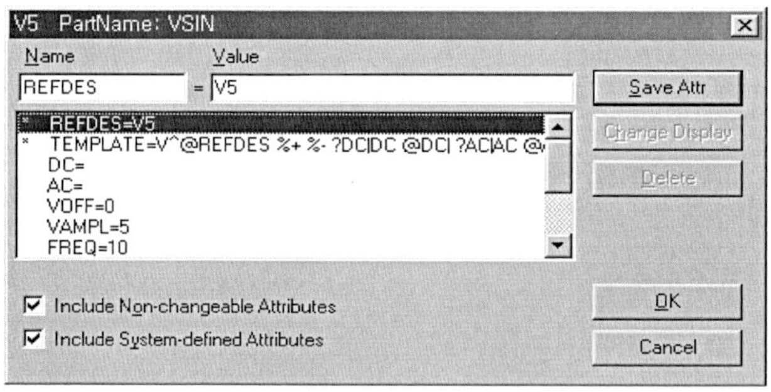

4. 회로 연결하기

회로를 서로 연결하는 선을 그리기 위해서는 Draw 메뉴를 사용한다.

5. 저장

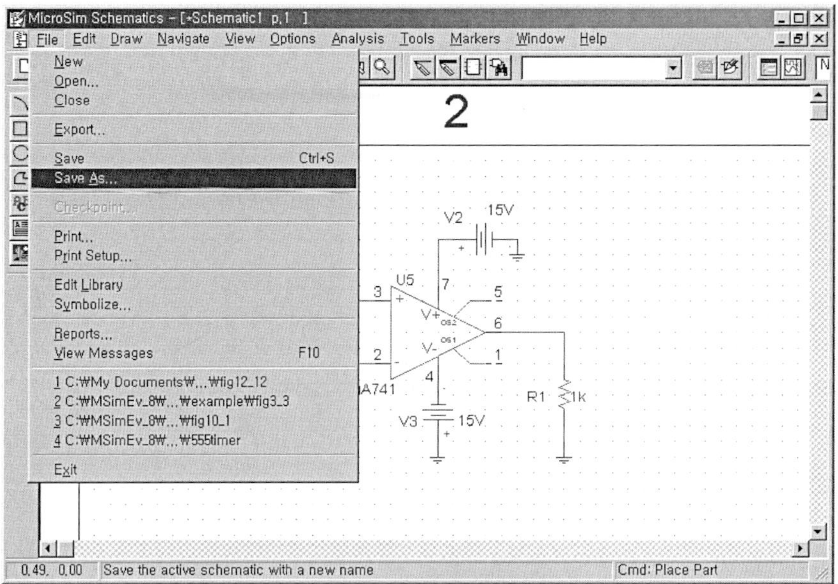

[그림 A.6] 저장하기

6. 프로그램 실행

프로그램을 실행하기 위해서는 Analysis 메뉴를 사용한다.

시간에 따른 응답을 보기 위해서는 Transient를 선택한다. 중요한 것은 원하는 노드의 출력을 보기 위해서는 Marker를 사용해서 표시해야 한다는 것이다. 아래 그림은 입력과 출력의 파형을 보기 위해 Marker를 표시하였다.

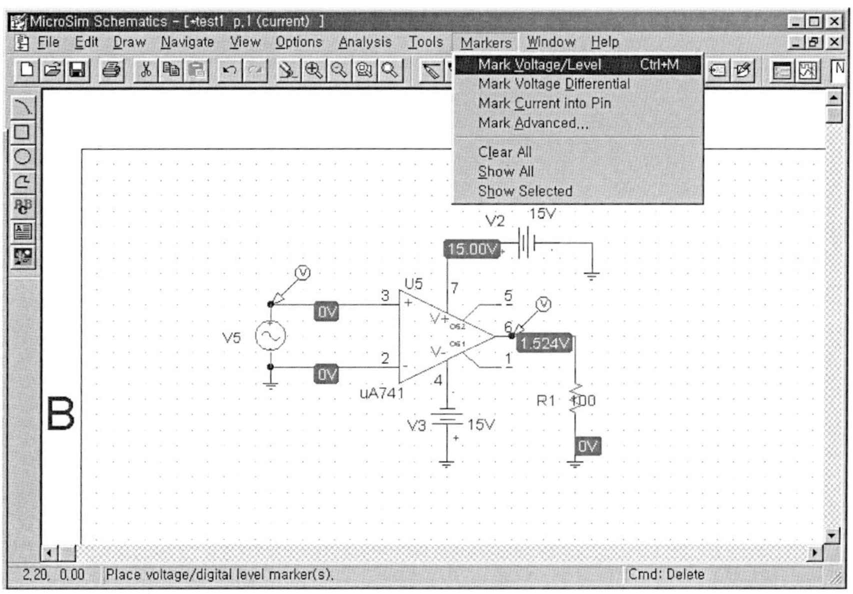

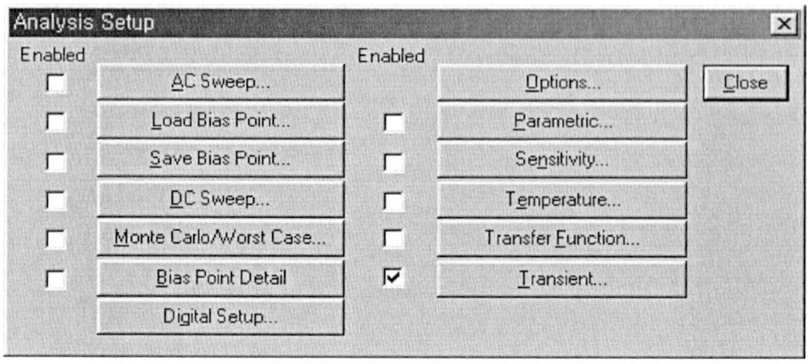

[그림 A.7] Transient 선택

Transient를 클릭하면 Default로 다음과 같은 화면이 생성된다.

- Print Step 데이터의 간격을 나타낸다.
- Final Time 종료시간을 나타낸다.

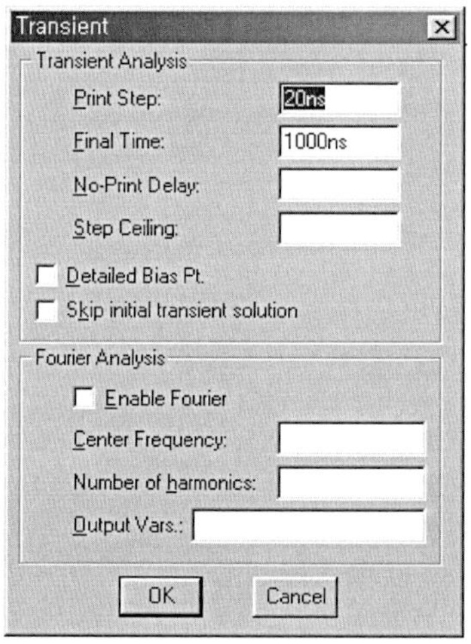

OK 버튼을 누른 뒤에 Close 버튼으로 종료한다.

다시 Analysis 메뉴로 가서 Simulate을 누르면 다음과 같이 실행된다.

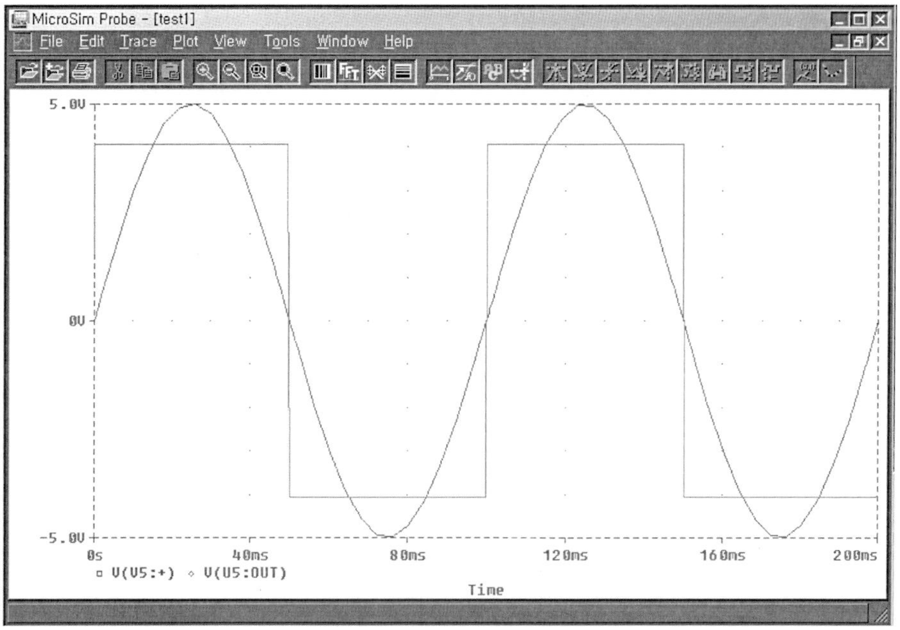
MicroSim Probe - [test1]
File Edit Trace Plot View Tools Window Help
5.0V
0V
-5.0V
0s
40ms
80ms
120ms
160ms
200ms
V(V5:+) V(V5:OUT)
Time

부록 B
오실로스코프

B.1 소개

오실로스코프는 CRT 스크린 상에 시간 변위에 따른 교류 파형을 시각적으로 나타내어 준다. CRT는 전기 신호의 파형을 볼 수 있는 스크린을 제공한다. 측정하고자 하는 신호 파형은 오실로스코프의 수직 입력에 인가되어 오실로스코프의 회로내의 수직 증폭기에 의해 처리된다. 오실로스코프는 광범위한 신호전압을 취급해야 하므로 수직 감쇠기(가변 전압 분할기)를 이용하여 적절히 수직 입력 전압을 조정한 다음 수직 증폭기에 입력한다. 수직 편향판에 가해진 신호 전압은 CRT의 전자빔을 상하로 편향시킨다. 수직 입력에 가한 신호 전압에 정비례하여 스크린 상의 빔이 상하 이동(트레이싱이라 함)이 된다.

오실로스코프를 통하여 시변 전압을 그래프로 나타내기 위하여 수평 편향판에 선형편향 전압을 가해야 한다. 이 전압은 오실로스코프 회로내에 있는 스위프 발생기에 의해 공급된다. 이 스위프 발생기의 구조에 의해 트리거형이나, 또는 비트리거형이 될 수 있다. 수직 및 수평 편향면에 가해지는 신호를 적절히 제어하여 2개의 트레이서를 가진 복수 트리거형 오실로스코프를 사용하면 전자 스위치에 하나의 전자 회로내의 각기 다른 지점에서 측정된 2개의 파형을 동시에 관찰할 수 있다.

B.2 오실로스코프 구조

그림 B.1은 오실로스코프의 외형을 나타낸다.

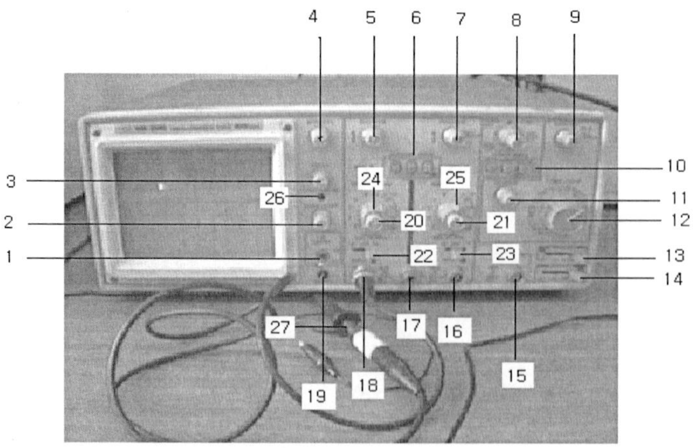

[그림 B.1] 오실로스코프 외형

각 부분의 명칭이나 작동을 설명하면 다음과 같다.

1. POWER SWITCH

   전원을 켜거나 끄는 스위치로 POWER ON시 LED 점등이 된다.

2. SCALE ILLUM

   화면에 나타난 눈금의 밝기를 조절한다.

3. FOCUS

   관측하기 알맞은 파형의 현시를 위한 초점 조절자이다. 화면에 나타나는 파형의 선이 너무 둔탁하게 보이면 조절하여 가늘게 나타낼 수 있다.

4. INTENSITY

   관측을 용이하게 하기 위해 파형의 밝기를 조절한다.

5. VERTICAL POSITION

   CH-X용 수직위치 조절자로 화면의 파형을 아래위로 조절한다.

6. VERTICAL MODE

   CH1(A) : CH X(A)의 파형이 나타난다.

   CH2(B) : CH Y(B)의 파형이 나타난다.

   DUAL : 0.5sec/DIV부터 1msec/DIV까지의 전 레인지에 걸쳐 두 채널 모두 약 200KHz의 주파수로 CHOP되고 0.5msec/DIV까지의 전 레인지에 걸쳐서는 두 채널이 상호교대로 현시된다.

   ADD : CH-X와 CH-Y의 두 신호가 합성되고, 7번의 PUSH INVERT시 SUB모드가 된다.

7. VERTICAL POSITION

   CH-X용 수직위치 조절자로 화면의 파형을 아래위로 조절한다.

   INVERT

   스위치를 당기면 ADD모드에서 SUB모드로 바뀐다.

8. HOLD OFF/ SLOPE

   동기 신호 경사의 극성을 선택하며 파형이 계속적으로 움직일 경우에 고정시켜 관측하기 위해 사용한다. 시계방향으로 돌리면 시간이 길어진다.

9. HORIZONTAL POSITION

   수평 위치 조절자로 파형을 좌우로 움직인다.

10. SWEEP MODE

    AUTO/NORM 스위치

    스위치를 누르면 자동 소인 기능으로 전환되고 무입력 신호시에도 소인은 자유구동 상태가 되어 CRT 상에 휘선을 현시한다.

11. SWEEP TIME/DIV VARIALE

수평소인시간 연속가변 조절기로 펄스폭을 조절할 수 있다.

12. TIME/DIV

수평방향의 시간 선택기로 이것은 0.2μsec/DIV로부터 0.5μsec/DIV까지의 소인시간을 20개의 스탭으로 선택한다. X-Y 선택은 이 노브를 시계방향으로 끝까지 돌려서 CH-B에 놓았을 때 이루어지며, CHOP와 ALTERNATE 기능 또한 DUAL 모드때 이 선택기에 의해 자동적으로 전환된다.

13. COUPLING

동기 모드 선택 스위치로 트리거 회로의 트리거 신호원을 선택한다.

DC : 동기신호의 직접 동기회로에 유도된다.

AC : 정상 동작 시, 이 모드에서는 동기 신호가 동기회로에 직접 공급된다.

HF REJ : 저역 통과 필터가 동기신호중의 고주파분을 제거한다.

TV : TV혹은 영상 복합 신호를 용이하게 동기시킬 수 있다.

14. SOURCE

동기신호 선택기

INT : CH-A와 CH-B로 입력된 신호가 동기 신호원으로 된다.

CH-B : 트리거하기 위한 동기신호가 CH-B로 부터만 공급된다. 그러나 SINGLE CHANNEL 시에는 MODE에 의해 선택된 채널이 우선이 된다.

LINE : AC 전원 파형이 동기 신호원으로 사용된다.

EXT : EXT TRIG 단자에 인입된 신호가 동기신호원으로 된다.

15. EXT Input

외부 트리거링 신호의 입력단자

16. INPUT Y

채널 Y의 입력 단자

17. Ground

접지를 나타낸다.

18. INPUT X

채널 X의 입력 단자

19. CAL

교정전압 출력단자로 오실스코프 내부 신호로 오실로스코프의 기능을 실험할 경우에 사용한다. 교정전압은 0.5VP-P, 또는 1VP-P의 약 1KHz의 펄스파로 기종에 따라 차이가 있을 수 있다.

20. VARIABLE

CH-X의 수직 감쇄량을 연속가변 조절하며 X 5MAG－스위치를 당겼을 때 SWEEP TIME을 5배로 확대한다. 캘리브레이션시에 사용한다.

21. VARIABLE

CH-Y의 수직 감쇄량을 연속가변 조절하며 X 5MAG－스위치를 당겼을 때 SWEEP TIME을 5배로 확대한다. 캘리브레이션시에 사용한다.

22. AC-GND-DC

CH-X의 수직입력 결합방식, AC 위치에서는 입력신호 중 직류분은 용량기에 의해 차단되며, GND위치 때 입력 단자는 개방되어 내부 증폭기의 입력이 접지되고, DC 위치 때는 입력단자는 증폭기에 직접 연결되고 입력신호의 모든 성분이 화면상에 현시된다.

DC 값을 측정 시에는 DC로 고정한다.

23. AC-GND-DC

CH-Y의 수직입력 결합방식, AC위치에서는 입력신호 중 직류분은 용량기에 의해 차단되며, GND 위치 때 입력 단자는 개방되어 내부 증폭기의 입력이 접지되고, DC 위치 때는 입력단자는 증폭기에 직접 연결되고 입력신호의 모든 성분이 화면상에 현시된다.

DC 값을 측정 시에는 DC로 고정한다.

24. VOLTS/DIV

CH-X의 수직 감쇄기로 파형을 크게 확대하거나 축소하는데 사용한다.

스케일은 CRT 화면상에 큰 눈금(DIV)당의 전압으로 구분되어 있으며 전량전압은 VARIABLE knob를 CAL 위치에 놓고 측정해야만 한다.

25. VOLTS/DIV

CH-Y의 수직 감쇄기로 파형을 크게 확대하거나 축소하는데 사용한다.

스케일은 CRT화면상에 큰 눈금(DIV)당의 전압으로 구분되어있으며 전량전압 VARIABLE knob를 CAL 위치에 놓고 측정해야만 한다.

26. TRACE ROTATION

지자기의 영향으로 휘선이 기울어졌을 때 이것을 드라이버로 돌려 휘선을 바른 위치로 조정한다.

27. Probe

실제 회로와 입력단자를 연결한다. 한 쪽 선은 접기에 연결하고 다른 한 쪽은 측정하고자 하는 회로에 연결한다.

B.3 작동법

B.3.1 사용 전 준비사항

❶ 장비를 운용하기 전에 반드시 다음의 수행과정을 해야 한다.
- POWER 스위치를 OFF 위치에 둔다.
- 3개의 POSITION 조절자를 돌려 중간지점에 둔다.
- INTENSITY 조절자를 돌려 중간지점에 둔다.
- TIGGER의 NORM 스위치를 눌러 AUTO 상태에 둔다.
- 그 이외의 조절자는 아무위치에 두나 상관없다.
- 전원전압을 점검한다.

❷ 전원 케이블을 장비 후면에 있는 AC 리셉 타클에 연결하고 플러그를 AC 전원에 꽂는다.

❸ POWER 스위치를 ON하면 CRT 화면에 수평 휘선이 나타난다. 수평 휘선이 나타나지 않을 경우 INTENSITY 조절자를 이용하여 밝기를 조정한다.

❹ FOCUS와 INTENSITY 조절자를 조정하여 수평 휘선을 선명하게 조절한다.

❺ 만일 휘선이 기울어져 나타나면 26번의 TRACE ROTATION을 드라이버로 조절한다.

❻ 만일 화면에 나타난 구형파가 찌그러졌다면 프로브에 부착된 트리머를 조절하여 완전한 구형파가 되게 한다.

B.3.2 오실로스코프 캘리브레이션

회로의 파형을 측정하기 전에 오실로스코프의 파형이 제대로 나타나는지 점검해야 한다.

❶ 오실스코프를 켠다.

❷ 17번의 접지에 프로브의 한쪽 와이어를 연결한다.

❸ 프로브 끝부분을 19번 단자에 대면 1V의 펄스파가 나타난다.

❹ 각 단추를 조작하여 1V의 펄스가 되도록 캘리브레이션한다.

B.3.3 파형 읽는 법

캘리브레이션이 끝나면 캘리브레이션에 관련된 버튼을 건드리지 않는다. 프로브를 채널 x나 y에 연결하고 원하는 부분을 프로브 끝으로 집으면 파형이 나타난다. 이 때 나타나는 파형은 전압이 된다. 화면에 파형이 나타났을 경우 파형의 주기나 크기를 알아보기 위해서는 11, 20, 21번의 조작이 필요하다.

11번은 시간축을 조정하는 것으로 파형을 좌우로 늘이거나 줄일 때 사용한다.
20번은 파형을 아래 위로 줄이거나 증폭시켜 파형의 크기를 조절한다.

예 제 B.1 오실로스코프의 파형 읽기

다음은 오실로스코프의 화면에 나타난 사인파 파형이다. 이 파형의 주기와 크기를 계산하시오. 이 때 TIME/DIV knob의 눈금은 2ms를 가리키고 VOLT/DIV은 1V를 가리키고 있다.
그림 B.2에서 한 주기는 x축으로 두 칸을 나타내므로 2 x 2ms = 4ms가 된다. 크기는 y축으로 두 칸을 나타내므로 $\pm 2V$가 된다.
아래 파형을 수식으로 나타내면 다음과 같다.

$$y(t) = 2\sin(2\pi\, 500t)$$

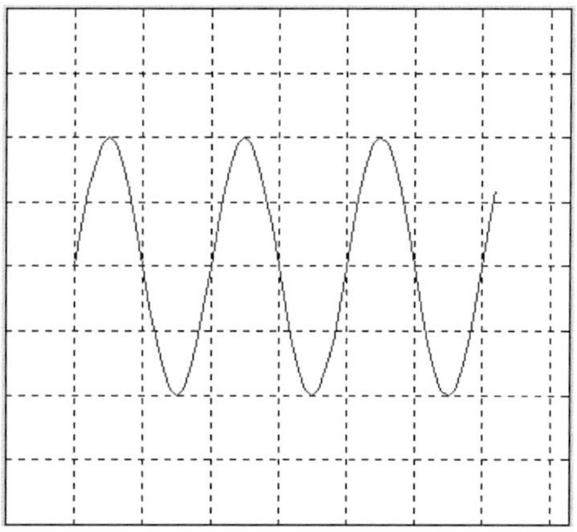

[그림 B.2] 오실로스코프에 나타난 사인파 파형

점검문제

그림 B.2에 나타난 사인파 파형에서 주기와 크기를 계산하시오. 함수로 나타내시오. 이때 TIME/DIV 전의 눈금은 2s를 가리키고 VOLT/DIV은 0.5V를 가리키고 있다.

찾아예기

정가 19,000원

Pspice를 이용한 전자회로 분석과 응용 및 실험

2014년 2월 18일 초판 인쇄
2014년 2월 28일 초판 발행
저　자 : 고윤호 · 정슬
발행자 : 우명찬 · 송　준
발행처 : 홍릉과학출판사
주　소 : 서울시 강북구 인수동 455-60
142-885
등　록 : 1976년 10월 21일 제5-66호
전　화 : (02) 999-2274~5, 903-7037
팩　스 : (02) 905-6729
e-mail: hongpub@hongpub.co.kr
http://www.hongpub.co.kr
ISBN: 979-11-5600-037-2

저자와의 협의하에 인지생략